国家自然科学基金资助(项目批准号:51578123)
华东交通大学博士科研启动基金资助(项目编号:2003417012)
华东交通大学教材(专著)基金资助项目

中国南昌单位大院与城市物质空间形态的关联性

李 晨 韩冬青 著

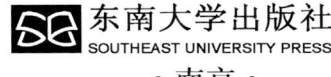

·南京·

内 容 提 要

本书选择南昌作为案例城市,以单位大院为切入点,展开对中国城市物质空间形态构成机理的研究,揭示两者的形态关联性。主要内容包括:单位大院类型与形态解析;南昌单位大院空间缘起;单位大院与城市空间发展;单位大院与城市物质空间形态组织;单位大院与城市公共空间建构;单位大院更新与城市物质空间形态;城市控制性详细规划中的单位大院;明日的"单位大院"等。

本书的主要读者对象为从事城乡规划、建筑学和人文地理等研究的学者、硕士博士研究生及规划管理者。

图书在版编目(CIP)数据

中国南昌单位大院与城市物质空间形态的关联性/李晨,韩冬青著. —南京:东南大学出版社,2018.8
ISBN 978-7-5641-7954-0

Ⅰ.①中… Ⅱ.①李… ②韩… Ⅲ.①城市规划—研究—南昌 Ⅳ.①TU984.2

中国版本图书馆 CIP 数据核字(2018)第 194499 号

书　　名:中国南昌单位大院与城市物质空间形态的关联性
著　　者:李　晨　韩冬青
责任编辑:宋华莉
编辑邮箱:52145104@qq.com
出版发行:东南大学出版社
出　版　人:江建中
社　　址:南京市四牌楼 2 号(210096)
网　　址:http://www.seupress.com
印　　刷:南京新世纪联盟印务有限公司
开　　本:787 mm×1 092 mm　1/16　印张:18.5　字数:366 千字
版 印 次:2018 年 8 月第 1 版　2018 年 8 月第 1 次印刷
书　　号:ISBN 978-7-5641-7954-0
定　　价:98.00 元
经　　销:全国各地新华书店
发行热线:025-83790519　83791830

本社图书若有印装质量问题,请直接与营销部联系。电话(传真):025-83791830

前　言

三十余年来，中国城市空间发展的规模和速度堪称史无前例。时至今日，粗放式的开疆拓土正在转向多元目标下城市空间结构的调整和品质内涵的提升。从城市设计的学科视角看，在当下城市空间发展模式的转型进程中，亟待加强城市物质空间环境的形态建构和场所塑造。认知是创造的前提，形态建构和场所塑造首先要建立在对城市建成环境的机理认知的基础之上。这是本书的相关研究及成果出版的基本背景。

"单位"作为一种社会组织单元，本是社会学领域的话题。而"单位大院"则是这种社会组织单元在物质空间上的反映。在中国，现代意义的"单位"大致有百年历史，而"院"或者"大院"文化则由来已久，几乎伴随了中国城市建筑发展演变的大部分历程。本书所谓的"单位大院"一方面是现代以来中国城市社会治理、资源配给、生产组织与生活配套和公共服务机制在空间上的投射，另一方面又深刻反映了传统的文化特征。"单位大院"在中国城镇空间现象中极为普遍，其广泛而深度地进入了城镇空间形态及场所环境的形成过程，并积淀为一种城镇空间形态的中国特色。在当代中国城市空间结构的新一轮重构过程中，如何认识"单位大院"在城市形态中的角色及其影响，这对当下及未来的城市空间的重构与再生无疑具有重要意义。本书从单位大院本体的共时性类型解析和南昌单位大院历时性空间演变的梳理并行入题，进而依循城市物质空间形态从宏观到微观的层次梯级，分别从城市总体空间发展、物质空间的形态结构与类型、城市公共空间形态与场所建构三个方面展开关联性阐述。作为一种延伸性研究，作者随后讨论了单位大院与城市物质空间形态在城市更新进程中的诸种互动状态及可能的策略。"空间—时间"和"层级—结构—类型"是驾驭本项研究的两个基本线索。就笔者有限的视野而言，本项研究或许可以说是探讨我国单位大院与城市物质空间形态关联机理的重要案例。不难看出，南昌的单位大院及其在城市格局及发展中的影响，这种现象的典型性是客观存在的。值得指出的是，关于"南昌单位大院"的现象及其与城市空间的互动机理，本书所呈现的认知未必能有效覆盖其他城市,更高一级的认识尚需更多的城市案例积累。从这个意义上说,本书仅仅是这个研究领域的一项阶段性案例成果。

华东交通大学建筑学学科的李晨老师于2009年至2016年期间在东南大学建筑学院在职攻读博士学位。李晨是一位富有学术研究内在动力的青年学者,笔者有幸作为他的指导老师。在共同学习和工作的数年间,他对城市形态的研究兴趣以及他对城市空间环境中各种复杂现象及其动因的敏锐感知给我留下深刻印象,加之他长期在南昌工作,随之有了以南昌为案例基地开展"单位大院与城市物质空间形态的关联性"的博士学位论文选题的设想。事实上,研究过程中的种种困难与艰辛远非开题时所能料想。主要困难之一是缺少直接可用的一手资料,另一个更关键的疑问则是通过何种路径才能清晰地揭示和呈现"单位大院"与城市物质空间形态之间各种错综复杂的联系。李晨通过各种渠道收集调研现状及各类文献资料,其中许多资料出自他自己深入城市各个片区地段调研、搜集所获,也有结合教学所进行的测绘和分析整理,日积月累,基本做到了"资料翔实";数年间,李晨频繁往返于南昌和南京两地,我们就研究中遭遇的各种疑惑展开研讨,研究架构不断调整,论文表述数易其稿,各类分析图解不断重绘。这项成果在学位论文的评审和答辩中得到充分肯定和一致好评。从学位论文到本书的成稿,又经历了多轮次的补充研究和改写。如今,这份成果终于到了可以公开接受学界和读者批评的时刻。

作为本书的作者之一,借此机会向为该项研究提供指导和帮助的各位学者专家致以诚挚的谢意!同时也要感谢参与相关调研和助研的同学的辛勤付出!本书的相关研究工作和出版得到国家自然科学基金(项目批准号:51578123)、华东交通大学博士科研启动基金(项目编号:2003417012)和华东交通大学教材(专著)基金的资助,在此一并致谢!

期待本书对推动我们的城市形态研究和城市空间实践有所助益,同时也期待诸位方家的指正。

韩冬青

2018年6月30日于东南大学四牌楼校区中大院

目　录

绪　论 ·· 1
0.1 相关概念 ·· 3
　　0.1.1 单位和单位大院相关概念 ·· 3
　　0.1.2 城市空间与城市物质空间形态 ·· 6
　　0.1.3 形态与城市形态 ·· 6
　　0.1.4 关联性 ·· 8
0.2 相关研究 ·· 8
　　0.2.1 单位研究 ·· 8
　　0.2.2 南昌城市形态研究 ·· 11
0.3 关于本书 ·· 12

第一篇　缘起篇

第一章　单位大院类型与形态解析 ·· 18
1.1 单位大院的功能类型 ·· 18
　　1.1.1 办公型 ·· 19
　　1.1.2 生产型 ·· 21
　　1.1.3 教学型 ·· 22
　　1.1.4 服务型 ·· 23
　　1.1.5 生活型 ·· 25
1.2 单位大院的分合类型 ·· 26
　　1.2.1 整体型 ·· 26
　　1.2.2 二分型 ·· 27
　　1.2.3 多分型 ·· 27
　　1.2.4 主从型 ·· 28
1.3 单位大院的规模类型 ·· 28
1.4 单位大院的分布类型 ·· 30

		1.4.1 规模与分布	30
		1.4.2 功能与分布	31

1.5 单位大院的组合类型 ……………………………………………………… 32
1.6 单位大院的区位类型 ……………………………………………………… 33
    1.6.1 单街型 …………………………………………………………… 33
    1.6.2 双街型 …………………………………………………………… 33
    1.6.3 多街型 …………………………………………………………… 33
    1.6.4 街区型 …………………………………………………………… 34
    1.6.5 尽端型 …………………………………………………………… 34
1.7 单位大院形态解析 ………………………………………………………… 35
    1.7.1 边界 ……………………………………………………………… 36
    1.7.2 功能构成与分区 ………………………………………………… 40
    1.7.3 入口与交通组织 ………………………………………………… 42
    1.7.4 空间结构 ………………………………………………………… 46
    1.7.5 绿地景观 ………………………………………………………… 52
    1.7.6 建筑肌理 ………………………………………………………… 53
    1.7.7 公共空间 ………………………………………………………… 57
1.8 本章小结 …………………………………………………………………… 61

第二章 南昌单位大院空间缘起 …………………………………………… 63

2.1 阶段划分 …………………………………………………………………… 63
    2.1.1 1858—1949 年 …………………………………………………… 63
    2.1.2 1949—1952 年 …………………………………………………… 64
    2.1.3 1953—1957 年 …………………………………………………… 64
    2.1.4 1958—1965 年 …………………………………………………… 64
    2.1.5 1966—1976 年 …………………………………………………… 64
    2.1.6 1977—1992 年 …………………………………………………… 65
2.2 植入与融合（1858—1949.5）……………………………………………… 65
    2.2.1 机构出现 ………………………………………………………… 65
    2.2.2 "单位"起源 ……………………………………………………… 66
    2.2.3 墙院转变 ………………………………………………………… 67
    2.2.4 居住与生活服务设施问题 ……………………………………… 69
2.3 利用与扩建（1949.6—1952）……………………………………………… 70
    2.3.1 社会背景 ………………………………………………………… 70

  2.3.2　单位空间 ··· 71
  2.3.3　居住与生活服务设施问题 ··· 72
2.4　新建与推广(1953—1957) ·· 73
  2.4.1　社会背景 ··· 73
  2.4.2　单位空间 ··· 74
  2.4.3　居住问题 ··· 76
  2.4.4　生活服务设施 ·· 77
2.5　"跃进"与"调整"(1958—1965) ··· 78
  2.5.1　社会背景 ··· 78
  2.5.2　单位空间 ··· 79
  2.5.3　居住与生活服务设施问题 ··· 80
  2.5.4　围墙 ··· 81
2.6　疏散与回流(1966—1976) ·· 81
  2.6.1　社会背景 ··· 81
  2.6.2　单位空间 ··· 82
2.7　填充与溢出(1977—1992) ·· 83
  2.7.1　社会背景 ··· 83
  2.7.2　单位空间 ··· 83
  2.7.3　住宅与生活配套设施 ·· 84
  2.7.4　单位大院形态变化 ··· 84
2.8　本章小结 ·· 85

第二篇　关联篇

第三章　宏观层面：单位大院与城市空间发展 ·· 88
3.1　南昌城市空间发展概况 ··· 88
3.2　单位大院空间发展概况 ··· 94
3.3　1949 年南昌城市空间与单位大院空间基础 ·································· 95
  3.3.1　城市空间 ··· 95
  3.3.2　单位大院空间基础 ·· 101
3.4　1950—1965 年南昌单位大院与城市空间发展 ······························ 103
  3.4.1　1949 年之前始建的单位大院 ·· 103
  3.4.2　1950—1957 年始建的单位大院 ······································· 105

3.4.3　1958—1965年始建的单位大院 …………………………………… 107
　　　3.4.4　城市空间发展 ……………………………………………………… 109
3.5　1966—1976年南昌单位大院与城市空间发展 ………………………………… 115
　　　3.5.1　1966—1976年始建的单位大院 …………………………………… 115
　　　3.5.2　城市空间发展 ……………………………………………………… 116
3.6　1977—1990年前后南昌单位大院与城市空间发展 …………………………… 119
　　　3.6.1　1977年后始建的单位大院 ………………………………………… 119
　　　3.6.2　城市空间发展 ……………………………………………………… 121
3.7　本章小结 …………………………………………………………………………… 125

第四章　中观层面：单位大院与城市物质空间形态组织 ……………………………… 127
4.1　路网格局 …………………………………………………………………………… 127
　　　4.1.1　老城层级格网型 …………………………………………………… 127
　　　4.1.2　民国均质格网型 …………………………………………………… 131
　　　4.1.3　民国主路补充型 …………………………………………………… 135
　　　4.1.4　外围主路型 ………………………………………………………… 141
4.2　斑块形态——城市形态单元类型 ………………………………………………… 147
　　　4.2.1　街区与街区群 ……………………………………………………… 147
　　　4.2.2　单位大院 …………………………………………………………… 150
　　　4.2.3　单位大院与城市街区 ……………………………………………… 153
　　　4.2.4　城中村 ……………………………………………………………… 157
　　　4.2.5　其他斑块 …………………………………………………………… 159
4.3　空间组织模式 ……………………………………………………………………… 161
　　　4.3.1　街道—街区型 ……………………………………………………… 161
　　　4.3.2　道路—大院型 ……………………………………………………… 162
　　　4.3.3　大院—大院型 ……………………………………………………… 164
4.4　本章小结 …………………………………………………………………………… 164

第五章　微观层面：单位大院与城市公共空间建构 …………………………………… 167
5.1　城市公共空间的层级 ……………………………………………………………… 168
5.2　城市公共空间的层次 ……………………………………………………………… 168
5.3　城市公共空间的类型与形态 ……………………………………………………… 169
5.4　典型城市公共空间的形态解析 …………………………………………………… 171
　　　5.4.1　城市广场 …………………………………………………………… 171

5.4.2　城市街道 ··· 182
　　　5.4.3　公共服务设施 ·· 201
　5.5　本章小结 ·· 202

第三篇　更新篇

第六章　单位大院更新与城市物质空间形态 ···················· 206
　6.1　更新模式 ·· 207
　　　6.1.1　功能置换模式 ·· 208
　　　6.1.2　空间置换模式 ·· 210
　　　6.1.3　结构提升模式 ·· 210
　　　6.1.4　空间改造模式 ·· 213
　6.2　二次更新 ·· 214
　6.3　本章小结：瓦解与重构 ··· 215

第七章　城市控制性详细规划中的单位大院 ···················· 218
　7.1　规划道路与单位大院 ·· 218
　　　7.1.1　道路的选址与走向 ······································ 218
　　　7.1.2　道路的性质 ··· 220
　　　7.1.3　规划与实施 ··· 220
　7.2　用地规划与单位大院 ·· 221
　7.3　空间格局与单位大院 ·· 223
　7.4　绿地建构与单位大院 ·· 223
　7.5　本章小结：机遇与困境 ··· 224

第八章　明日的"单位大院" ·· 225
　8.1　困境与选择 ··· 225
　　　8.1.1　老旧城区服务行业 ······································ 225
　　　8.1.2　外迁单位 ·· 225
　　　8.1.3　新建单位 ·· 227
　8.2　需求与空间 ··· 229
　8.3　形态与类型 ··· 231
　8.4　今日的单位空间 ··· 232

  8.4.1 边界与大门 ·· 232
  8.4.2 规模、密度与容积 ·· 234
  8.4.3 功能与建筑 ·· 235
 8.5 明日的"单位大院" ·· 236

第九章 结论 ·· 238
 9.1 关联性结论 ·· 238
 9.2 理论启示 ·· 240
 9.3 本书的主要创新点 ·· 247
 9.4 可能的后续研究 ·· 248

参考文献 ·· 249

附录 A 图表来源 ·· 259

附录 B 参考地图来源 ·· 269

附录 C 193 个单位大院样本目录 ·· 272

附录 D 访谈情况说明 ·· 280

致谢 ·· 281

绪　论

丰富的城市传统和近现代特殊的发展历程孕育了中国城市特殊的物质空间形态。1950年代中国大多数城市经历了一个快速发展期，以南昌为例，1960年年底建成区面积达到46.4 km²[①]，为1949年的5.6倍。仔细考察这一阶段新建部分的城市形态不难发现，单位大院(Danwei Compound)成了控制性构成要素。直至1980年代末，单位大院一直在中国城市空间扩展过程中扮演了主要角色。据不完全统计，1980年代末南昌市主城区[②]约60 km²建成区中，大约有35%的土地面积由占地1 hm²以上的单位大院及其溢出部分构成[③]。这些单位大院之间还镶嵌着为数更多的小型单位大院。单位大院边界明确，一般建有实体围墙，内部整合职、住、休闲活动、生活与社会服务等功能形成混合功能空间体，因此成为一种配置合理、结构稳定的城市空间单元，在城市空间的整体和局部建构中发挥了至关重要的作用。由单位大院构成的城市空间独具特色，呈现出不同于西方城市和中国传统城市的形态特征。

改革开放以来，尤其是1990年代之后，中国绝大多数城市进入了又一个城镇化快速发展期，截至2014年，中国城镇化率已达到54.77%[④]。这一阶段城市化主要以产业结构调整、城市空间增量发展为特征。城市建成区外扩与产业、社会转型相互支撑，紧密关联。一方面，城市外围新增建设用地为"退二进三"的产业转型战略实施提供土地资源，另一方面，工厂外迁或倒闭释放出的原工业用地被植入新的城市功能空间推动了城市产业与社会转型。

---

① 南昌市城乡建设局.当代南昌城市建设：1949—1985[G].南昌：南昌市城市建设局，1990：30.
② 选择研究的南昌主城区范围大致包括：东至青山湖大道，南至昌南大道，西至抚河、赣江东岸，北至富大有路，约60 km²建成区范围。
③ 此数据系根据南昌市地图结合现场调研计算得出。
④ 数据来源：2014公报解读：新型城镇化——经济社会发展的强大引擎[EB/OL].(2015-03-09)[2016-01-21]. http://www.stats.gov.cn/tjsj/sjjd/201503/t20150309_691333.html.

"去单位化"①成为这一阶段单位大院空间发展的主要特征。城市建设外延式发展使原本处于城市边缘的单位大院相继进入城市腹地。社会主义市场经济体制确立,土地、住房和国有企业等制度改革进一步推动了大批单位大院空间瓦解、土地置换和内部分化。城市转型过程中,单位大院边界和内部形态都发生了深刻变化,甚至产生形态裂变。"去单位化"导致新植入的功能空间与单位大院残留空间硬性拼贴(参见第六章),且构成了目前众多城市物质空间的典型形态特征。

事实表明,中国城市在经过外延式和"去单位化"发展后,原有空间秩序被打破,新秩序的建立尚待时日。一方面,老旧城区空间细胞破裂,中微观层面空间结构的整体性被打破;新植入的功能空间与原单位大院残留部分强行拼贴未能建构起新的空间整体性,导致城市空间的碎片化。另一方面,新城区尤其是远离区域中心的地段在中微观层面空间整体性不够,功能不完整的空间单元同质并列;部分空间单元却仍然表现出明显的单位大院特征(参见第八章);外迁工厂与残留在老旧城区的单位生活区之间一直存在藕断丝连的关系。

物质空间是城市各项机能运行的载体与结果,空间破碎必然导致运行混乱。空间细胞破裂导致单位大院模式下职住靠近的城市空间格局被打破,由此引发了交通、环境和社区活力等问题。单位大院问题将成为今后较长时间内纠结在中国新型城市空间建构中不可回避的问题。如何对待老旧城区已置换单位的残留空间;尚未置换的单位大院下一步如何处置;如何缝合单位大院残留空间与新植入空间之间的裂痕,并与周边城市空间共同建构新的空间整体性;如何看待新城区建设中的种种单位大院现象;等等;大量现实问题需深入思考与解决。

问题出现在中国特定环境背景下特殊的城镇化进程中,目前国内外城市规划与设计方面尚未形成能够有效解决相关问题的理论与方法,尽管 1990 年代以来,可持续发展观念已在城市建筑领域达成共识。在节约土地资源和减少城市碳排放等目标的指引下,紧缩城市②(Compact City)和城市"精明增长"(Smart Growth)、"新城市主义"(the New Urbanism)理论方法③的探讨与实践逐渐吸引了各国政界和学界的关注。就在西方学者们从设计层面大力倡导紧凑、密度、多样化、混合用地和绿色交通等概念与引导性原则时,中国以单位大院(Danwei Compound)为单元构成的城市空间被认为与上述要求的许

---

① "去单位化"指单位制度及其相应的空间与社会表现在市场化、城市化和全球化等改革开放力量的形塑下逐渐解体、重构的过程,该过程是单位特色日渐模糊,单位作用趋向消退和隐性化的过程。柴彦威,刘天宝,塔娜,等.中国城市单位制研究的一个新框架[J].人文地理,2013(4):4.
② [英]迈克·詹克斯,伊丽莎白·伯顿,凯蒂·威廉姆斯.紧缩城市:一种可持续发展的城市形态[M].周玉鹏,龙洋,楚先锋,译.北京:中国建筑工业出版社,2004.
③ [加]吉尔·格兰特.良好社区规划:新城市主义的理论与实践[M].叶齐茂,倪晓晖,译.北京:中国建筑工业出版社,2010.

多方面不谋而合，如功能混合、职住靠近并形成良好社区等，而由其构成的城市物质空间则整体呈现出"分散化的集中"①形态特征，从而有效地减少了城市居民出行量，故近年来被一些学者认为是一种低碳城市空间模式②③④。

单位大院形态的本质特征到底是什么？单位大院中职住靠近、用地混合等特征是在何种背景下产生并得到推广？其形成机制如何？相关经验能否在当下转型期中国城市建设中加以借鉴？……

单位大院构成的城市物质空间留给大家太多疑问与思考空间。寻求答案的意义不仅在于帮助认识和理解中国的城市形态，也可为当下中国的新型城镇化道路辨明方向并提供理论支撑与行动依据，还可能为国际范围内可持续城市形态理论与实践研究做出贡献。

0.1 相关概念

0.1.1 单位和单位大院相关概念

0.1.1.1 单位、单位制与单位现象

（1）单位

尽管人们对"单位"（Danwei）这一概念指代的对象比较熟悉，但对于单位的定义却难以取得统一，一方面与不同学科领域学者关注的侧重点不同有关，另一方面也与没有正确区分"单位制""单位现象"等衍生概念有关⑤。

简单地说，广义的单位就是指工作单位（work unit），它可以不分国籍、制度、规模和年代等。但狭义的单位（Danwei）特指 1949 年以后在中国城市中建立起来的全民所有制和集体所有制性质的工作单位，它们包括机关行政、企业和事业单位三种类型，据此，农村与城市中的各种私有制机构一般不认为是单位⑥⑦。因考虑单位在中国社会发展中起到了特殊而重大的作用，且其内涵远超过其他国家工作单位（work unit）的意义，因此，学

---

① ［英］迈克·詹克斯，伊丽莎白·伯顿，凯蒂·威廉姆斯. 紧缩城市：一种可持续发展的城市形态［M］. 周玉鹏，龙洋，楚先锋，译. 北京：中国建筑工业出版社，2004.
② Gu K. Urban Morphology of the Chinese City: Cases from Hainan［D］. Waterloo, Ontario: University of Waterloo, 2002.
③ 柴彦威，张艳. 应对全球气候变化，重新审视中国城市单位社区［J］. 国际城市规划，2010(1)：20-23.
④ 陈锦富，朱小玉，任丽娟. 从低碳校园到低碳街区——以华中科技大学校园空间变迁为例［J］. 中国园林，2011(4)：74-77.
⑤ 刘建军. 单位中国：社会调控体系重构中的个人、组织与国家［M］. 天津：天津人民出版社，2000：39.
⑥ 李猛，周飞舟，李康. 单位：制度化组织的内部机制［J］. 中国社会科学季刊（香港），1996，秋季卷(16).
⑦ 刘建军. 单位中国：社会调控体系重构中的个人、组织与国家［M］. 天津：天津人民出版社，2000：42.

者们直接采用 Danwei 作为其英文代名词。

中国现代意义上的"单位"形成于民国时期(参见 2.2.2),且与中国传统的空间经验具有一定历史渊源①。单位的最大特点在于其不仅提供给职工就业场所,而且提供给单位成员及其家属住宅和其他一些福利设施②。一般认为,单位具有功能多元、行政级别、非独立性和公有制四个社会特征。③

总体而言,计划经济时期,单位成为中国各种社会组织普遍采用的一种特殊的组织形式,是中国政治、经济和社会体制的基础④,也是中国政治、经济和社会结构的基本构成细胞和运行单元⑤。国家政令下达、资源配置、生产组织、社会管理与服务、社会活动和生活组织等等都依赖单位得以实现。

尽管改革开放后单位在整个政治、经济和社会结构中所占比重不断下降,单位所起的作用也逐渐弱化,但迄今为止,中国仍然存在着大量单位的组织形式,它们还直接影响着很多人的工作与生活。

(2) 单位制(Danwei System)

单位制是单位制度或单位体制的简称⑥,是中国在新中国成立后现代化进程中诞生的由一个个单位建构起来的社会调控体系⑦⑧。单位体制迎合了中国在社会资源总量不足的状态下实现现代化的战略需要,中国正是依靠这种国家高度统合的制度形式,确立了现代化的政治、经济和社会体系。对国家而言,单位是当代中国政治体系的最坚实的支撑者和巩固者;对个人而言,单位又是个人社会化及其价值实现的唯一渠道。单位体制的成型与确立,是中国对这一超大型社会进行有效调控的制度化的成果。⑨

(3) 单位现象(Danwei phenomenon)

由单位和单位制所引发出来的一系列问题的综合表征,如单位意识、单位空间、单位大院等,尤为重要的是,所有这些问题都是以单位为原点而展开的⑩。

---

① [澳]薄大伟.单位的前世今生:中国城市的社会空间与治理[M].柴彦威,张纯,何宏光,等译.南京:东南大学出版社,2014:17-33.
② 柴彦威.以单位为基础的中国城市内部生活空间结构:兰州市的实证研究[J].地理研究,1996,15(1):30-31.
③ 李汉林,王奋宇,李路路.中国城市社区的整合机制与单位现象[J].管理世界,1994(2):192-193.
④ 路风.单位:一种特殊的社会组织形式[J].中国社会科学,1989(1):71-88.
⑤ 乔永学.北京"单位大院"的历史变迁及其对北京城市空间的影响[J].华中建筑,2004(5):91-95.
⑥ 按照贾高建的观点,制度与体制属于内容与形式的关系,即制度是体现一种社会关系的基本性质规定、基本建构原则,是这些规定和原则的凝结;而体制则是一种社会关系的基本规定和原则的具体实现形式。贾高建.论制度与体制的科学区分及其辩证关系[J].红旗文稿,1999(10):8.
⑦ 百度百科.单位体制.[EB/OL][2016-01-22]. https://baike.baidu.com/item/%E5%8D%95%E4%BD%8D%E4%BD%93%E5%88%B6/1898447?fr=aladdin.
⑧ 刘建军.单位中国:社会调控体系重构中的个人、组织与国家[M].天津:天津人民出版社,2000:48.
⑨ 刘建军.单位中国:社会调控体系重构中的个人、组织与国家[M].天津:天津人民出版社,2000:2,3.
⑩ 刘建军.单位中国:社会调控体系重构中的个人、组织与国家[M].天津:天津人民出版社,2000:48,49.

0.1.1.2 院与大院

(1) 院(compound)

院一般指一种由实体边界围合而成的闭合空间类型。院的实体边界可能是围墙、围栏、树篱或建筑等实体要素。边界上设有开口连通院内外空间,院内具有一定比例的建筑物与空地。一般由封闭围墙围合的一块空地不算作"院"。

(2) 大院(large compound)

大院指"院"的尺度规模达到一定的标准。标准的不同往往影响人们对院大小的判断。例如中国古代普通居民的院落式住宅一般不会称为大院,而富贵人家的住处由于占地规模大往往称为大院,例如"乔家大院""王家大院"和"皇宫大院"等等。

0.1.1.3 单位大院、单位空间与单位大院空间

(1) 单位大院(Danwei Compound)

单位大院特指单位的物质空间载体,一般具有明确的边界且以墙体、建筑等实体要素围合,形成封闭内向的院落空间,只通过少数几个大门与城市道路等公共空间联系。单位大院之"大",既指占地规模之大,也指包含的功能空间类型之多。最典型的单位大院一般集中了工作、居住、生活服务、社交活动和社会福利等功能空间。

正如单位在中国城市社会生活中有着极其重要的作用一样,单位大院在中国城市的物质空间建构中也扮演了关键角色。单位大院作为中国计划经济时代城市物质空间的基本构成单元,既是一定时期内城市空间扩展的主要方式(详见第三章的论述),也为中国城市顺利转型释放出不可或缺的土地资源。

广义的单位大院指的是以单位为基础形成的一个个封闭或者半封闭的院子,可以是单一功能的生产型、办公型和居住型大院,也可以是复合上述功能在内的复合功能单位大院。

本书研究的"单位大院",主要指在中国城市形态演变过程中起到重要影响作用的规模较大的复合功能单位大院,大致包括国有大中型企业、医院、省市政府机关、大中专院校和其他大型事业单位等的生产办公和生活居住空间。此外,本书重点关注1949年建立社会主义制度以来,中国城市中大量出现的单位大院,也包括利用1949年之前单位空间基础上发展壮大起来的单位大院。

(2) 单位空间(Danwei space)

单位空间用于统称单位这一组织机构所占据的空间。广义的单位空间包括物质和社会两方面的属性,狭义的单位空间仅强调单位的物质属性,特指单位的物质空间。单位空间是社会科学、地理科学和建筑科学领域学者对单位问题研究均可能涉及的领域,也是开展跨学科研究的主要媒介。

可见,单位大院是单位空间的一种具体表现形式。此外,城市中还存在其他类型的

单位空间,如规模较小的单位空间(可称为"单位小院")、单位大院或单位小院的溢出空间[1],以及中小学校等一些以单位大院形式出现的小型形态斑块等,因规模较小或不具备单位大院的主要形态特征,但属于单位空间。而单位大院内部某一部分空间也可称为单位空间,例如单位大院内部的生产空间、居住空间、生活服务空间等均属于单位空间的范畴。

(3) 单位大院空间

单位大院空间,在宏观层面指由分布在城市空间中的一个个单位大院构成的整体空间,对应英文词为 Danwei Compound space。若将单位大院与城市物质空间相对应,单位大院空间则对应了城市空间的概念。在微观层面,单位大院空间指的是"单位大院的空间",对应英文词为 space of Danwei Compound。

0.1.2 城市空间与城市物质空间形态

(1) 城市空间(urban space)

各学科根据研究对象不同对"城市空间"的界定各有侧重:城市规划界的城市空间主要是城市建成区,包括建筑物和开放区域形态;建筑界则认为城市空间是建筑外部或内部围合的开放空间;而地理界的城市空间主要是从区域层面看城市占有的地域。[2]

本书宏观层面研究的"城市空间"指城市建成区的空间形态,并限定从物质层面加以研究,强调研究对象为物质空间形态,它区别于城市社会空间、城市经济空间、城市政治空间、城市生态空间等其他研究,但同时也不排斥城市空间的多重属性,以及这些不同属性之间的相互影响。

一般而言,城市总体的外在形态常常从规模、几何边界、分散与集中、空间发展的方向及进程等方面描述。

(2) 城市物质空间(urban physical space)

中、微观层面研究对象限定为"城市物质空间",主要关注城市内部物质空间的形态特征与建构问题。城市空间由一系列物质要素构成,各要素本身的形态特征与相互间的组合关系直接决定了城市物质空间的形态特征与品质。一般而论,城市内部的物质空间形态总是自然与人工的交织,并从路网、街区、地块、建筑等角度展开讨论。

0.1.3 形态与城市形态

形态(form)是形态学(Morphology)的基本研究对象,Morphology一词来源于希腊

---

[1] 1980年代后,单位大院内部空间需求激增,导致单位内部空间膨胀,多数单位大院不能满足空间膨胀的需要,最终另择新地解决单位空间发展问题。这部分离开原单位大院新建的单位空间被称为"单位大院溢出空间"。

[2] 段进.城市空间发展论[M].2版.南京:江苏科学技术出版社,2006:28.

语 morphe(形)和 logos(逻辑),意指形式的构成逻辑①。可见,形态有别于形状(shape)的概念,既包括事物外在的表征状态,也包括各部分的组织方式。形态的概念(morphological concepts)包含两点重要思路②:

一是从局部(components)到整体(wholeness)的分析过程。复杂的整体被认为是由特定的简单元素构成,从局部到整体的分析方法是合适的途径,并可以达到最终的客观结论。

二是强调客观事物的演变过程(evolution)。事物的存在有其时间意义上的关系(chain of being),历史的方法可以帮助理解研究对象包括过去、现在和未来在内的完整的序列关系。

城市形态(urban form)则是指将城市作为有机体,分析其构成与发展机制。自从19世纪初期,地理、人文和建筑学者开始引入"形态"概念以来,形态一直是城市地理学、建筑学和城市规划以及城市历史和考古等多个学科研究的重要领域之一。城市形态有广义和狭义之分:广义的城市形态研究包括社会形态和物质环境形态两个方面;狭义的城市形态指的是城市各组成部分的物质形态和空间特征。本书谈到的城市形态主要就其狭义而言。

城市形态研究一般强调对城市外在物质形态的研究,尤其以城镇平面分析(town plan analysis)为其主要特点,强调对城市平面形态的大比例尺研究、类型学(Typology)和形态发生学(Morphogenesis)分析等③。城市形态的研究方法可以分为城市历史研究、城镇平面分析、城市功能结构理论(theories of urban functional structure)、政治经济学的方法(political economy analysis)、环境行为研究(environmental behavior studies)、建筑学的方法(architectural approaches)和空间形态研究(space morphology studies)④。

城市物质空间形态(urban physical spatial form)研究主要从建筑学和城市设计学科出发,研究城市内部各组成部分及其相互关系的城市内部空间结构。在类型形态学(即基于建筑学背景的城市形态研究)研究领域,研究者大多受到结构主义思想的影响,在这个语境中,形态指的是那些组合规则,即使诸单位的邻接显得不只是偶然的东西,因此urban form 在此基本属于"城市肌理"这一层面,指的是城市局部要素的组合规则(类型形态学)。本书所研究的"城市形态"主要对应于这一含义,故采用"城市物质空间形态"一词,既区别于外在物质形态研究为主的城市形态研究,也强调其形态结构研究的本质。

---

① 郑莘,林琳.1990年以来国内城市形态研究述评[J].城市规划,2002(7):59-64.
② 谷凯.城市形态的理论与方法:探索全面与理性的研究框架[J].城市规划,2001(12):36-41.
③ 张蕾.国外城市形态学研究及其启示[J].人文地理,2010(3):91.
④ 谷凯.城市形态的理论与方法:探索全面与理性的研究框架[J].城市规划,2001(12):36-41.

0.1.4 关联性

《现代汉语词典》对"关联"一词的解释为:"事物相互之间发生的牵连作用和影响。"[1] 对"性"的解释应取"在思想、感情等方面的表现"[2],即"表现"的意思。故"关联性"指的是事物相互之间发生牵连作用和影响的表现。

城市中的任何要素都不是孤立的,因此城市形态研究的大部分内容都集中于观察城市物质空间形态要素之间的相互作用方式,解释和理解形态关系的产生过程,探寻人对形态的感知和评价等方面。本书通过单位大院来观察城市物质空间形态,贯穿于宏观至微观的视野层级之间,探讨单位大院与各层级形态要素之间的关联,并解释形态背后的关键成因。

0.2 相关研究

0.2.1 单位研究

国内外学者对单位大院的研究建立在社会科学领域对单位问题研究的基础上,其源头有二:其一,改革开放后中国的单位问题首先引起了海外记者[3]和社会科学领域学者[4][5]的关注;其次,国内学者路风于1989年发表《单位:一种特殊的社会组织形式》[6]一文揭开了国内学者研究单位问题的序幕,此后以中国社会科学院和中国人民大学等单位为代表的一批社会科学领域学者开始了单位问题的研究[7][8]。1990年代上半叶两股力量开始互相影响与交流。

单位的空间问题于1990年代中后期开始吸引人文地理[9]和城市规划[10][11]领域学者的

---

[1] 中国社会科学院语言研究所词典编辑室.现代汉语词典[M].3版.北京:商务印书馆,1996:462.
[2] 中国社会科学院语言研究所词典编辑室.现代汉语词典[M].3版.北京:商务印书馆,1996:1412.
[3] Butterfield F. Getting a Hotel Room in China: You're Nothing Without a Unit[N]. New York Times, 1979-10-31(C17).
[4] Walder A G. Communist Neo-traditionalism: Work and Authority in Chinese Industry[M]. California: University of California Press, 1988.
[5] Bjorklund E M. The Danwei: Socio-spatial Characteristics of Work Units in China's Urban Society[J]. Economic Geography, 1986,62(1): 19-29.
[6] 路风.单位:一种特殊的社会组织形式[J].中国社会科学,1989(1):71-88.
[7] 于显洋.单位意识的社会学分析[J].社会学研究,1991(5):76-81.
[8] 李汉林,王奋宇,李路路.中国城市社区的整合机制与单位现象[J].管理世界,1994(2):192-200.
[9] 柴彦威.以单位为基础的中国城市内部生活空间结构:兰州市的实证研究[J].地理研究,1996,15(1):30-38.
[10] 董卫.城市制度、城市更新与单位社会:市场经济以及当代中国城市制度的变迁[J].建筑学报,1996(12):39-43.
[11] Gu K. Urban Morphology of the Chinese City: Cases from Hainan[D]. Waterloo, Ontario: University of Waterloo, 2002.

关注,且于2000年代中期开始掀起一阵研究热潮并一直延续至今。总体而言,国内外关于单位问题的研究大致可分为三个阶段:

(1) 社会维度研究阶段(改革开放初期—1990年代)

单位问题社会维度的研究成果主要来自社会科学领域,以揭示单位的定义、单位组织机构、制度的起源、特点、功能与运行,以及单位的转型等问题为主[①②③]。1990年代中期,单位问题开始引起国内城市规划和人文地理学领域有关学者的关注:董卫从城市制度层面研究单位社会的形成及其更新等问题,其中涉及单位社会的形态特征描述[④];柴彦威在研究以单位为基础的城市居民生活圈时,谈到了单位空间的成因,并以兰州为例分析了单位空间的分布形态特点[⑤]。

(2) 社会与空间维度交叉研究阶段(2000年以来)

2000年代初期开始,中国单位问题再次引起国内外社会学、地理学、城市规划以及城市建筑学等领域学者的兴趣,并在2000年代中期至今掀起新的研究热潮,也取得了一批有影响力的成果。

首先,社会学领域一些学者开始运用福柯(Michel Foucault)、列斐伏尔(Henri Lefebvre)等的空间政治学理论与方法来分析中国的单位现象,从就制度论制度转向对单位空间实践等问题的研究[⑥⑦]。

其次,人文地理学领域的学者开始对某些单位大院的空间变化展开历时性定量研究,并进一步关注单位社区内部的社会变化等问题[⑧⑨⑩]。

再次,城市规划领域学者开始研究单位大院空间形态的成因、特点、历史变迁、形变

---

① Lü X B, Perry E J. Danwei: The Changing Chinese Workplace in Historical and Comparative Perspective[M]. New York, London: M. E. Sharpe, 1997.
② 路风. 中国单位制的起源与形成[J]. 中国社会科学季刊(香港),1993(4):66-87.
③ 李汉林,王奋宇,李路路. 中国城市社区的整合机制与单位现象[J]. 管理世界,1994(2):192-200.
④ 董卫. 城市制度、城市更新与单位社会——市场经济以及当代中国城市制度的变迁[J]. 建筑学报,1996(12):39-43.
⑤ 柴彦威. 以单位为基础的中国城市内部生活空间结构:兰州市的实证研究[J]. 地理研究,1996,15(1):30-38.
⑥ Bray D. Social Space and Governance in Urban China: The Danwei System from Origin to Reform[M]. Stanford: Stanford University Press, 2005.
⑦ Lu D F. Building the Chinese Work Units: Modernity, Scarcity and Spaces, 1949—2000[D]. Berkeley: University of California, 2003; Lu D F. Remaking Chinese Urban Form: Modernity, Scarcity and Space, 1949—2005[M]. London, New York: Routledge, 2006.
⑧ 柴彦威,陈零极,张纯. 单位制度变迁:透视中国城市转型的重要视角[J]. 世界地理研究,2007(4):60-69.
⑨ 张艳,柴彦威,周千钧. 中国城市单位大院的空间性及其变化:北京京棉二厂的案例[J]. 国际城市规划,2009(5):20-27.
⑩ 张纯,柴彦威. 中国城市单位社区的空间演化:空间形态与土地利用[J]. 国际城市规划,2009(5):28-32.

与转型等问题①②③④⑤,并对转型期单位大院形态变化给城市空间带来的影响等方面表现出兴趣⑥。

最后,城市建筑学领域一些学者开始从中观层面入手,研究单位大院及其集中地段的城市物质空间形态特点与演变问题⑦⑧。

(3) 单位大院视角的城市空间重构问题的提出阶段(2010年至今)

2010年后,关于单位大院问题的研究呈现出将单位大院解体与城市空间重构问题紧密结合的趋势。如此转型的背景主要有:经过前一阶段自上而下去单位化的城市空间转型后,出现了空间单元瓦解带来的空间破碎化、职住分离导致的交通量增加、增量发展向存量发展转变带来了对残留单位空间更新问题的进一步思考,以及新区建设中的新单位主义现象的出现等。这使得单位问题的研究价值得以拓展,并将单位空间问题的研究推向一个新的高度。

代表性的成果有:柴彦威团队分析了分区制和单位制两种社区模式,提出职住接近的单位制是较为先进的城市空间组织模式⑨;陈锦富等人通过1990年代体制改革后华中科技大学教职工出行方式变化的定量研究,得出传统单位大院式街区空间结构为人们选择低碳的交通出行方式创造了必要的空间组织条件⑩。此外,柴彦威团队从城市空间组织模式转型和"再单位化"的角度,做出借鉴单位的空间组织思想形成新单位主义的空间思想的呼吁⑪,并在2013年形成整合单位的制度性、空间性、社会性和实践性四个视角建构的一个新研究框架⑫,其中针对社会转型后出现的社会结构失衡、社会空间隔离等问题,提出了对单位大院及其在城市中的分布规律,以及单位大院与城市二次转型中空间重构等问题的关联性研究。而张姚钰、陈超则以南京老城西北片区为例对新时期单位大

---

① 任绍斌. 单位大院与城市用地空间整合的探讨[J]. 规划师,2002(11):60-63.
② 乔永学. 北京"单位大院"的历史变迁及其对北京城市空间的影响[J]. 华中建筑,2004(5):91-95.
③ 张帆. 社会转型期的单位大院形态演变、问题及对策研究——以北京市为例[D]. 南京:东南大学,2004.
④ Lu D F. Remaking Chinese Urban Form: Modernity, Scarcity and Space, 1949—2005[M]. London, New York: Routledge, 2006.
⑤ 梁江,孙晖. 模式与动因:中国城市中心区的形态演变[M]. 北京:中国建筑工业出版社,2007.
⑥ 王乐. 单位大院形态演变模式及其对城市空间的影响[D]. 大连:大连理工大学,2010.
⑦ 陆翔. 北京:院城——单位体制下的城市空间格局[D]. 北京:北京大学,2003.
⑧ 李晨,韩冬青. 单位大院集中地段空间形态的演变——以南昌八一广场周边地段为例[J]. 城市问题,2011(6):30-36.
⑨ 柴彦威,张艳. 应对全球气候变化,重新审视中国城市单位社区[J]. 国际城市规划,2010(1):20-23.
⑩ 陈锦富,朱小玉,任丽娟. 从低碳校园到低碳街区——以华中科技大学校园空间变迁为例[J]. 中国园林,2011(4):74-77.
⑪ 柴彦威,肖作鹏,张艳. 中国城市空间组织与规划转型的单位视角[J]. 城市规划学刊,2011(6):28-35.
⑫ 柴彦威,刘天宝,塔娜,等. 中国城市单位制研究的一个新框架[J]. 人文地理,2013(4):1-6.

院视角下的城市空间重构进行实证研究①。

由此看来，当前国内外对于中国单位问题的研究主要呈现出如下发展趋势：首先，各学科领域的研究均呈现出对单位社会维度和空间维度的交叉研究；其次，各学科领域越来越重视以案例为基础的实证性研究；再次，学者们开始关注单位大院建构的城市空间在可持续发展与城市空间重构方面的优势和潜力；最后，开始思考以单位大院为视角来考察城市空间形态重构问题。

总体而言，国内外关于单位空间问题研究的特点与存在的问题如下：

首先，现有成果对单位及其空间的起源、发展、形变及其机制等问题展开了深入研究，为今后研究单位及其物质空间问题奠定良好基础。

其次，社会科学领域的研究主要从组织机构和制度层面揭示单位的定义、起源、特点、功能与运行，以及单位的转型等问题，即使有涉及单位空间，也是通过研究单位空间的产生与形变揭示背后的人文社会问题。

最后，目前城市设计领域针对城市中的某些单位大院或者城市街区、地段开展了案例研究，但未见立足整个城区，涵盖城市内部宏观、中观、微观各个环境层级，以单位大院为视角对中国城市物质空间形态展开系统而深入的案例研究成果，故无法缝合相关研究在城市物质空间形态梯级关系上存在的断裂和失衡，现有相关成果无法为下一阶段城市空间的更新与重构提供有效的城市设计理论与方法的支持。

0.2.2 南昌城市形态研究

关于南昌城市形态的研究工作起步较晚，少量有参考价值的文献也主要分布在南昌城市的发展变迁、城市建设与宏观的城市空间形态等方面。

改革开放后，文物界的学者首先研究了古代南昌城的变迁与发展问题②③，早期文献主要集中在城市建设历程梳理与现状介绍方面，少量涉及南昌城市空间格局与形态的描述。其中，最重要的成果有1980年代中期为了配合《当代中国》丛书的编撰而整理出版的《当代南昌的城市建设》④《南昌市城市建设志》⑤《当代江西的城市建设》⑥和《当代中国的江西》⑦等文献。它们为本书研究过程中了解1949年后南昌城市的发展脉络提供了可贵的基础性资料。而2000年后一些关于南昌城市历史、城市建设等方面的成果也成为

---

① 张姚钰,陈超.新时期单位大院视角下的城市空间重构研究——以南京老城西北片区为例[C]//新常态:传承与变革——2015中国城市规划年会论文集,2015.
② 彭适凡.古代南昌城的变迁与发展概述[J].江西历史文物,1980(1):15-23.
③ 张琳,王咨臣,彭适凡.南昌史话[M].南昌:江西人民出版社,1980.
④ 南昌市城乡建设局.当代南昌城市建设:1949—1985[G].南昌:南昌市城乡建设局,1990.
⑤ 南昌市城乡建设局.南昌市城市建设志[G].南昌:南昌市城乡建设局,1992.
⑥ 江西省城乡建设环境保护厅.当代江西城市建设:1949—1983[M].南昌:江西科学技术出版社,1987.
⑦ 《当代中国》丛书编辑委员会.当代中国的江西:下[M].北京:当代中国出版社,1991.

有益的补充,如《豫章遗韵》①《南昌城市建设大观》②等。

专门对南昌城市形态进行研究的成果主要为江西师范大学经济地理学领域的两篇硕士学位论文。从研究对象和内容看,它们主要还是停留在宏观层面的城市形态演变与城市空间结构形态的研究。如庄检平在梳理南昌市自建成以来约2 200年的城市变迁概况的基础上,总结了南昌城市形态的演变轨迹,并以2004年南昌行政区范围为研究对象,用分形理论研究了南昌市1905—2002年间城市形态和土地利用结构的演化特征③。杨贤房则分析了1980年代以来南昌城市空间结构形态演变情况,并从工业、居住用地两个主要功能空间的演变和人口空间变化两个方面入手,总结了城市空间结构演变的特征、动力机制等,研究的指向在于对南昌城市空间结构形态调整和空间管制提出建议④。以上成果无论是学科背景、目标指向,还是研究方法、研究对象和内容,均与本书相差较远。但是,上述成果分别对南昌自建立城市以来以及1980年以后的城市形态演变脉络进行了不同程度的梳理,对本书的研究有一定的参考价值。

此外,1960年代、1980年代和2000年代三个版本的江西省地图集⑤⑥⑦中包含了自1905年至2007年多个时期的南昌城市地图,基本上能够反映南昌城市空间外延生长情况,而散布在互联网各网站上的南昌城区历史地图成为上述地图集有益的补充,从而为了解百年来南昌城区的空间变化情况提供了基础资料,如空愁士的博客⑧。

0.3 关于本书

本书以单位大院为视角,选择南昌作为案例城市展开实证研究,通过解析单位大院与城市物质空间的结构性关联揭示了中国城市物质空间形态的构成特点与规律。

南昌始建于公元前201年,是江西的省会城市,迄今已有2 200多年建城史。它历经了封建、民国、计划经济以及市场经济四个发展期,每个时期都留下了比较明显的形态痕迹。1954年6月"第一次全国城市建设会议"确定南昌为14个"可以局部扩建的城市"⑨之一。这类城市的特点是"市内新建了工厂,但项目数量不多,随着国家工业建设的开展,可以局部扩建"。加之"一五"期间苏联帮助中国建设的"156"个工业项目中"南昌飞

---

① 程维.豫章遗韵:从老照片看南昌[M].南昌:江西人民出版社,2001.
② 甘钧.南昌城市建设大观[M].北京:华夏出版社,2008.
③ 庄检平.南昌市城市形态研究——基于分形理论[D].南昌:江西师范大学,2007.
④ 杨贤房.南昌城市形态演变研究[D].南昌:江西师范大学,2008.
⑤ 江西省地图编辑委员会.中华人民共和国江西省地图集[G].南昌:江西省地图编辑委员会,1963.
⑥ 江西省测绘局.江西省地图集[G].南昌:江西省测绘局,1988.
⑦ 《江西省地图集》编纂委员会.江西省地图集[M].北京:中国地图出版社,2008.
⑧ 空愁士的博客:http://blog.sina.com.cn/kcj.
⑨ 《当代中国》丛书编辑委员会.当代中国的城市建设[M].北京:中国社会科学出版社,1990:43-44.

机修理厂"落户南昌,使得南昌主城区的单位空间建设发展历程比较完整,城市建设发展轨迹具有代表性,也使得今天的城市版图中留存有不同历史阶段形成的典型样本,为研究提供了很好的载体。

本书划定 1980 年代南昌主城区约 60 km² 的建成区作为主要研究范围(图 0-1),大致包括以西边象湖、抚河和赣江东岸,北边富大有路,东边青山湖大道、城南大道,南边昌南大道为边界围合而成的城市建成区。该区域内包括了以南昌老城①为中心形成的旧城中心区②和城北地区,以及城东和城南片区的部分区域,基本涵盖了1980年代末之前南昌主城建成区范围。但在论及单位大院更新与发展问题时,又将视野扩展至新城区范围以考察某些具有单位大院特征的形态斑块。从时间维度看,本书研究对象主要是1949年至1980年代之间形成并在2000年前后现实存在的单位大院(其中包括少量1990年代形成的单位大院),以及它们所处的城市地段。仅在论及单位大院更新与发展问题时,将新城区某些具有单位大院特征的形态斑块列为研究对象。

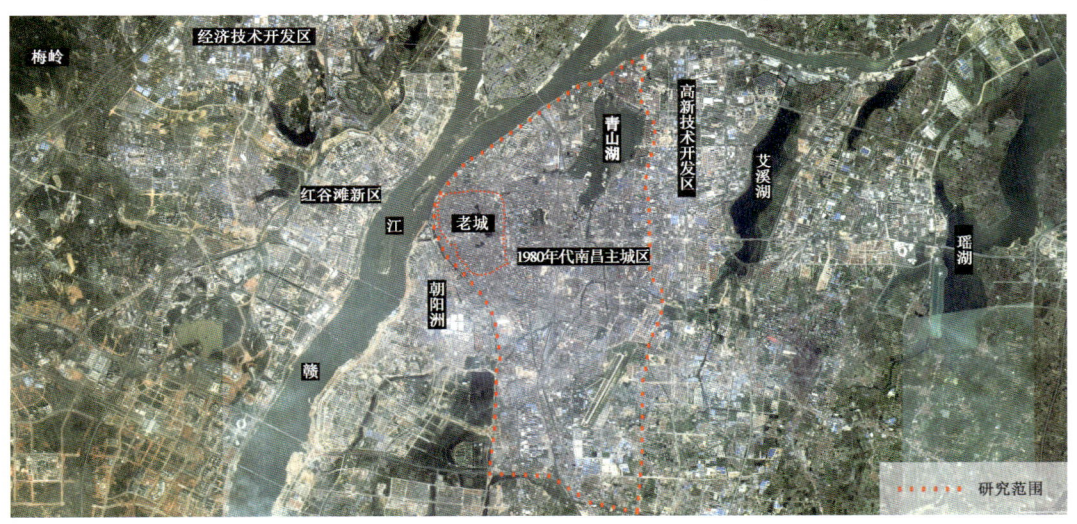

图 0-1　研究范围示意

本书通过地图阅读、实地走访和史志文献查阅等对南昌主城区范围内 1940 年代至 1990 年代初期新建的单位进行统计,内容包括:单位名称、具体位置、始建年代、占地规模、功能性质、形态类型等(参见第一章)。在此基础上,剔除部分规模太小,以及信息不全导致无法进行案例研究的单位空间后,获得 193 个单位空间样本。样本确定尽量考虑

---

① "南昌老城"特指 1926 年后拆除城墙形成的阳明路、八一大道、永叔路、船山路、榕门路所围合的城市区域。
② "南昌旧城中心区"特指由洪都大道、解放西路、洪城路、抚河中大道、抚河北大道、赣江北大道所围合,包含老城在内的城市区域。

覆盖各种区位、年代、规模、功能和形态类型,且保证各类型均有一定数量,具体分布情况见图0-2。

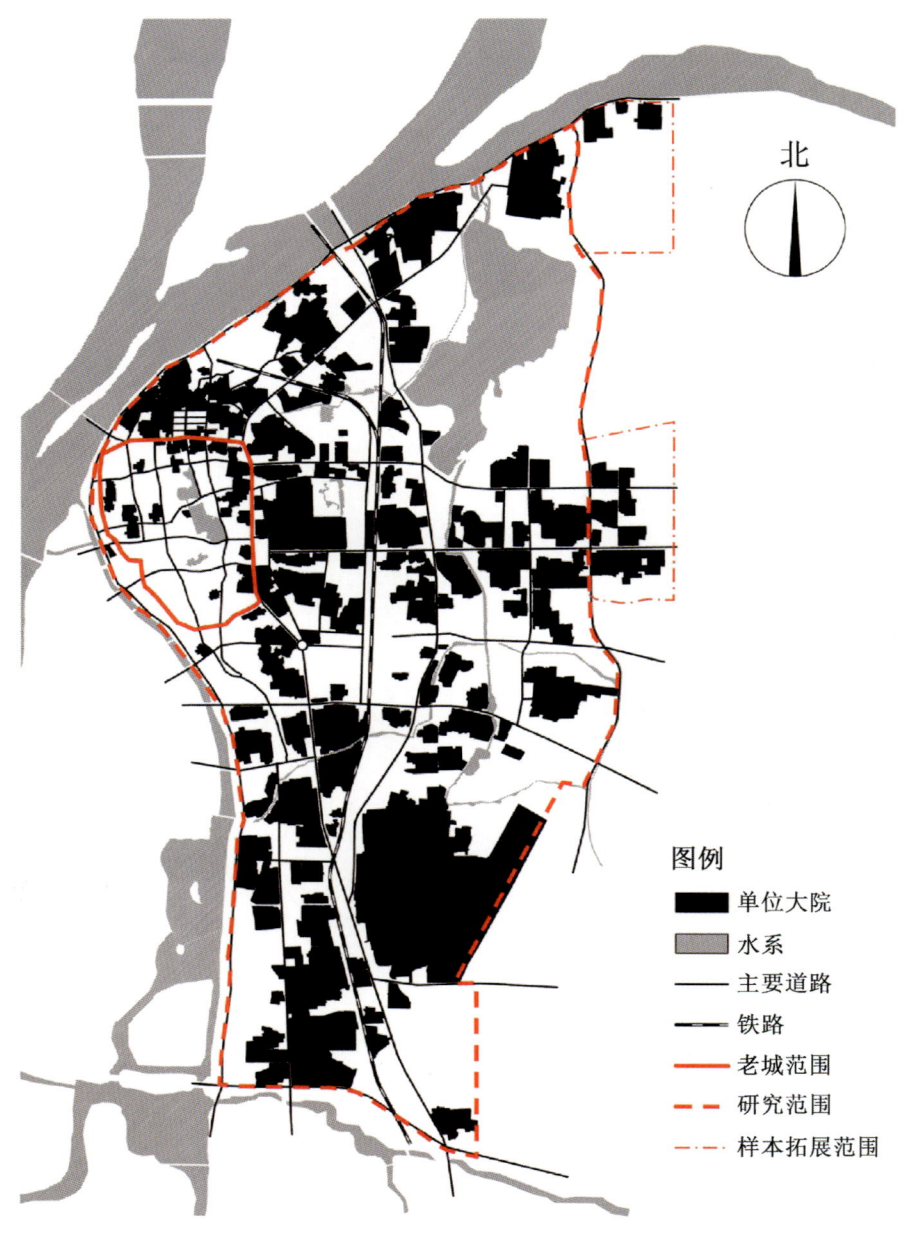

图0-2 193个样本单位分布情况

本书以单位大院与城市物质空间形态的关联性为核心关注点,建构了三维立体形态

分析框架,主要表现为三个层次:

第一层次:整体架构突出以时间为主线的演进式研究框架。首先论及单位大院及其缘起,紧接着解析单位大院与城市物质空间之间的形态关联,最后通过与单位大院更新与发展相关的命题来揭示两者的关联性。"缘起—关联—更新"呈现出较为明显的时间脉络,分别构成了本书三个部分的主题,以"篇"命名。

第二层次:各篇中"章"的组织,仍然按照研究目的与对象的差异来建构分析框架。"缘起篇"包括单位大院空间的缘起和单位大院自身的形态特征解析,后者可视为研究问题的缘起,即因为有单位大院存在才导致了单位大院与城市物质空间形态关联性问题的出现。鉴于两者间的结构关联性属于整体性的,因此"关联篇"采用空间为主线,从宏观、中观和微观三个空间层级建构分析框架。"更新篇"三章的主题分别为"更新""规划"和"展望",大致也按时间脉络展开。

第三层次:包含各章中研究内容的组织,具体如下:

"缘起篇"包括第一、二 2 章。

第一章"单位大院类型与形态解析"从类型和物质空间形态解析两方面入手来认知研究对象。重点在于以形态的结构—类型与要素为脉络建构分析框架,主要包括单位大院的功能、形态、规模、组合和区位分类研究,以及单位大院构成要素的形态特点分析。

第二章"南昌单位大院空间缘起"按照时间脉络进行梳理,以展示单位大院空间形成的历史过程。参考社会科学领域关于单位起源、发展与转型问题的研究成果,并结合当代中国和南昌城市建设资料建构分析框架。

"关联篇"包括第三、四、五 3 章。

第三章"宏观层面:单位大院与城市空间发展"从宏观层面揭示单位大院与城市空间发展的正相关联性。鉴于研究对象"城市空间发展"的动态属性,该部分以时间脉络为主线,对始建于不同时期单位大院的区位特征、功能性质、规模特征、形态类型,以及该时期城市空间的变化进行图示呈现,进而通过叠图方式揭示两者之间的正相关联性。

第四章"中观层面:单位大院与城市物质空间形态组织"以"结构—类型"分析方法,以"路网格局""斑块形态"和"空间组织模式"三种结构性要素建构分析框架,考察单位大院与不同类型空间结构与要素之间如何交互影响的形态关联,并以形态图示方式加以呈现。

鉴于单位大院对城市公共空间的层级与层次,以及具体公共空间的建构均形成了影响,因此第五章"微观层面:单位大院与城市公共空间建构"以公共空间的系统与类型为主线,分别考察单位大院影响下城市公共空间的层级与层次问题,以及单位大院与广场、街道、公园绿地和公共服务设施等不同类型公共空间互为图底的形态关系。其中包含了对人的活动与感知方面的分析和空间界面分析等。

最后 3 章内容均与单位大院及城市物质空间的更新、发展有关，一并归入"更新篇"。

近 20 年来，单位大院与老旧城区的城市物质空间更新问题属一体之两面。单位大院转型更新释放出的空间与土地，同时满足了城市转型更新植入新功能的需要。第六章"单位大院更新与城市物质空间形态"将视野转向单位大院的更新问题。本章仍然以类型为主线建构分析框架，在总结近 20 年来单位大院更新模式的基础上，进一步探究以不同模式完成转型更新的单位大院与城市物质空间形成的相互影响。

如果说已经转型更新的单位大院属刚刚过去的一幕，那么城市控制性详细规划则很可能暗藏着即将面临转型更新的单位大院。第七章"城市控制性详细规划中的单位大院"将研究视野转向老旧城区现行的控制性详细规划，观察规划路网、土地功能性质、空间格局、绿地系统等与现状单位大院和已更新单位大院之间的重叠关系。一方面分析规划的落实情况及其原因，另一方面分析单位大院转型更新对城市形态建构的潜力，进而揭示单位大院在城市物质空间转型与重构中的作用。

第八章"明日的'单位大院'"系对单位大院今后的存亡与发展做出认识上的思辨。本章从现象出发，提出需求与空间的平衡是城市空间整体性建构的重要问题，也是城市空间自组织的结果。而单位大院是一种承载了中国传统空间经验的形态单元类型，是集体无意识的产物，也是城市自组织的结果。如今新城区云集的一批新单位空间，不管是老旧城区的外迁单位还是新建单位，均表现出职住靠近并设置基本服务设施的形态特征。因此推断单位大院不会也不应该消亡，而会以一种类型变形的方式仍然广泛存在于今后的城市空间当中。

第一篇
缘起篇

第一章
单位大院类型与形态解析

单位大院的分类与单位的分类密切相关,柴彦威曾依据职能将单位分为9类,并按所属关系和所有制形式及规模又分为4个层次;同时还提出根据除办公设施之外的居住设施、生活设施和福利设施的配备情况将单位分为自己完备型单位、外部弱依存型单位和外部强依存型单位3类[①],其分类方式的目的在于研究单位居民的生活空间结构问题。而对单位大院的分类目的在于为下一步的形态解析奠定基础,进而揭示与城市物质空间的相互关系,因此主要从功能、形态构成方式、规模、组合关系和区位等多方面展开。

而对单位大院的形态解析则主要包括构成单位大院物质空间的形态结构要素,如边界、功能构成与分区、入口与交通组织、形态与空间结构、绿地景观、建筑肌理和公共空间等。

本章采取的主要研究方法有分类研究法和形态分析法。

1.1 单位大院的功能类型

单位按照功能性质可分为行政单位、企业单位和事业单位三大类,其中行政单位大院又可进一步细分为党、政、军机关和行政单位;企业单位大院也可再分为工厂、仓储和运输类单位等;而根据各事业单位功能类型的差异也可分为学校、医院、科研院所、体育运动和文化服务类等单位。

研究表明,单位的上述功能性质与单位大院物质空间形态之间并没有严格的一一对应关系,因此依照各种单位大院的功能性质,提炼单位大院的物质空间形态特征,将其分为办公型、生产型、教学型、服务型和生活型五种类型。

---

① 柴彦威. 以单位为基础的中国城市内部生活空间结构:兰州市的实证研究[J]. 地理研究,1996,15(1):30-38.

1.1.1 办公型

办公型单位大院包括党政军机关单位大院(如省委、省府、市委、市府、军区等大院)、一般行政单位大院(如交通厅、老广电、冶金厅、核工业局等大院)、事业单位大院(如纪念馆、博物馆等大院)和一些企业单位大院(如省一建公司、省冶建公司等大院)等[①]。

办公型单位大院的主要建筑为该单位的行政办公楼,一般靠近单位主大门,正对或平行大门布置,且在楼前形成一个类似于广场的礼仪性空间,服务和居住建筑分布在办公建筑的两侧和后部。有2栋以上办公建筑的单位大院,其办公建筑往往集中布置在入口礼仪广场周边,且常形成围合状;单位大院的职工住宅则呈行列式布局,其以南北向为主。

不同规模的办公型单位大院形态特征有显著差异,但基本的空间构成方式以1栋以上的办公建筑为核心,周边分布着职工住宅、生活福利设施以及对外服务设施等。规模不同的办公型单位大院办公建筑、职工住宅以及生活福利设施的数量和规模有较大差别,此外,单位大院用地大小、形状差异及其与城市道路的关系不同都会给单位大院的空间布局带来影响(图1-1)。

本书选取的193个单位大院样本中共有63个办公型单位空间,其占地面积分布在$0.5 \sim 49.1$ hm^2。按占地面积大小将它们平均分成3档[②],分别确定为大、中、小规模办公型单位大院,具体分布情况见表1-1。其中占地面积最大的办公型单位大院为江西省政府大院(简称"省府大院")占地约49.2 hm^2,超出占地面积仅次于它的江西广播电视中心(简称"广电")大院约28 hm^2,因此确定为特大型单位大院。此外,大型单位大院如广电大院,中型如江西省交通厅(简称"交通厅")大院,小型如江西省森林工业局(简称"森工局")大院。

表1-1 办公型单位大院规模分布状况

规模类型	特大型 (占地约49 hm^2)	大型1/3 (大于等于3.5 hm^2)	中型1/3 (1.6~3.5 hm^2)	小型1/3 (<1.6 hm^2)	合计
数量(个)	1	18	23	21	63

---

① 单位大院简称请参照附录C。
② 单位大院规模分类方法:按照各功能类型单位大院总数除以"3",然后观察分界点单位大院的占地面积数值,按照方便区分的原则进行数量上的调整;各功能类型中规模最大者,如其占地面积超过排名第二的2倍以上,认定为特大型单位大院。以下各功能类型单位大院规模分类依照此方法。

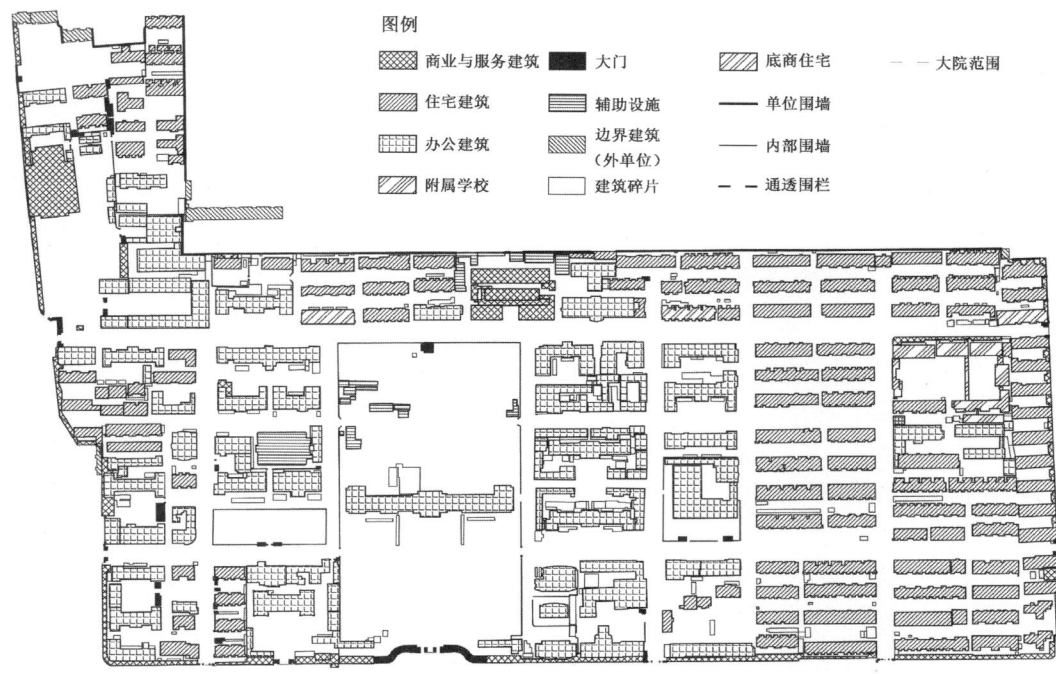

(a) 某特大型办公型单位大院（占地约49 hm²）

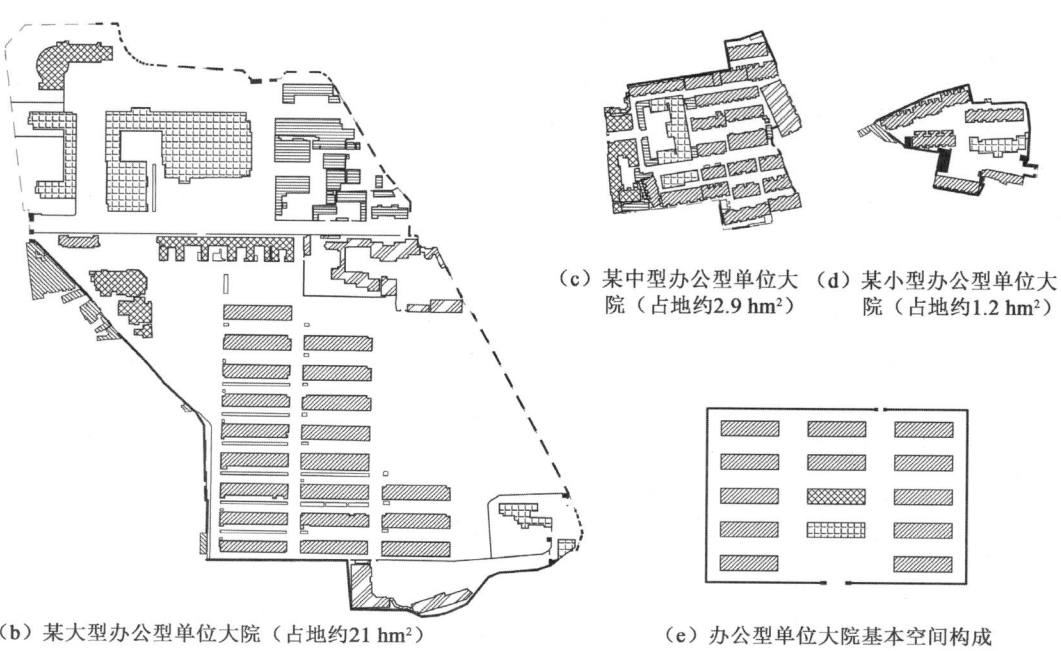

(b) 某大型办公型单位大院（占地约21 hm²）

(c) 某中型办公型单位大院（占地约2.9 hm²）

(d) 某小型办公型单位大院（占地约1.2 hm²）

(e) 办公型单位大院基本空间构成

图1-1 办公型单位大院空间构成

1.1.2 生产型

生产型单位大院主要指工厂和仓储类单位大院。因各生产单位所处的区位、规模与生产性质等差别较大,故生产型单位大院的空间构成形式也有很大差异。但从基本空间构成上看,它比办公型单位大院多一个生产区,单位的行政办公楼一般位于生产区主入口附近,并形成厂前区。生产区与生活区大致有 3 种空间关系:①毗邻并置且以围墙或建筑严格区分;②被城市道路分隔成两个相对独立的空间;③合并形成一个大院空间,两者由厂区主要道路分隔。生产型单位大院,尤其是工厂单位大院往往生活服务设施齐备,一般都会有幼儿园、子弟学校、医务所、食堂、浴室、礼堂(俱乐部)和运动设施等。生活服务设施一般位于生活区主入口附近;学校、幼儿园等则往往位于生活区内部较为僻静之处(图 1-2)。大院内部住宅建筑一般取南北向,呈行列式布局;生产建筑往往与住宅确定的坐标系平行或垂直。

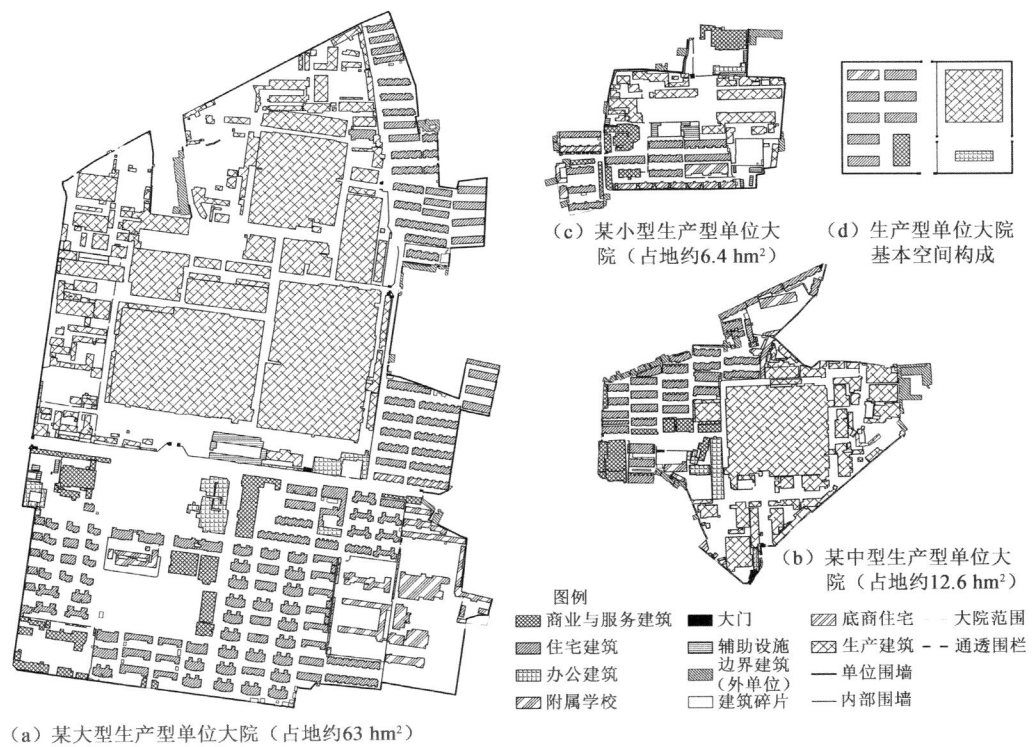

(a) 某大型生产型单位大院(占地约63 hm²)
(b) 某中型生产型单位大院(占地约12.6 hm²)
(c) 某小型生产型单位大院(占地约6.4 hm²)
(d) 生产型单位大院基本空间构成

图 1-2 生产型单位大院空间构成

本书选择的 76 个生产型单位空间样本中有 2 个因其本身及周边相邻地块空间形态改变过大,在收集资料的基础上难以识别其边界,剩余 74 个生产型单位空间占地面积分布在 1.2～404.2 hm²。按占地面积大小将它们分成 3 档,分别确定为大、中、小规模生产型单位大院,具体分布情况见表 1-2。其中城南的洪都机械厂(简称"洪都")大院占地面积高达 404.2 hm²,确定为特大型单位大院。大型的如排名第 2 至第 7 的江西棉纺织印染厂(简称"江纺")大院占地约 78.2 hm²、南昌电厂(简称"电厂")大院占地约 49.5 hm²、江西造纸厂(简称"江纸")大院占地约 44.1 hm²、江西化工石油机械厂(后与江西锅炉厂联合组建江联能源环保股份有限公司,后更名为江联重工集团,简称"江联")大院占地约 42 hm² 和江西拖拉机制造厂(简称"江拖")大院占地约 36.7 hm²、洪都钢厂(简称"洪钢")大院占地约 24.9 hm²;中型如江西涤纶厂(简称"涤纶厂")大院、核工业 260 厂(简称"206 厂")大院、邮电部江西鸿雁摩托车厂(简称"鸿雁")大院和江西制药厂(简称"制药厂")大院、江西阀门总厂(简称"阀门厂")大院等;小型如江西电子仪器厂(简称"电子仪器厂")大院、南昌玻璃厂(简称"玻璃厂")大院、南昌塑料八厂(简称"塑八厂")大院和江中制药厂(简称"江中")大院等。

2000 年后,南昌主城区绝大多数生产型单位空间的生产区均被置换,原生产空间被房地产开发项目取代(参见第六章)。

表 1-2　生产型单位大院规模分布状况

规模类型	特大型 (占地约 404 hm²)	大型 1/3 (大于等于 13 hm²)	中型 1/3 (6.5～13 hm²)	小型 1/3 (<6.5 hm²)	合计
数量(个)	1	24	26	25	76

1.1.3　教学型

教学型单位大院是由绝大多数的大中专院校和中小学校形成的大院,此外将江西省体育局(简称"体委")大院也包含在内,主要考虑其与教学型单位大院在空间构成上有诸多类似之处,大院内部也包含了两个体校。

教学型单位大院的具体形态与学校性质有关,即高等院校,大、中专院校和中、小学校等形成的单位大院在空间规模与内部构成要素方面均有较大区别,尤其是前三类和后两类空间形态区别明显。但从基本空间构成上看,都包括教学区、运动区和职工生活区、学生生活区等。教学型单位大院的主入口一般设在教学区,并以此组织尺度较大的礼仪性广场,广场周边分布着主要教学楼、图书馆、行政办公楼等建筑物,运动区一般位于学生生活区与教学区之间,而职工生活区往往位于教学区一侧。教学型单位大院因包含了礼仪性广场、运动场地和园林绿地等开敞空间,故总平面图上一般呈现出建筑物围绕 2 个以上尺度较大的室外空间布置的形态特征。大院内居住和教学建筑一般取南北朝向,教学类建筑的形态往往比较自由多变(图 1-3)。

选择的 29 个教学型单位空间样本占地面积分布在 0.98～35.8 hm²,其中最大的 4 个占地均超过 30 hm²,分别为:南昌大学南院(原江西工学院,后改名为江西工业大学,简

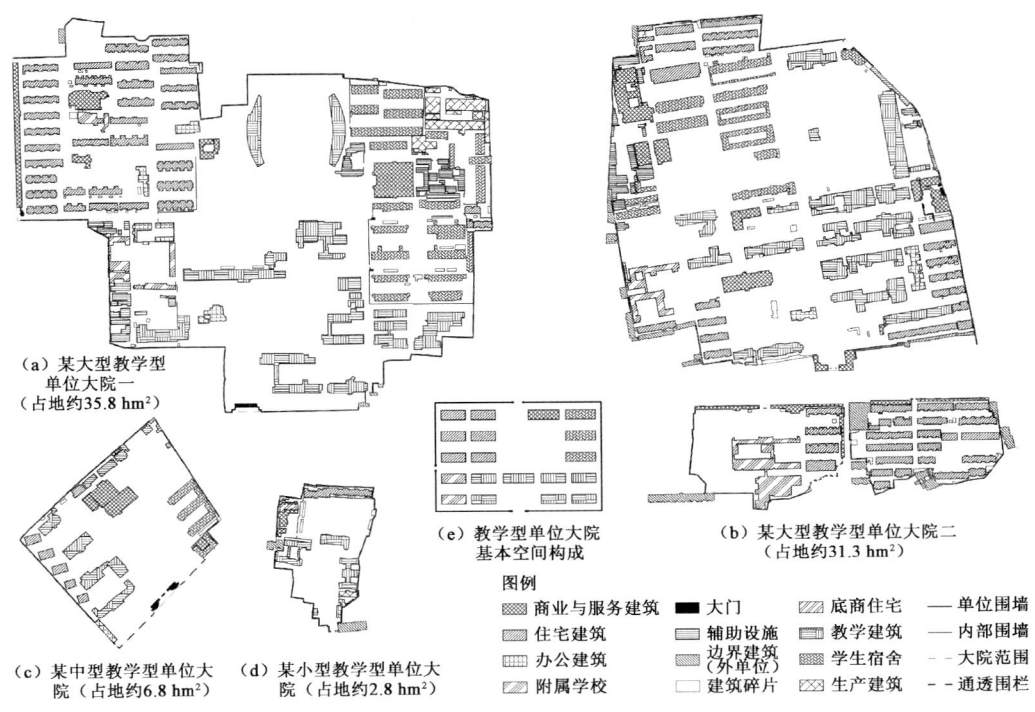

图 1-3 教学型单位大院空间构成

称"江工")大院、江西师范大学(简称"师大")大院、南昌航空大学(简称"南航")大院和南昌大学北院(原江西大学,简称"江大")大院。按教学型单位大院的占地面积将它们分成大、中、小 3 档,分布情况见表 1-3。其中大型的主要是始建于 1958 年之前的各本科与大专院校大院;中型的主要是始建于 1980 年代的各中专院校以及一些职业学校大院等,如位于青山南路李家庄一带的原江西财经干部管理学校(简称"财校")大院、南京东路的江西省税务学校(简称"税校")大院、阳明路的原江西中医学院(简称"中医学院")大院等;小型的主要包括中、小学和中专学校大院,如阳明路的南昌十中大院、豫章路的豫章中学大院、叠山路的原南昌教育学院大院和南京东路的江西省统计学校大院等。

表 1-3 教学型单位大院规模分布状况

规模类型	大型 1/3（大于等于 8 hm²）	中型 1/3（3～8 hm²）	小型 1/3（<3 hm²）	合计
数量（个）	8	11	10	29

1.1.4 服务型

服务型单位大院是由医院、宾馆、汽车站、博物馆、纪念馆和图书馆等社会公共服务设施形成的大院。此类单位大院的主体建筑为1栋以上对外提供服务的公共性建筑。服务性建筑如超过2栋，则往往成组布置并形成院落状空间。从主体建筑的位置看，服务型单位大院的基本空间构成方式大致有两类（图1-4）。

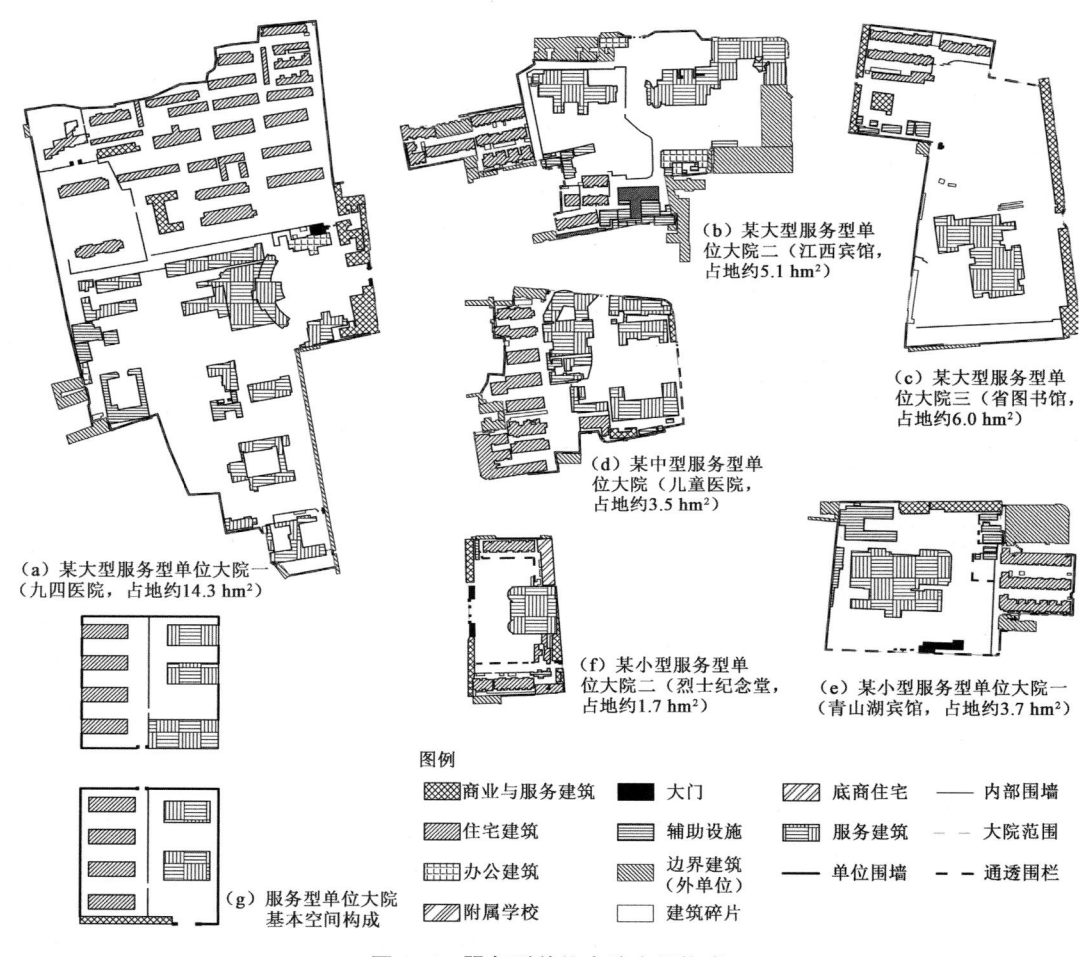

图1-4 服务型单位大院空间构成

第一类主要包括邮局、商场、汽车站和部分宾馆、医院等单位大院，其主要形态特征为：主要建筑沿街道布置，单位的主要入口与主要建筑往往整合在一起，如原江西省邮电局、江西宾馆和江西省妇幼保健院（简称"省妇保"）、南昌大学第一附属医院（原江西医学院第一附属医院，简称"一附院"）、南昌大学第二附属医院（原江西医学院第二附属医院，简称"二附院"）、江西省儿童医院（简称"儿童医院"）等。

第二类主要包括图书馆、博物馆、纪念馆和部分宾馆、医院等单位大院，其主要形态特征为：主要建筑退后城市道路一定距离并形成楼前广场空间，沿街设围墙或围栏，并由单位大门将城市空间与大院空间联系起来。例如江西省图书馆(简称"省图")大院、江西省革命烈士纪念堂(简称"纪念堂")大院、原江西省博物馆(简称"省博")大院,以及位于福州路的青山湖宾馆大院和北京东路的江西省第二人民医院(简称"省二医院")大院等。

选择的 24 个服务型单位空间样本占地面积分布在 $1.38 \sim 14.39 \mathrm{hm}^2$,其中占地 $10 \mathrm{hm}^2$ 以上的 3 个为中国人民解放军九四医院(简称"九四医院")大院、滨江宾馆大院和江西省长运公司(简称"长运")大院。按占地面积大小将服务型单位大院分为大、中、小 3 档确定服务型单位大院的规模,结果见表 1-4。大型如前面提到的 3 个单位大院,中型如彭家桥的江西省精神病医院大院、福州路的青山湖宾馆大院和儿童医院大院等,小型如八一广场北面的原南昌市工人文化宫大院、老福山的南昌市第二医院大院和八一大道的江西省革命烈士纪念堂大院等。

表 1-4 服务型单位大院规模分布状况

规模类型	大型 1/3 (大于等于 5 hm^2)	中型 1/3 (2.6~5 hm^2)	小型 1/3 (<2.6 hm^2)	合计
数量(个)	8	9	7	24

1.1.5 生活型

生活型单位大院主要是指 1980 年代后某些大型单位大院为解决职工及家属的居住问题在原单位大院之外选址另建的住宅区。生活型单位大院一般与原单位大院有一定距离,大院内设有幼儿园等生活与服务配套设施。生活型单位大院从某种意义上看就是一个门禁住区,大院内绝大多数建筑均为住宅,并配以少量生活服务配套设施,如幼儿园等(图 1-5)。此类大院选址一般位于较为成熟的城市地段,沿大院周边的街道往往布置商业店铺,内部住宅以多层为主,且一律取南北朝向。生活型单位大院与普通门禁住区的本质区别在于早期的住户全是同一单位的职工和家属,并按照单位大院生活区进行管理,幼儿园等生

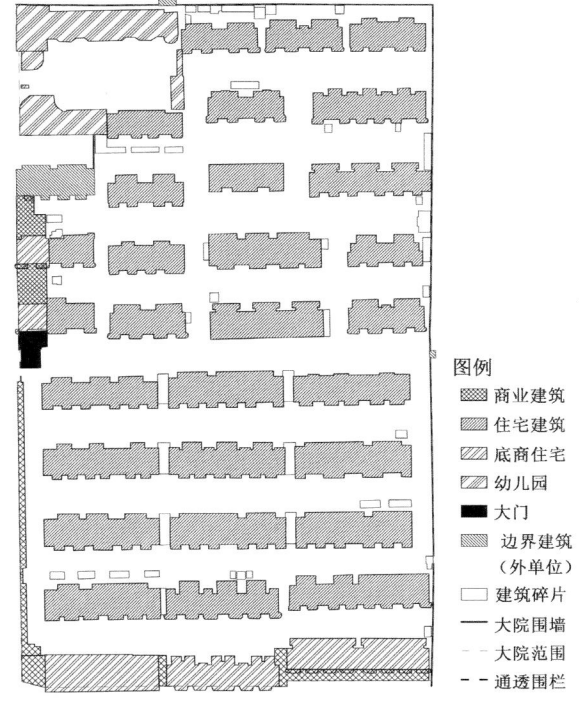

图 1-5 某生活型单位大院空间构成

活配套设施也只对单位职工及家属开放。1990年代后期住宅商品化后,生活型单位大院中产权和住户杂化现象明显。此类单位大院功能单一,除非特殊说明,本书讨论的单位大院一般不包含生活型单位大院。

1.2 单位大院的分合类型

除功能外,单位大院内部空间组合方式也是考察单位大院形态类型的重要切入点。分析发现,南昌主城区范围内的单位大院主要存在整体型、二分型、主从型和多分型四种形态类型。

1.2.1 整体型

整体型单位大院指单位空间中职(生产、办公)、住、服务(生活、社会)等功能空间集中设置于一完整的大院,或职、住部分毗邻设置,两者由设有大门的围墙分割连通(图1-6)。例如位于八一广场东北角的省府大院就是典型的整体型单位大院。省府大院东、南、西三个方向分别依托公园路、北京西路和广场北路,北面与体委大院和人民公园毗邻,整个占地约49.2 hm² 的空间范围就是一个完整的单位大院,大院内部包含了办公、居住以及生活、服务设施。省府大院内部生活服务设施相当完备,食堂、礼堂、商店、邮局、银行、球场、宾馆、幼儿园等设施一应俱全,东面与菜场、学校也就一路之隔,俨然就是一个小社会。省府大院内部各厅局及其下属单位空间往往自成一体形成"院中院"的形态格局。

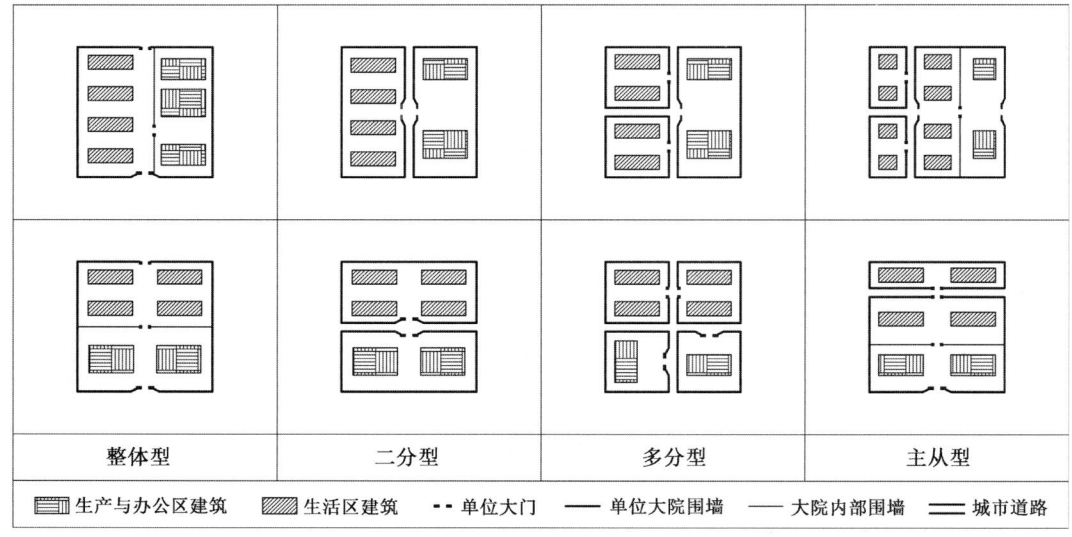

图1-6 四种单位大院形态类型

在确定的193个单位空间样本中，整体型单位大院共有152个，占总数的78.8%。其中包括办公型56个、生产型46个、教学型26个、服务型23个以及生活型1个（表1-5）。这批单位大院空间尽管规模、功能性质相差很大，但基本空间形态是同构的。

表1-5 单位大院空间形态类型分布情况（单位：个）

	整体型	二分型	主从型	多分型	合计	百分比
办公型	56	1	4	2	63	32.7%
生产型	46	22	5	3	76	39.4%
教学型	26	1	2	0	29	15.0%
服务型	23	0	0	1	24	12.4%
生活型	1	0	0	0	1	0.5%
合计	152	24	11	6	193	100%
百分比	78.8%	12.4%	5.7%	3.1%	100%	—

1.2.2 二分型

二分型单位大院具有类似典型单位大院的形态特征，但因其生活区和生产办公区被一条城市道路分开，分别形成相对独立的生产办公大院和生活大院，故其形态构成方式与整体型单位大院存在显著差异（图1-6）。例如上海路沿线的江西华安针织总厂（简称"华安"）大院、南昌搪瓷厂（简称"搪瓷厂"）大院。这两个工厂单位大院的生产区和生活区被南北走向的上海南路分割开来，其中生产区位于路东，生活区位于路西，并各自都形成了封闭的院落空间。生产区内主要是厂房、办公楼和仓库等，生活区内有住宅、幼儿园、生活设施与活动场地等。193个单位空间样本中，二分型单位空间有24个，占总数的12.4%，属比较常见的单位空间类型，其中包括了22个生产型、1个办公型和1个教学型单位空间（表1-5）。

1.2.3 多分型

多分型单位大院指单位空间被城市道路分割成3个以上空间，其中各部分规模相当，各空间组合起来方能成为一个单位空间整体（图1-6）。例如阳明路中段的江西省公安厅单位空间就是由1个办公区和2个生活区构成，其中位于一纬路的生活区还包含了食堂等生活服务设施。城北董家窑地区的江西造纸厂（简称"江纸"）和江西油脂化工厂（简称"江脂"）也都形成了由1个以上厂区加上2个以上生活区构成的单位空间形态，且各部分空间之间均被青山南路、董家窑路等城市道路隔开。193个单位空间样本中，多分型单位空间有6个，占总数的3.1%，其中包括了3个生产型、2个办公型和1个服务型单位空间（表1-5）。

1.2.4 主从型

主从型单位大院是指单位空间被城市道路分割成不少于 2 个大小不等的空间,但是其中 1 个主空间包含了职、住两部分功能,且两者均达到一定规模,形成了比较典型的单位大院,而其余空间则功能相对单一,与前者形成明显的主从关系(图 1-6)。193 个单位空间样本中,主从型单位空间有 11 个,占总数的 5.7%,其中包括了 4 个办公型、5 个生产型和 2 个教学型单位空间(表 1-5)。例如位于上海路的江西橡胶厂大院由上海路东西两侧的两部分空间构成,其中上海路以东为主空间,包括了该厂所有的生产、办公用房以及大部分住宅和食堂、礼堂、球场、子弟学校等生活福利设施,上海路以西沿街垂直街道形成了一排行列式的职工住宅群,后者明显依附于前者而存在。再如位于北京西路的江西师范大学大院,其主空间位于北京西路以北,占地约 28 hm^2,而在北京西路以南沿师大南路东西两侧分别分布着南区家属区和师大附中两个从属空间,占地面积分别为 3 hm^2 和 3.57 hm^2。

除了上述四种类型的单位大院外,城市中还分布着一些规模巨大,被多条城市道路穿越并分割成若干部分的单位空间。此类单位空间呈现出类似于西方"公司城"(company town)的空间形态格局,属单位大院的变体,例如洪都和南昌铁路地区[①],以及江铃地区[②]等。

1.3 单位大院的规模类型

功能性质和形态类型相同而规模不同的单位大院往往也表现出不同的形态特征。此处论及的单位大院规模主要指单位大院占地面积的大小。因单位性质、级别与单位对资源的获取、职工人数等均存在密切关联,所以,大院用地面积大小也能在一定程度上反映单位性质、职工人数与行政级别等的差异。

对单位大院规模的考察分两个层次展开。首先是主城区范围内 272 个单位空间的规模分布情况,其次是选定的 193 个单位空间样本的规模分布情况。

从表 1-6 看出,南昌主城区范围内 272 个单位空间中,占地面积在 1~2.5 hm^2 之间的单位空间数量最多,占总数的 38.2%;2.5~5 hm^2 次之,占 22.4%;5~10 hm^2 与 10~20 hm^2 的单位空间分别占据 14.3% 和 10.7%。可见,占地面积 1~20 hm^2 的单位空间为南昌主城区单位空间的主体,占总数量的 85.6%。

---

① 铁路地区空间构成情况相对比较复杂,铁路局下属单位较多,且各单位办公空间各自独立并形成大院,而各单位居住区则在路局范围内统筹安排,鉴此,未将铁路地区各单位列为单位大院研究对象。
② 江铃集团,于 1990 年代由原江西汽车制造厂兼并周边的多家大中小型工厂单位发展壮大而来。

表 1-6　南昌主城区单位大院占地规模①

规模		<1	1~2.5	2.5~5	5~10	10~20	20~30	30~40	40~50	50~100	>100	合计
主城区单位	数量(个)	16	104	61	39	29	10	6	5	1	1	272
	百分比	5.9%	38.2%	22.4%	14.3%	10.7%	3.7%	2.2%	1.8%	0.4%	0.4%	100%
样本单位	数量(个)	4	52	48	37	29	10	6	5	1	1	193
	百分比	2.1%	26.9%	24.9%	19.2%	15.0%	5.2%	3.1%	2.6%	0.5%	0.5%	100%
选样比例		28.6%	50.0%	78.7%	94.9%	100%	100%	100%	100%	100%	100%	71.0%

占地面积 5 hm² 以上单位空间占总数的 33.5%，但占地面积占所有统计单位空间占地总面积的 82.3%；其中占地面积 10 hm² 以上的单位空间数量为总数的 19.1%，但占地面积占总数的 70.2%；而占统计单位总数量 4.8% 的 30 hm² 以上的单位空间占地面积占所有统计单位空间总占地面积的 41.4%（表 1-7）。

表 1-7　不同规模范围单位大院占地情况

规模范围	单位数量	比例	占地总面积	比例
2.5 hm² 以上	152 个	55.9%	2 021.5 hm²	91.9%
5 hm² 以上	91 个	33.5%	1 809.7 hm²	82.3%
10 hm² 以上	52 个	19.1%	1 543.0 hm²	70.2%
20 hm² 以上	23 个	8.5%	1 153.3 hm²	52.5%
30 hm² 以上	13 个	4.8%	910.3 hm²	41.4%
总数	272 个	—	2 198.5 hm²	—

从 193 个样本单位空间看，占地面积在 1~2.5 hm² 之间的单位空间数量仍然最多，占总数的 26.9%；2.5~5 hm² 次之，占 24.9%；5~10 hm² 与 10~20 hm² 的单位空间分别占据 19.2% 和 15.0%。样本单位空间总占地面积约 2 059.6 hm²，占主城区单位空间总占地面积的 93.7%。在样本的选取过程中考虑了各种类型单位空间的平衡，主要剔除了占地面积小于 2.5 hm² 的单位空间，其中包括大量的中小学校和其他一些特征不够典型的小型单位空间。

---

① 规模单位为 hm²，数量单位为"个"。

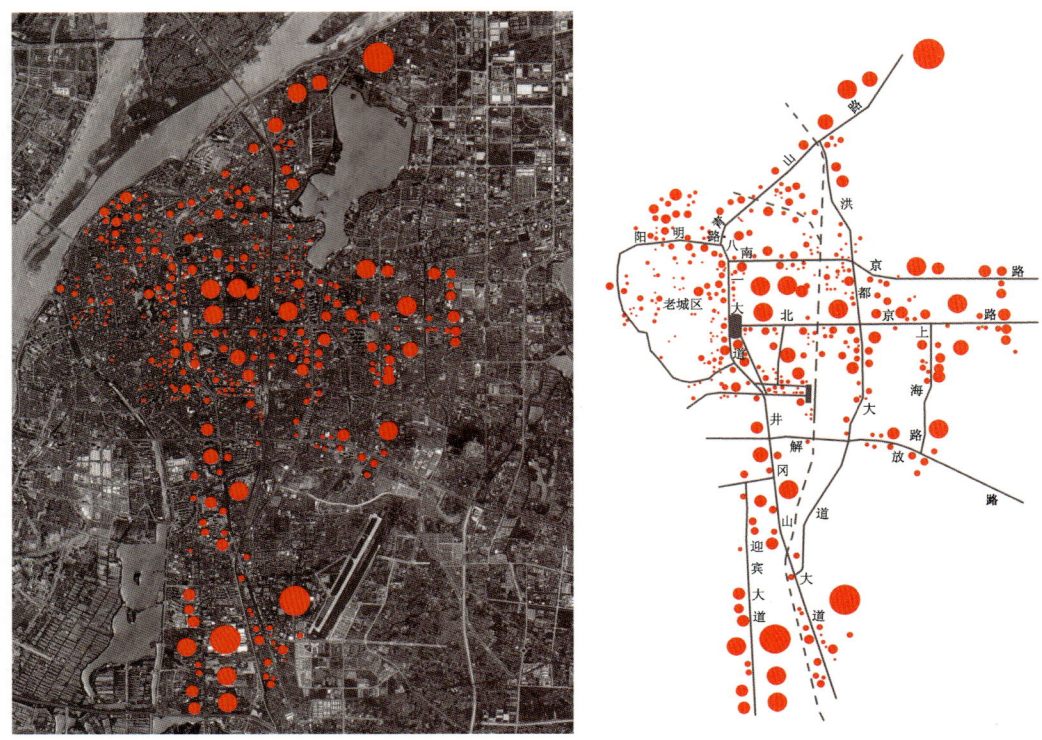

图 1-7　单位空间规模与分布示意

（注：图中点的大小代表单位大院占地面积的大小）

研究表明，单位大院的规模往往受到单位行政级别和单位功能性质的影响。一般而言，功能性质相同的单位中行政级别高的占地规模较大，例如同为行政单位大院，省级政府大院一般比市级政府大院要大。而同级别单位中，大型工厂和高等学校等单位大院规模往往大于其他类型的单位大院。

1.4　单位大院的分布类型

1.4.1　规模与分布

从图 1-7 可看出，单位空间规模呈现出由老城区向外围逐渐增大的趋势。最大的几个单位空间，如江纺大院、洪都大院和江铃大院等均位于主城外边缘地区。此外，大规模单位空间的分布还呈现出沿青山路、北京路和井冈山大道—迎宾大道东、南、北三个方向的城市主要干道由老城区向外围发散的趋势。老城内分布着大量中小规模的单位空间。此外，在大型单位空间分布地区也镶嵌着大量小型单位空间。

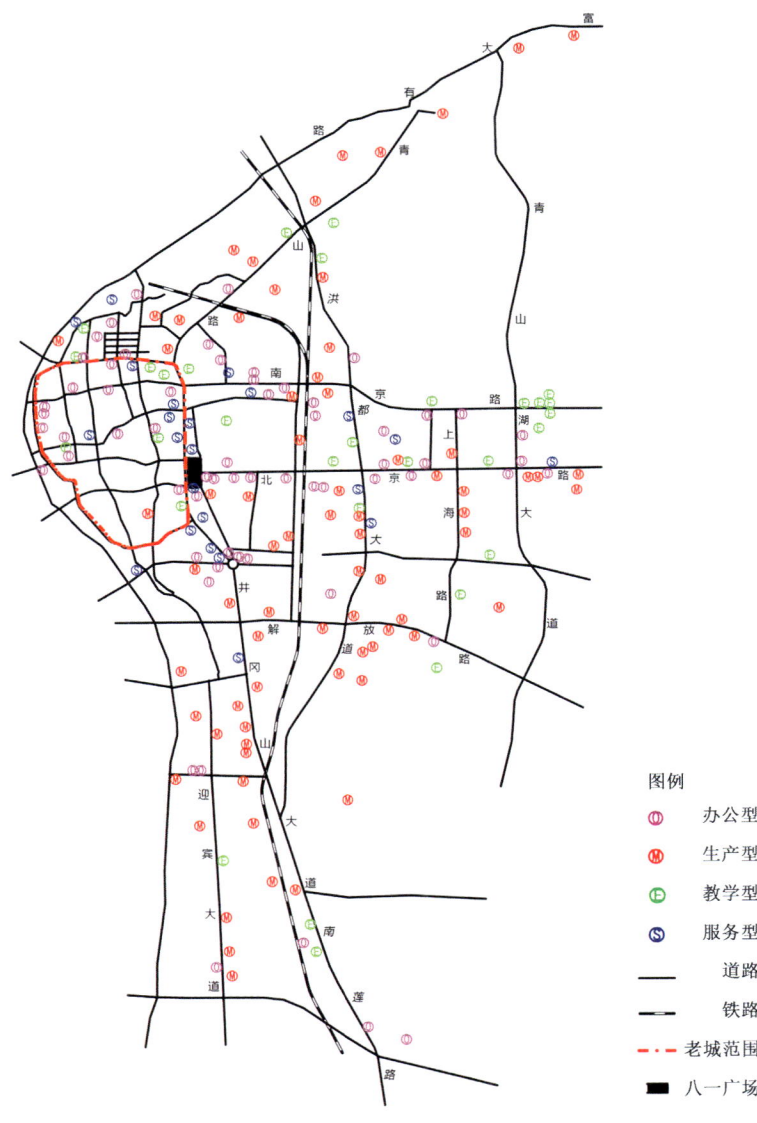

图 1-8 单位空间功能与分布示意

1.4.2 功能与分布

从图 1-8 可看出,办公型单位空间呈现出在老城及其周边地区,以及城东地区沿北京路、南京路一带聚集分布的趋势。生产型单位空间则主要分布在老城以外的城市外围地区,除紧靠老城的城市内边缘带附近有少量分布外,其余生产型单位空间大致呈现出沿东、南、北三个方向的城市主要道路轴向发散分布的形态特征。除中小学外的教学型单位空间主要呈组团式分布在老城东北角、北京路与洪都大道交会处、南京路与青山湖大道交会处，以及南莲路与井冈山大道连接处附近。而服务型单位空间的分布特征与办公型类似，但明显集聚在八一广场南北沿八一大道布置，此外，城东沿洪都大道也有部分服务型单位空间。

1.5 单位大院的组合类型

单位大院的空间特点决定了会出现一些独特的组合方式。单位大院的空间主体是"院"而非建筑，故"口"（单位大门）代替（沿街）"面"成为大院与城市道路等空间联系的关键。因此，单位大院之间的组合关系除了常规意义上的"肩并肩""背靠背"和独立占据街区外，还有可能出现两种特殊的组合方式（图1-9）：①单位大院四周被其他单位大院或其他类型的形态单元包围，在某1~2个方向提供专用通道连接城市道路；②单位大院之间呈串联组合，即一个单位大院经由另一个单位大院内部道路与城市道路建立联系。

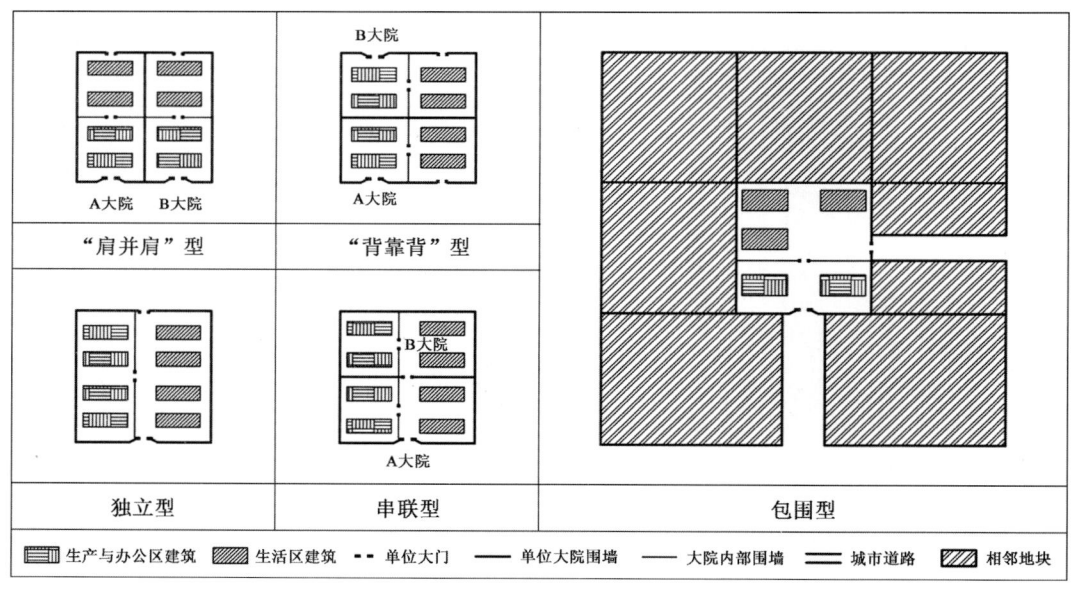

图1-9　单位大院组合方式

此外，多数单位大院的边界形状极不规则、相邻单位大院之间的规模也可能呈天壤之别，故相邻单位大院之间不像西方规划型城市中边界规整的地块组合关系那么简单。现实中往往出现一个单位大院与多个单位大院相邻组合的情况，并且每个单位大院与相邻单位大院接壤的边界长度反差巨大，从几米到几十米，甚至几百米、上千米都有，甚至可能出现两个单位大院只有边界的突出部位相连接的情况。

1.6 单位大院的区位类型

此处探讨的区位问题是微观层面的区位问题，即考察单位大院与城市道路之间的位置关系，大致可分为单街型、双街型、多街型、街区型和尽端型五种（图1-10）。

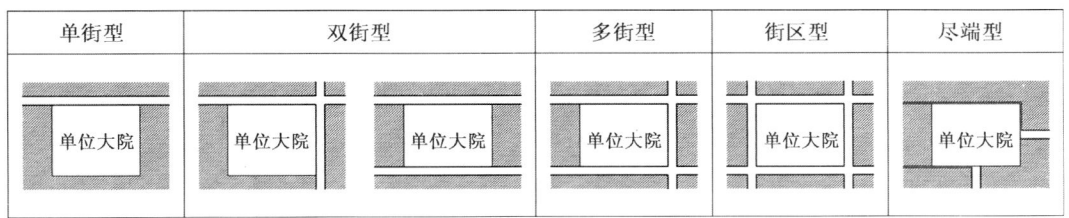

图1-10 单位大院区位类型

1.6.1 单街型

单位大院临1条城市道路布置，并向该城市道路开设单位大院所有出入口。因受可依托城市道路数量与位置的限制，单街型单位大院规模相对较小，主要存在于中小规模的办公型单位大院中，如位于北京西路的冶金大院。另外，单街型单位大院出入口数量往往较少，可能只设1个出入口，也可能将生活区和办公生产区出入口平行分开布置。

1.6.2 双街型

单位大院临2条城市道路布置，有转角型和平行型两种。双街型单位大院可向依托的2条道路开设出入口，一般设有2个以上出入口，并将办公生产区与生活区的出入口分开设置。

1.6.3 多街型

单位大院依托不少于3条城市道路布置，但其又未能占据整个街区。此类单位大院规模较大，出入口数量多且分工相对明确，生活区、办公生产区往往都有独立的出入口，如省府大院就依托广场北路、北京西路、公园路3条城市道路，并沿3条道路共开设了8个出入口。

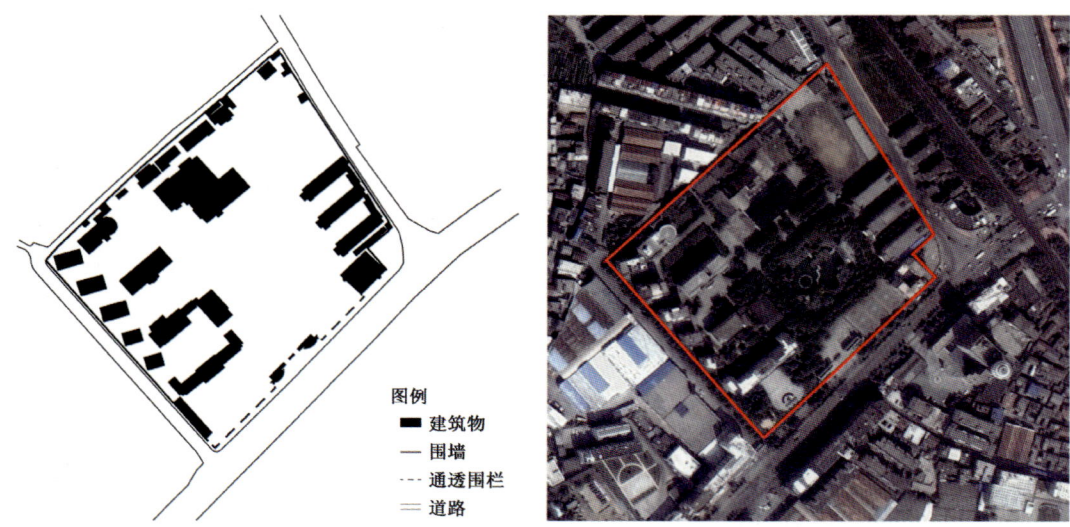

图 1-11　财校大院图底平面与卫星地图

1.6.4　街区型

单位大院由城市道路围合，且大院占据整个街区。此类单位大院在样本空间中并不多见，据推测与南昌主城区范围内的中观空间结构特点以及单位大院建设时序有关。老城及周边地区较早形成了街区的空间结构形式，但是难以容纳大尺度单位大院，即便少量规模较大的单位大院嵌入街区格局进行建设，也被街道切分而难以形成完整的单位大院，加之街区中往往存在现状建筑，因此后植入的单位大院难以占据完整的街区。而大型单位大院能够落地的外围地区，往往未能形成街区格局，加之单位大院建设模式与街区模式在空间组织上有本质差异，故难以形成街区型单位大院。此类大院比较典型的为青山南路与赣江大桥交会处的财校大院。该大院占地约 6.8 hm²，用地大致呈规则的四边形，并由 4 条道路围合而成。整个大院只在东南方向的青山南路设了一个主要入口。其余三边均由围墙和辅助建筑闭合，没有与道路的互动(图 1-11)。

1.6.5　尽端型

单位大院入口正对城市道路，该道路也因单位大院的阻隔而形成尽端路，或者道路在单位大院入口处大角度改变方向并且道路的宽度也明显减小，可能成为宽度不足 4 m 的小巷道。

尽端型单位大院从成因看大致可分为先建型和后建型两类。前者在单位大院建设初期就形成了与城市道路的空间关系，如江纺大院(图 1-12)；而后者则经过后期扩建形成与城市道路的空间关系，如手表厂大院(图 1-13)。

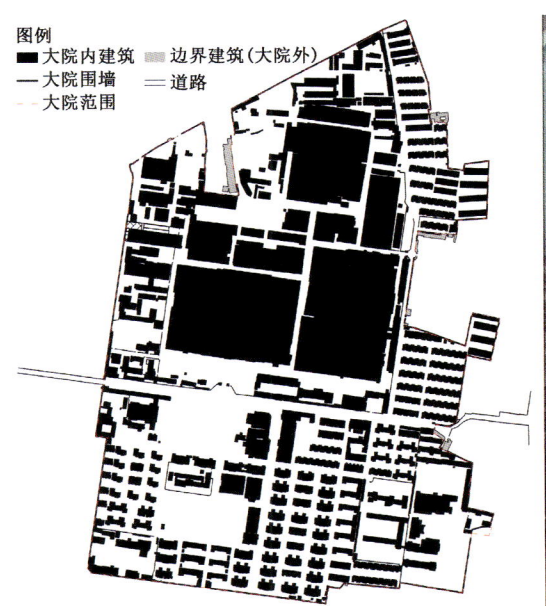

图 1-12 江纺大院图底平面与卫星地图

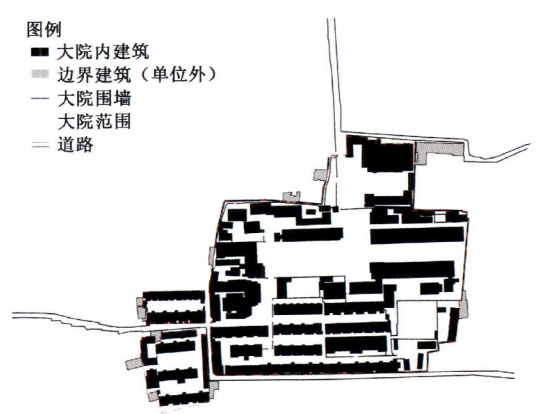
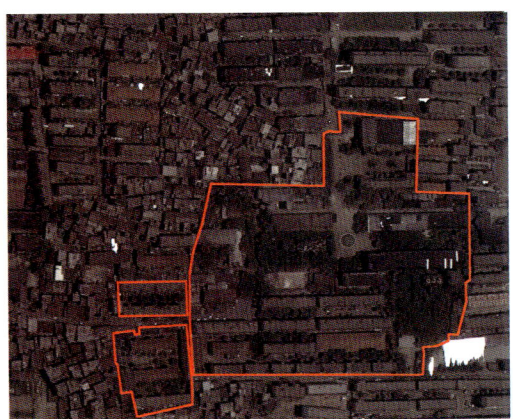

图 1-13 手表厂大院图底平面与卫星地图

1.7 单位大院形态解析

严格地说,只有整体型单位空间以及主从型单位空间的主体部分才能称为"单位大院"。以整体型单位大院为主来考察单位大院内部空间构成情况及其与城市物质空间形态的关联性,并以其他类型的单位大院作为参照和补充。

1.7.1 边界

1.7.1.1 构成要素

边界是单位大院物质空间形态的重要构成要素，也是单位大院给人印象最深刻的物质要素之一。各单位大院边界的形式不尽相同，且从初建时期到目前可能经历过多次形式变迁（参见 2.5.4）。尽管多数单位大院初建时期并非砖石围墙和大门，甚至其形态都不完整，但就目前情况而言，单位大院边界一般由围墙（含围栏）、大门、单位建筑和单位外建筑共同构成（图 1-14）。此外，单位大院内外均可能出现紧邻围墙的建筑物。

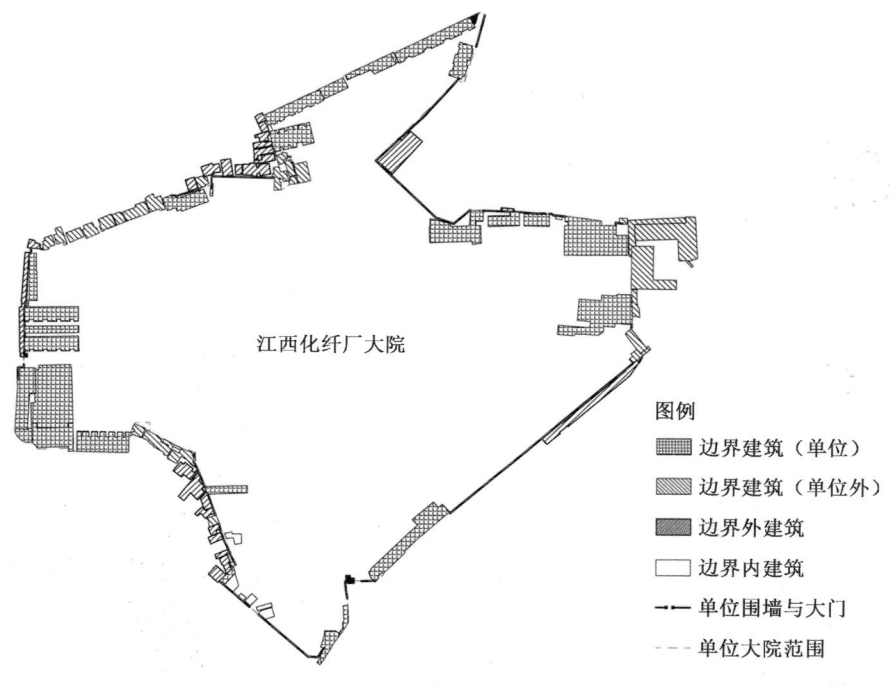

图 1-14 化纤厂大院边界构成

围墙（含围栏）和大门作为单位大院的边界形式，一般与传统经验的用地权属和空间管理范围的标定方式有关（参见 2.2.3）。但建筑物作为单位大院边界的构成要素主要有三种情况：

其一，初期规划建设而成。不少单位大院在早期规划建设的时候就将服务大楼（如邮电大楼、总工会大楼、医院门诊大楼、宾馆等）、职工宿舍等建筑物沿城市道路布置；或将一些附属用房（如厕所、后勤用房等）设置在单位大院内边界与围墙一同围合出单位大院空间。

其二，原来的单位围墙在改革开放后，随着城市商业和服务功能的复苏迅速发展，城市街道沿街商业价值迅速提升。各单位大院纷纷推倒原先的单位围墙，建起了门面房和商业服务类公共建筑，成为新的复合边界，也有些单位沿街建了底层商业的职工住宅。

其三，单位大院外部借用单位围墙或者侵入单位围墙建设房屋致使单位外建筑物成为单位大院边界的重要构成要素之一。

建筑物在单位大院边界中的构成比例与单位大院自身区位、类型以及边界性质直接关联，具体如下：

（1）城市中心的单位大院边界中建筑物构成比例明显高于远离城市中心的单位大院，这与用地的经济价值以及所处地段的建筑密度有关。

（2）服务型与办公型单位大院边界中建筑物构成比例高于教学型和生产型单位大院。其中服务型单位大院往往将主要建筑（例如医院门诊楼、宾馆的客房楼等）沿街布置，与方便为市民提供服务有直接关系。

（3）单位大院临街边界中建筑物所占比例明显高于非临街边界，这与改革开放后城市经济职能逐步提升及其带来空间观念的改变，以及单位大院内部空间需求增长有直接关联。

在单位大院建设的早期，其边界形式更为丰富，那时候利用水渠、水塘、农田、自然坡地等作为大院边界的现象比比皆是，直至1970年代中后期这种现象还普遍存在（图1-15）。

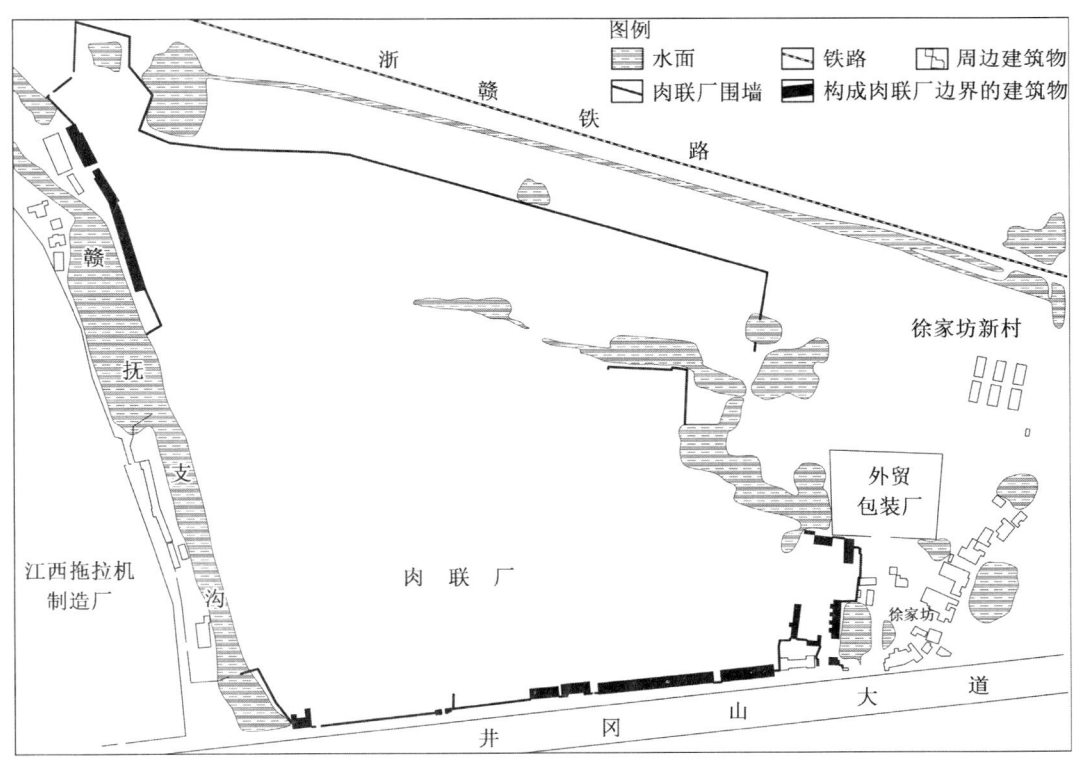

图1-15　1976年南昌肉联厂边界形态与周边环境

1.7.1.2 几何形态

无论是在郊区还是城市中心,单位大院均呈现出类似齿轮状的不规则边界几何形态(图1-16),主要原因如下：

(1) 多数单位大院初建时选址靠近城市或乡村居民点,大院初步建成之后其空间与邻近聚落同时生长,单位大院边界受到聚落空间自由式生长的挤压导致单位大院边界几何形态不规则；

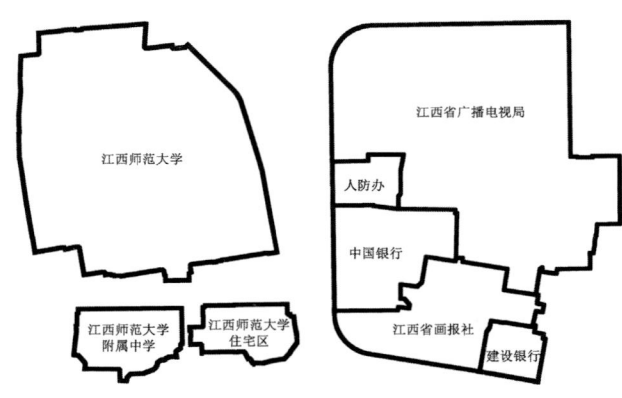

图1-16　单位大院边界形态

(2) 选址在城市周边和郊区的单位大院,建设初期周边城市道路格局尚未形成,其后城市道路等设施建设明显滞后于单位大院的建设,导致单位大院建设用地的划定往往借助水塘等自然物作为边界参照物；

(3) 1970年代后期开始,单位大院空间得到新的发展与完善,原单位大院用地难以满足新的空间需求,导致单位大院空间溢出边界,而毗邻原大院边界新增的建设用地使原边界局部向外凸出；

(4) 计划经济时代土地价值丧失导致土地产权意识不强,随后的建设中出现土地被周边居民或相邻单位建设侵蚀现象；

(5) 单位机构的拆并导致原单位大院空间的分合,进一步助推了单位大院边界几何形态的不规则化。

1.7.1.3 内外属性

从单位大院边界所处位置及其与城市道路的关系看,可将单位大院边界分为外边界和内边界两部分：其中外边界直接毗邻城市道路,亦可称为临街边界；内边界则未能与城市道路直接毗邻,它与城市道路之间夹杂着其他建设地块。每个单位大院甚至同一单位大院不同部位的内边界与城市道路之间建设地块的具体情况差异很大,有的仅有一两幢建筑,有的则是一个城中村,甚至是1个以上单位大院、居住区或者各种形态单元的组合。不同单位大院内边界与城市道路的距离也相差很大,从几米到几百米甚至上千米,这取决于街区的形状、尺度,以及单位大院在街区中所处的位置。

单位大院外边界毗邻的城市道路种类繁多,几乎涵盖了各种城市道路类型。它与城市道路边缘的距离也与道路性质有一定关系。从现状看,各单位大院外边界(除单位入口部位)距离毗邻城市快速路、主干道路边缘的距离大致为4～10 m,局部可能小于3 m；与城市次干道、城市支路的距离大致为3～6 m；而与辅路、街巷等的距离一般在3 m以内,并且在辅路和街巷中普遍存在建筑物外墙界面直接作为路面边缘的情况。上述距离会随着城市道路路面拓宽而改变。以江纺北面的城市快速路富大有路为例,其前身为赣江堤岸富大有堤,路面宽度仅够通行一辆货车,1990 年代路面宽为 8~10 m,当时江纺北围墙距其路面边缘约 10 m,2000 年后路面拓宽为 18 m,相应地,大院围墙边界与其距离减为 5 m。同样地,城市主干道北京东路在 2000 年后路面拓宽后,行车道路面宽度由大约 26 m 增至约 48 m,相应地,洪钢大院外边界至路缘石的距离也由 17 m 左右减至大约 4~5 m。

总体而言,旧城中心区尤其是老城区因城市道路宽度较小且建设相对完善,路面拓宽余地不大,因此道路边缘与单位大院外边界距离相对稳定。而在旧城中心区以外的地区因早期功能不完善,道路设施也相对落后,单位大院邻近的城市或者乡村道路路面宽度较小,且大院边界与路面边缘间留有较大距离,今天看来这种做法为以后的城市道路拓宽留下了一定余地。

此外,单位大院边界与城市道路的距离在某些部位会产生局部变化。

其一,以建筑物作为单位大院边界时,其与城市道路边缘距离常受到建筑物临街界面形状变化的影响而导致局部距离的增减。

其二,单位大院入口部位一般也会加大与城市道路边缘的距离以退让出类似喇叭口的入口前场空间。

其三,在城市道路交叉口,尤其是城市主要道路交叉口时,单位大院边界会做出退让,形成适当放大的过渡空间。如江西宾馆大院在八一大道和民德路交叉口的处理,以及广电大院在洪都大道与北京西路交叉口的改造处理。

当然,单位大院内外边界在某些特定的情况下有可能相互转化。一方面,因早期单位大院外边界与城市道路之间距离较大为其他建设的置入留下了空隙,不少单位大院的外边界也因此退隐为内边界(图 1-17),如位于青山南路和洪都大道交会处的江西省物资储运总公司(简称"物储")大院、北京东路沿线的江西省机械施工公司(简称"机施")大院

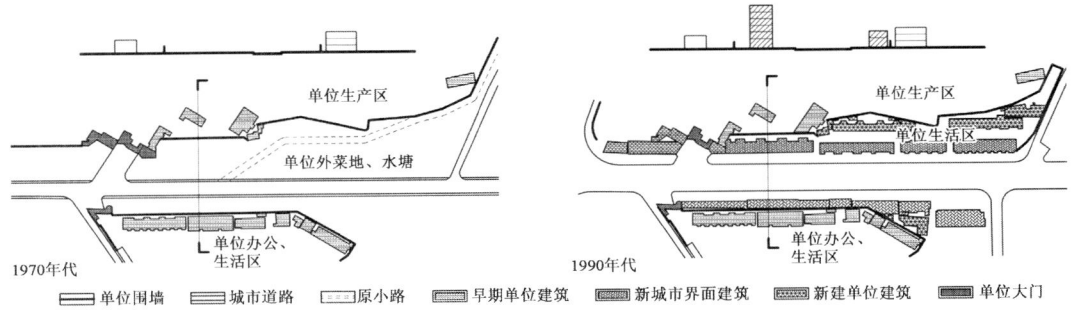

图 1-17　街道界面与单位大院围墙

和江西省水利科学研究所(简称"水利院")大院。另一方面,单位大院所处城市地段功能提升,道路设施完善,拓宽道路或者新修道路导致单位大院边界与城市道路关系重构,不少内边界因转化为外边界而获得了新的空间发展机会,也有新修城市道路穿越单位大院的情况,被穿越的单位大院也因此获得了两条新的外边界,后者如上海北路穿越江大大院(图1-18)。

图1-18　2002年与2005年江大大院卫星地图比较

1.7.1.4　内外空间

因围墙成为城市空间的主要界面,在一定历史时期内对单位大院大门和围墙的建设管理成为城市空间建设管理的一项主要内容。单位大门和毗邻城市空间的围墙的设计,往往受到足够重视,尤其是单位大门成为彰显身份、地位、品位的门面,围墙内外空间的使用与维护形成明显差异。因单位大院内部空间的组织往往以中部为重点,而靠近围墙的边缘部位则成为空间的死角,加之实体围墙因提供了一个"天然的"空间界面,其内侧往往成为大院内部临时搭建的重要阵地。

1.7.2　功能构成与分区

单位承担了政治、社会和生产办公等功能,单位大院也整合了生产、办公、居住和社会活动等功能空间,并大体上形成了比较明显的功能分区。

多数单位大院内部上述各功能空间都呈现出"大分区,小混合"的分布特征,即从总体上看有比较明显的工作区和生活区空间(为了方便研究,除特别说明外将生产区和办公区统称为"工作区"),在工作区与生活区之间往往安排了供集体活动和生活服务的功能区(图1-19)。然而在经历自下而上的建设发展之后,各分区内部又往往孕育出其他功能用房,如大型单位大院中工作区往往按部门、工序被二次划分成若干区域,每个次分区域又可能包含有办公、生产和仓储,甚至住宅和生活服务用房等,生活区中也有可能被插入办公甚至生产用房等。总体而言，在生产型和某些管理严格的部队与政府机关单位大院中工作区与生活区的区分相对清晰。

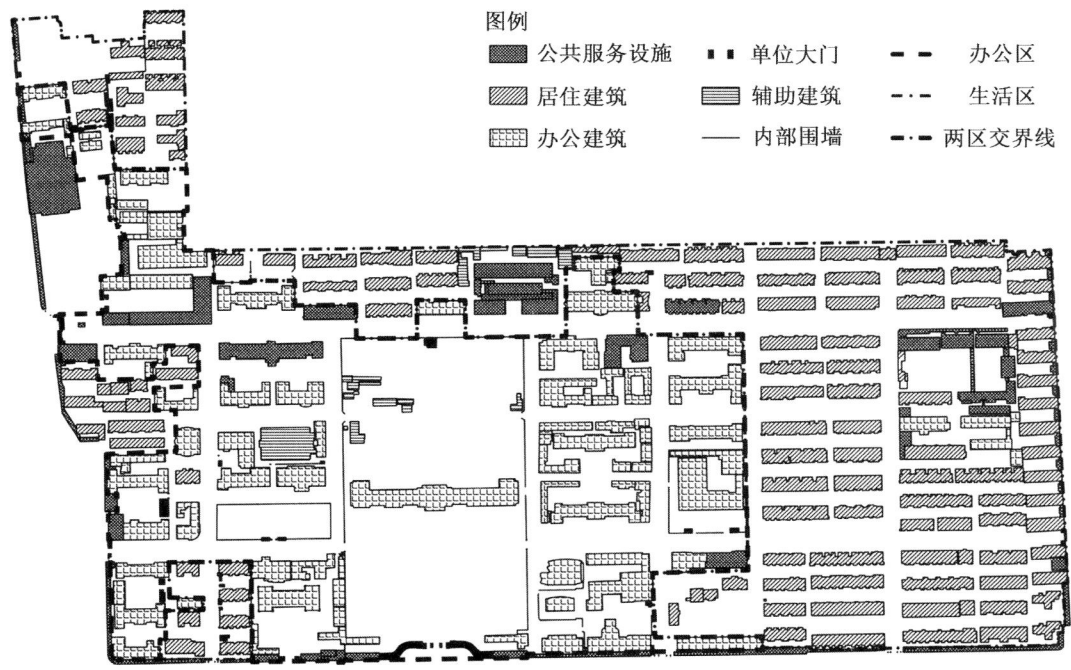

图 1-19　单位大院内部功能构成

单位大院一般都配备有食堂、浴室等生活服务设施，大院内部服务和活动设施的完备程度与大院规模有直接关联。一般而言，规模越大的单位大院内部服务和活动设施越完备，而规模越小的单位大院内部服务和活动设施越少。大规模单位大院除包含食堂、浴室等生活设施外，一般还包含礼堂、幼儿园与子弟学校、招待所、商店、邮局、储蓄所、医务所、篮球场、花房等为工作和生活休闲娱乐用的各种服务设施，俨然一个小社会。

此外，单位大院内部设施设置还与单位大院性质及其所处区位有很大关系。办公型、服务型单位大院往往没有医院、子弟学校等设施，这两类单位大院往往位于城市中心区，能够享受城市的医疗和教育设施，而较大规模的生产型、教学型单位大院往往都设置了职工医院、幼儿园和子弟学校，子弟学校有可能包含小学和初中。1970年代末，一些大型生产型单位大院内部还设有职工学校。

诚然，单位大院内部的功能分区在不同历史时期会有所调整，主要原因有：

其一，与单位大院混合功能用途的土地利用方式有关。这一土地利用方式导致土地功能性质事实上不清晰,单位大院内部建筑功能性质可能随单位事业发展的需求而改变,因此一幢单身宿舍被调整为职工医院、办公楼等的情况比比皆是。建筑用途调整是导致单位大院功能分区局部调整的重要影响因素。

其二,单位大院空间生长性扩张,新增功能的置入或者部分功能空间迁入新增用地,导致大院内部功能分区发生改变。以江纺大院为例,最初的子弟学校位于大院东北角住宅区与工作区之间,1980年代江纺新增了东南角两块用地用于新建子弟学校和职工学校,原东北角子弟学校校舍则被用作生产办公用房,大院的功能分区做了一定调整。

其三,单位的拆并也是导致单位大院空间功能分区调整的重要因素。

其四,单位大院周边城市道路、相邻地块建设情况改变等也可能影响到单位大院内部功能分区的调整。

其五,城市功能调整带来单位大院功能空间适应性调整,导致功能分区进行调整。如改革开放后城市商业职能提升以及商业功能与空间的置入等,均对单位大院功能分区产生了深刻的影响。一方面单位大院外边界商业性功能与空间的置入导致单位大院服务空间外移,另一方面单位大院内沿某些主要道路的办公、住宅建筑底层或者裙房部分孕育出了诸如商店、银行、餐馆之类的商业和服务业功能空间,导致了单位大院内部商业服务功能空间规模扩大及形态改变。近些年对南昌单位大院的田调发现,不少现存单位大院,或者单位大院工作区被置换后留下的单位生活区大院内部都形成了颇具活力的生活性商业街道。

1.7.3　入口与交通组织

1.7.3.1　入口

单位大院作为一个完整的形态单元,其布局在很大程度上是以工作与集体生活为基础的。单位大院边界倾向于尽可能实现空间上的闭合。除使用和管理上必要的开口外,一般不再有其他开口来打破大院空间的围合感。单位大院因占地面积大,而内部建筑规模相对较小,往往采取重要建筑与重要空间居中布置的建设方式,加之院内大量性建筑取南北朝向,导致大院建筑本身难以形成完整的边界,从空间构成角度看,不得不引入围墙、围栏等作为主要的边界要素,进而也导致独立式单位大门存在的必要性。

单位大院的入口与内部空间格局紧密关联,是单位大院物质空间形态的重要构成要素。单位大院主入口决定了内部主要功能区的位置与空间形态,次入口对单位大院内部相应区域的空间格局也有决定性影响。

除部分小规模单位大院外,一个单位大院至少有2个入口,大型单位大院一般都设有3个以上入口。单位大院入口承载了礼仪性和功能性两部分职能。礼仪性入口的主要职能除了满足单位职工上下班及访客办事通行的需求外,还在于展示单位的形象和文

图 1-20 洪钢大门

化品位,甚至体现单位行政级别。礼仪性入口都是单位大院的主要入口,一般经过精心规划设计,由入口前区、单位大门和门房构成。单位大门与城市道路之间一般有较大退让,形成喇叭口状的入口广场空间。大门多采用"单体门"的形态类型,常用的大门建筑原型有牌楼门、阙门和屋宇门等。功能性入口的主要职能在于满足单位职工、家属以及外来人员日常通行需要,一般也由门房和大门构成,只是大门的尺度与退让都不如前者严格,门房的功能构成也相对简单,大门的建筑原型一般为阙门和牌楼门。

有些单位大院会形成一个功能上和形象上均占统治地位的主入口,俗称"单位正门"(也称"正大门""主门"或"主大门",图 1-20)。单位正门向大院内部导向一条主要的区间路,或一个礼仪性广场,前者如江纺大院,后者如九四医院大院。也有部分单位大院功能上和形象上的主入口分别设置,即在工作区形成一个礼仪性主入口,同时在生活区或生活区与工作区接壤处形成功能性主入口,例如省府大院、江拖大院和手表厂大院。

单位大院主要入口一般临城市主要道路或单位大院周边的主要道路,并且单位大院内部主要建筑均分布在主入口附近,有的主要建筑主入口正对单位主入口,也有的单位主要建筑主入口法线方向与经过单位大院主入口的空间轴线垂直布置。单位大院次入口的位置则随单位大院周边道路情况及内部功能空间而定。

1.7.3.2 道路格局

(1)道路级别

单位大院内的道路作为大院空间的基本骨架,在满足必要的交通联系要求的同时,还成为大院活力支撑和特征所在。因单位大院为混合功能用途的土地利用方式,且大院内部空间按照功能性质不同分区布置,因此,单位大院内部道路可分为区间路、区内路和宅间路三级(图 1-21)。

区间路指单位大院内联系不同功能分区的道路,是大院内部的主要道路,宽度大致为 6~7 m,大院内各分区空间分布在区间路两侧或尽端。在单位大院中,不同区间路承载的职能并不完全相同,往往存在一条起于单位大门联系主要工作区和生活区的区间路承载了

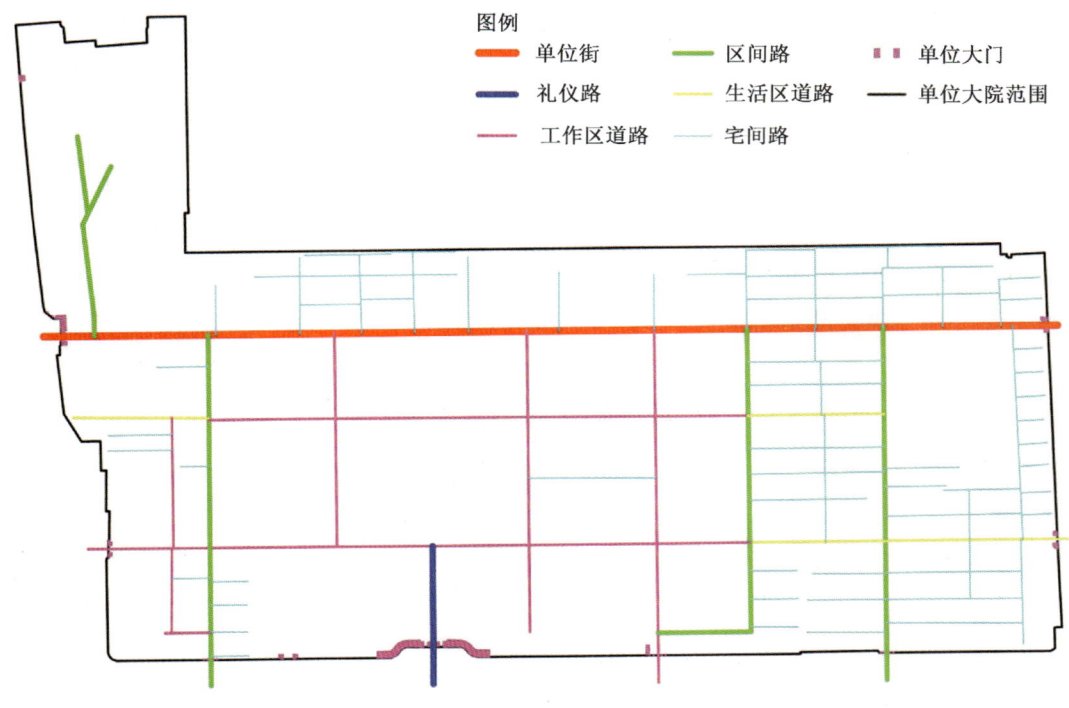

图 1-21　省府大院内部道路层级

单位大院的主要服务职能,渐渐地孕育出了浓郁的生活气息而成为单位大院内部的"生活性街道",将其称为"单位街"。在现实中,单位街往往被加宽、改造,路面宽度一般在 10 m 左右,并且路两侧加建了门面房或者允许沿路建筑底层开门设店。区间路有可能穿越大院内部的某一个功能分区而导向另一个分区,如洪钢、师大和化纤厂等单位大院。

区内路指单位大院各功能分区空间内部联系各建筑或更小的空间单元的道路,类似于居住区中的小区级道路和组团级道路。区内路分为工作区和生活区等区内道路。区内路也有主次之分,工作区内主要道路路面宽度一般为 8～9 m,次要道路路面宽度一般为 5～6 m。而生活区内主要道路路面宽度为 5～6 m,次要道路为 3～4 m。绝大多数单位大院工作区内存在一条联系工作区大门或单位大门与行政办公楼的区内主路,除了满足较大的人车通行能力外,还要成为展示单位形象与进行某些礼仪性活动的场所,其宽度往往在 10～20 m。

此外,借用居住区规划的专业术语"宅间路"指代单位大院工作区和生活区内联系各建筑的道路,其路面宽度,工作区一般为 5～6 m,生活区略小,一般为 3～4 m。

以省府大院为例(图 1-21),其单位街为东西向横贯大院的省府北二路,路面宽度为 9 m,比大院内其他主要道路宽 2～3 m,两侧建筑外立面控制线之间距离在 20～30 m。

再如江纺大院(图 1-22)的单位街为塘山街向东延伸贯穿江纺大院东西同时又起到分隔生产区和生活区作用的"江纺厂前路",路面宽度 9 m,而生活区主要道路宽度为 5~6 m。此外,考虑交通量与礼仪形象需要,生产区内连接厂区主大门(简称"厂区大门")的道路宽度,如江拖大院的为 13 m,江电大院为 10 m,省府大院为 16 m,化纤厂大院为 9 m,江纺大院为 18 m,肉联厂大院为 19~20 m。

(2) 形态格局

单位大院内部道路整体格局有分区型和整体型两种。分区型指单位大院各功能分区以实体边界分隔,各区内部自行组织道路并建构整体性,除道路走向外一般不考虑与其他分区道路几何形式上的对位与衔接关系,各分区向区间道路开设若干出入口,各区道路的联系通过区间道路进行转换。各区内部道路一般遵循相同的走向,除非受到基地形状限制,如江纺、江拖、化纤厂等大多数的

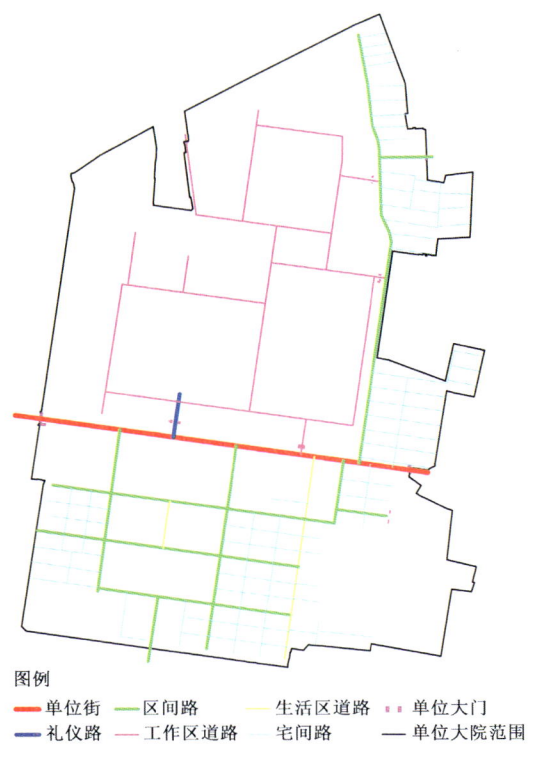

图 1-22　江纺大院内部道路层级

生产型单位大院。整体型指整个单位大院各功能分区空间的道路系统统一设置,尽管在各分区毗邻处可能设置门岗,但是各区道路之间还是存在明显的对位关系和整体性,典型的如省府大院和师大、江大等形成的大院。

单位大院内部道路走向主要受到建筑南北向布置与周边城市道路走向的影响,一般取南北和东西正交路网系统,当与周边依托的城市道路走向或者基地边界形状相冲突时会进行整体和局部调整。单位大院道路的形态格局与其规模有直接关联,占地规模大的单位大院内部道路往往形成网格状道路格局,规模小的往往形成鱼骨状或者环状道路格局。

整体型网格状路网的典型案例为省府大院。省府大院大致形成了"三横六纵"的网格状主路系统,其中三条横向主路间距大致为 90 m 和 140 m,六条纵向主路间距大致为 130 m、200 m、130 m、95 m 和 140 m,通向大门的主路宽 7~10 m,其余 6 m。单位大院的各功能空间就填充在主路分隔的各单位街区内,除少数单位街区会安排一个部门外,其余街区均布置两个以上部门的办公空间,同一单位街区各部门办公楼入口可能朝向街区内部,两者之间形成宅间路,也直接向主路开设入口。大院生活区各街区住宅之间形

成宅间路。

分区型网格状路网的典型案例为江纺大院。江纺大院明显分为工作区与生活区两大块,生活区呈"J"字形从东、南两个方向半包围工作区,两区之间由宽度10 m和6 m的两条区间路分隔并建立联系。其中,东西走向的江纺厂前路路宽10 m,为大院的单位街,将生活区也分隔为南北两区,南区是大院的主要生活区,不仅布置了大量住宅,还容纳了大院所有的服务设施。南区生活区采用典型的网格状道路系统,除最北边的单位街外,形成了"三横三纵"的主路系统。主路宽6 m,主路间距横向80~110 m,纵向130~200 m,除了主路系统分隔后位于单位大院边缘的单位街区外,其余街区内部以九宫格形式形成了宽4 m的宅间路,九宫格中每一格布置一幢住宅,长大约20~40 m,相当于1~2个单元的长度。在此路网系统外围布置了一批长度40 m以上的多层单元式住宅,尤其是在大院东北角的生活区呈现出明显的行列式和单边鱼骨状道路格局。从建筑物形成的图底关系看,工作区内道路格局大致根据生产车间的形态尺度,以围合车间的方式来确定并形成道路系统,并未形成明显的网格状,而出现大量正对建筑物的尽端路。主要道路宽度5~9 m,路网密度基本上由建筑物平面尺度决定,最小间距几十米,最大间距甚至超过260 m。

(3) 道路特性

实际调研中发现单位大院内部的道路还存在尽端路较多,以及建筑与道路立交等特点。

单位大院内的尽端路主要是由于边界封闭性导致。由于实体边界围墙的存在,单位大院内部道路与城市道路的联系仅通过少量几个出入口,规模较大的单位大院内部道路往往在通达围墙的时候被围墙打断而与城市道路失之交臂。另外,相邻单位大院之间往往在规划设计时没有任何关联,相邻边界也往往建以围墙,因此也为尽端路的出现提供条件。单位大院中存在另一种形式的尽端路,即道路正对建筑的情况,这在生产型单位大院的生产区中非常普遍,在一些办公型和教学型单位大院中也比较常见。

建筑与道路立交的情形主要是1980年代后为缓解单位大院空间需求膨胀与用地紧张之间矛盾而采用的解决办法。这种情形在城市中心区的办公型与服务型单位大院中比较常见,如沿省府大院东边界布置的一排住宅楼,另外在老广电大院、儿童医院大院、省委大院等都出现了此类情况。

1.7.4 空间结构

多数单位大院内部建筑空间呈现不断生长变化的态势,因此在单位大院空间生命周期中不同时期其空间结构可能存在差异。对绝大多数单位大院而言,最近一次显著的空间结构变化当属1990年代后期全国性住房体制改革导致单位住房私有化带来的居住空间与工作空间分离而引起的大院空间结构性改变。在结合各单位大院现状的基础上尽量回溯各单位大院在1990年代的空间构成状况来总结其空间结构规律。

单位大院作为一个完整的形态单元，一方面其布局在很大程度上是以工作与集体生活为基础的，另一方面其边界的封闭性改变了其空间可达性，大院内部与城市之间空间可达性关联的建立必须依靠有限的几个出入口，故以集体生活空间以及单位出入口为主要参照来建构大院内部空间结构分析框架。

此外，单位大院的总体空间结构与局部空间组织是两个不同空间层级的问题，总体空间结构关注如何组织单位大院内部各功能片区空间，而局部空间组织则描述各功能片区内部建筑与空间的组织方式。总体而言，单位大院内部空间大致可分为工作区和生活区两大块，两者以生活服务空间衔接成一个空间整体。不同类型和规模的单位大院内部空间结构差异较大，但总体可归纳为串联型、并联型、主街型和网格型四种空间结构类型（图 1-23）。

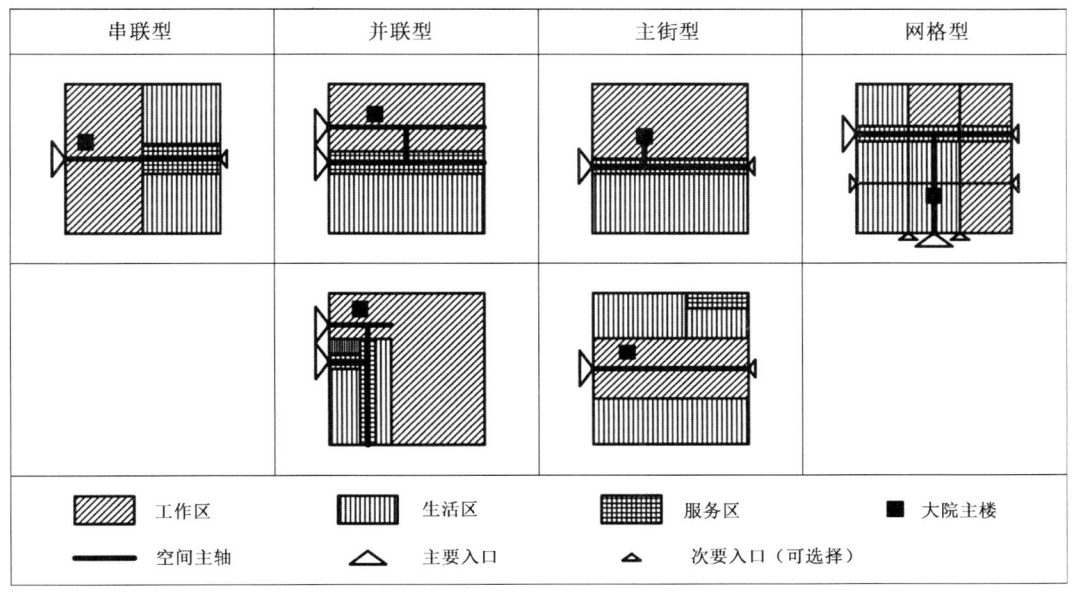

图 1-23 单位大院四种空间结构类型

1.7.4.1 串联型

工作区和生活区前后或者左右并置，一条主路将两者串联起来，生活与社会服务区位于生活区内沿主路一侧或两侧布置（图 1-23）。此类型的主路两端在生活区和工作区一般均设有出入口与周边道路相通，两区交会处设有围墙和门岗加以区分。主路形态与服务设施的类型、规模及空间形态等均会随实际情况而有所差异。如洪钢大院的主路就是一条起于北京东路洪钢大门止于大院南端小彭村的长约 500 m 的区间路（图 1-24b）；路面宽度在工作区大致为 8～9 m，到了生活区则压缩为 6 m；生活区内沿主路两侧分布着医院、职工学校、浴室、食堂、图书馆、商店、球场、子弟学校和招待所等设施。手表厂大院中主路起于师大南路的厂区大门,止于岔道口东路的生活区大门,在贯穿两区过程中主路经过了 3 次 90°的空间转折,总长度大约 340 m(图 1-24c);该路在工作区内空间放大与广场、绿地整合在一起,在生活区内宽度大致为 9～10 m;沿路设置了俱乐部、广场、休闲树林、食堂、浴室、篮球场等设施。而化纤厂大院中的主路起于青山南路止于五纬路,起止点均设有单位大门,长约 440 m(图 1-24a),在靠近工作区入口处路面宽度约 9 m,其余部位大致 6 m;大院的服务设施主要集中在生活区内主路的两侧,从西向东依次有俱乐部、商店、幼儿园、球场、浴室、食堂和医院等。此外,人民医院和江西宾馆两服务型单位大院的空间结构也可视作此类型的变体,江西宾馆中主路两侧分布着内部院落与广场,使得其表现形式比较接近周边式空间格局。

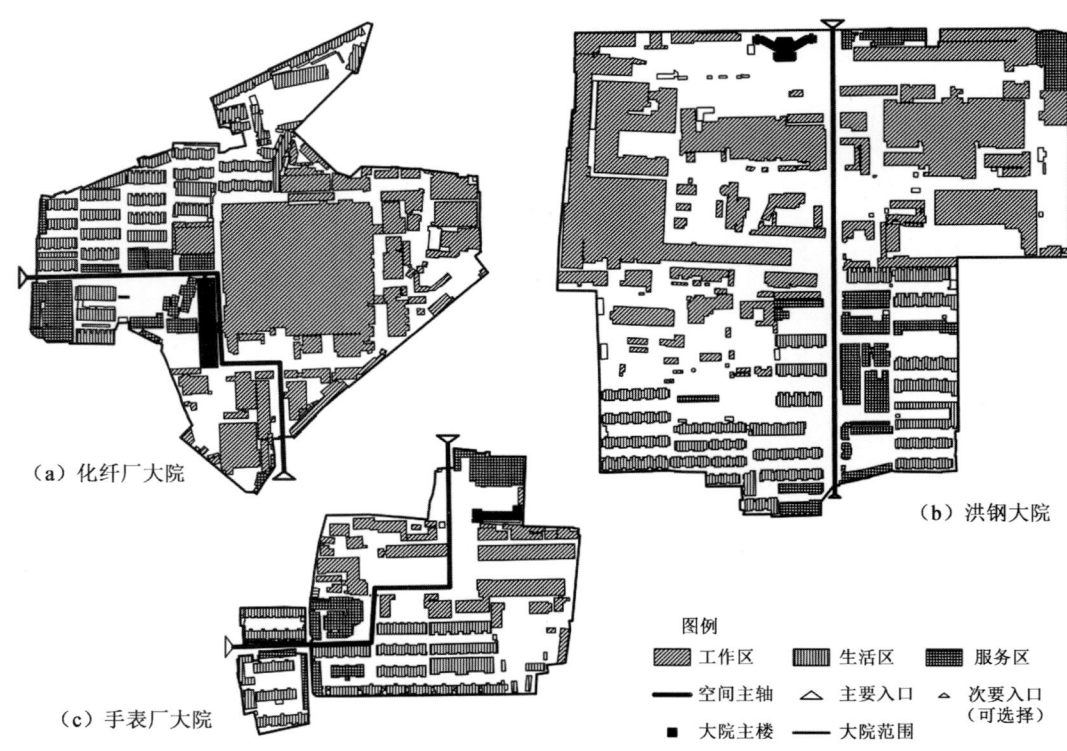

图 1-24 串联型单位大院案例

此外,尽管一般认为单位的党政办公楼是大院工作区空间的核心,但在串联型单位大院中其位置往往比较自由,也没有起到空间统摄作用。

1.7.4.2 并联型

工作区与生活区并置,两者之间通过围墙或者建筑物隔开,两区分别设置主要入口并由此向工作区和生活区内部引出两条主要道路,大院内部可能在适当的位置将两条主路联系起来(图1-23)。主路可能根据大院内部空间组织要求改变走向。单位的党政办公楼一般沿工作区主路布置,楼前空间往往局部放大形成礼仪性广场或花园;生活与服务设施则沿生活区主路布置。工作区和生活区均可能开设其他出入口,两区一般通过垂直道路连接,并在两区交界处设有大门和门岗,如广电大院、江拖大院和肉联厂大院均属此类。

广电大院生活区和工作区沿洪都大道南北并列布置,主入口设置在两区交会处,由同一个入口广场向两区分别开设出入口并向大院内部引出两条相隔约35 m、宽度分别为9 m和6 m的主路,两者之间沿工作区主路边缘以铁栅栏分隔(图1-25a);生活区内沿主路两侧依次分布着活动中心、食堂、休闲花园、商店、老年活动中心、医院、球场和幼儿园等设施。广电大院工作区在北京东路方向还设有一出入口。

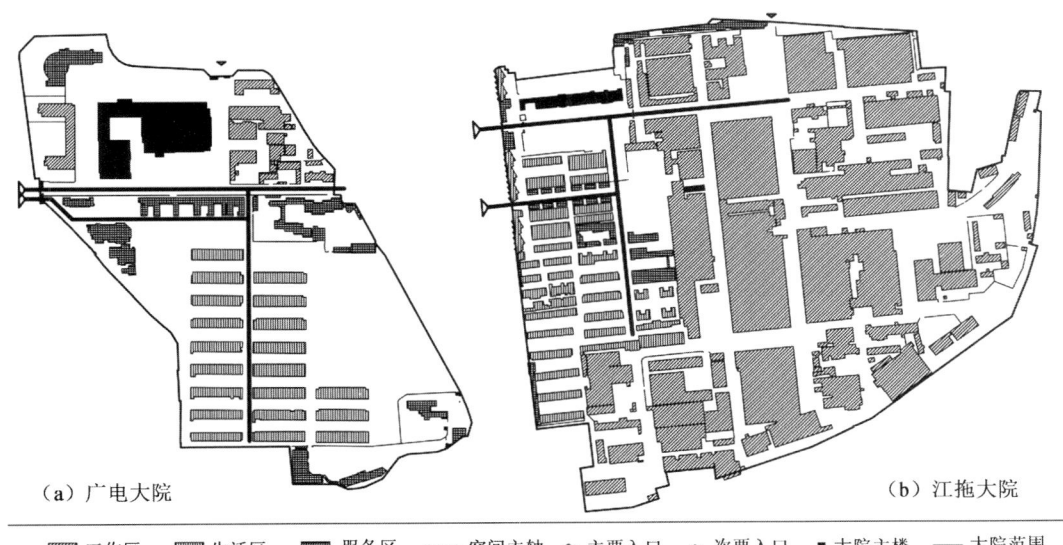

(a) 广电大院　　　　　　　　　　　　　(b) 江拖大院

图1-25　并联型单位大院案例

江拖大院生活区沿井冈山大道东侧布置并在生活区中部偏北的位置向井冈山大道开设主要出入口,其工作区占地面积较大,大致在生活区东、南、北三面对生活区形成"U"形包围之势,工作区在生活区北侧与井冈山大道接壤并开设主要出入口。工作区与生活区均由各自的主要出入口向大院内部引出主要道路(图1-25b)。工作区主路宽度约13 m,党政办公楼即沿主路北侧布置,与其对应的主路南侧则为大约35 m×110 m的绿地;而生活区主路宽约14 m,两侧布置了两排长约110 m的商业店面,从而使该路形成商业街。商业街尽端一条垂直方向的区间路将工作区与生活区两条主路串联起来并一直向南延伸贯穿整个生活区,食堂、浴室、医院和幼儿园等生活和服务设施沿路布置形成集中的生活服务区。

1.7.4.3 主街型

一条连通单位大院主要出入口的主要道路穿越单位大院,将工作区与生活区隔于两侧,大院内部的主要生活和社会服务设施一般沿该道路布置从而形成"主街"(图1-23)。工作区向主路开设主入口,单位党政办公楼就近布置,两者往往形成工作区空间主轴,主轴与主街交会处往往形成广场,大院的生活服务设施沿主街和广场周边布置,在某些大规模的单位大院中可能形成供生活、服务及文体活动的功能片区。典型案例为江纺大院(图1-26a)。江纺大院占地约78.2 hm²,始建于1950年代中期,主入口正对大院西面的塘山街,从主入口引出的主街"江纺厂前大街"东西向横穿江纺大院止于东面的新胡村附近。主路将单位大院分为南北两个空间,路北为工作区,路南为生活区。工作区在主路中部偏西的位置上向主路开设主入口,工作区大门后退主路约24 m形成入口广场。大门内约50 m处正对单位主要生产车间,江纺的党政办公楼就设在该车间内正对工作区大门的部位,与大门形成共同的对称轴。大门通向办公楼的礼仪性道路宽约19 m,两侧还设有人行道,楼前一条宽约6 m的主要区内道路与礼仪性道路呈"丁"字相交,并由此

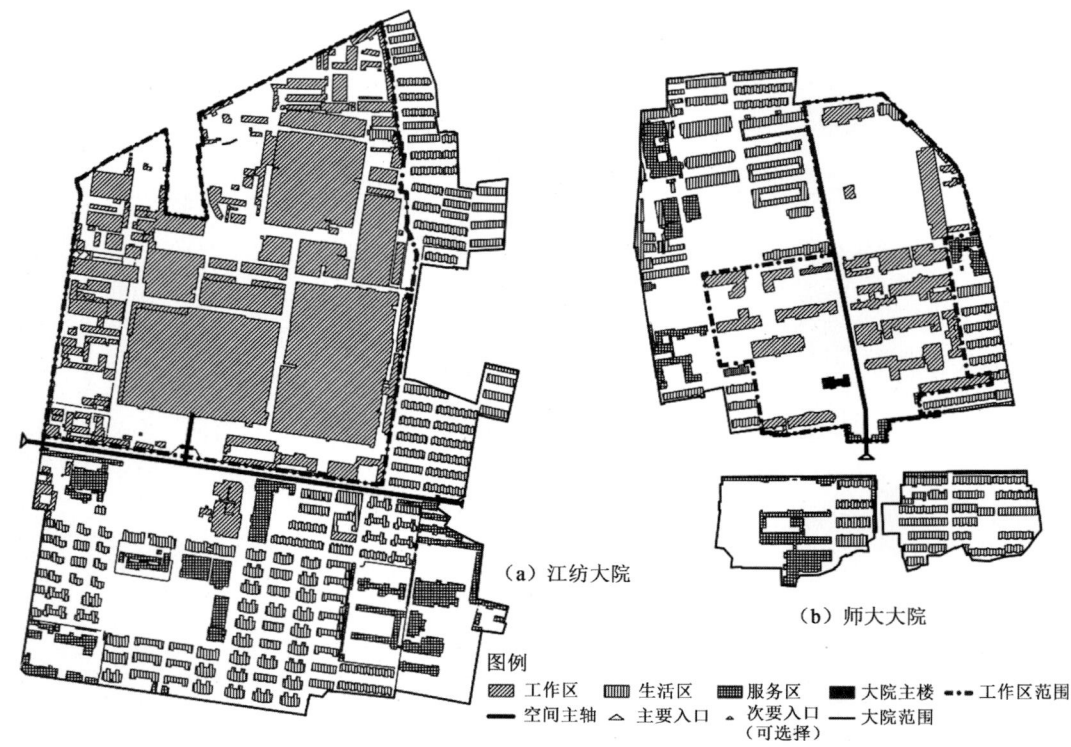

(a)江纺大院　　(b)师大大院

图1-26　主街型单位大院案例

发展出工作区的道路系统连接各车间、仓库和辅助用房。主路以南正对工作区大门的位置为一广场，东西长约140 m，南北宽约104 m。广场以西为礼堂，以东为1970年代建的家属工厂，广场南侧隔一排住宅与幼儿园、文化中心、老年活动中心以及田径运动场、游泳池为邻。大院内生活服务设施主要沿主路南侧布置，除靠近东西入口布置商业店面外，还布置了招待所、食堂、浴室、开水房等设施。

主街型还有一种模式：由单位主入口引出一条主路穿越单位大院工作区，工作区空间分布在主路两侧，单位主入口附近一般放大成广场空间形态，单位的党政办公楼往往设置在广场周边；生活区布置在工作区外围，可能分散布置也可能相对集中布置，生活服务设施设置在生活区。主路深入到大院内部后可能发展其他主要道路引向生活区，生活区内住宅建筑与服务设施沿该道路两侧布置，如师大大院（图1-26b）。

1.7.4.4 网格型

单位大院空间按照网格状路网进行组织，与此路网对应形成了多个大院出入口，其中形成了两个以上的主要出入口和两条以上的主要空间轴线。其中一条为礼仪性轴线位于工作区，穿过单位主大门正对单位主楼，主楼建筑采用对称形式，其对称轴与空间轴重合，空间轴起于单位主大门，穿越主楼后继续延伸，可能控制主楼后部的建筑物，也可能止于另一条垂直的道路。一般主楼前后均会留有较大尺度的空地，形成广场或集中绿地。另一条空间轴线为一条区间主路，一般位于生活区和工作区之间，也可能局部穿越工作区和生活区（图1-23）。生活服务与文体活动设施等一般沿该主路布置。根据单位大院性质与规模，此类型的单位大院可能在工作区或者生活区各开设2个以上出入口。典型案例为省府大院。该大院始建于1950年代中后期，位于南昌市中心八一广场东北角，南邻南昌城市中轴线北京西路，北面与省体委大院、人民公园相邻，东、西两边分别以公园路和广场北路为界，占地约49.2 hm^2，是典型的办公型单位大院。大院内部道路呈网格状布局，办公区布置在大院的西部，生活区靠东部和北部布置，同时在办公区的西端与八一广场和广场北路接壤处出现了以办公建筑为主、混合居住建筑的情况，而在大院北部生活区则出现了以住宅、生活设施为主，混合少量办公建筑的情形（图1-19）。省府大院礼仪性入口位于北京西路、大院中部偏西的位置，礼仪性入口向北引出一条约16 m的礼仪性主路正对主楼，主楼以主路中心线为轴线横向伸展，主楼前与礼仪性大门之间形成大约南北145 m、东西190 m的礼仪性广场。主楼后部约160 m处为一条东西向穿越省府大院的生活性主路，路面宽度约9 m，两侧另设人行道。生活性主路西端起于广场北路一大门，东端止于公园路，全长约1 300 m，目前已形成生活气息浓郁的生活性街道。省府大院的主要生活与社会活动设施也主要沿这条生活性街道布置，如八一礼堂、商店、食堂、浴室、招待所、幼儿园等。省府大院常用的出入口有8个，其中3个位于生活区，其余5个位于工作区或者两区混合处的模糊地带（图1-27）。

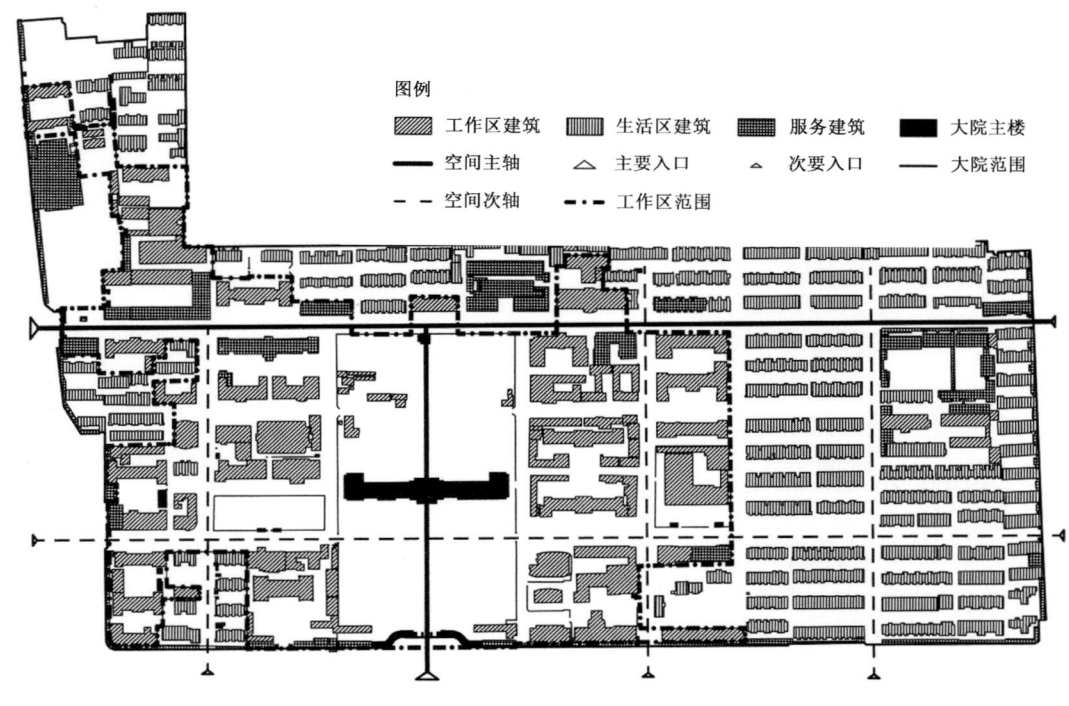

图 1-27　格网型单位大院案例

以上阐述了单位大院常见的四种空间结构类型,尽管各单位大院表现出来的空间形态千差万别,但大致以此为骨架组织各功能区空间。

1.7.5　绿地景观

单位大院内部的景观要素主要以绿化为主,水面为辅。除景观价值外,实用性一直为1980年代之前单位大院内部景观建设的重要标尺。那时候种树要以乔木为主,夏天可以遮阴;果树、桂花树因其实用价值也成为重要种植树种;水体作为景观要素往往会考虑充分利用基地中既有的水塘,因其可以养鱼给职工创造福利。

多数单位大院内部空间在建设初期都经过统一的规划设计,除建筑与空间布局、道路和基础设施外,绿化也是规划设计的重点所在,加上1950年代至1980年代经历过几次全国性的城市绿化建设高潮,每个单位均设有绿化园林科或者配有专门的绿化工作人员,单位大院内部绿地得到良好的建设与养护。尽管如今经济、社会发生深刻变化,单位大院内部空间形态也有了显著变化,但其绿地系统总体保持良好,迄今仍为城市绿地系统不可或缺的组成部分。

较大规模的单位大院中的绿地基本已形成系统,一般由集中的块状绿地和沿路的带

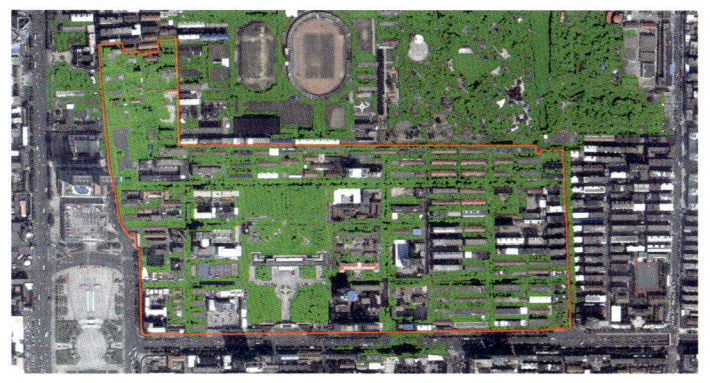

图 1-28 省府大院内部绿地分布示意

（注：红色线框内为省府大院，右上角为公园绿地）

状绿化构成，有些单位大院内部还保留了自然乡村地貌遗留的池塘、山体和树林等作为景观系统的重要构成要素。集中绿地往往分布在工作区中的行政办公楼前后及周边位置，抑或在单位主要入口附近的主广场，抑或在工作区与生活区接壤处；带状绿化则分布在单位大院内部几乎所有区间路、区内路和宅间路两侧（图 1-28）。

多数单位大院均有几十年建设历程，不少单位大院建设初期选址时还有良好绿化基础，故迄今单位大院内部绿化早已成荫成林，充分发挥出高大乔木对空间环境的调节功能。单位大院内部道路，甚至宅间路都已成为林荫道；集中种植的香樟林、法国梧桐林等不仅成为单位职工及家属夏季纳凉闲谈、打牌下棋、休闲活动的好去处，也成为一、两代人心中的情愫；中秋时节不少单位职工及家属坐在桂花飘香的院子内外、宅前屋后，一边品尝自己种下的果树结出的水果，一边与家人同事闲聊的场景每每浮现在一、两代人的脑海。

1.7.6 建筑肌理

单位大院是典型的混合功能土地利用模式的空间产物，在单位大院内部建筑功能互相转换，即某一建筑在不同时期功能性质完全不同的情况非常普遍，因此在研究大院建筑的功能类型时，不能忽视其空间形态类型及其形成的建筑肌理。

1.7.6.1 建筑类型

从功能角度考察单位大院内部建筑类型，不同性质单位大院内部建筑类型有所差异，以办公型单位大院为参照，其内部建筑类型有办公建筑、居住建筑、生活服务建筑与社会服务建筑等。

（1）办公建筑

单位大院内部办公建筑包括各单位机关行政办公楼和各下属单位及部门办公楼，后者如食堂、后勤部门在其所在区域设置的办公空间，工厂单位大院中各生产车间都有可能各自独立拥有小型办公建筑。1980 年代之前，单位大院内的办公建筑多为走廊式平面布局，其中主要办公建筑一般采用内走廊对称式平面，建筑层数多为 3~4 层；辅助部门的小型办公建筑则往往采用外走廊式建筑，建筑层数一般不超过 2 层，也不追求对称建筑形式,因受用地限制更倾向于根据具体用地大小、形状来确定建筑平面。1980年代后期开始,单位大院中的办公建筑层数逐渐增加,并出现了一批高层办公楼,其最高层数一般不超过20层,建筑平面仍然以内走廊式布局为主,也有少量点式高层。部分高层办公楼整合了更多的功能空间,如商业、餐饮、宾馆、出租写字楼等,成为高层综合楼。

(2) 居住建筑

单位大院内部居住建筑分为单身职工宿舍和家属住宅两种类型,前者往往是内走廊或外走廊式平面布局,后者主要是单元式住宅,在早期可能会出现一些走廊式住宅作为家属住宅楼。平房和2～3层的住宅楼在1950年代至1960年代的单位大院中非常普遍,1970年代至1980年代单位大院新建的住宅建筑层数多为3～4层,此后5～7层甚至更高的住宅建筑成为单位大院住宅建筑的主流,部分单位大院在2000年以后还新建了一些高层住宅,建筑层数高达20多层。不管是何种住宅形式,绝大多数呈现出条式和板式住宅形态,除非受到基地限制,所有住宅建筑一律取南北朝向,并遵从本单位大院建筑确定的建筑方位坐标体系。故单位大院中住宅区建筑一般形成行列式或者网格式建筑肌理。除了少数单位大院边缘位置的住宅外,单栋单元式住宅建筑拼接长度很少超过80 m,因此建筑面积也很少超过7 000 m²。如化纤厂大院32栋职工住宅建筑面积小于1 000 m²的有6栋,1 000～2 000 m²的12栋,2 000～3 000 m²的8栋,3 000～4 000 m²与4 000～5 000 m²的均为3栋。住宅建筑层数方面,五层的住宅有8栋,数量最多;其次为三层的有5栋;一层和七层的住宅均为4栋;二、四、六层的住宅均为3栋;此外有2栋八层的住宅(表1-8)。

表1-8　化纤厂大院住宅层数分布

层数	一层	二层	三层	四层	五层	六层	七层	八层	合计
栋数	4	3	5	3	8	3	4	2	32
百分比	12.5%	9.4%	15.6%	9.4%	25.0%	9.4%	12.5%	6.2%	100%

(3) 生活服务建筑

单位大院内部的生活服务建筑主要有食堂、浴室与开水房等。考虑使用锅炉供热方便,食堂、浴室、开水房等往往靠近布置。早期单位食堂往往采用单层大空间建筑形式,1980年代后开始出现2～3层的食堂综合建筑,一般底层做食堂,2～3层做职工活动中心或者办公室等用途。

(4) 社会服务建筑

单位大院内部的社会服务建筑包括职工活动中心、礼堂(电影院、俱乐部)、招待所、幼儿园、子弟学校和职工学校、职工医院等。幼儿园是一般大中型单位大院内部都有的建筑类型,早期以1～2层外廊式建筑为主,目前各单位大院中幼儿园建筑一般是1980年代后经过改建、新建或者调整的,层数大致为2～4层,建筑平面仍然以外走廊式为主。

出于管理需要，幼儿园建筑周边往往依靠建筑物或围墙围合成相对独立的院落空间。子弟学校一般出现在大型生产型和教学型单位大院，建筑类型大致与幼儿园建筑类似，一般也形成院落空间，建筑层数比幼儿园建筑略高，以 2～5 层为主，建筑单体平面形式有外廊和内廊两种。职工学校是 1980 年前后在各工厂单位中兴起的一种建筑类型，早期一般以 1～3 层的外廊式建筑为主，后来有些单位的职工学校升级为中专、大专学校，主管单位也发生了改变，学校规模和建筑规模形态均发生了很大变化。

职工医院（或者医务所）也是一般的工厂和教学型单位大院内部都有的建筑类型，其规模与单位规模有关。大型单位大院内的职工医院往往独立成楼成院，一些中小型单位大院的职工医院则有可能与其他功能空间合并于一幢多层建筑。就独立成楼成院的单位职工医院目前现状看，其主体建筑层数大致以 2～3 层为主，平面形式仍然采用走廊式布局。

1980 年代开始，单位大院内部物质与文化生活受到进一步重视，各单位大院内部又新增了电影院、俱乐部、文化中心等文化类建筑，有些单位是在原来礼堂或食堂的基础上改建的，也有不少是新建建筑。除具备观影功能的电影院需要大跨度空间外，其余多为普通框架结构建筑，并且往往与食堂、办公等其他功能空间合并设置。电影院是大型单位大院中特有的，中小型单位大院一般只设职工活动中心或者活动室。

招待所也是单位大院内部重要的建筑类型，主要承担对外接待的职能，同样也以走廊式平面多层建筑为主。

1980 年代后城市商业功能恢复，单位大院内部的商业空间也逐渐增加，不少沿单位大院内部主要道路的建筑底层都改成了商店，也有一些单位管理者因势利导在靠近单位大院大门的位置或沿厂区主要道路新建门面房，此外，食堂周边往往也成为社区商业云集的地方。

其他类型的单位大院内部建筑类型大致可以认为是在办公型单位大院建筑类型的基础上增加了相应功能类型的建筑。生产型单位大院增加了大量的厂房车间、仓库和水电动力设施用房；教学型单位大院增加了供教学与人才培养使用的教学楼、图书大楼、体育设施、学生宿舍；服务型单位大院则增加了提供社会服务用的公共性建筑，如医院的门诊楼、住院部、医技楼，宾馆的客房楼、餐饮楼及一些活动设施建筑，图书馆的图书大楼，博物馆、纪念馆的观展建筑，邮电局的邮政大楼、电信大楼，等等。

一般而言，工厂单位大院的车间、仓库等往往以单层大跨为主要特征，从而形成大尺度的块状或者条状建筑肌理；也有一些轻工业单位大院的车间是多层框架结构建筑，从建筑肌理上看与普通办公楼差别不大，在内部空间划分上也往往可以实现与民用建筑对接。

1.7.6.2 密度与容积率

建筑容积率反映了土地利用效率，而建筑密度往往与空间质量有关。从统计结果看，单位大院总体土地利用率不高，建筑密度大，容积率低。以化纤厂单位大院为例，大院内部建筑密度为 58.9%，容积率为 1.23。若将生活区与生产区分别计算指标，则生活区建筑密度为 50.75%，容积率为 1.8，而生产区建筑密度为 64.86%，容积率为 0.81。可见，生产区建筑密度高、容积率低成为生产型单位大院的重要形态特征，其主要原因在于车间、仓库等生产用房占地面积大、连片覆盖，建筑层数低。如化纤厂主生产车间占地面积高达 25 000 m²，而层数只有 1 层。尽管生产区内也有一些空地作为材料堆场等，但单层生产车间大面积连片覆盖还是导致了建筑密度高、容积率低、土地利用效率底下的问题。而造成目前单位大院生活区中建筑密度高达 50%、容积率大致为 1.8 的关键原因在于单位大院中住宅建筑一般建于 1990 年代后期之前，且各年代的住宅均有遗存，这些住宅建筑多为 1~8 层的低层或多层单元式住宅与廊式住宅，受建筑层数与占地面积的制约，增加建筑密度几乎成为提升容积率、解决职工家庭居住空间需求问题的唯一手段。故在单位大院中两幢 7~8 层的住宅间距只有 10 m 左右的情形随处可见，尤其是在单位大院中 1990 年代新建的一些住宅楼群中。此外，单位大院早期建的一批小户型住宅，有些被拆除，有些迄今仍然在用。这批住宅难以满足当前住户对生活空间的需求，因此屋前屋后搭建情况比较普遍，有些住户还充分利用住宅与周边围墙间的空地，搭建面积可达数十平方米，这种违章搭建也在一定程度上导致了单位大院生活区建筑密度升高。这种情况在办公型、教学型和服务型的单位大院中有所改善。

1.7.6.3 建筑肌理

单位大院各功能区内部空间形态各异，相互之间通过内部道路相联系。一般情况下，各分区之间，如工作区与生活区，生活区与幼儿园、子弟学校等之间一般都有实体边界，甚至单位各部门的办公楼、住宅楼之间均可能以实体围墙分隔形成各自空间的独立性和私密性。大院内部建筑布局往往遵守共同朝向形成的坐标系统，大致以接近南北向为参照。各分区因功能性质不同导致建筑形态差异进而形成了各自空间形态的差异与特点。但总体而言，单位大院内部的建筑肌理大致可分为四种类型：行列式、院落式、网格状和条块状（图 1-29）。

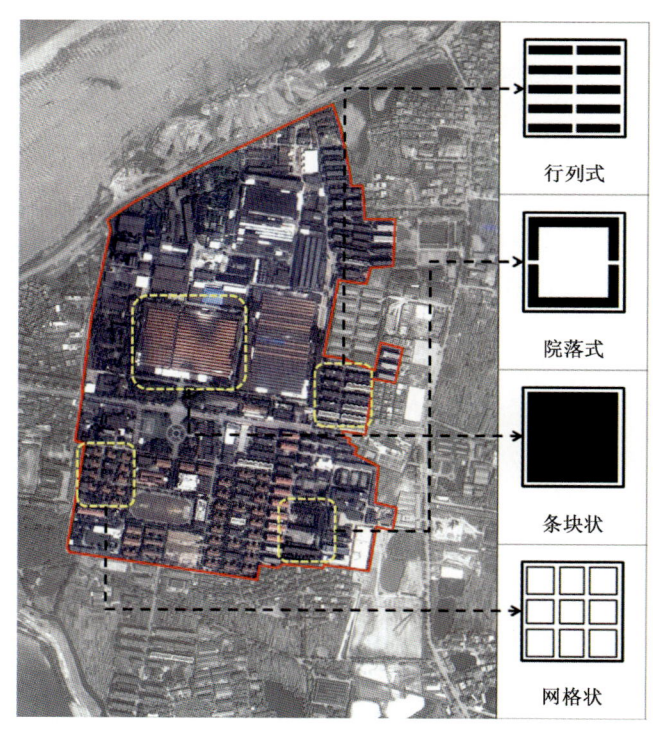

图 1-29 单位大院建筑肌理

单位大院内部的公共建筑和单身宿舍多采用普通框架和砖混两种结构类型，常用的平面形式为内走廊和外走廊两种，一般呈南北向布置，形成长条状建筑平面，因此，形成典型的行列式空间肌理。除非基地受限，否则住宅建筑不会轻易改变整个住宅群空间坐标所限定的建筑走向。事实证明，这种平面形式的适应性非常强，使得同一幢建筑物可以在各种功能之间不停切换，为满足单位大院内部功能混合使用提供了极大的空间灵活性。生产区因分布着若干大跨度生产车间和仓库形成典型的条块状空间肌理。

院落空间似乎永远成为单位大院内部空间组织的宠儿。不仅单位大院内部幼儿园、子弟学校和职工学校等形成的文教区，以及职工医院等功能片区的建筑布置在大体遵守南北朝向原则不变的基础上，倾向于通过辅助建筑或者连廊等形成空间围合，往往呈现出院落式空间肌理；而且生产区内小尺度的办公、管理和附属用房，也往往形成一个个小型院落空间。不同尺度、形态与层级的院落空间广泛存在于单位大院中所形成的"院中院"，是大型单位大院空间形态的重要特征。以省府大院为例，位于生活性主路西端大门旁的建设厅办公大楼周边就形成了由2栋办公楼、1栋宾馆办公混合功能建筑和若干住宅楼构成的功能相对齐全、具有一定规模的院中院。此外，更多单位大院中的院中院并无齐备的功能构成，只是单位各下属部门利用南北向平行布置的建筑之间的空地，在东西两侧增加附属用房和大门、围墙实现空间的围合并形成院落，以建构相对独立的空间单元。这些院中院往往沿单位大院的某一主要道路开设出入口（图1-30）。

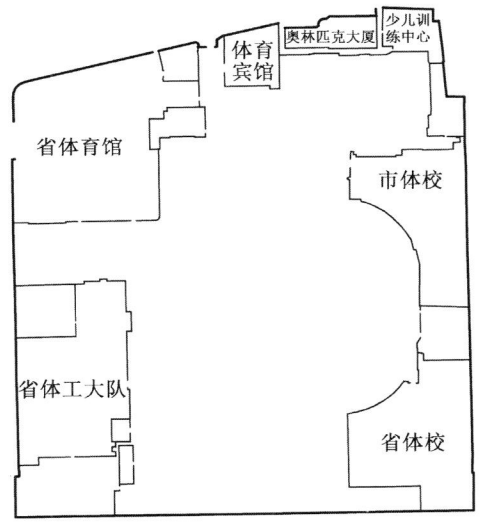

图1-30　单位大院内部"院中院"空间结构示意

1.7.7　公共空间

单位大院成为城市空间的构成细胞，内部形成小社会、小城市。单位大院内部的一些室外场地和公共服务设施承载了单位的礼仪性活动和职工及其家属的体育、文化、休闲、娱乐与社交活动。尽管这些空间场所有别于真正意义上的城市公共空间，但从实际使用情况，尤其是1980年代后的使用情况看，其服务对象不仅为单位大院内部人员，而且往往还包括职工亲戚、朋友，甚至周边的市民、村民等。故从某种意义上看，单位大院内部的公共服务和休闲活动场所成为单位大院所在地段城市公共空间场所与服务设施的重要构成部分，甚至在某些偏远地段还代替城市级的公共场所与服务设施行使城市服务职能。

单位大院内部的公共空间分为开敞式的公共空间和公共服务建筑两种类型。前者广泛分布在工作区、功能区和生活区中，在一些大型单位大院中还形成了分区分层级的公共空间系统。后者一般包括医院、学校、礼堂（俱乐部）、活动中心、运动场馆和招待所等。

每个单位大院的公共空间场所表现形式不完全相同，有的形成生活性街道，有的形成集中的广场，也有的利用湖面、水塘形成环湖步道，还有的拥有成片的参天大树形成的樟树林等，以下选择有代表性的加以阐述。

1.7.7.1 单位广场

不少单位大院内部在靠近主大门的位置会集中设置一个具有一定尺度的开敞空间。该空间一般不设围墙或围栏，进入单位大院内部的人员便可到该场地自由活动，其性质类似于市民广场(civil square)。但在计划经济时代，多数单位大院在未经允许的情况下，外部人员一般不得进入大院内部，故外人使用该空间受到一定限制。可见，该空间有别于一般意义上的城市广场，属于一种半公共性质的空间类型，被称为"单位广场"(Danwei Square)。

单位广场是单位大院内部的核心空间，往往在大院内部空间组织上起到统领性作用。大院内部的主要建筑物往往围绕单位广场周边布置，并可能衍生出一些空间轴线以建立形式和结构上的关联。经过单位广场的空间轴线有主有次，单位大院最重要的建筑物一般坐落在主轴线上，往往也采用对称建筑形式。该建筑物可能是供单位职工集会用的礼堂，或是单位的党政办公楼，若是后者则往往被称为"主楼"。如江纺大院中经过生产区主大门、厂办大楼的轴线和经过大礼堂的轴线垂直相交于江纺广场（图 1-31a）。江纺广场大致呈矩形平面，与正南北向呈一定交角，东西长约 138 m，南北宽约 105 m。广场四边限定良好，北边由厂前大街和生产区围墙限定，南边为一排职工住宅，东边为"文革"期间建的家属工厂，西边为大礼堂（俱乐部）。

再如，省府大院的单位广场位于省府大楼与北京西路的主大门之间，呈一矩形平面，东西长约 180 m，南北宽约 130 m（图 1-31b）。广场南北两边围合良好，南边由主大门与围墙、沿街建筑明确限定，北边省府大楼平面呈长条形，东西延展约 175 m，成为广场良好的空间界面。广场的空间主轴起于南端主大门，并与省府大楼中轴重合后继续向北延伸，在穿越省府大楼北面的樟树林之后止于大院北二路。目前，整个广场的东西边界设有通透围栏，将广场、大楼、樟树林围成一个整体，与周边道路分隔开来。据了解，围栏是改革开放后，随着省府大院逐步融入城市，门岗退缩至省府大楼一带之后才设置的，之前广场和樟树林是进入大院内部人员可以自由使用的。从目前情况看，该广场成为一处礼仪性广场，属于省府大楼的专用空间，再未承担职工及家属休闲活动的职能。

上述两例单位广场尺度较大，一般属于大型单位大院。而中小型单位大院中的广场尺度往往会根据单位大院的性质与规模情况进行调整，广场边长由几十米到上百米都有；此外，广场平面也会因周边建筑物的设置情况形成较大差异。

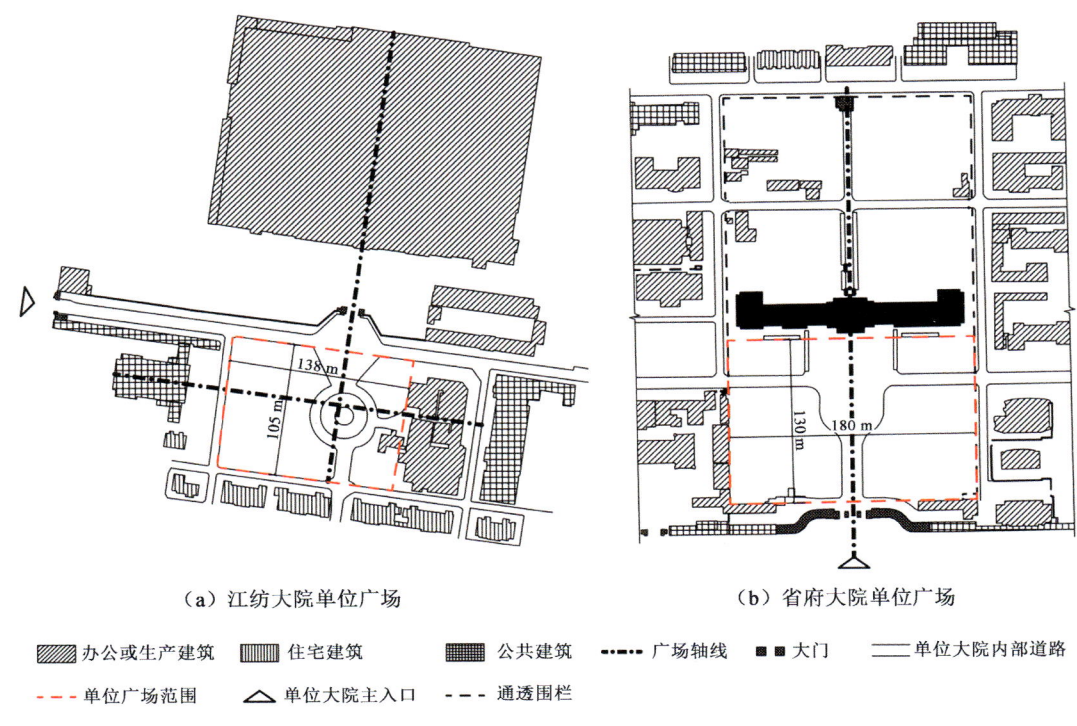

（a）江纺大院单位广场　　　　　　　　　（b）省府大院单位广场

图 1-31　单位广场案例一

　　如属于办公型单位大院的冶金大院，其单位广场大致由一个边长为 66 m×71 m 的矩形平面切角变形而来，广场中轴起于北端的单位大门，止于南端的行政办公楼，南北两边分布着大量住宅楼(图 1-32a)。而服务型单位大院——九四医院大院的大门与门诊大楼之间也形成单位广场(81 m×94 m)并限定了空间的主轴线，主轴中部垂直发展出次轴，办公楼和肿瘤大楼分列于次轴两端，毗邻两楼靠近医院大门两侧的位置上分别布置了招待所和一些商业服务用房(图 1-32b)。教学型单位大院，尤其是大中专院校形成的大院，单位广场尺度一般比较大，且可能与运动场地、园林绿地等结合形成一个整体性开敞空间；校园内部还可能结合礼堂、图书馆等设置一系列的广场和绿地空间，故其单位广场起到的作用与其他类型的单位大院有一定差异。以师大大院为例，在主校门内由行政办公楼、教学楼等共同限定出一个单位广场。该广场略呈"十"字形平面，东西最长处约 128 m，南北最长处约 104 m，行政办公楼位于广场西北角。广场空间主轴起于南边的大门，穿过广场后沿校园主干道向北延伸，该广场更多地成了一个交通性的广场。

　　总体而言，以单位广场来组织空间的单位大院一般都会以单位广场为基点引申出若干条主要道路以组织单位大院生活区等其余各部分空间。

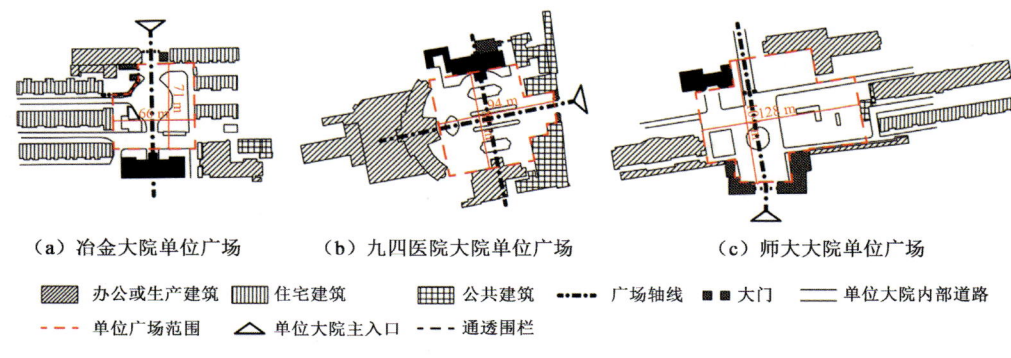

(a) 冶金大院单位广场　　(b) 九四医院大院单位广场　　(c) 师大大院单位广场

图 1-32　单位广场案例二

1.7.7.2　单位街

单位大院除了以单位广场来组织空间外,在一些规模较大的单位大院中,还常以一条主路来组织大院内部空间。其主要特征为由大院主要出入口向内部引出一条主路,大院内部生活服务设施集中设置在主路两侧。其他各功能片区也沿主路两侧布置或者通过一些次级道路与其建立关联。主路两侧因建筑与空间密集往往形成连续界面,加之成为单位职工上下班和日常生活的必经之路,改革开放后逐渐形成了生活服务和商业气息浓郁的街道空间(图 1-33)。该街道有别于城市公共性街道,亦属于一种半公共性质的空

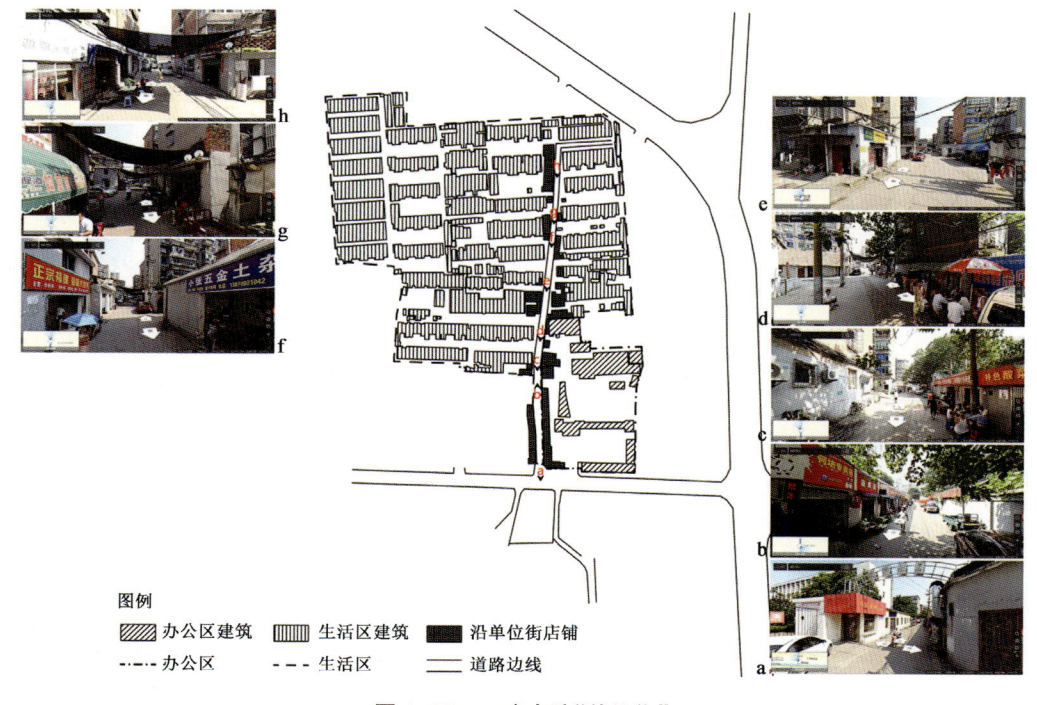

图 1-33　一建大院"单位街"

间类型,被称为"单位街"(Danwei Street)。

单位街一般位于单位大院的生活区内或者生活区与工作区过渡区域,且至少一端起于单位大门。单位街一般为自发形成,在此之前可能有食堂等生活服务设施作为空间基础。单位街商业界面的形成主要依靠三类建筑:其一,早期建造的单位食堂、招待所等生活服务设施;其二,沿街建筑的底层住户自发"开墙设店"或违章搭建的临时性建筑;其三,单位有关部门发现商机之后新建底层为店面的沿街建筑。

单位街的业态特点在于功能混合,除了一些方便居民生活的便利店、服务类功能门店外,还与住宅、办公楼,甚至广场、树林等间杂共同支撑街道界面的延续性(图1-34)。因此,除商业氛围外,不少单位街还往往成为居民纳凉聊天的场所。

单位街中靠近单位大门和大院服务设施的位置商业气氛比较浓郁。而不少单位大院中单位街起止端单位大门所依托的城市街道也属于商业气氛较好的生活性街道。例如省府大院内单位街北二路东门口的公园路、西门口的广场北路,以及江纺大院厂前大街东门口长门外的塘山街,洪钢大院后门的飞燕路等,均为繁华的生活性商业街。

1.8 本章小结

本书旨在以单位大院这一中国城市空间中独具特色的形态单元来解读中国的城市物质空间形态,而单位大院可视为研究问题的缘起。为此,首先要解决的问题就是建立起对单位大院这一关键性研究对象的专业的感性认知。本章主要从概念、类型和构成三方面展开对单位大院的认知探索。

对单位大院相关概念,尤其是对单位、单位制和单位现象概念的解析中借鉴了社会科学领域的研究成果。对单位大院、单位空间和单位大院空间三个概念的辨析有助于后面的表述。对单位大院的整体认知主要依靠系统的分类研究来实现,具体包括单位大院的功能、形态、规模、分布、组合特点以及区位等类型。而对单位大院形态构成的研究则主要从形态要素的解析入手,具体包括边界、功能构成与分区、入口与交通组织、空间结构、绿地景观、建筑肌理和公共空间等结构性要素。

如果说,对单位大院的分类研究立足于将单位大院作为一个整体进行形态认知,那么对单位大院的形态解析则通过将其分解成不同要素进行"剖麻雀"式的分析来建立形态认知。

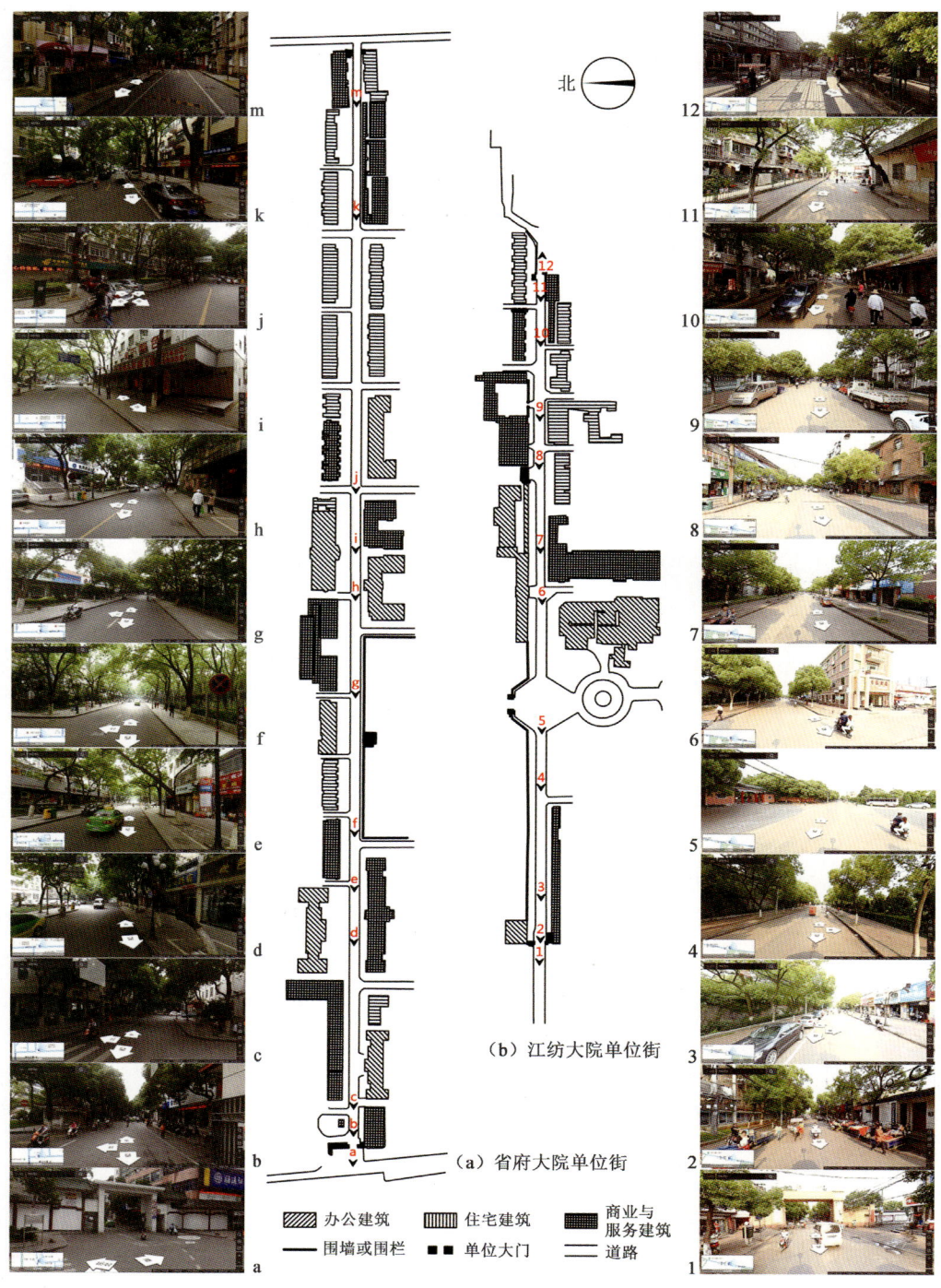

图 1-34 "单位街"案例

第二章
南昌单位大院空间缘起

计划经济时期,典型的单位大院从空间本质上说就是一个功能混合的适应现代城市生活的"墙院"空间系统。尽管学者们提出了新中国成立前中国的传统空间实践中可以找到单位大院的形态原型,并对后来单位大院的形成起到重要的影响作用,但不可否认,典型单位大院的大量形成与推广,并成为中国城市形态的控制性要素是1949年后随着中国的社会主义建设过程而出现的。因此,探寻单位大院形态的成因不可脱离新中国成立后的经济社会发展历程。

本章借鉴社会科学研究方法,通过研读南昌城市历史地图和历史档案等第一手资料,参考现有关于中国单位形成问题的研究成果以及当代中国城市建设史志、资料等第二手文献,结合现有文献中有关民国时期的某些建筑现象,以时间为主线建构分析框架。与社会学领域研究单位制度及其空间起源的区别在于,本书侧重于从各个时期的社会背景与需求出发,关注单位大院中职住靠近且包含生活服务设施的空间组合关系是如何形成的。

2.1 阶段划分

本书在梳理单位大院形态演变脉络和解析形态特征的基础上,选择对形态建构起关键影响作用的重大经济、社会政策与制度建立,以及政治事件发生的时间节点,将单位大院形态演变历程划分为六个时期,主要划分依据为:①新中国成立后国民经济建设计划;②重大经济和社会发展政策;③重大的政治事件;④重要的制度变迁;⑤城市形态与单位大院形态变化等。

2.1.1 1858—1949 年

第二次鸦片战争后,清政府被迫于1858年先后与俄、美、英、法等国家签订《天津条约》,开放九江等沿长江城市作为通商口岸,并允许外国教会进入内地省份自由传教。之后，美、英、法各国教会陆续进入南昌设立教堂。外国文化和资本的输入带动了南昌的近现代化进程，南昌出现了首批私营工厂、教会医院和学校。在西方文化的影响下，资产阶级维新派和各级政府也创办了一批学校、医院等机构。这一阶段城市形态演变的典型特征为现代功能植入传统空间载体并与其融合孕育出新的空间类型——单位大院。

2.1.2　1949—1952 年

1949 年 5 月南昌解放，中国共产党在接管国民党政府、帝国主义国家和官僚资本家等财产的基础上，进入了 3 年经济恢复期。这一时期的城市建设以环境整治为主，新建任务较少，城市形态演变的主要特征为利用原空间载体，根据单位变迁与发展需要对原单位大院进行扩建。

2.1.3　1953—1957 年

1953 年开始，新中国经济建设的第一个五年计划（简称"一五"）开始实施。在大力推进农、工、商业的社会主义改造的同时，以苏联援助的 156 个重点工业项目和 694 个规模以上工业项目为基础全面展开了社会主义建设征程。这一时期客观上确定了社会主义建设的投资与资源配置政策，并在社会主义改造完成后建构了土地、住房、人口管理等一系列经济与社会管理制度。"一五"期间，南昌作为江西省重点建设城市，在对原有单位大院和城市物质空间进行改造的同时新建了一批工业、文化和服务类项目，单位大院得以推广。

2.1.4　1958—1965 年

"二五"计划开始的 1958 年，全国发动了"大跃进"和人民公社化运动。在"多、快、好、省地建设社会主义"的总路线指导下，各城市上马了大量工厂和大中专学校项目。1960 年"大跃进"失败后，国民经济进入调整时期。这一时期城市形态演化主要表现为以"跃进"为特征的城市大范围扩张和单位大量出现，以及以"调整"为特征的大量城市空闲土地的清退和单位数量与规模的收缩。

2.1.5　1966—1976 年

"三五"计划开始的 1966 年，席卷全国长达十年的"文化大革命"运动爆发。"文革"初期，全国范围的"上山下乡"运动中大量知识青年（简称"知青"）被下放到农村参加劳动；"文革"后期，单位回迁、人员陆续返城。其间，在"备战"和建设"大三线"等以疏散为目标的口号影响下，城市外迁了大批工厂和文教类单位，拆除了大量城市住宅，使得回流单位和人员在城市中立足面临着巨大的办公、居住空间缺口。

2.1.6　1977—1992 年

1977 年"文化大革命"已经结束,各项事业开始恢复。1978 年 12 月十一届三中全会提出将党的工作重心转为社会主义现代化建设,为了适应新的发展形势,在"整顿、提高"的基础上开始了"调整、改革"各项制度的新征程。这一时期,对经济制度、土地制度、住房制度和建设投资政策等进行了重大改革。城市形态经历了前期单位大院内部住宅和生活服务设施填充性建设,以及后期不断膨胀的居住性功能空间"溢出"单位大院在城市中另寻立足之地的演变过程。

1992 年 10 月,中国共产党第十四次全国代表大会确定了建立社会主义市场经济体制的改革目标后,中国加快了国有企业和住房等多项制度改革的步伐。尤其是 1998 年全面停止实物形式的住房供应后,商品房市场得到极大发展,同时进一步推动了单位大院内部产权分化和人员杂化;国有企业制度改革则直接助推了一批国有企业单位大院解体并实现土地置换。此外,进入 1990 年代末期以来,在建设新行政中心、新校区等形势驱动下,城市形态和单位大院形态也发生了深刻的变化。

本章旨在探讨单位大院空间缘起问题,因 1980 年代末南昌主城区除了既有单位大院的形态变化外,在城市边缘地带还新建了一批单位大院,而 1992 年后多数单位大院陆续走向激烈的形态变化甚至解体,故选定 1977—1992 年作为探寻单位大院空间缘起的最后一个时期。

2.2　植入与融合(1858—1949.5)

2.2.1　机构出现

鸦片战争结束后,随着欧美国家资本与文化的输入,中国开始了近代化发展历程。城市中陆续出现了大量的工厂和教会医院、学校等现代化机构。

第二次鸦片战争后,在第一批开埠城市和外国教会进入内地各省传教双重影响下,南昌也开启了近代化发展历程,并在 1900 年前后得到较快发展。这一时期,南昌出现了第一家私营工厂[①],也涌现出一批医院、学校、军营等设施,其中有一批教会学校和教会医院,如葆灵女子书院(1902)、豫章中学(1907)、南昌医院(1897)和妇幼医院(1903)等。

---

① 南昌市工业和信息化委员会. 浅述南昌工业历程[EB/OL]. (2010-11-25)[2016-02-04]. http://gxw.nc.gov.cn/News.shtml? p5=679.

2.2.2 "单位"起源

对"单位"起源问题的探讨源于社会科学领域,且明显集中在制度和组织层面。现有成果认为新中国成立初期的特殊历史条件、以公有制为基础的社会资源的支配性权力关系、自根据地时代的延续、发展道路上对苏联模式的效仿以及苏联流行社会思潮的影响、中国几千年来传统的家族制度、特定的空间管制方式等导致了单位制度的出现[①]。当然,也有学者探讨了单位空间的起源问题,并认为单位大院是中国传统院落生活代表的传统文化、特定社会发展阶段、"邻里单位"等规划设计思想、居住地与工作地靠近以缩短交通距离,考虑管理和安全以及城市建设便利性等方面综合作用的结果[②③]。而此处要探讨"单位"这一名词用于指代工作机构(work unit)这一用法的起源。

"单位"一词,在《现代汉语词典》中有两个解释:①计量事物的标准量的名称;②指机关、团体等或属于一个机关、团体等的各个部门[④]。显然本书要研究的单位属于上述第二种含义,即指代工作机构。本书采用档案查阅法来追溯"单位"这一用法的起源。通过查阅江西省档案馆现行档案和民国档案电子目录发现,现行档案中"单位"这一用法自新中国成立以来就非常普遍。而检索民国档案时发现,最早用于指代工作机构的"单位"一词出现在1918年关于"稽征单位"和"纳税单位"的记录中[⑤⑥],且同期出现此用法的档案数量非常有限。据此推断,"单位"一词指代工作机构大致始于民国早期的税务、银行等行业,用以指代收、支双方机构。而用于指代军队和机关单位大致始于1930年前后[⑦⑧]。据民国档案目录显示,1940年之前"单位"指代工作机构的用法已开始普及,并出现了"机关单位""工程单位""事业单位""主管单位""工作单位""政工单位""保管单位"等名词,而1940年后已经非常普遍(图2-1)。

---

① 柴彦威,陈零极,张纯.单位制度变迁:透视中国城市转型的重要视角[J].世界地理研究,2007(4):60-69.
② 乔永学.北京"单位大院"的历史变迁及其对北京城市空间的影响[J].华中建筑,2004(5):91-96.
③ Bray D. Social Space and Governance in Urban China: The Danwei System from Origin to Reform[M]. Stanford: Stanford University Press,2005.
④ 中国社会科学院语言研究所词典编辑室.现代汉语词典[M].3版.北京:商务印书馆,1996:245.
⑤ 财政部国税署.为检发国税署附属机关登记卡片及稽征单位员额表式各一种仰即遵照转饬所属于九月底以前汇齐具报由:1918-09-11[A].南昌:江西省档案馆(J025-1-01070-0001).
⑥ 财政部江西区国税局.据呈玉山直税未设机构各项纳税单位无从列报等情指复知由:1918-11-18[A].南昌:江西省档案馆(J025-1-03049-0305).
⑦ 江西省政府保安处.江西省政府保安处关于检送第一区修械所、保六团等单位七至十二月份每月经费预算书的函:不详[A].南昌:江西省档案馆(J032-1-00887-0137).
⑧ 江西省政府.为令饬于三月二十五日以前编制二十九年度该机关单位概算暨分配预算送府以便核发经费由:1930-03-17[A].南昌:江西省档案馆(J023-1-06455-0145).

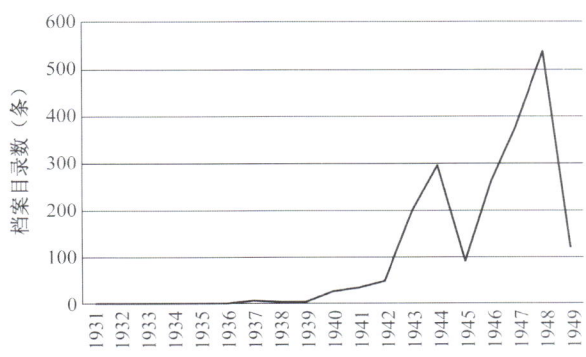

图 2-1　1931—1949 年包含"单位"一词的民国档案目录数量变化

2.2.3　墙院转变

从 1926 年《南昌市全图》[①]上看，城北和城东两处清晰地呈现出一批由围墙围合的"墙院"空间，如南昌城东的贡院、新建小学、陆军医院和新营房等（图 2-2）。此外，皇殿侧以西的公众体育场东边界也清晰地呈现出围墙的形态。值得关注的是，美以美会（教会

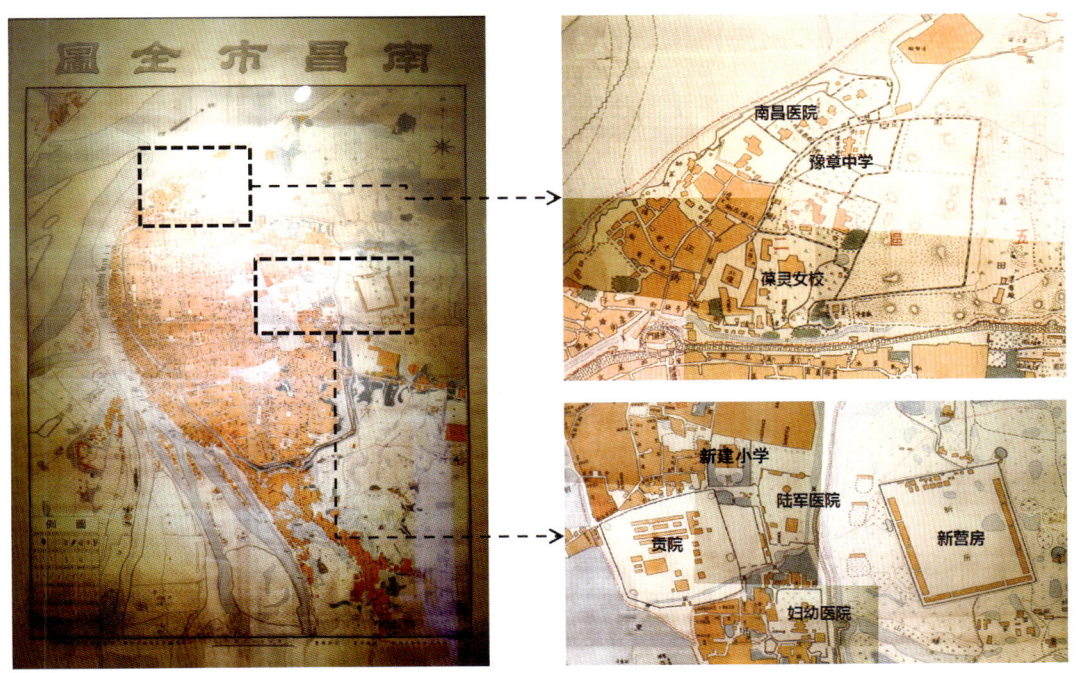

图 2-2　1926 年《南昌市全图》及局部放大

---

① 南昌市政筹备处.南昌市全图[CM].南昌：百花洲东亚美术馆，1926（民国十五年）.

名称）在传教过程中采取"本色化"的传教形式，在教会医院与学校的建筑空间与形式上也有所体现，例如城东的妇幼医院和城北的葆灵女校、豫章中学、南昌医院等都采用了"墙院"空间（图2-2）。这样做便于管理也有助于达到弱化人们抵制"洋教"的目的。

　　1926年后随着近代化机构的增加、规模的发展，采用"墙院"空间的机构数量也不断增加。总体看来，这批近代意义上的"墙院"空间主要包括三类：①教会创办的医院、学校等机构；②资产阶级维新派、地方政府和国民政府创办的一批学校、医院等机构，如南昌的江西大学堂（1902）、公立医学专门学校（1921）、国立中正医学院、国立中正大学和陆军医院等；③私营工厂，如城北的复兴纱厂。这些机构都倾向于沿用或新建"墙院"作为空间载体，例如城北的汽车站、励志社、测量局、育幼所和工厂等（图2-3）。即便是受到经济等影响难以形成边界闭合的"墙院"空间，也往往沿道路一侧建围墙、围栏。

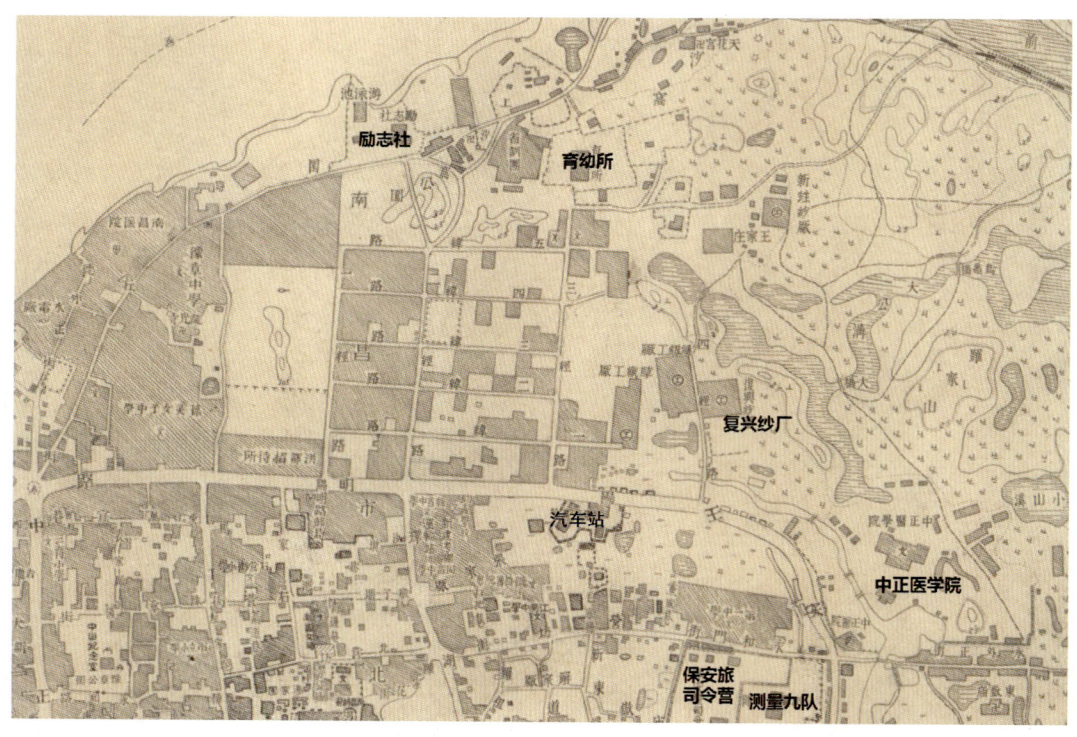

图2-3　1947年南昌城北部分机构

　　据此推断，实体边界的采用在当时来说是一种标示土地所有权范围，实施空间管理的重要手段。尤其在建筑规模明显小于占地规模，以建筑围合来标示用地边界不太现实的情况下，自然想到采用各种形式的围墙。再加上中国有居中和坐北朝南布置建筑的传统，照此空间布局，东西两面的边界必然需要专门手段进行围合。

　　这批"墙院"空间与宅院的本质区别在于，它以近代化机构的工作空间为基础，实现了空间性质由"住"向"作"的转变。在此,传统的空间单元类型经拓展、变形后适应了新的社会需求。

2.2.4 居住与生活服务设施问题

（1）居住问题

尽管民国时期住房问题的解决方式呈多元化,但单位解决职员住房的情况已经非常普遍。例如江西公立医学专门学校（现南昌大学江西医学院前身）在建校之初"1923年以后,陆续建筑教学楼房、实验室（实习室）及职员宿舍一栋"①,并且这一做法在该校的建设中一直延续下来。1945年抗战胜利后,该校从赣南迁回南昌重建后,于1946年12月,"在省立医专原校址建筑图书馆、解剖教室、职员宿舍各1栋"②。可见,职员的居住问题一直和医专的学校建设结合在一起。究其原因,主要是单位与人员的流动性,与当时的社会状况及需求有很大关系。民国时期战事不断,单位搬迁非常普遍,特别是抗战时期,各单位机构纷纷南迁,职员与单位同生共死,解决单位职员的居住问题成为单位建设与运行的基本保障。再加上当时各单位的主要职员往往是从全国范围内聘请,且流动性较大,因此职员的住宿问题自然成为各单位建设与发展中考虑的主要问题之一。民国档案目录显示,其他性质的单位如"江西省农业院""中国人民银行江西省分行""中国银行赣支行""江西水利局""建设局""邮管局"和"中国新报社"等均有关于为职员解决住宅、宿舍问题方面的档案记录③④。

（2）生活服务设施问题

民国时期单位办食堂⑤⑥和招待用房⑦的情况也比较普遍（图2-4b）。

尽管不少学者认为中国古代院落式建筑空间是单位大院的原型⑧⑨,但若把一些具有

---

① 百度百科.江西省立医学专门学校[EB/OL].[2018-07-25]. https://baike.baidu.com/item/江西省立医学专门学校/17642617#reference-[1]-17755669-wrap.
② 百度百科.江西省立医学专门学校[EB/OL].[2018-07-25]. https://baike.baidu.com/item/江西省立医学专门学校/17642617#reference-[1]-17755669-wrap.
③ 江西省农业院.报呈送本院在莲塘建筑办公厅职员住宅职员宿舍等房屋现已竣工恳请派员验收由:1936-02-11[A].南昌:江西省档案馆(J061-2-00384-0058).
④ 中国新报社.为准函同意将朱家巷八号报社房屋拨为公司印刷厂宿舍相应检同租约及修理费收据各一纸一并送请查照办理由:1945-09-23[A].南昌:江西省档案馆(J026-1-00068-0044).
⑤ 江西省政府建设厅.函请将代垫大众食堂工程开办各费拨环归垫由:1941-03-20[A].南昌:江西省档案馆(J045-2-01659-0053).
⑥ 社会部.咨请酌量筹办劳工食堂以应工人需要并见复由:1941-12-02[A].南昌:江西省档案馆(J045-2-01410-0109).
⑦ 中国银行赣支行.中国银行赣支行关于尚书街地址划分近西一栋可作宿舍及招待来宾的函:1937-05-25[A].南昌:江西省档案馆[J026-2-00100(3)-0084].
⑧ 乔永学.北京"单位大院"的历史变迁及其对北京城市空间的影响[J].华中建筑,2004(5):91-96.
⑨ Bray D. Social Space and Governance in Urban China: The Danwei System from Origin to Reform[M]. Stanford: Stanford University Press, 2005.

公共属性的院落式建筑群例如书院、衙门和寺庙等认定为早期的单位大院，仍显牵强。然而，晚清①和民国时期建立的一些机构在运行机制、规模和物质空间构成等方面均与新中国成立后大量涌现的单位大院非常相似（图 2-4a）；这些新建的单位空间往往也采用职住合一的"墙院"作为空间载体，同时也具备一定的尺度，还可能配备了食堂、接待用房等生活与服务设施，不少机构还隶属于省级、中央级政府，也往往依靠政府拨款完成基本建设②，并且也称为"单位"，因此，可认定为真正意义上的单位大院。

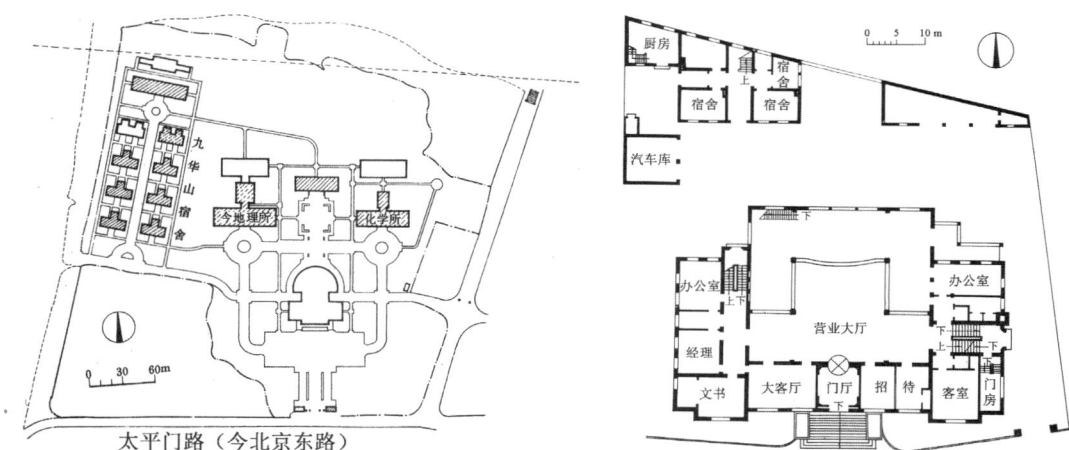

图 2-4a　南京中央研究院化学研究所大院总平面(1947)　　图 2-4b　北京交通银行大院平面(1930)

单位大院最晚在民国时期的中国城市中出现后，作为诸多城市形态构成要素中的一员，经历着一个渐进式的演变过程。但 1949 年开始，单位大院在经历一个复杂的形态演变过程后最终奠定其在中国城市形态中的控制性地位。

2.3　利用与扩建(1949.6—1952)

2.3.1　社会背景

新中国成立之初主要任务为巩固政权，安定社会秩序，恢复经济，发展生产，为社会

---

① 主要指教会创办的医院、学校和一些私营工厂、企业等。
② 国立中正大学"创办之初学校有专任教师 40 人，……至胡先骕 1944 年离任时，学校专任教师已增至 203 人，……在校学生达 1 386 人"。抗日战争胜利后，中正大学曾有以庐山海会寺一带为永久校址的规划，当时的校长萧蘧曾前往踏勘，并征得第一期土地 1 000 亩。尽管这一计划未能实施，但是，当时的征地规模也足可看出当时此类单位的占地规模。而从该校的行政隶属关系看，1944 以后该校划归教育部直属。可见，民国时期的南昌市已经出现了一批真正意义上的单位大院。参见百度百科"江西师范大学"词条：http://baike.baidu.com/view/14316.htm。

主义建设创造条件。由于财政比较困难，在城市建设中主要实行"充分利用，加强维修，逐步改造"的方针①，1949年下半年重点以市政设施的修整为主。1950年，城市规划与建设工作开始启动，成立了"南昌市城市建设委员会"，确定了"为生产服务，为劳动人民服务"的城市建设方针，并于1951年编制了《南昌市城市建设方案》和《南昌市新市区计划图》，规划了新市区，建构了主干道路系统，并以轻、重工业区，省行政机关、铁路地区和贤士湖公园等对城市用地进行划分，成为南昌城市规划的雏形，并对此后的城市建设起到关键性作用。

2.3.2 单位空间

新中国成立之初，中国共产党接管了民国政府、帝国主义国家和官僚资本家等在城市中的政府机构、金融机构以及工厂、医院、学校和军队等，并以此为基础迅速建立起新中国第一批单位机构。这一时期单位空间建设的主要特点是"换人不换物"。由于城市建设任务主要是环境整治，新建任务很少，城市形态的调整也主要是在民国时期各单位空间的基础上改造、整合与扩建(图2-5)。

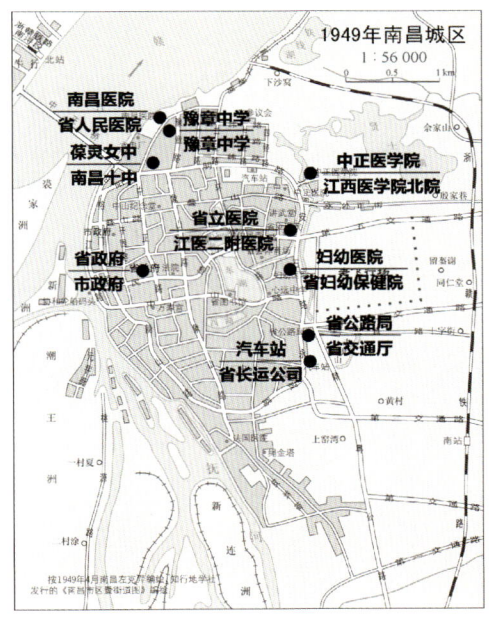
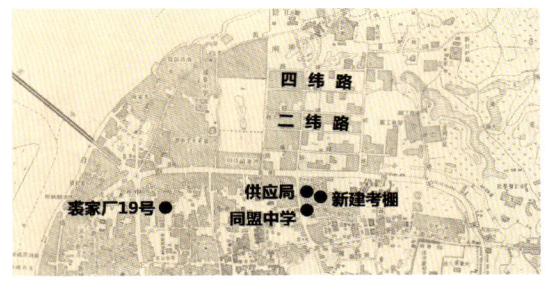

图2-5 1949年与1990年部分单位
(注：横线上为民国单位名称，横线下为现单位名称)

图2-6 1949年省立医专空间构成示意

---

① 南昌市城乡建设局.当代南昌城市建设：1949—1985[G].南昌：南昌市城乡建设局，1990：57-59.

以原江西省立医学专科学校（简称"省立医专"）为例，1949年5月28日解放军军管会接管省立医专后划拨前供应局用房作为校舍。1949年8月28日，省立医专与原省立助产学校、省立护士学校合并为新省立医专学校。合校后学校规模扩大，为解决校舍矛盾，省市有关部门先后将乐平同乡会馆、上营坊14号房、新建县考棚旧址及同盟中学校址、裘家厂19号以及二纬路、孺子亭、四纬路等处房舍划拨给省立医专（图2-6）。1950年至1952年，学校校址扩大了3倍。改院前①，其在阳明路校舍总建筑面积约8 210.52 m²，基地总面积18 446.23 m²；改院后，新购办公室、教室、实验室、楼房各1栋，平房2栋，教职员工宿舍楼房2栋，另又购本院东侧张家菜园菜地15亩②，共新增加建筑物总面积2 771.43 m²，基地总面积17 585.37 m²，较改院前分别增加33.75%和95.33%。③

尽管这一阶段单位空间的建构主要依靠分配现有房屋并在此基础上适当扩建，但1950年后，随着一些新单位的成立或者迁入，南昌市陆续新建了一些项目。这批新单位的建设是在1951年编制的《南昌市城市建设方案》和《南昌市新市区计划图》划定的功能分区的指导下完成的，现在看来都形成了职住靠近的空间格局。

其中，1950年始建于八一大道旁老飞机场以东至青山湖西岸附近的国立南昌大学（今江西师范大学北京西路校区），划拨土地达到1 000亩④，形成了整体型单位大院。

这一阶段也新建了少量工厂单位，主要集中在城北的董家窑地区，如江西造纸厂（简称"江纸"）和南昌油脂厂、南昌化学工业厂，均形成了二分型单位大院。

2.3.3　居住与生活服务设施问题

（1）居住问题

这一时期各单位人员变动较大，政府单位人员基本全部更换，而不少工厂和学校经过机构整合后，职工规模和空间利用方面均有较大变化。此外，大量外来人口成为这一时期单位人员构成的特点。以1952年为例，南昌城区人口达到27.08万人，比1949年城区人口增长了22.8%⑤。这决定了单位不可避免地需要解决职工住房问题。

当时单位的职工住宅分为眷属住宅和单身宿舍两种，两种住房的解决方式不尽相同。单身宿舍因居住密度较大，一般在单位办公区内解决。常用做法是在单位办公楼顶

---

① 自1949年8月起，省立医专隶属江西省人民政府文教厅管理；1950年4月，江西省人民政府决定，将省立医专移交由省卫生厅管理。1951年1月22日，省卫生厅正式作出决定，医专的护士、助产、药剂三科分别独立建校，各校统归卫生厅领导。该决定3月经中南军政委员会教育部批准，正式执行。合并后的助产学校、护士学校与医专至此又重新分开。1952年1月1日，江西省立医学专科学校正式更名为江西省医学院。
② 1亩≈666.667 m²。
③ 百度百科.江西医学院[EB/OL].[2018-07-25].https://baike.baidu.com/item/江西医学院/2541111?fr=aladdin.
④ 百度百科"江西师范大学"词条：http://baike.baidu.com/view/14316.htm.
⑤ 南昌市城乡建设局.当代南昌城市建设：1949—1985[G].南昌：南昌市城乡建设局，1990：318-319.

层腾出部分房间集中安排单身职工,根据房间大小,多的每间可以安排20余人①。

而眷属住宅的安排相对复杂:一般首先考虑在接管的单位住房中安排;其次,不能在单位院内解决居住问题的职工及眷属则安排在附近接管的其他房产中;最后,剩余职工和眷属由单位出面在市区范围内就近购买或者租住私人住房。以江西省人民政府林业厅为例,1953年时该厅的眷属住宅位于伞街(今铁街)1号②。

恢复期,各单位职工人数均有明显增加,原有的房屋难以容纳新增职工的居住问题,再加上部分房屋年久失修,单位新建职工住宅的诉求凸显,单位建房的情况也越来越多。1950—1952年间,江西省人民政府文化教育委员会、江西机器厂和江西省新甡纱厂等单位均有建职工宿舍的档案记录③④⑤。

(2) 生活服务设施问题

这一时期单位办食堂的情况仍然比较普遍,以中国人民银行江西省分行为例,1951年提出了添建食堂的申请⑥。

由此看来,新中国成立初期因单位职工中外来人口居多,单位解决住房和基本生活问题与单位的建立与运行紧密相关。一般而言,单身职工居住空间跟随单位办公空间,但家属住宅则可能分散在市内。因此,单位大院模式仍未成为官方普遍做法。但民国时期在工厂、企业中业已形成的单位为职工解决住房并提供食堂等基本生活服务设施的做法在新中国成立初期的单位建设中得以延续下来,当然,这与革命根据地的做法也是相吻合的。

2.4 新建与推广(1953—1957)

2.4.1 社会背景

"一五"期间是单位大院新建与推广的重要时期,中国一方面大力推进农、工、商业社会主义改造,另一方面以苏联援助的156个重点工业项目和694个规模以上工业项目为基础全面展开了社会主义建设征程。

---

① 江西省人民政府林业厅.我厅将来迁入新到行政办公楼办公及需要建筑职工宿舍请核办由:1954-06-11[A].南昌:江西省档案馆(X097-1-142-053).
② 江西省人民政府林业厅.我厅将来迁入新到行政办公楼办公及需要建筑职工宿舍请核办由:1954-06-11[A].南昌:江西省档案馆(X097-1-142-053).
③ 江西省人民政府文化教育委员会.省政府文化教育委员会修建职工宿舍图:1951-01[A].南昌:江西省档案馆(X105-1-063-048).
④ 江西机器厂,大兴建筑工厂.江西省机器厂建造职工宿舍工程合同书:1950-09[A].南昌:江西省档案馆(X072-2-007-186).
⑤ 江西省新甡纱厂.建筑职工宿舍之请示报告:1952-12-10[A].南昌:江西省档案馆(X072-1-042-067).
⑥ 中国人民银行江西省分行.为本行拟在中山路460号添建食堂一栋请鉴核示复由:1951-11-13[A].南昌:江西省档案馆(X088-2-135-098).

此阶段，南昌的城市建设仍然在一系列的城市规划控制与指导下推进。其中，《南昌市城市建设方案》《南昌市新市区计划图》[①]和《南昌市总体规划草案(1956—1967)》[②]等规划对南昌的城市建设起到了重要的控制作用。规划确定了在人民广场(今八一广场)和八一大道一带建设新市区，在城北和城东建设两个工业区，在青山湖一带建设文教区。这些在城市空间的宏观功能格局方面做的分区规划，对新建单位空间的选址产生了重要的制约和指导作用。以江西棉纺织印染厂(简称"江纺")为例，起初考虑在城南的南关口附近选址，但考虑用地大小受到制约等因素，换至城北塘山一带建厂。

单位空间的大量新建，推动了城市空间的发展。1957 年南昌建成区面积达到 21.4 km^2，比 1952 年扩大了 46.3%[③]。

2.4.2　单位空间

根据"逐步整顿改造老市区，逐步建设新市区，为生产服务，为劳动人民服务"的方针[④]，这一时期工厂、行政机关和文化教育类等单位在利用民国设施的基础上展开了大规模的扩建和新建：

首先，为了配合新市区建设，在八一大道两侧(特别是东侧)大量购地，新建了一批文化与服务类建筑，并成立了相关单位，如省历史博物馆(简称"省博")、市工人文化宫(简称"文化宫")、省艺术剧院、省革命烈士纪念堂、中苏友好会馆、省总工会和电信大楼、南昌服务大楼、百货大楼、江西饭店等(图 2-7)。

其次，在原有私营工厂的基础上，利用、合并、扩建与迁建了一批工厂，如江西柴油机厂(简称"江柴")、江西化纤厂(简称"化纤厂")、南昌柴油机厂(简称"南柴")、洪都机械厂(简称"洪都")等；同时结合当地经济形势与全国发展的需要新建了一批工厂，如江西棉纺织印染厂(简称"江纺")、江西造纸厂(简称"江纸")、江西油脂化工厂(简称"江脂")和南昌肉类联合加工厂(简称"肉联厂")等(图 2-7)。

此外，在八一大道以东，原老飞机场用地被划拨给省级政府作为建设发展用地，各

---

① 1949 年 7 月开始南昌市陆续成立了南昌市建设局等城市建设与管理机构。1950 年成立"南昌市城市建设委员会"，并于 1951 年组织人员编制了《南昌市城市建设方案》和《南昌市新市区计划图》，对新市区规划了轻工业区、重工业区、省行政机关、铁路建筑用地和贤士湖公园、青云谱林场、瀛上公墓等范围，提出了新建全市性干道——八一大道、第四交通路(今北京西路)和站前路。这个方案作为南昌市城市规划的雏形，对于经济恢复时期工厂的扩建和新建，以及以后较长一段时期内城市中各项基本建设都做了初步的安排。
② 1956 年完成的《南昌市总体规划草案(1956—1967)》规划原则是"全面规划，分期建设，由内向外，填空补实"，规划提出了城市近期(1962 年)城市人口 66.4 万人，用地规模 42.69 km^2，进行了功能分区，确定了市中心位置，规划了主要干道和绿化系统。以后较长一段时期内，南昌市城市基本建设骨架、路网和布局都是在此规划的指导下形成的。
③ 南昌市城乡建设.当代南昌城市建设：1949—1985[G].南昌：南昌市城市建设局,1990：26.
④ 南昌市城乡建设局.当代南昌城市建设：1949—1985[G].南昌：南昌市城乡建设局,1990：24-25.

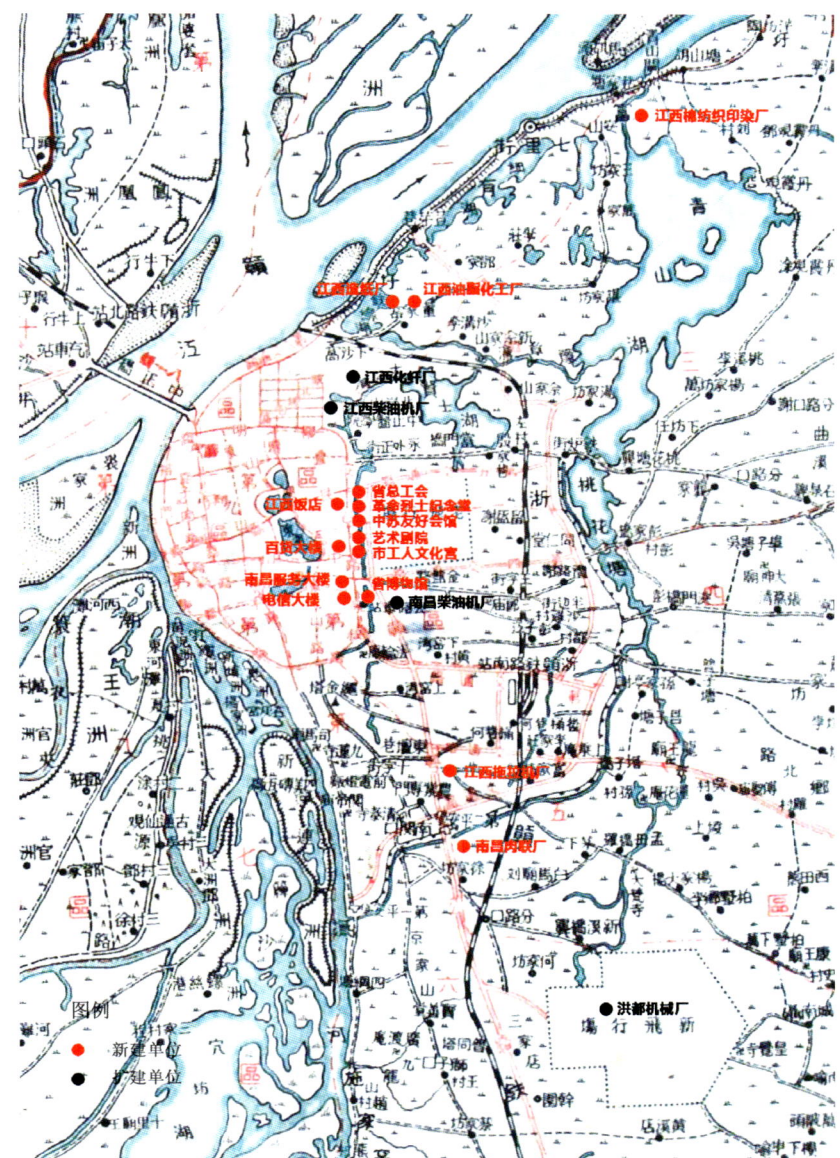

图 2-7 "一五"时期南昌主城区部分单位

厅、局机关陆续开始在新行政区建设办公楼。

最后,迁建了一批学校,如江西医学院(现南院)等。

从新建的文化服务类单位看,一般占地规模较小(表 2-1)。除服务类建筑如百货大楼、服务大楼、电信大楼等外,其他主要建筑并非沿街,而呈现出地块内居中布置并形成各单位空间核心(图 2-8)。

表 2-1　1950 年代八一大道两侧新建单位规模（单位：m²）

单位名称	省总工会	革命烈士纪念堂	中苏友好会馆	艺术剧院	市工人文化宫	省博物馆	邮电局	江西饭店
占地面积	6 810	17 400	8 050	7 310	26 180	12 020	18 240	20 040

2.4.3　居住问题

1957 年南昌城区人口比 1952 年增长了 62.59%[①]，增幅为前一阶段的 2.75 倍。单位新增员工的居住问题更加突出，这不仅表现在工厂单位中，在行政、事业单位中也一样明显。

"一五"期间，省级行政机关开始陆续在八一广场以东新规划的行政区内择址新建办公大楼。尽管各单位均把解决职工住房作为重要工作，但是档案资料显示，当时在行政单位中建单位大院的做法并未成为官方行为进行推广。仍以江西省人民政府林业厅为例，从新中国成立到 1953 年，该厅职工人数"由最初的四五十人，增加到了 200 余人"[②]，为此，该厅自 1953 年建新办公楼起提出建职工宿舍的申请未获批准，转而申请购买"松柏巷二十三号房屋"作为职工住宅[③]。从位于现广场北路与福州路交叉口东南角位置分布的省直机关职工住宅区看，当时相对集中建了一批省直单位的职工住宅，其中包括分布在周边的省总工会、中苏友好会馆（现省文联）、江西饭店、江西宾馆等单位（图 2-8）。

然而，各单位建单身职工宿舍的做法一般会得到支持，如交通厅、革命烈士纪念堂等[④][⑤]。不少行政事业单位在建单位办公楼时合并考虑单

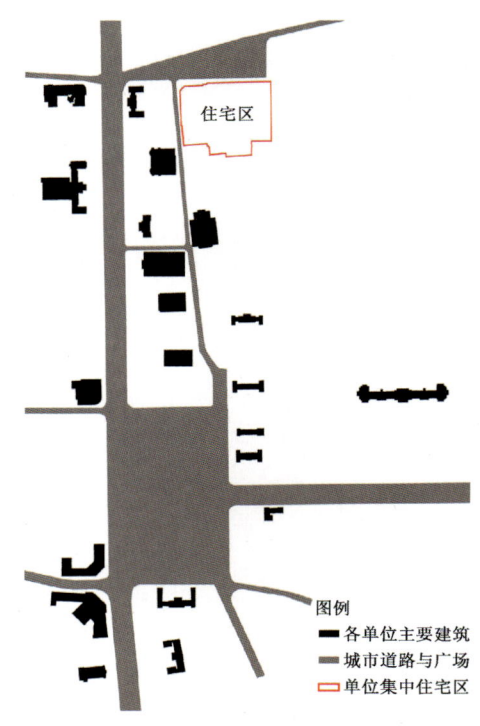

图 2-8　八一广场周边 1950—1960 年代主要建筑

---

① 南昌市城乡建设局. 当代南昌城市建设：1949—1985[G]. 南昌：南昌市城乡建设局，1990：318-319.
② 江西省人民政府林业厅. 我厅将来迁入新到行政办公楼办公及需要建筑职工宿舍请核办由：1954-06-11[A]. 南昌：江西省档案馆(X097-1-142-053).
③ 江西省人民政府林业厅. 请准予购买本市松柏巷二十三号房屋由：1954-05-11[A]. 南昌：江西省档案馆(X097-1-142-053).
④ 江西省财政厅. 为交通厅新建宿舍请批示由：1953-06-21[A]. 南昌：江西省档案馆(X039-1-235-054).
⑤ 江西省民政厅. 关于为革命烈士纪念堂设计宿舍、膳厅、厕所等图样的函：1953-03[A]. 南昌：江西省档案馆(X118-2-193-010).

身宿舍，一般做法为建一多层楼房，下面楼层作为办公用房，顶层作为单身宿舍使用①。

"一五"期间新建和扩建的大批工厂单位，如江纺、南昌电厂（简称"电厂"）、洪都、肉联厂、江西电机厂（简称"江电"）、江西拖拉机制造厂（简称"江拖"）等，在城北和城南地区分别形成了工业区。多数工厂单位选址位于郊区乡村地带或城乡接合部靠近公路、铁路或河道的开阔地，往往占地规模大，空间自成一体，生活区与生产办公区配套统一规划建设。这与工厂单位职工数量多，周边无法提供必要的住房和生活配套设施有一定关系，同时也方便单位对职工进行集中管理。这批工厂单位当时按照两种空间格局进行建造：其一为生产区、生活区集中设置形成整体型单位空间；其二为生产区和生活区沿道路两侧设置形成二分型单位空间。不少工厂单位尽管生活区和工业区之间由道路分隔，但因周边用地空阔，从大地景观上看，仍然成为一个集中的单位空间。若两区之间道路的公共通行量太低，则可能演变为单位大院内部道路，如江纺大院。

这一时期新建的大中专学校单位数量不多，但往往集中设置教学办公、居住和活动等空间形成完整单位大院。以江西医学院（南院）为例，1954年江西省委、省政府确定，八一大道北端以东，第八军医中学②以南，包括专卖局、市防疫站、中医实验院以及附近民房在内的菜地约15万 m^2，共计200余亩地为学院新院址。由中南军政委员会和省政府拨款共计46亿元（当时币制），于1954年10月中旬开始收购基建基地。1955年2月寒假中，学生全部迁入新院舍，并按期在新院舍开始上课③。

2.4.4 生活服务设施

档案资料显示，不管是地处市区还是郊区，是新建还是改造利用，这一时期单位建餐厅、厨房等基本生活设施的情况非常普遍，此外，还有建礼堂（俱乐部）、托儿所、哺乳房的做法④⑤。

总体而言，居住建筑以及生活服务设施、文化娱乐设施等的配建往往与单位选址有关。因绝大多数新建的单位大院处在城乡接合部或者乡村地带，周边几乎没有任何生活

---

① 江西省人民政府林业厅.我厅将来迁入新到行政办公楼办公及需要建筑职工宿舍请核办由:1954-06-11[A].南昌:江西省档案馆(X097-1-142-053).
② 百度百科.江西医学院[EB/OL].[2018-07-25]. https://baike.baidu.com/item/江西医学院/2541111? fr=aladdin.
③ 百度百科.江西医学院[EB/OL].[2018-07-25]. https://baike.baidu.com/item/江西医学院/2541111? fr=aladdin.
④ 中国人民保险公司江西省分公司，江西省人民政府建筑工程局建筑工程公司.中国人民保险公司江西省分公司、江西省人民政府建筑工程局建筑工程公司办公室宿舍礼堂饭厅等设计合同:1953-07-01[A].南昌:江西省档案馆(X092-1-091-034).
⑤ 中国人民银行江西省分行.为我行建筑单身宿舍基建计划变更为新建托儿所房屋用由:1953-03-28[A].南昌:江西省档案馆(X088-2-279-020).

配套设施可供使用，单位只能选择在建设生产、办公空间时配套建设一些基本的生活与福利设施，如住宅、礼堂（俱乐部）、托儿所、浴室、合作社等。

以江纺为例，厂方多次向上级报批实施建设礼堂（俱乐部）项目，其中一份报告称："我厂系建设于郊区农村离城市有十余华里，且我厂附近并无其他娱乐场所，至于我厂数千职工目前对这方面要求迫切，现拟建工人俱乐部一幢。"①

可见，单位选址及周边福利设施配套情况成为单位建设员工住房和各类生活福利设施的主要考虑因素。而单位建设配套生活福利设施也是形势所需，即便是当初自上而下制定的单位规划蓝图中安排相关福利设施的做法从本质上而言也只是针对现实问题做出的应对性选择。同期建设的国家重点企业洪都则属于南昌规模最大的工厂单位，由国家统一规划建设，形成了类似于西方公司城的空间形态格局。

2.5 "跃进"与"调整"（1958—1965）

2.5.1 社会背景

这一时期分为两个阶段：1958—1960 年为"大跃进"阶段，1961—1965 年为"调整"阶段。其中"大跃进"时期是继"一五"之后第二个新建与推广单位大院的重要时期，与"一五"时期共同定格了量大面广的单位大院在中国城市版图中的分布格局②。

1958 年"二五"计划刚刚开始，就发动"大跃进"运动，在"多、快、好、省地建设社会主义"的总路线指导下，各城市上马了大量工厂和大中专学校项目。仅南昌市，1958—1960 年就增加大小工厂 457 个，相当于新中国成立前夕南昌市所有工厂的总数③。同期，还创办了江西大学、江西工学院、江西教育学院和江西共产主义劳动大学等 11 所高等院校，高校数量由 1957 年的 4 所增加到 15 所④（图 2-9）。

总体而言，"大跃进"时期的城市建设还是在城市规划确定的功能分区的引导和控制下开展的。南昌市在前一阶段的基础上城北、城南两个工业区进一步扩大，行政区进一步充实，同时主城区又形成了城东文教区、城东工业区，此外在昌北和罗家分别也形成了工业区，并形成了距市区 30 km 范围内的莲塘、向塘、长堎、罗家等几座卫星城镇。这一时期，起指导作用的主要为之前的城市规划文件和 1959 年 4 月编制的《南昌市城市规划

---

① 江西省计划委员会.为江西纺织厂的礼堂工程问题请核批由：1955-05-18[A].南昌：江西省档案馆(X072-2-071-013).
② 尽管"文革"期间，各单位有较大调整，但是作为单位大院的物质空间载体却已经嵌入城市版图当中，直至今日还影响着城市物质空间的建构。
③ 新中国成立前夕，南昌市共有大大小小工厂 464 家.参见：南昌市城乡建设局.当代南昌城市建设：1949—1985[G].南昌：南昌市城乡建设局，1990：8,30.
④ 南昌市城乡建设局.当代南昌城市建设：1949—1985[G].南昌：南昌市城乡建设局，1990：30.

说明书》。

尽管"大跃进"之后的调整期大规模地调整了基本建设战线和工业生产规模,到 1962 年年末,南昌市工厂比 1960 年减少 54 个,其中全民所有制企业减少了 67.5%,职工精简了 11.05 万人,同时高等院校也减少了 13 所,剩下 6 所[①],但是,对"大跃进"形成的城市空间格局和单位大院空间格局未产生本质性的影响。经过短暂调整后,1963 年各项事业开始复苏,1965 年南昌城区人口就已经回复到"大跃进"时期的数量。

因此,这一阶段总的趋势是单位大院的迅猛增长。当然,调整期对单位大院中微观层面的影响还是存在,主要表现在单位大院规模的收缩、空间形状的改变,以及部分单位大院功能性质的调整,如下马的大部分学校改为工厂、企业等。而对城市空间

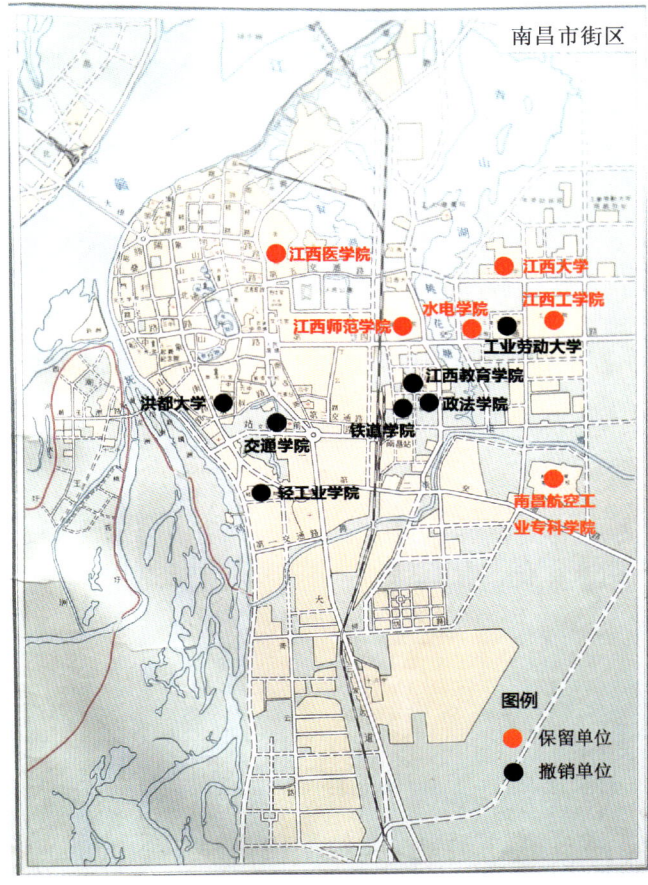

图 2-9　1960 年前后南昌主城区大学分布

要素的影响则导致单位大院与城市空间之间关系的改变。

2.5.2　单位空间

这一时期,新增的单位空间主要是大量工厂和部分大中专学校,其选址的确定与城市规划的引导、控制密切相关。从南昌主城区范围看,新增的工厂单位主要位于城南工业区和城东上海路一带并形成工业区。新增的学校也主要位于城东上海路附近。

城南工业区新增的工厂主要是机械制造类工厂,如江西汽车制造厂(简称"江汽")、江东机床厂(简称"江东")、江西锅炉厂(简称"江锅")、江西采矿机械厂(简称"江采")和江西化工石油机械厂(简称"江联")、南昌通用机械厂(简称"通用"),也有少量其他工厂,

---

[①] 南昌市城乡建设局.当代南昌城市建设:1949—1985[G].南昌:南昌市城乡建设局,1990:34.

如南昌八一麻纺厂(简称"麻纺厂")。

城东工业区主要集中在上海路一带,主要包括洪都钢厂(简称"洪钢")、江西橡胶厂(简称"橡胶厂")、南昌搪瓷厂(简称"搪瓷厂")、江西华安针织总厂(简称"华安")。此外,在第二交通路(今解放路)和第四交通路(今北京路)沿线也有一些工厂。

从目前这批工厂单位空间看,主要存在三种形态格局:其一,生产区和生活区沿城市道路两侧分布,形成二分型单位大院;其二,生产区和生活区集中设置,形成整体型单位大院;其三,为上述两种类型的结合,即生产区和部分生活区集中设置,另一部分生活区则与其隔路相望,形成主从型单位大院。

第三类单位空间的形成有两种:其一,现有整体的单位大院,后因发展壮大原用地不能满足发展需求,只好在附近另建生活区,如江拖在1962年就申请另外划拨生活福利区建设用地 20 hm²,其中明确提出:"总职工中 40% 为有家属的职工,60% 为单身职工。宿舍建筑指标为:家属每户按 32.7 m²、单身每人 5 m²。在生活福利区内服务项目初步确定有:子弟学校、托儿所、理发室、浴室、食堂、商店、消防队等。这样,据初步计算,该厂生活福利区占地面积至少需要 20 公顷。请考虑在距该厂两公里以内的地区内予以安排。"[1] 其二,起初按二分型单位空间进行建设,后来随着职工居住空间的要求膨胀,只好在生产区用地中扩建职工住宅。

2.5.3 居住与生活服务设施问题

一方面,这一时期大量新项目的植入使得城市用地急剧膨胀,并远远超过原规划确定的城市建设用地规模;另一方面,城市人口集聚增加使得城市现有住房远远不能满足要求。

不论是哪种类型的单位大院,从这一时期新建的单位空间看,职住靠近并配以生活福利设施的做法已然成为单位建设的主要方式。从一些单位建设的任务书也能看到这点,如江拖于 1959 年"南昌拖拉机齿轮厂基本建设设计任务书"中明确列出了包括增建"单人宿舍 12 800 m²""家属宿舍 8 000 m²"和"其他生活福利建筑 3 000 m²"的建筑工程明细表[2]。

大量新增人口的居住与生活问题、单位选址的区位及周边配套问题仍然是影响单位大院内部建设住宅与生活、福利设施的重要决定因素。以江拖为例,1959 年该单位报请增建浴室时明确指出了远离市区"周边没有可资利用的浴室"的现实困难[3]。

---

[1] 江西省机械工业厅.关于安排江拖生活福利区用地的函:1962-08-22[A].南昌:江西省档案馆(X063-1-37-9).
[2] 江西拖拉机制造厂.建筑工程明细表:1959-12-18[A].南昌:江西省档案馆(X065-1-040-005).
[3] 江西拖拉机制造厂.关于增建浴室一栋以解决职工天热洗澡间的报告:1959-04-16[A].南昌:江西省档案馆(X065-1-041-139).

2.5.4 围墙

单位用地周边建围墙等实体边界的做法很早就有(参见2.2.3),新中国成立后单位建设延续了该做法。单位大院建成之初,其边界形式多样,既有砖石围墙,也有茅竹、木头和钢丝网等建成的围栏,甚至还有碎石、废料等堆砌的石垛等①,也有些单位干脆就没建或局部建围墙或围栏,水面等自然屏障也往往成为围墙的构成部分(图1-15)。直至1960年代后,砖石围墙才成为绝大多数单位大院边界的主要形式。从江西省档案馆475条1949—1980年关于"围墙"的档案看,"大跃进"后南昌掀起了一阵建永久性围墙②的高潮。多数1960年后建永久性围墙的单位并非此前未建"围墙",而是初建时因投资制约和砖、石等建筑材料短缺而选择茅竹等作为"围墙"建筑材料③。"茅竹围墙"经过3~5年风吹日晒雨淋变得腐朽霉烂,失去防护功能,因此,更换茅竹修理"围墙"成为各单位每年的一项重要基建任务。维修"茅竹围墙"似乎成为一个漫无止境的过程,往往是边修边烂,修不胜修。耗费人力不说,光每年用在"围墙"维修上的费用,几年下来就可以砌筑完整的砖石围墙了④。因此,出现大量修建永久性砖石围墙的现象。砖石围墙的大量出现使得单位大院边界完成了"墙化"形态蜕变,单位边界也成为真正意义上的围墙。

2.6 疏散与回流(1966—1976)

2.6.1 社会背景

1966年"文化大革命"爆发。以"文革"时期的社会变动情况大致可以将这一时期分为前后两个阶段。前阶段以"疏散"为典型特征,主要事件包括:第一,以"战备"为由,拆旧城建新城,强令拆除、迁出、停办大量工厂、学校等单位,仅南昌而言,1969年就有数百家工厂被迫外迁,61万多平方米房屋被强行拆除⑤,同时,城区一些基建项目在无规划指导的条件下盲目上马,从此打乱了城市格局;第二,拆并大量单位机构,下放大批干部、教师、学生、工厂职工和城市居民到农村安家落户,一时城市人口锐减,如南昌市1969—

---

① 在中国传统用法中,往往以"围墙"统称砖石、茅竹、木材、钢丝网等材料建成的用以分割用地范围的垂直标示物,并且在早期单位建造边界标示物时,多迫于投资和材料制约才采用茅竹、木材等作为替代材料,故采用"围墙"一词统称标示单位大院边界的墙体、隔栅、钢丝网等。
② 1950年代,很多单位以茅竹、木板代替砖石修建单位大院围墙,由于茅竹和木板使用寿命较短,因而被称作"临时性围墙",而用砖、石等建筑材料建成的围墙因使用寿命较长,因此被称为"永久性围墙"。
③ 江西纺织厂.关于印染工场厂房围墙改用茅竹的呈:1956-11-18[A].南昌:江西省档案馆(X072-2-139-207).
④ 江西电机厂.关于要求逐步修建围墙的报告:1962-09-02[A].南昌:江西省档案馆(X063-1-031-35).
⑤ 南昌市城乡建设局.当代南昌城市建设:1949—1985[G].南昌:南昌市城乡建设局,1990:40.

1970年下放城市人口14.12万人(其中学生2.6万人),占1967年城市人口的22.62%[1]。后阶段以"回流"为主要特征,与前阶段相对应,外迁的工厂、学校等单位开始迁回城市,下放人员也陆续返城,并与原单位"复钩"。

"疏散"与"回流"以及在此过程中对城市造成的干扰,给今后的城市建设留下了难以解决的问题,并深刻地影响了城市物质空间与单位大院尤其是文化教育类单位大院的形态建构。

2.6.2 单位空间

"文化大革命"对文化教育类单位大院影响最大,在发展"五小"工业的号召下,建成区内大部分学校和文化单位被迫迁出,其建筑与空间被用来办工厂。以南昌为例,"文革"期间被占用的大、中、小学校校舍面积超过50多万平方米[2]。随着原单位回迁,为了解决占用单位与回迁单位在用地与空间上的矛盾,原单位用地往往被肢解得零零碎碎。

这一时期利用"大跃进"时期下马或"文革"外迁的学校单位选址,也新建了一批工厂单位,一般都形成了整体型单位大院。如南昌客车厂是在原工业劳动大学的校址上建成的,邮电部江西鸿雁摩托车厂(简称"鸿雁")是在原政法学院的校址上建成的。

而"文革"后期随着部分单位的回迁也另选地址新建了一批单位大院,以生产型单位为主,也有少量办公型单位。前者如江西化纤厂分厂(简称"化纤分厂")、南昌硅酸盐制品厂(简称"硅酸盐厂"),后者如北京东路和南京东路之间的几家单位。新建单位大院主要是在前一阶段奠定的空间格局当中进行填充,少量是靠近城市建成区边缘选址建设,后者如位于城北塘山地区的南昌电化厂。"文革"期间新建的单位大院以整体型单位大院为主,也有少量二分型单位大院,后者如化纤分厂和江西第四机床厂(简称"四机厂")。

总体看来,除了新建少量单位大院外,"文革"期间一系列社会性行动对单位大院形态演变产生了重要影响,主要集中为四个方面:

第一,部分单位大院"易主",功能性质改变,导致这些单位大院形态演变轨迹发生改变,一些文化教育类单位大院改成工厂的情况比较普遍。例如,南昌手表厂(简称"手表厂")就是利用原江西教育学院的校园兴建并发展起来的生产型单位大院。

第二,在部分单位大院内部孕育出新的小型单位空间,包括单位的家属工厂和其他小型工厂单位,导致原单位大院空间裂变或内部空间格局发生改变,例如南航(现上海路校区)在"文革"期间利用校园东部约11.8 hm² 用地建赣江机械厂。

第三,大量机构拆并导致一些单位大院在空间上的拆并。

第四,"文革"中期开始,数量巨大的返城人员为了解决居住问题出现的乱占、乱搭、

---

[1] 江西省城乡建设环境保护厅.当代江西城市建设:1949—1983[M].南昌:江西科学技术出版社,1987:63.
[2] 江西省城乡建设环境保护厅.当代江西城市建设:1949—1983[M].南昌:江西科学技术出版社,1987:63.

乱建现象,改写了单位大院边界形态和单位大院内部空间形态。不少单位大院边界变得极不规则(图1-16)。这一情况在整个城市范围表现都非常突出,"城市已有道路和规划的道路网,有的被农民占去种菜,有的被单位和下放返城人员搭建房屋"[①]。

如果说,"大跃进"使单位大院成为中国城市物质空间的主要形态要素,由单位大院构成的城市空间成为中国城市物质空间的主要形态特征,那么,"文革"期间单位和城市人口的"一出一进",伴随着城市单位用地和城市房屋(特别是住宅)的"一占一拆",带来了严重且长期难以解决的城市居住问题。为此,中央多次号召要改变由国家包下来的做法,发挥各方面的积极性,采取多种形式,提倡和鼓励私人建房等方式解决城市住房问题。这一政策的转变与实施,对城市肌理和单位大院下一阶段的形态发展与建构产生了极大的冲击。

2.7 填充与溢出(1977—1992)

2.7.1 社会背景

"文化大革命"结束后,很快就开始了改革开放,经济、社会、文化环境均产生了重大变化。一方面,经济全面复苏、市场作用渐渐扩大,并对人们日常生活与行为产生重大影响;工厂恢复生产并得到迅速发展;再加上科技被视为第一生产力,科教单位的发展得到大力支持。另一方面,"文革"给城市造成了巨大的住房缺口,解决城镇住房问题也成了这一时期单位大院和城市建设的主要任务之一[②]。此外,在工作重心转移和经济体制改革的大背景下,全国各城市纷纷编制新一轮城市总体规划。新政策、新制度和新规划的实施对全面铺开老城改造和新城建设产生了重要影响。以南昌市为例,1983年12月以沿江路综合改造为标志全面拉开了旧城改造的战线;1985年洪都大道竣工后,新一轮城市建设再次以"填空补实"的方式由边缘带逐渐向外围推进。

2.7.2 单位空间

伴随着城市的扩张,在城市外围出现了一批新单位,既有根据经济和社会发展需要新成立的,也有"文革"时期外迁回流和从外地迁入的。新单位的建设孕育出一批新的单位大院。这批单位大院以教学型和办公型为主,也有少量其他类型的单位大院。新建的教学型单位大院主要是一批中专学校和技工学校,集中分布在城南青云谱一带和城东青山湖大道一带;而办公型单位大院主要是一批科研院所,大致分布在青山湖南部

[①] 江西省城乡建设环境保护厅.当代江西城市建设:1949—1983[M].南昌:江西科学技术出版社,1987:63.
[②] 各级政府将住宅建设列入重要议事日程,除了中央、地方政府拨专款建设职工住宅外,还提出了鼓励单位在自己的用地范围内挖掘潜力,自筹资金建住宅,以及住宅与生活服务设施等配套工程同步建设等思路与方法,对本阶段城市肌理和单位大院物质空间形态的演变产生了重要影响。

地区,如江西省图书馆(简称"省图")、江西省科学院(简称"科学院")、江西省社会科学院(简称"社科院")、江西省煤矿设计院(简称"煤矿院")、江西省轻化研究院(简称"轻化院")等。其他类型的单位大院如南昌青山湖宾馆、江西省第二人民医院等服务型单位大院。

总体而言,这一时期新建单位大院的选址仍然以填充和靠近城市建成区边缘蔓延选址为主;而从形态类型上看,均形成了整体型单位大院,同时也具备一定占地规模和封闭的边界,整合了职、住、服务等多项功能空间。

这些单位大院与分布在旧城区的单位大院在形态上最大的区别在于,占地规模受到控制,且部分单位大院的主要建筑开始使用高层建筑。

2.7.3　住宅与生活配套设施

"文革"给城市造成了巨大的住房缺口,在多渠道、多方式建设城市住宅与生活服务配套设施的大形势下,单位仍然成为这一时期住宅及生活服务配套设施建设的主体。以江西省为例,1978—1983 年,城市净增住宅建筑面积 842.67 万 m^2,其中企业、单位建房达到 622.94 万 m^2,占 73.92%[①]。单位大院内部居住空间急剧膨胀,除了住房面积有显著增加外,住宅的类型也由单身宿舍为主转变为以带厨卫套房为主。这与各单位经过几十年发展人口结构由未婚单身青年为主变成已婚多子女家庭为主有直接关联。以洪钢为例,1979 年至 1984 年先后建成带厨卫的五层住房 14 幢,建筑面积达 33 670 m^2,6 年间新增住房面积比前 20 年总和还多 19 070 m^2[②]。

改革开放后,随着人们物质文化生活水平的提高,单位大院内部服务功能得到进一步强化,各项生活福利设施都得到升级扩容。《洪钢志》中详细记录了该单位建厂以来各项生活与福利设施的变化过程。以洪钢医务所为例,1958 年始建时为一间约 12 m^2 的平房,当时称"医务室",到 1972 年新建卫生所为二层楼房,使用面积约 472 m^2,称为"医务所",1980 年后新建 X 光室和会议室,新增面积 150 m^2[③],后改名为"洪钢医院"。

这一时期,除职工食堂、浴室、开水房等基本的生活福利设施得以扩建外,俱乐部、灯光球场等文体设施等也成为大中型单位大院的必备设施,而招待所和技工学校等一些外向型的服务设施成为这一时期单位大院空间建设的重要内容。

2.7.4　单位大院形态变化

改革开放后,在内外两股作用力的影响下,为了适应新形势下城市和单位两方面的

---

① 江西省城乡建设环境保护厅.当代江西城市建设:1949—1983[M].南昌:江西科学技术出版社,1987:71.
② 《洪钢志》编辑委员会.洪钢志:1958—1984[G].南昌:《洪钢志》编辑委员会,1986.
③ 《洪钢志》编辑委员会.洪钢志:1958—1984[G].南昌:《洪钢志》编辑委员会,1986.

发展需要,单位大院的边界和内部形态均发生了明显变化:

首先,单位大院内部服务功能强化,居住和服务性建筑大量填充导致单位大院内部建筑密度和容量迅速提高,单位大院成为一个完备的"小社会"。

其次,多数位于老城区的单位大院外边界出现商业化、服务化和居住化填充。因土地权属和资金渠道的多元化导致单位大院沿街面被蚕食和缺失现象的出现。与此同时,单位大院内边界的填充建设,也导致了土地交换和蚕食等现象。

此外,随着单位大院内部空地被"填实",用地成为解决单位内部居住供需矛盾的瓶颈。不少单位大院避开了内部更新挖掘潜力的解决方式,而将目光转向大院之外,致使大院内部功能空间开始溢出边界另寻"安身之处"。这一时期单位大院溢出部分呈现多种形态类型:①职工人数多、住宅缺口绝对值大的大单位往往在城市边缘带寻找空地另建"二大院",这些"二大院"占地规模较大,除了住宅外还有食堂、幼儿园等生活服务设施,例如位于贤士湖的省府二大院;②人数较少、住宅缺口绝对值较小的中、小单位,往往在旧城中心或者城市边缘带插建若干住宅,而形成形态碎片;③由城市住宅开发部门统一开发了一批成片住宅区分配给一些单位职工居住,如青山湖小区、里洲小区等。

单位大院功能空间溢出与老城改造、城市边缘带填充性建设相结合,成为这一时期城市形态演进的典型特征。总体而言,这一阶段的城市建设主要是在《南昌市城市总体规划(1984—2000)》的指导下展开,单位大院溢出部分成为推动城市总体规划实施的主要动力之一。但是,这一阶段出现了对城市边缘带中自然水系的填占,成为1949年以来对城市自然水系破坏最为严重的时期,给城市造成了难以挽回的损失。

2.8 本章小结

本章以时间为脉络梳理了单位大院自身形态的形成与演变,以及单位大院在城市空间中的扩散过程。在论及单位大院自身形态的形成与生长问题时,主要根据各个时期的社会背景,并以抓住单位大院的职住毗邻或靠近,以及单位大院内部居住空间与生活福利设施问题的解决方式为主线,结合围墙形式变迁等展开分析。通过研究能够得出以下结论:

第一,"单位"一词指代"工作机构"的用法始于民国早期,并于1940年代后使用非常普遍。

第二,现代意义上的单位大院出现在晚清和民国时期;其中以围墙等实体要素作为单位空间的边界形式是在近代空间实践中标明用地权属范围、划分管理领域、保障单位空间免遭外界侵扰而采用传统经验的自然延续;职住靠近的空间经验源于解决城市流动人口就业与居住问题,类似情况在西方资本主义国家也出现过[①];此外,民国时期单位为职员提供住房、食堂等基本生活福利设施的做法非常普遍。

第三,新中国成立后延续了民国时期单位的上述经验,当然也与革命根据地的经验相吻合。职住靠近的做法在新中国成立后的城市建设中一直存在,但在早期具体形态呈现多元化,有各单位集中设置职住空间的,也有若干单位将生产办公空间和生活空间分别集中布置的做法。整体型单位大院在城市中尚未形成主导性地位。

第四,新中国成立初期工厂和学校单位中建设单位大院的做法比行政单位与文化服务类单位典型,这与单位职工基数与人员结构以及选址的区位有关。

第五,早期单位大院内主要解决职工的基本居住和生活福利要求,改革开放后随着单位职工结构的变化(单身汉在职工中所占比例)与全社会物质文化水平的提高,单位大院中住房和生活福利设施的配置类型与水平急剧攀升,从而深刻影响了单位大院的空间形态。

第六,单位大院被推广并成为中国城市空间形态的主要构成单元,与"一五""二五"时期新建工厂单位之间在数量与选址上形成正相关的关系。

第七,功能性质相同、相近的单位大院集聚成片分布的空间格局与当时城市规划确定的城市功能分区直接相关。

此外,单位的机构变迁对单位大院的规模、形态等也存在重要影响,如拆并、变更上级单位等。

---

① 工业革命早期,西方国家没有形成解决流动人口居住问题的机制,导致城市环境恶化、疾病流行、工人运动频发。19世纪中期开始,一批开明企业家为了躲避恶劣的城市环境,实现对工人的有效管理等将公司整体搬迁到远离城市的乡村地带建立模范公司城(Model Company Town)。由于周边没有基本的生活配套设施,因此公司城为员工提供了住房以及相应的生活服务配套设施,如阳光港(Port Sunlight)、普尔曼(Pullman)等。

第二篇 关联篇

第三章
宏观层面：单位大院与城市空间发展

城市层面的城市形态学研究主要探寻在一定历史时期或地域范围内，城市外部轮廓线的进化趋势、过程和动因，或城市内部中心、节点、主轴、网络的生长变动方式和结构关系[1]。本章主要采用城市地图分析和文献查阅等方法来梳理再现南昌城市空间发展脉络，主要依托的城市地图包括1905年、1927年、1949年、1977年、2007年的南昌城区图[2]，以及1926年《南昌市全图》[3]、1947年南昌市市郊图[4]、1949年《南昌市区暨街道图》[5]、1963年南昌市街区图[6]和1988年南昌市街区图[7]等。

3.1 南昌城市空间发展概况

南昌城市始建于东晋时期，由现在南昌火车站以东约4 km的黄城寺一带的"灌城"迁至今址。后经多次大规模修整，至明代，城池范围与格局基本稳定下来(图3-1)。

从1905年南昌城区图(图3-2)看，

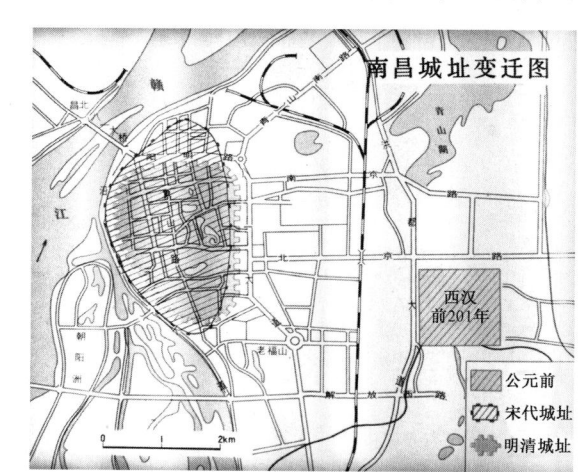

图 3-1　南昌城址变迁

---

① 梁江,孙晖.模式与动因:中国城市中心区的形态演变[M].北京:中国建筑工业出版社,2007:12.
② 《江西省地图集》编纂委员会.江西省地图集[M].北京:中国地图出版社,2008:96-97.
③ 南昌市政筹备处.南昌市全图[CM].南昌:百花洲东亚美术馆,1926(民国十五年).
④ 空愁士.南昌1947年1∶10 000军用地图[EB/OL].(2013-02-1)[2016-02-19]. http://blog.sina.com.cn/s/blog_406290f50102e4k5.html.
⑤ 南昌左克昇.南昌市区暨街道图[CM].3版.南昌:知行地学社,1949(民国三十八年).
⑥ 江西省地图编辑委员会.中华人民共和国江西省地图集[G].南昌:江西省地图编辑委员会,1963:15-16.
⑦ 江西省测绘局.江西省地图集[G].南昌:江西省测绘局,1988:14.

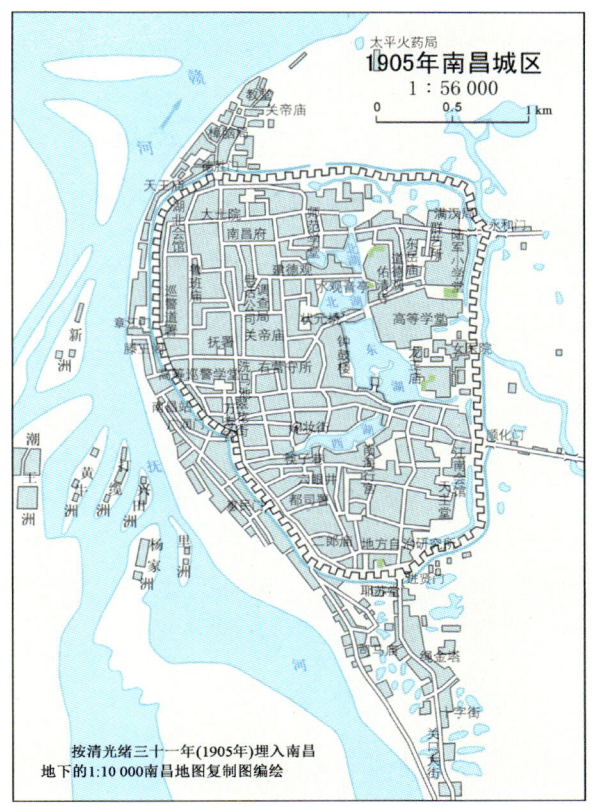

图 3-2　1905 年南昌城区

南昌老城由城墙包绕,城外有护城河。整座城池大致呈南北长、东西短,南小北大的"心形",南北最长处约 2.6 km,东西最长处约 2.0 km。城墙拆除时共设有 7 座城门[1]。城市建成区主要分布在城墙内,大致呈现由西向东的发展趋势。中部偏东有东、西、南、北四湖,其中北、东、南三湖由北向南顺次排列,西湖从东湖南端向西南延伸。城内东北、东南两角以及永和、顺化两城门之间沿城墙一带建筑密度较低,以空地为主。城外建成区主要沿城墙与抚河、赣江之间狭长的滨水地带向南北延伸,分别与南边进贤门、北边德胜门外沿路发展的建成区接壤,且南部空间发展明显优于北部。此外,城东地区与永和、顺化二门相接的出城道路两侧均有零星建成区形态分布。城内道路系统为"主街加巷道"的形态格局,主要干道基本上都通向城门。城内道路呈自由式布置[2],大致呈现南密北疏、西密东疏的路

---

[1] 程维.豫章遗韵:从老照片看南昌[M].南昌:江西人民出版社,2001:218-220;南昌市城乡建设局.当代南昌城市建设:1949—1985[G].南昌:南昌市城乡建设局,1990:5.
[2] 江西省城乡建设环境保护厅.当代江西城市建设:1949—1983[M].南昌:江西省科学技术出版社,1987:15,17.

网形态格局,其中东湖东北一带道路系统不够成熟。城外道路主要为出城道路,由各城门向外发射。

南昌老城城市形态格局由明代形成后,一直维系至1926年北伐军攻克南昌①。此前城市形态变化不大,从1927年南昌城区图(图3-3)看,城市形态变化主要表现在三个地区:第一,城内东湖东岸与城墙之间原高等学堂处出现若干"大院"形态;第二,与城内"大院"一墙之隔的城外出现"大院"形态的新营房,新营房以南顺化门外一带出现大校场和营房等设施,使出城道路金盘路沿线的建成区形态变得丰满;第三,城北德胜门和城南进贤门外地区的建设进一步充实,并沿赣江东岸进一步向东北和东南方向延伸,沿线地区建设明显增加,尤其是城南地区,将建成区由十字街一带向南推进至今坛子口一带。

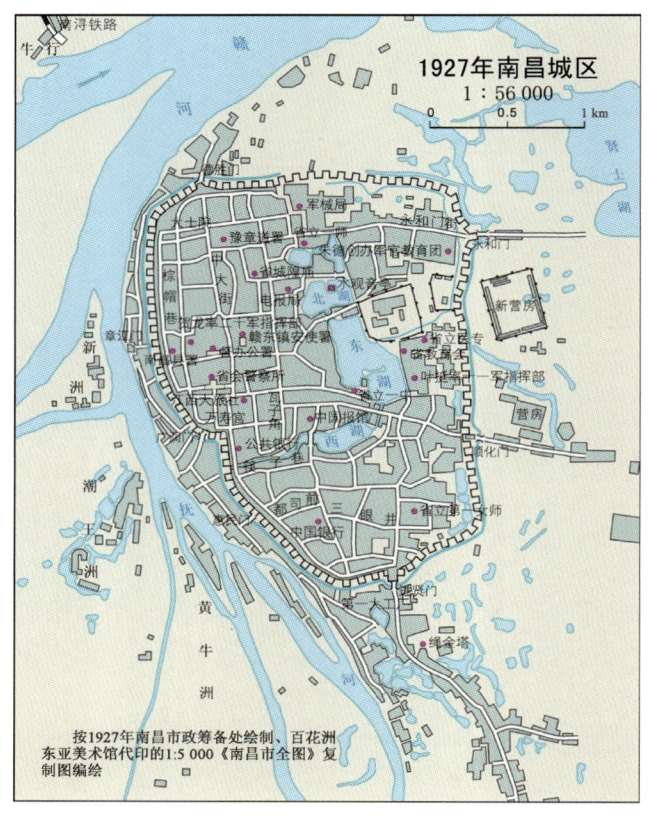

图3-3　1927年南昌城区

1928—1938年间,南昌城市建设有了较大发展,并对原城市形态产生了较显著的影

---

①　南昌市城乡建设局.当代南昌城市建设:1949—1985[G].南昌:南昌市城乡建设局,1990:5.

响,主要体现在(图3-4)①:

(1)建成区形态:1927—1928年间,南昌城墙陆续被拆除,城市发展摆脱了城墙的制约,城北新增了经纬路片区,城市规模得以扩大,同时心形城市形态也有了明显改变。

(2)道路格局:这一时期,城市道路格局发生了重大变化,主要体现为:第一,在拆除城墙的基础上,修筑了环城路、沿江路;第二,拓宽了城内象山路、德胜路、中山路、民德路等干道,初步形成了纵横干道加巷道的两级城市道路格局;第三,从城内干道向外延伸,修建、新建了一批道路,为城市空间向外扩张奠定基础,如赣粤公路、永外正街以及6条交通路等。至此,南昌城市呈现出放射状的道路格局。这一阶段浙赣铁路通达南昌,经南昌城东地区由南至北一直延伸至赣江南渡口,并对城市形成半包绕态势。此外,环城路北段(今阳明路)西端与新修建的跨江大桥中正桥接通,为一江两岸的城市空间格局奠定初步基础。

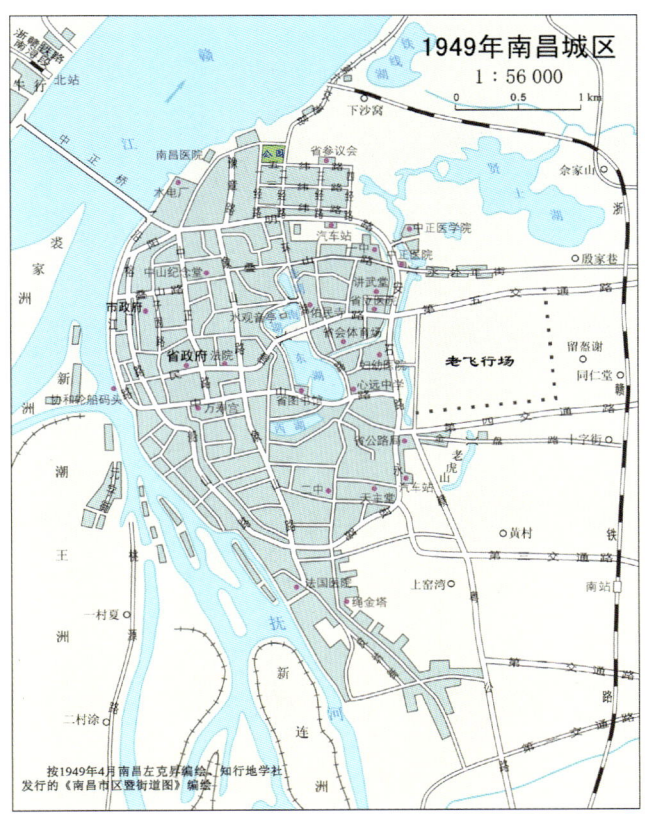

图3-4 1949年南昌城区

---

① 据史料记载,南昌城市建设在1939—1949年间受到战争破坏,城市空间发展基本处于停滞状态,故以1949年南昌城区图来解读1938年前后的城市空间形态。

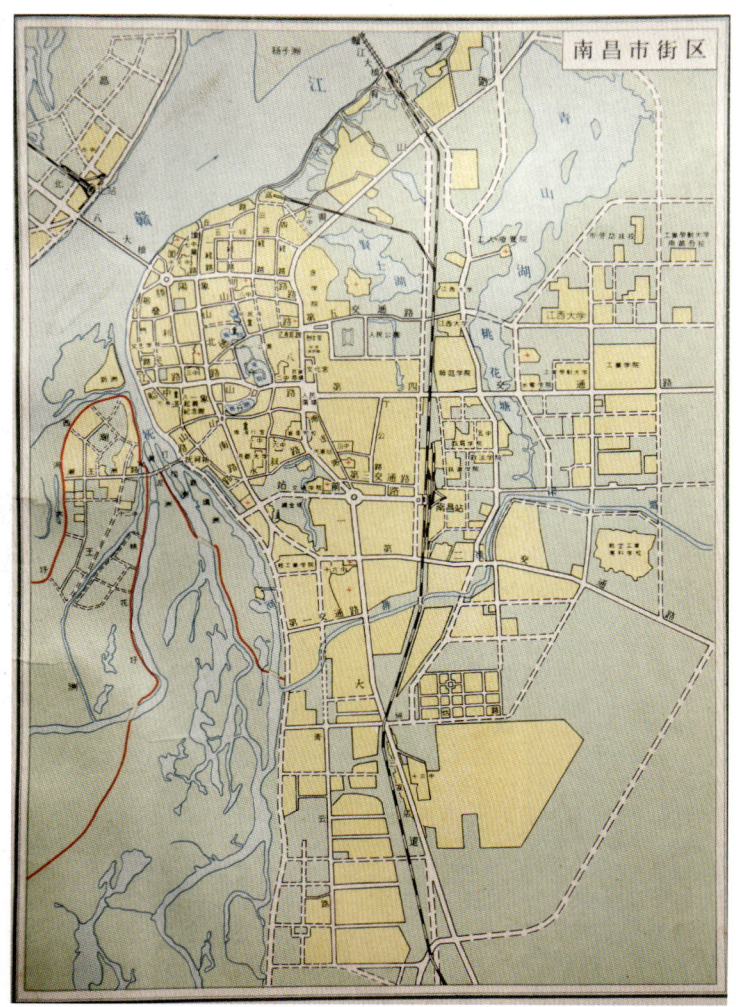

图 3-5　1963 年南昌市街区

表 3-1　南昌城市规模情况①

指标＼年份	1949	1952	1957	1962	1967	1972	1977	1983
建成区面积（km²）	8.28	14.90	21.80	46.40	49.62	51.54	55.56	61.39

---

① 数据来源：江西省城乡建设环境保护厅.当代江西城市建设：1949—1983[M].南昌：江西科学技术出版社，1987：27-82；457；460.

据史料记载①,南昌城市建设在1939—1949年间受到战争破坏,城市空间发展基本处于停滞状态,而1949年后迎来了城市建设的高峰。1949—1985年间,城市规模由不足10 km² 增至约65 km²②(表3-1),城市形态也有了翻天覆地的变化,尤以1950年代和1960年代发展比较迅猛,1960年代形成的城市形态格局基本延续到整个1980年代(图3-5)。

为研究表述方便,将原明清城墙以内的部分称为"老城",即现八一大道、永叔路、船山路、榕门路和阳明路共同围合的区域;而包含老城在内的由抚河、赣江东岸和洪都大道、解放西路—洪城路共同围合的区域称为"旧城区"(图3-6)③。

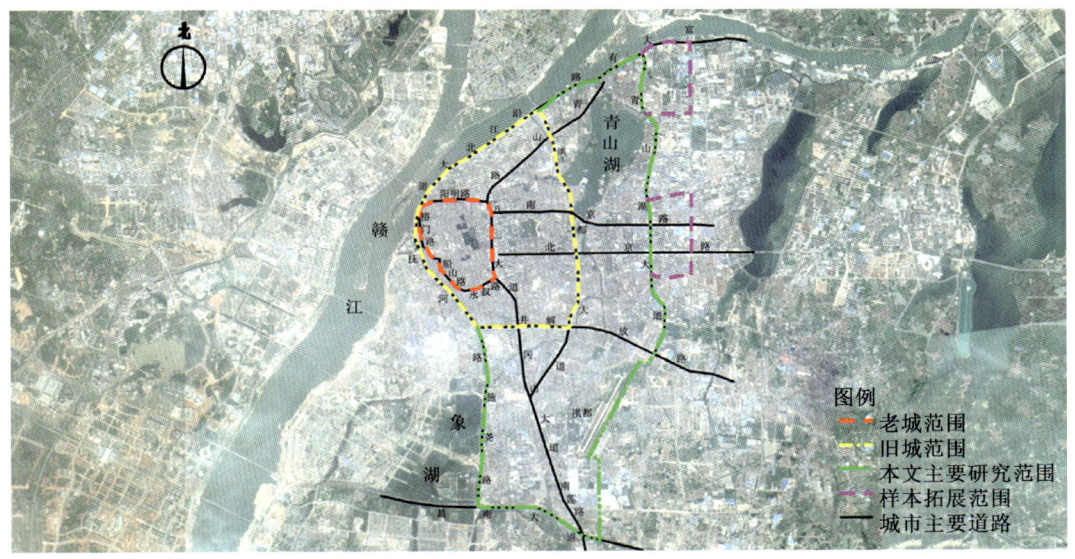

图 3-6　研究范围

总体而言,受到抚河、赣江的制约,1949年至1990年代南昌城市空间明显呈现向南、东和东北三个方向发展的趋势(图3-7)。1950年代和1960年代城市空间发展迅速,甚至可以认为整个1980年代南昌城市空间的发展基本还是在1960年代业已形成的城市边界范围内填充发展。1990年代城市开始突破原有的空间边界,呈现出向东、西两个方向发展的态势,主要空间增长点在青山湖以东地区和抚河以西的朝阳洲。

---

① 南昌市城乡建设局.当代南昌城市建设:1949—1985[G].南昌:南昌市城乡建设局,1990:11.
② 南昌市城乡建设局.当代南昌城市建设:1949—1985[G].南昌:南昌市城乡建设局,1990:15;甘钧.南昌城市建设大观[M].北京:华夏出版社,2008:19.
③ 江西省南昌市人民政府.南昌市城市规划管理技术规定[A/OL].(2014-11-19)[2016-02-19]. http://www.chinalawedu.com/falvfagui/22598/jx20141119161809950 28421.shtml.

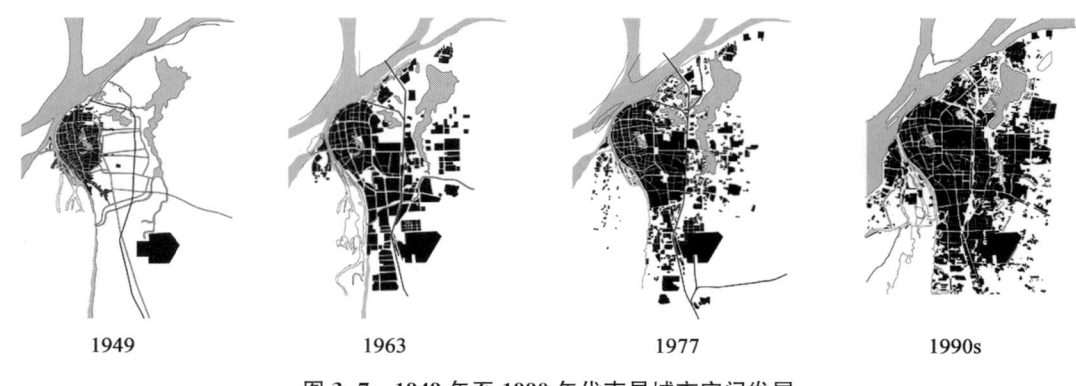

图 3-7　1949 年至 1990 年代南昌城市空间发展

3.2　单位大院空间发展概况

经过对南昌 193 个单位空间样本①的始建年代②按照本书 2.1 中确定的历史分期分别用不同符号呈现在绘有主要道路的城市地图上,以考察单位空间的生长状况及其与城市空间生长之间的关系。考虑南昌在新中国成立后恢复期就开始了单位空间建设,且一批项目跨越恢复期和"一五"时期,因此将两个时期合并作为一个阶段进行考察。

表 3-2　193 个单位空间始建年代分布

年代	1949 前	1950—1957	1958—1965	1966—1976	1977—1990	合计
数量(个)	40	36	52	21	44	193
百分比	20.7%	18.7%	26.9%	10.9%	22.8%	100%

从表 3-2 反映的数据看:

首先,有 40 个单位空间始建年代在 1949 年之前,约占样本总数的 20.7%,进一步证明广泛分布在中国现代城市中的单位大院并非新中国成立后一蹴而就出现的,而有其特定的成长过程和形成背景。另一方面看,始建于民国年间甚至更早些时候的单位空间以及单位空间的雏形为后来单位空间作为一种城市空间建设模式的推广奠定了重要基础。

其次,新中国成立后共有三个新增单位空间的高峰期:其一为 1950—1957 年,新中

---

① 193 个单位空间样本的选择参阅本书 1.4 中相关内容。
② 各单位空间始建年代根据相关文献资料、网页信息和田野调查等综合确定,主要资料包括:《当代南昌城市建设(1949—1985)》《当代江西城市建设(1949—1983)》《南昌城市建设志》《江西省城乡建设志》《南昌市轻工业志(1900—1988)》《江西省志》《南昌市志》等,以及百度引擎搜索的相关网页信息。

国成立初期百业待兴,经过短暂的恢复期后各项建设步入正轨,尤其是"一五"期间城市建设显示出强劲的发展势头,在确定的 193 个单位空间样本中,这一时期新增的有 36 个,占总样本数的 18.7%;其二为 1958—1962 年,"二五"期间经历了"大跃进"运动,城市建设呈现短暂而非常规的发展态势,有 52 个单位空间样本始建于这一时期,占样本总数的 26.9%;其三为 1977 年后,包括整个 1980 年代,经过对之前 10 年"文化大革命"的拨乱反正,加上改革开放政策的推行,各项城市建设开始步入正轨并蓬勃发展,这一时期新增了 44 个单位空间样本,占总数的 22.8%。

以下分阶段对单位空间与城市空间发展的关系进行分析。

3.3 1949 年南昌城市空间与单位大院空间基础

3.3.1 城市空间

3.3.1.1 区位与对外交通

南昌地处江西中部偏北,赣江、抚河下游,鄱阳湖西南方向,鄱阳湖平原腹地,东连余干、东乡,南接抚州、丰城,西靠高安、奉新、靖安,北与永修、都昌、鄱阳三县共鄱阳湖,全境以平原为主,东南相对平坦,西北丘陵起伏,水网密布,湖泊众多。王勃《滕王阁序》概括其地势为"襟三江而带五湖,控蛮荆而引瓯越"。

截至 1949 年,南昌作为区域中心城市与周边城市建立起了相对便利的交通联系(图 3-8)。

(1) 铁路

1915 年南浔铁路通车,加强了南昌与长江港口城市九江的联系;1929—1937 年浙赣铁路支线通达南昌,既强化了南昌与省内沿线城市的联系,也打通了入浙进湘的要道。浙赣与南浔两条铁路修通带动了南昌与外部城市的人、物流通,也对南昌城市形态产生了深远的影响,大大推动了昌北牛行地区和城北下沙窝地区尤其是赣江渡口及周边地区城市空间的发展,同时,南昌南站一带城市空间也得到发展。

(2) 公路

从区域层面看,1949 年南昌已经建立了与省内主要地市县的公路联系。重要的过境公路有向南经青云谱、莲塘、向塘一直向南延伸直通广东的赣粤公路(又称"昌樟公路""南莲公路",即 105 国道),以及由昌北牛行地区向西和向北分别发出湘赣和赣鄂两条公路(图 3-9)。

从市域范围看,1949 年南昌主城区出城的主要通道有赣粤公路和第二交通路,其中,前者北起现八一广场南部一带,后者西起赣粤公路东坛口附近,向东偏南方向经过塔子桥一直向南昌县谢埠方向延伸(图 3-9)。此外,乡村道路和沿赣江、抚河的堤岸也成为南

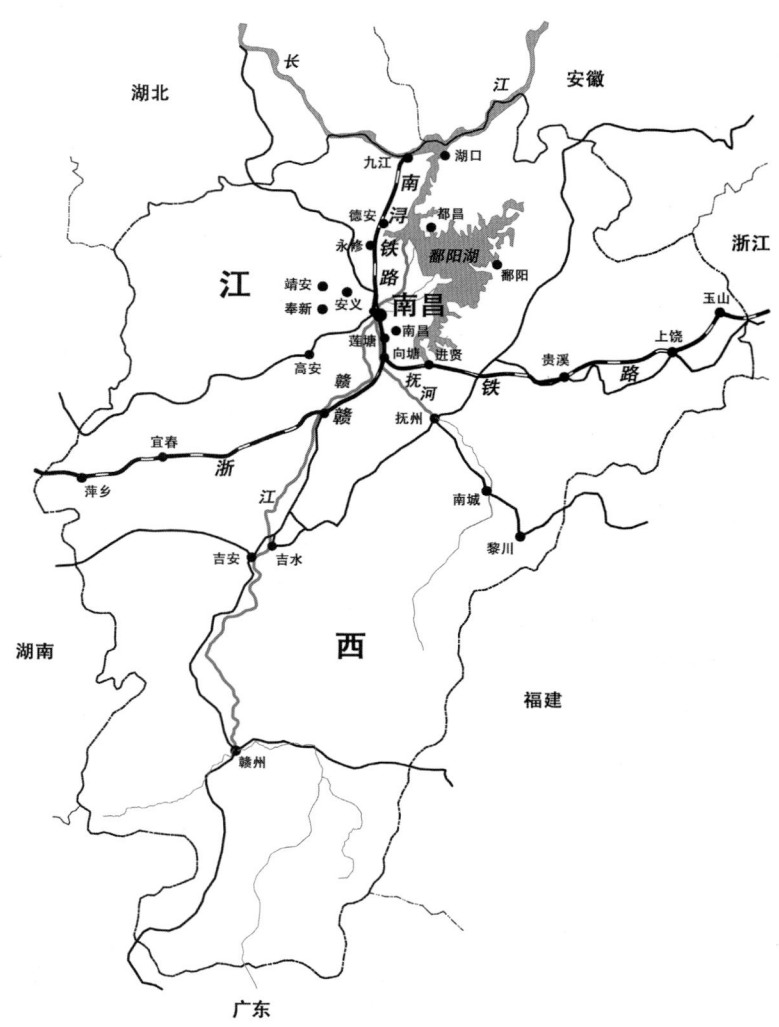

图 3-8 南昌区位与对外交通

昌与周边城市和村镇联系的重要通道。比较重要的有：由城北铁线湖附近沿赣江南岸向东北方向延伸的富大有堤；由老城南绳金塔一带沿抚河向南经施家窑向南延伸、起于老城永和门一带和起于城东彭家桥一带向东延伸于广阳桥一带会合穿越艾溪湖并进一步向东边麻丘镇延伸、起于南昌火车站以北向东南方向延伸经黄城寺向东边武溪市延伸的乡村道路等。

就城市边缘带的道路情况看，在老城外围的城北豆芽巷、佘家山，城东、城南土城内大致形成了连通城南、城东、城北地区的环城公路，在环城公路与老城之间有赣粤公路、第二至第五交通路5条公路拉结，加上富大有堤和沿抚河的堤岸道路，共7条主要的轴

图 3-9 1949 年南昌周边公路

向道路,大致呈现以老城为核心向外环公路辐射的路网形态格局。此外,在老城和外环公路之间比较重要的道路还有老城东北角地区的永外正街和老城南地区联系绳金塔和南关口的道路。

(3) 河道

历史上南昌城市自然水资源非常丰富,"襟三江而带五湖"是对南昌这一空间特点的真实写照。至少直至 1960 年代,水运一直是南昌对外交通的主要渠道之一。南昌主要的水上航道赣江,向南串联起丰城、樟树、吉安、赣州等省内主要城市,向北经鄱阳湖可直抵鄱阳湖长江出口,一方面与省内环鄱阳湖的九江、鄱阳、都昌、湖口等城市建立了便捷的水上交通联系,另一方面也打通了长江沿岸各大城市(图3-8)。抚河是南昌另一重要的水上交通要道,它与公路一同将南昌与江西东南部的县市紧密联系起来(图3-8)。赣江、抚河对1960年代之前南昌城市空间发展产生了决定性影响。

(4) 航空

民国时期南昌的空中航道已经得到一定发展,并先后在老城东和城南新溪桥、三家店一带设置了飞机场和飞机修理厂。新中国成立后在城南飞机修理厂和飞机场的基础上建设发展起来的洪都机械制造厂(苏联援建的156个重点工业项目之一)因规模庞大而对南昌城市空间发展产生了重要影响。

3.3.1.2 城市规模与边界

从1905年和1927年南昌城区图看,22年间南昌城区规模变化不大;1927—1938年间因新开辟了城北经纬路片区,城市规模有了一定增加,但直至1949年前后南昌建成区面积仅有8.28 km^2[①],1949年城区总人数约22.06万人。建成区范围主要限于老城及城南、城北的部分地区。其中:城北地区建成区范围由阳明路向北扩展约1.2 km,已抵达浙赣铁路南昌北站和南渡口一带;新增城市空间连成片,主要由1930年代新规划建设的"四经五纬"城北住宅区和靠近赣江的一批公共空间与设施,以及一批私营工厂构成。而城南地区则沿抚河堤圩路和十字街分别自由生长出长约1 km和2 km的两条线性空间,从而将城南建成区范围推进至南关口(今建设路)附近。其中,沿十字街生长出来的线性城市空间在东坛巷一带还向东分出一支与赣粤公路对接。

老城西面因受到抚河、赣江制约建设发展缓慢;老城东面为低洼地带,除被建成飞机场和军营外,只在沿出城道路沿线有少量建设(图3-10)。

3.3.1.3 内部空间格局

(1) 道路系统

从1949年《南昌市区暨街道图》看,南昌主城区的主要道路大致形成了以老城为核心向北、东、南三个方向辐射展开的类似扇形的道路系统(图3-11),并明显呈现出三种道路格局类型:老城自由格网型、经纬路均质格网型和外围主路型。

前者是在封建老城街巷系统的基础上通过拉通、拓宽叠山路、民德路、中山路和象山路、环湖路等几条纵横干道,加之1928年后通过拆除城墙修建环城马路而形成的自由格网道路系统。经纬路均质格网型位于老城以北地区,是1937年前后按照"四经五纬"的格局规划修建的道路系统。此外,在老城外,北、东、南三个方位向出城方向放射状拉开了6条交通路加上1条向南的堤岸路为主路的道路系统格局。

---

① 江西省城乡建设环境保护厅.当代江西城市建设:1949—1983[M].南昌:江西科学技术出版社,1987:27.

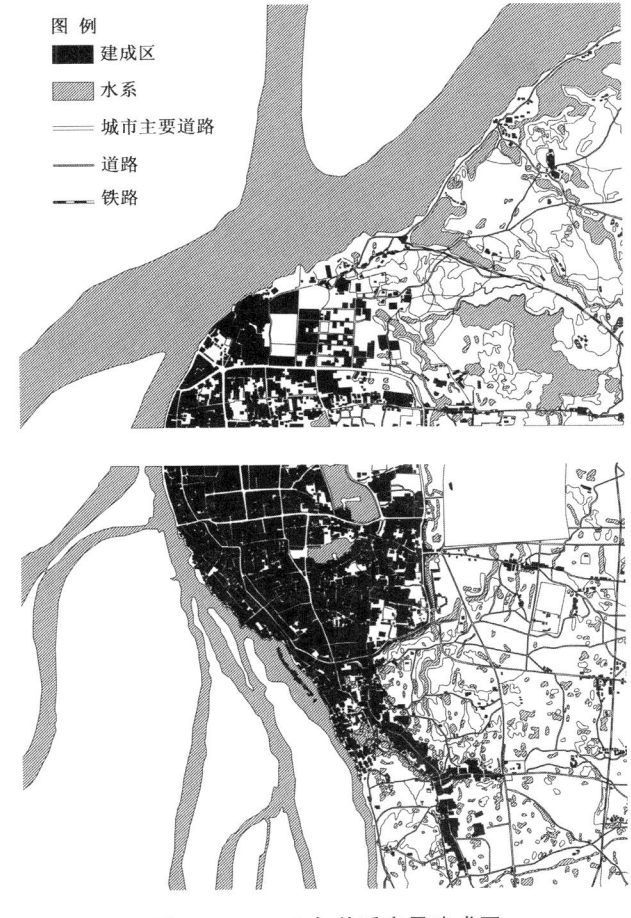

图3-10 1949年前后南昌建成区
(注:根据1947年《南昌市市郊图》改绘,拼图后中部有缺失)

经纬路均质格网型道路密度大,横街间距约90 m,主街间距约为170 m和280 m。老城区内不同地区主路走向和密度差异较大,主要道路间距从几十米到几百米不等,主路总体密度小于经纬路片区,以老城边缘靠近阳明路、安石路(今八一大道)和永叔路一带的道路看,主路间距大致在300~700 m。

(2) 空间分区

从1947年《南昌市市郊图》和1949年《南昌市区暨街道图》看,在民德路、中正路,以及子固路、章江路一带集中了大量行政机构,并形成了行政办公区;在环湖路以东地区云集了一批中高等专门性学校、学院和中学,代表性的有高职、体专、医专、助产学校,心远中学、赣省中学、第一中学,以及中正医学院等,可视为文教区的雏形;在城北经纬路一带

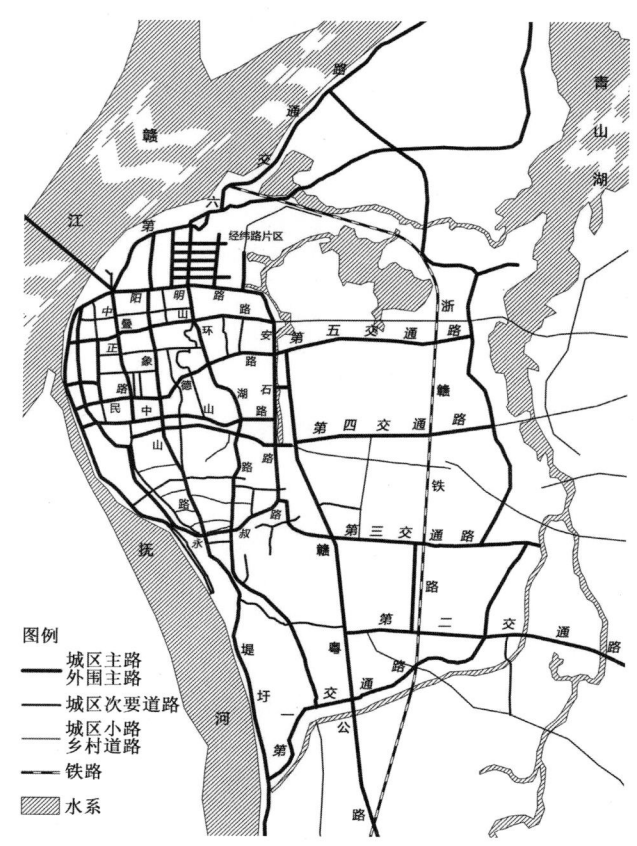

图 3-11　1949 年南昌城区及周边主要道路

形成了城北住宅区；而在城北住宅区与赣江南岸之间集中了城北公园、励志社、省训团、省参议会和警察训练所等服务性设施，形成了新的功能区；在老城东北角与铁路之间的地带云集了一批工厂，可视为早期的工业区；此外，在老城东边的安石路沿线形成了医院等公共设施集中区，而安石路以东地区自从 1920 年代起就一直被军队占用，并先后作为军营、飞机场等空间；其余分区不够明确（图 3-12）。

（3）土地利用

从 1947 年《南昌市市郊图》看，老城内西、南部建筑密度大，形成高度密集的建成区，而在叠山路以北地区、环湖路以东地区，以及永叔路和安石路交角部位出现大量空地。此外，在城北经纬路片区的格网路网当中也有大量空地存在。建成区以外以乡村地形地貌为主，充斥着大量湖面、水塘、沟渠、农田、菜地、坟山等，并零星点缀着村落（图 3-10）。

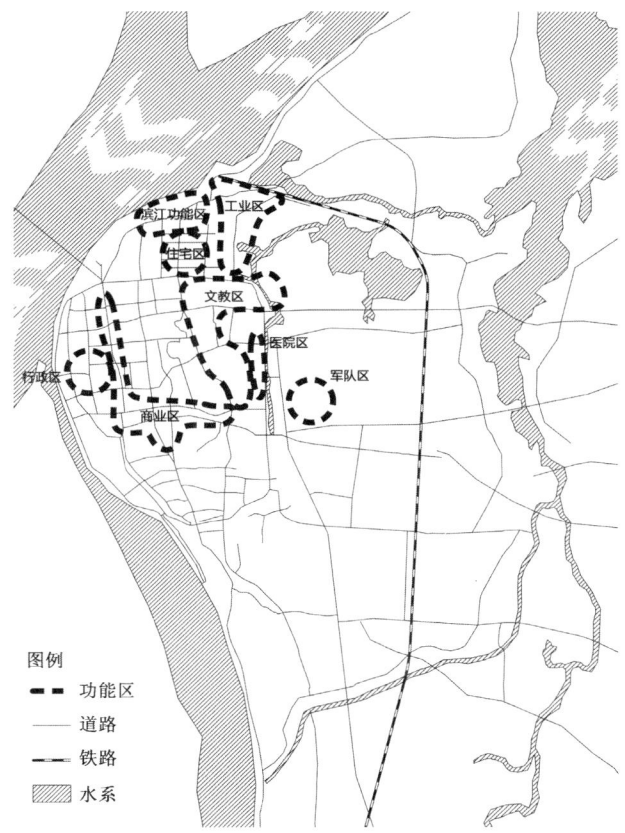

图 3-12　1949 年南昌城区空间功能分区

3.3.2　单位大院空间基础

新中国成立后,南昌出现的最早一批单位大院主要是通过利用 1949 年之前既有单位空间形成的。从这批单位大院利用的既有空间性质看,主要有如下 7 种类型(图 3-13):

(1) 教会空间

第二次鸦片战争以后,外国教会进入南昌,除了建设教堂外,还陆续建设了一批医院和学校,并成为南昌城市近代化的重要推动力量。从 1926 年《南昌市全图》看,教会开设的医院和学校在空间形态上与单位大院非常相似,也以围墙或围栏明确标示边界。这批医院和学校在 1950 年后基本上被保留和延续下来并发展成为相应的服务型和教学型单位大院,典型的如江西省妇幼保健院、江西省人民医院、南昌市第三医院、南昌十中、豫章中学等。

(2) 行政空间

从 1949 年《南昌市区暨街道图》看，民国江西省政府位于民德路、中正路、厚墙路和官巷的围合区域内，与其隔路相望的是位于民德路以南的省警察局；而南昌市政府则位于章江路、子固路、叠山路和棕帽巷的围合区域内。这两处空间 1926 年分别为督办公署和省长公署所在地，1950 年后这两处行政空间被利用，分别作为江西省政府和南昌市政府的办公和生活空间。

(3) 军队空间

1949 年《南昌市区暨街道图》呈现的军队空间主要有位于城北下沙窝一带的省训团、位于叠山路和安石路交叉口西南角的讲武堂和陆军测量队、位于安石路以东的营房演变来的老飞机场、位于现丁公路一带的营房，以及位于新溪桥一带的飞机场和飞机修理厂等。据 1926 年《南昌市全图》显示，部分军队空间如新营房和陆军医院等的边界均为实体围墙。1950 年后，这些军队空间先后被利用作为江西省军区、南昌军分区、省政府大院、南昌柴油机厂生活区以及洪都机械厂等，并形成单位大院。

图 3-13 1949 年单位空间基础类型

(4) 学校空间

1949 年，南昌的学校空间有中小学、中高等学校和大学等类型。其中：大学主要是位于老城东北角永和门外的中正医学院，1950 年后经过多次重组发展为江西医学院北院，该教学型单位大院一直延续至今；中高等学校如高等工科学校、高等商业学校、省立医专等。中正医学院和绝大多数中小学的学校空间在 1950 年后均被保留下来，成为新中国成立后南昌市第一批学校空间，并进一步演化成教学型单位大院。

(5) 公共服务设施空间

除了教会创办的医院外，南昌在 1949 年还有不少医院，如沿安石路一带的中正医院、省立医院、妇幼医院等，后来也被继续用作医院空间。

此外，在城北下沙窝地区的沿江一带设有城北公园、励志社和游泳池等公共空间与服务设施，1950 年后均被利用并发展成为军队大院和滨江宾馆。

(6) 工厂空间

1949 年，南昌已经拥有了一批私营工厂，主要分布在城北四经路、王家庄和铁路渡口一带，主要有复兴纱厂、新甡纱厂、缝纫工厂、草线工厂、南光火柴厂等。这批私营工厂 1950 年代也被利用并整合起来形成了南昌市第一批生产型单位大院。

(7) 私宅空间

1949 年，南昌存在一批大型私人公馆，后来也被利用作为办公等空间并进一步发展成单位大院，如位于阳明路的熊式辉公馆被用作南昌市委办公空间，并以此为基础孕育出了市委大院。

3.4 1950—1965 年南昌单位大院与城市空间发展

每个单位大院都可被视为一个生命体，一般都经历了一个空间从小到大、从简单到复杂、从填充到溢出甚至裂变的生长过程。从宏观层面看，单位大院的布点很重要，一旦单位大院的选址确定，就如同在大地上播撒的种子，其生根—发芽—成长过程对城市物质空间形态的各层面均产生巨大影响。

因考虑一方面南昌解放后的单位大院建设从 1950 年前后就已经开始，另一方面许多单位大院建设并没有严格按照"一五""二五"来进行区分，例如上海路一带的单位大院，尽管 1958 年的"大跃进"运动对这批单位大院的建设起到了重大的推动作用，但从档案资料显示，其中不少单位大院就启动于 1956—1957 年，并在 1958—1959 年进入一个发展高峰，并且有些 1958 年后成立的单位，是在原有小型工厂的基础上建设而成。加之本书不是关于历史学方面的研究成果，因此将 1950—1965 年作为一个形态时期进行研究。将 1965 年作为一个时间节点，同时还考虑了"大跃进"后进入调整期，这一时期建设量明显缩小，而 1966 年开始了"文化大革命"，城市建设的轨迹又有明显改变。

3.4.1 1949 年之前始建的单位大院

选择的 193 个单位空间样本中有 40 个始建于 1949 年之前。尽管这批单位大院经过近半个世纪的生长，形态与初建时期有了巨大的改变，甚至其功能性质都不一定与 1949 年之前相同，但它们是在 1949 年之前的既有空间选址上利用当时的建筑物与空间基础建立起来的。

3.4.1.1 区位

这批单位空间主要分布在老城东、北两个方向的边缘地带,也有部分具有军队背景的单位空间分布在远离老城区的主要道路沿线;此外,在老城内也有不少小型单位大院是在1949年之前的空间基础上建设发展而来(图3-14)。

3.4.1.2 功能性质

总体看来,这批单位大院大部分继承了1949年之前的功能性质,在一定程度上影响了城市空间的功能分区。从目前功能看,这批单位大院中以办公型居多,占40%;服务型和教学型次之,占20%~25%;生产型数量相对较少,只占15%(表3-3),这与新中国成立前的工业基础有关。尽管服务型单位大院只占这一时期样本数的25%,尤其是医院类单位大院,但它们几乎奠定了1949年后南昌主城区的医院单位的主要空间格局,并且这一格局一直延续到1970年代中期。除部分单位大院外,之前的功能一般被保留沿用,例如学校、医院和工厂等仍然作为学校、医院和工厂。也有部分空间功能性质不能适应新时期的需要而进行了调整,如私宅空间;此外,行政单位在早期被沿用后于1950年代后期开始随着新行政区的建设进行调整。

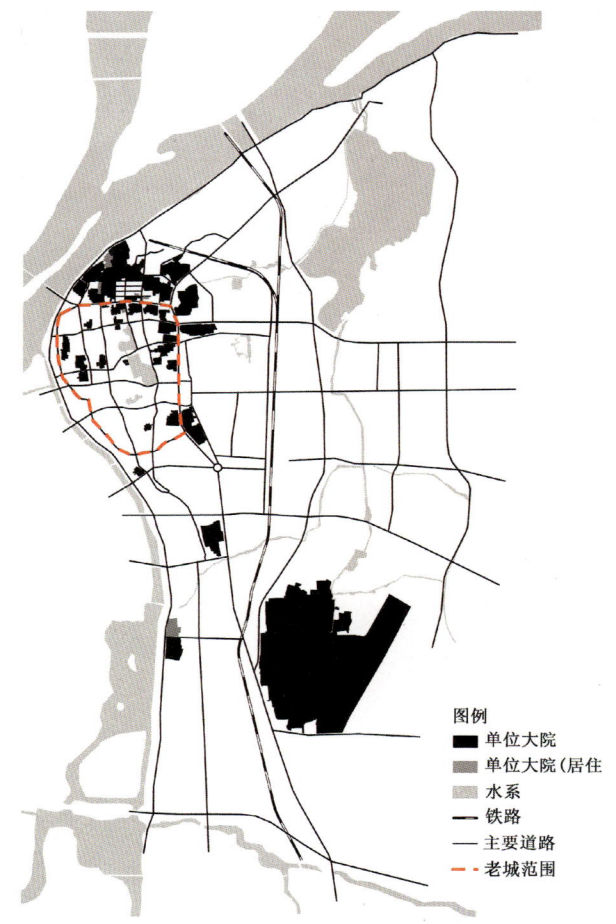

图3-14 始建于1949年前的单位大院

表3-3 始建于1949年前的单位大院功能与形态类型(单位:个)

形态 \ 功能	生产型	办公型	教学型	服务型	合计
整体型	5	11	7	10	33
二分型	1	1	1	0	3

(续表)

形态＼功能	生产型	办公型	教学型	服务型	合计
多分型	0	2	0	0	2
主从型	0	2	0	0	2
合计	6	16	8	10	40

3.4.1.3 规模

经过半个世纪的扩张与发展，这批单位大院不断壮大。从1990年代的情况看，占地面积10 hm² 以上的有9个；占地面积小于5 hm² 的中小型单位大院占总数的2/3（表3-4）。最大的单位大院为位于城南的洪都大院，在原民国一飞机修理厂基础上建设发展而来，占地面积高达400 hm²，为样本中规模最大的一个。此外，同样位于城南的原伤兵医院发展成为占地约14 hm² 的九四医院；而位于老城外东北角的中正医学院也发展成为占地约14 hm² 的江西医学院（北院）。

表3-4 始建于1949年前的单位大院规模

占地规模(hm²)	约400	20～30	10～20	5～10	2～5	小于2	合计
单位大院数量(个)	1	1	7	4	14	13	40

3.4.1.4 形态类型

40个这一时期始建的单位大院样本包括了整体型、二分型、多分型和主从型四种形态类型，其中整体型所占比例超过80%（表3-3）。这批样本中多分型、二分型和主从型数量较少，其中办公型单位大院中这三种类型所占比重较大，达到近1/3，这批办公型样本均位于老城北的经纬路片区，主要原因是受到既有街道路网被划分成小街区空间的影响。而一个二分型教学单位大院为两个单位大院合并形成的。可见，这一时期形成的单位大院以整体型作为主要形态特征。

3.4.2 1950—1957年始建的单位大院

3.4.2.1 区位

所选单位空间案例中有36个始建于1950—1957年，这批单位空间主要分布在老城以外的城北、城东和城南地区。其中：城北地区一直延伸到七里街、塘山一带，如江纺大院和电厂大院；城东地区一直延伸至上海南路一带，如搪瓷厂和南航；城南一直延伸至何坊西路一带，如南昌保温瓶厂（简称"保温瓶厂"）。（图3-15）

表 3-5　始建于 1950—1957 年的单位大院功能与形态类型（单位：个）

形态＼功能	生产型	办公型	教学型	服务型	合计
整体型	15	2	3	5	25
二分型	6	0	0	0	6
多分型	2	0	0	0	2
主从型	2	0	1	0	3
合计	25	2	4	5	36

3.4.2.2　功能性质

这批单位大院以生产型为主，共有 25 个，占总数的 69.4%，也有少量办公型、教学型和服务型单位大院（表 3-5）。其中 2 个办公型单位大院分别属于省电力公司和省建工局，均为与工业建设和城市建设紧密相关的单位。而 5 个服务型单位大院主要是为丰富城市居民精神文化生活服务的博物馆、工人文化宫、革命烈士纪念堂以及医院等单位的大院。4 个教学型单位大院包括师大（原南昌大学）大院、南航（原中专学校）大院和体委大院等。

3.4.2.3　规模

36 个单位空间占地规模从 1.3～78.2 hm² 不等（表 3-6）。最大的为城北塘山地区的江纺大院，占地面积约 78.2 hm²；最小的为原八一广场南侧的原省博，占地面积约 1.4 hm²。其中占地面积大于 10 hm² 的单位空间有 18 个，占总数的 50%。剩余一般单位空间中，有 1/3 占地面积为 5～10 hm²。

表 3-6　始建于 1950—1957 年的单位空间规模

占地规模（hm²）	大于 50	30～50	20～30	10～20	5～10	2～5	小于 2	合计
单位大院数量（个）	1	5	5	7	6	9	3	36

3.4.2.4　形态类型

36 个样本中包含了四种形态类型的单位空间，其中仍然是整体型单位大院数量最多，占总数的 69.4%，其次是二分型，占总数的 16.7%（表 3-5）。除 1 个教学型单位大院采用主从型形态类型外，其余采用二分型、多分型和主从型三种形态类型的全是生产型单位空间，总共有 10 个，占该时期生产型单位空间样本总数 40%。从某种意义上看，这一阶段生产区和生活区分设于道路两侧的形态格局开始成为生产型单位空间建设的主要方式之一。

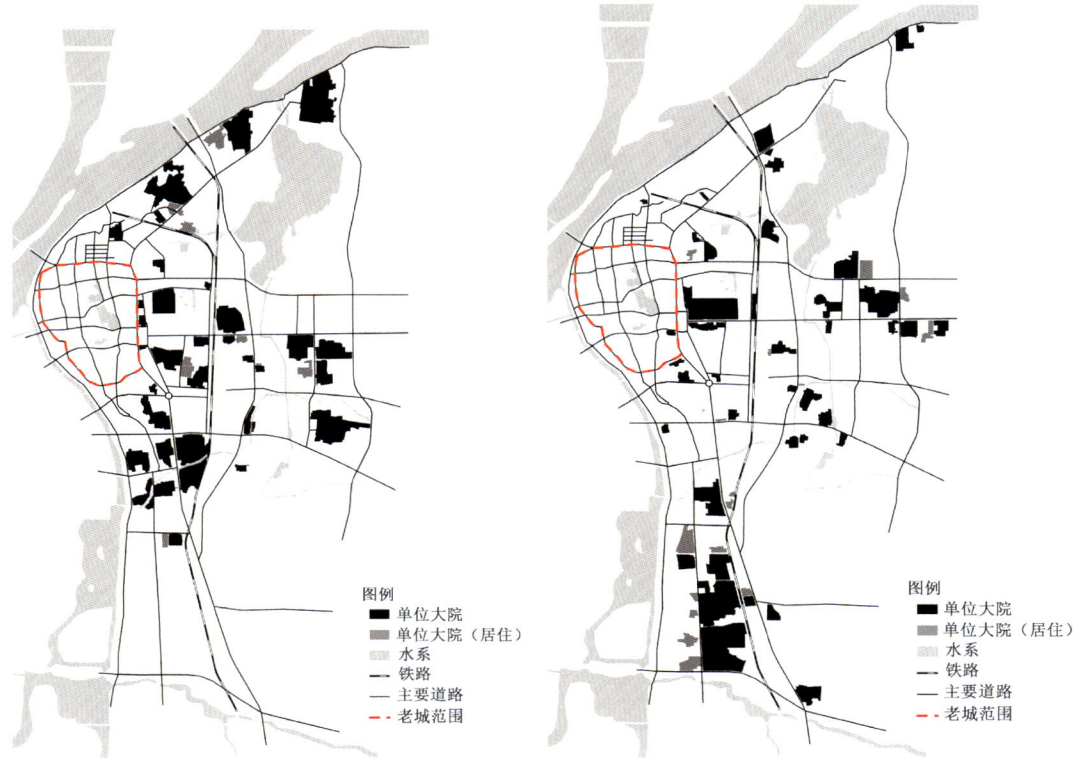

图 3-15　1950—1957 年新建的单位大院　　　　图 3-16　1958—1965 年新建的单位大院

3.4.3　1958—1965 年始建的单位大院

3.4.3.1　区位

所选单位空间案例中有 52 个始建于 1958—1965 年,这批新增单位空间的位置仍然分布在城北、城东、城南三个地区(图 3-16)。但与前一阶段相比,这批单位空间除了在上一阶段单位空间限定的城市区域范围内继续填充外,在三个方向上均已突破原单位空间限定的城市空间范围向外扩展,尤其是东部和南部拓展明显。城北塘山地区的江西合成纤维厂已经越过"江纺"沿富大有堤进一步向东北方向延伸;城东新增单位空间也已经越过上海南路甚至青山湖大道继续向东延伸直至今天的高新大道附近;城南地区则新增了一批重工业工厂单位,将城市边界由何坊西路以南推进至青云谱一带。

3.4.3.2 功能性质

这批单位大院以生产型和办公型为主,两者分别有 29 个和 16 个,各占总数的 55.8% 和 30.8%,也有少量教学型和服务型单位空间(表 3-7)。其中 4 个教学型单位分别为江大、江工、水专和省机械工业学校(简称"机校")。而 2 个服务型单位为省精神病医院(简称"精神病院")和赣江宾馆。据史料记载,这一时期新建的大中专院校共有 13 所,但是后来精简机构后压缩成现有数量。经过"文革"之后,部分单位改变了原有的功能,如手表厂就是 1969 年后在始建于这一时期的江西教育学院的空间基础上改扩建而来。此外,这一时期办公型单位大院数量明显增加,服务型明显减少。办公型单位大院增加与新的省级行政中心建设有关。

表 3-7 1958—1965 年新建单位空间的功能与形态类型(单位:个)

形态＼功能	生产型	办公型	教学型	服务型	合计
整体型	13	16	4	2	35
二分型	12	0	0	0	12
多分型	1	0	0	1	2
主从型	3	0	0	0	3
合计	29	16	4	3	52

3.4.3.3 规模

52 个单位大院占地规模从 0.9~49.2 hm² 不等,最大的为八一广场东北角的省府大院,占地面积约 49.2 hm²;最小的为北京西路东端以南的省机械厅大院,占地面积约 1.0 hm²。其中占地面积大于 10 hm² 的单位空间有 17 个,占总数的 32.7%。占地面积在 2~5 hm² 之间的单位大院数量最多,共有 19 个,占总数的 36.5%。(表 3-8)

表 3-8 1958—1965 年新建单位空间的规模

占地规模(hm²)	30~50	20~30	10~20	5~10	2~5	小于 2	合计
单位大院数量(个)	6	3	8	9	19	7	52

17 个占地 10 hm² 以上的单位大院中有生产型 12 个,办公型 2 个,教学型 2 个,以及服务型 1 个。2 hm² 以下的 7 个单位空间主要是办公型,共有 6 个,另有 1 个为教学型。

3.4.3.4 形态类型

52 个样本中包含了四种形态类型的单位空间,其中仍然是整体型单位大院数量最多,占总数的 67.3%,其次是二分型,占总数的 23.1%(表 3-7)。除 1 个服务型单位大院采用多分型外,其余采用二分型、多分型和主从型三种形态类型的全是生产型单位空间,总共有 16 个,占该时期生产型单位空间样本总数的 55.2%,已经超过整体型生产单位大院数量。

3.4.4 城市空间发展

3.4.4.1 城市规模

1949 年新中国成立初期,城市形态发展特点是"换人不换物",城市建设任务主要是环境整治,新建任务很少,城市形态调整也主要是在民国时期各单位空间的基础上改造、整合与扩建。统计数据显示,1948 年南昌城区人口数量为 20.3 万人,而 1949 年城区总人口为 22.06 万人,净增 1.76 万人,增幅达到 8.67%。

1950 年后,随着一些新单位的成立或者迁入,南昌市陆续新建了一些项目。这批新单位的建设是在 1951 年编制的《南昌市城市建设方案》和《南昌市新市区计划图》的指导下完成的,一般采用单位大院的模式来建造。正是这些新单位的植入和老单位的扩建,使得 1952 年南昌市建成区面积达到 14.90 km²,比 1949 年的 8.28 km² 增长了 80%,同时城区人口达到 27.08 万人,比 1949 年城区人口 22.06 万人增长了 22.8%[①]。

1953—1957 年属于国民经济发展第一个五年计划,由于新建了一批单位大院空间,南昌建成区面积达到 21.80 km²,增幅达到 46.3%,净增 6.9 km²;同时,城区人口也净增 16.95 万人,而达到 44.03 万人,增幅为 62.6%。人口增长明显高于建成区面积,新增城市人口的居住问题开始显现出来。

1958—1960 年"大跃进"时期,南昌城市建设用地剧增,建成区面积剧增,三年新增建设用地 2 349.33 hm²,超过 1957 年整个南昌建成区面积 21.80 km²。此外,因遇上三年经济困难时期,新增用于"一种三养"的城市非建设用地 1 126.13 hm²,合计三年共新增城市用地 34.75 km²。尽管从 1962 年开始清退了 700 多公顷大量征而未用的建设用地和绝大多数非建设用地,但是"大跃进"期间的土地供给方式对此后南昌拼贴状城市形态的建构产生了关键性的影响。与此同时,南昌城区人口三年新增 16.85 万人达到 60.88 万人,增幅为 38.3%。

1961—1965 年,国民经济与城市建设进入调整期,城市建设用地经历了清退后重征的过程,而城区人口也经历了精简后再增的过程。据统计数据推断,这一时期新增的 255.67 hm² 城市建设用地主要是"大跃进"后被清退的建设用地重新征用,故建成区面积基本与 1960 年持平。据统计数据推断,南昌市 1960 年和 1965 年的建成区面积大约为 45 km²。而城区总人口经过 1961—1963 年三年精简后,1964 年、1965 年回升到 60.23 万

---

① 南昌市城乡建设局.当代南昌城市建设:1949—1985[G].南昌:南昌市城乡建设局,1990:23,318-319.

人,基本与1960年持平。

3.4.4.2 边界与空间发展轴

以1963年南昌市街区图为基础,绘制同时期南昌主城区城市建成区图底平面图,并将其与始建于1965年之前的单位大院空间分布图进行比较研究,可呈现出两者之间的关联性。

从建成区图底平面图看,当时南昌主城区的空间边界东边到了现青山湖大道附近,其中:东南方向以洪都大院的试飞跑道为边界;南边大致以现昌南大道为边界,即江联大院南边界位置;北边界受地图绘制范围限制未能明确,据推断应该沿赣江南岸富大有堤向东北方向延伸并越过江纺大院,到了南昌石油化工厂一带,其中东北方向腹地受青山湖阻隔,建成区边界尚未越过青山湖西岸(图3-17b)。而从1965年主城区单位大院空间分布情况图底平面图(图3-17a)看,除老城区外,单位大院基本上覆盖了1963年整个南昌主城区建成区范围,尤其是城市空间边界基本上是由单位大院来限定。

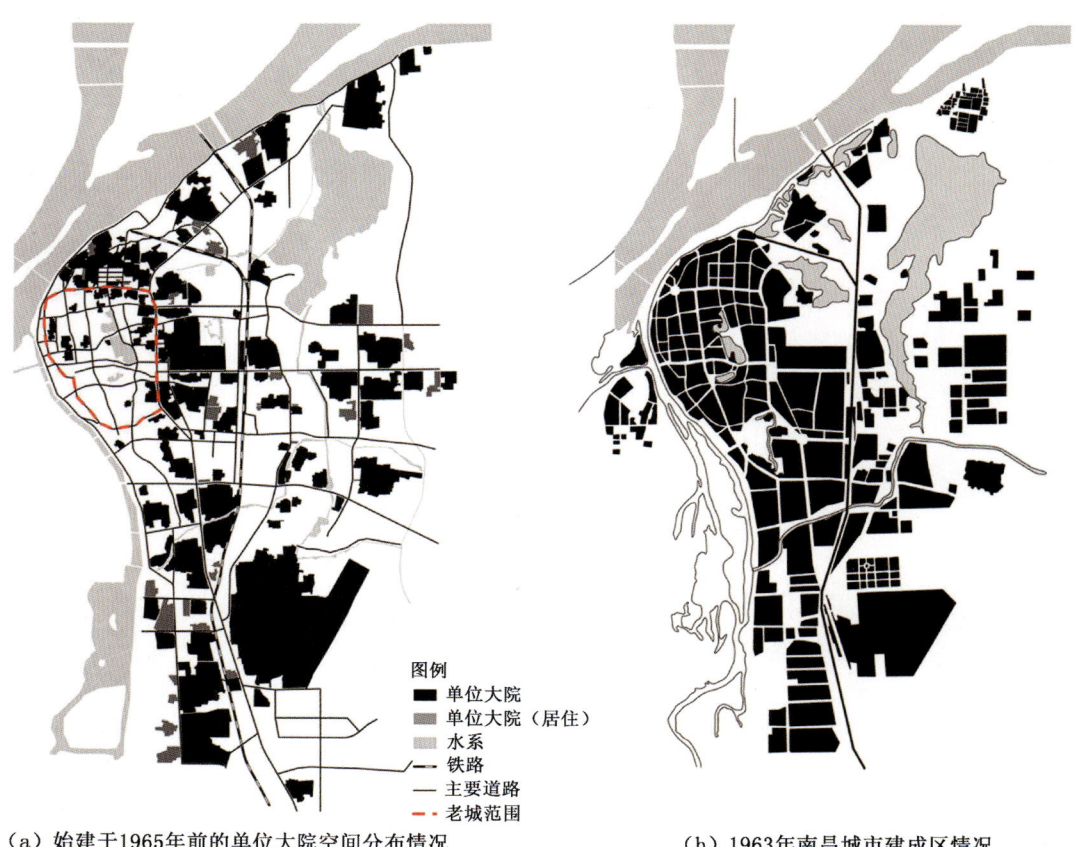

(a) 始建于1965年前的单位大院空间分布情况　　(b) 1963年南昌城市建成区情况

图3-17　1965年前后单位大院空间与城市建成区空间

这一时期南昌主城区城市空间主要发展模式为沿城市主要道路轴向发展，并以人民广场（今八一广场）为中心向南、东、北方向形成了 3 条主要空间发展轴和 2 条次要空间发展轴（图 3-18）。前者包括：沿井冈山大道向南的空间发展轴，沿第四交通路（今北京路）向东的空间发展轴，沿青山路、富大有堤向东北方向的空间发展轴。后者包括：沿第二交通路（今解放路）向东南方向的空间发展轴，沿青云路（今迎宾大道）向南的空间发展轴。此外，在青山路修通之前，城北城市空间一直沿富大有堤延展，故富大有堤在 1958 年之前是该方向主要的城市空间发展轴，而 1958 年后，青山路取代了富大有堤成为该方向城市空间的主要发展轴。第二交通路这条空间次轴与第四交通路形成的空间主轴在城东，与上海路一带的工厂单位大院空间产生交织，形成片状空间发展趋势。

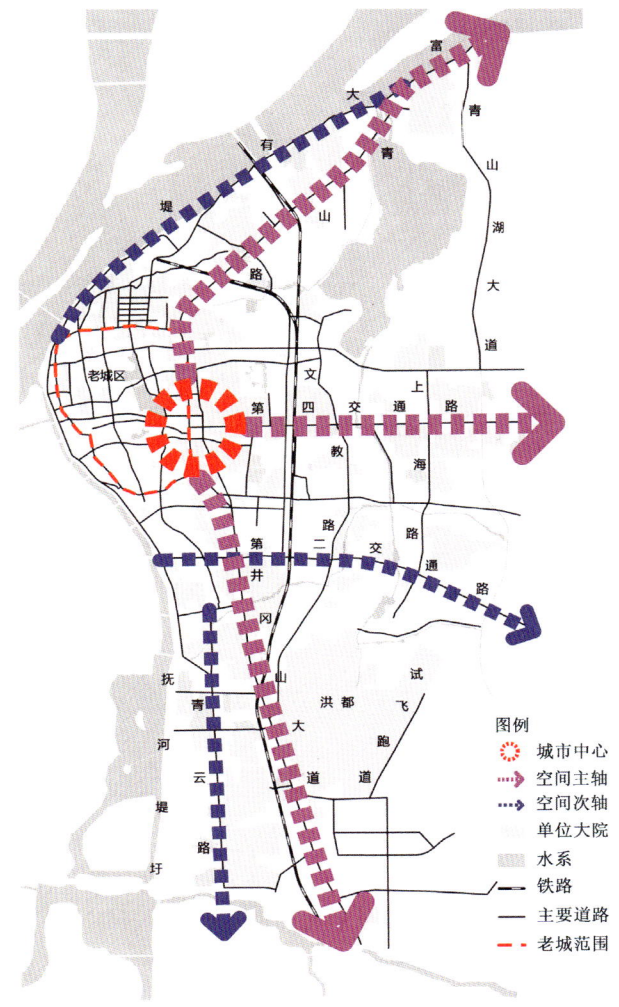

图 3-18 1965 年南昌城市中心与空间发展轴

从图 3-17a 和图 3-18 可以看出，单位大院空间的扩展与城市空间发展轴完全吻合，即这一时期城市空间发展主要是由单位大院空间建设来支撑的，并且城市中心由老城区偏移到老城东侧的人民广场也有赖于单位大院空间的发展。

3.4.4.3 城市内部空间格局

（1）道路系统

与 1949 年相比，这一时期城市主要道路系统的变化表现为新修、延伸和调整了一批城市的主次干道（图 3-11，图 3-19）。

从城市外围看，新修的主要道路有青山路、青云路和上海路，均成为组织单位大院和城市空间的结构性道路。城北的青山路和城南的青云路均为1958年"大跃进"期间修通。其中，前者取代富大有堤成为连接整个城北地区各工厂单位的主要交通性干道。当时，青山路沿线的一批主要工厂单位大院已经初建完成并投入生产，而青山路的修通对沿线各单位大院空间的方向性产生了关键性的影响。不少单位大院将主要大门改向青山路，并进而对大院内部的空间组织也产生了深刻的影响。而青云路（现迎宾北大道）则与井冈山大道一同成为联系整个城南地区各单位大院的结构性干道。"一五"期间沿井冈山大道两侧新建了一批工厂单位大院，而1958年后青云路呈现出取代井冈山大道成为城南地区新的城市空间发展轴的趋势，沿青云路新建了一批二分型重工业单位大院。青云路沿线初步形成了以青云路为主干的鱼骨状道路格局。城东地区南北走向的上海路始建于1956年

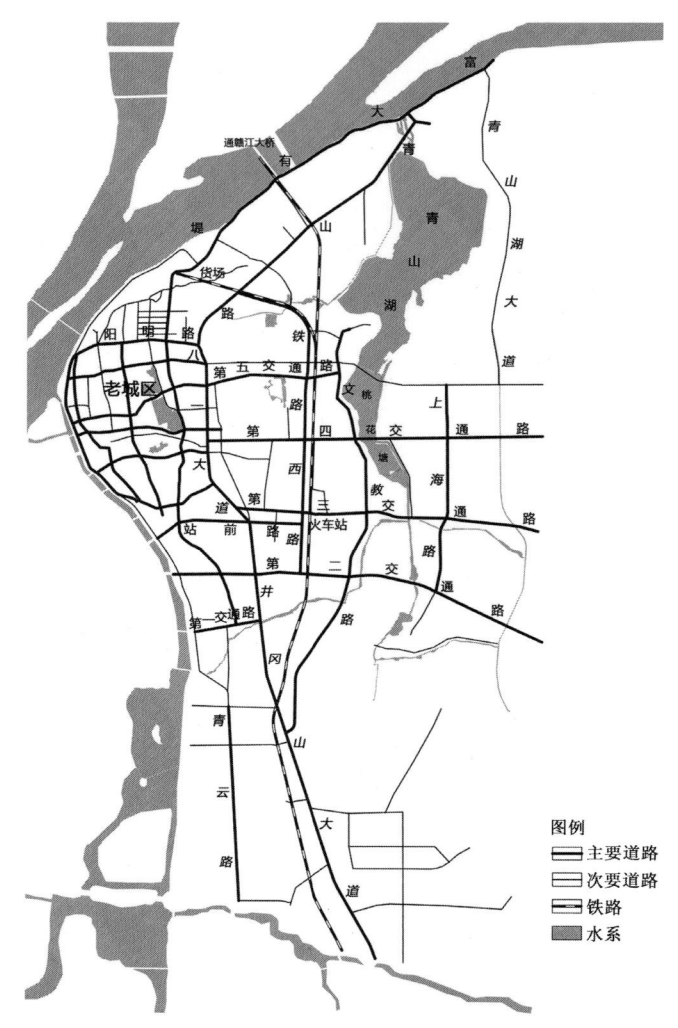

图3-19　1965年前后南昌主城区主要道路

前后，它将第二、第三、第四、第五交通路这4条东西走向城市主要道路在城东地区拉结起来，并且起到串联沿线各单位大院的作用。此外，城市内部在铁路以西平行铁路开辟出铁路西路，其位置与走向与目前二七路基本吻合。而在正对火车站的位置，向西新开辟了站前路，一直向沿江路延伸。

这一时期延伸和调整的道路主要有城东地区由老城和老城南一带发出的第二、第三、第四、第五交通路充分向东延伸形成4条空间发展轴，在跨过青山湖、桃花塘后由南北走向的上海路串联起来。与1949年相比，第四交通路的走向有较明显改变，原走向大致由广场南路北口附近向东偏北方向延伸，而1965年前后的第四交通路被拉直成正东

西走向，西端与八一大道丁字相交，交叉口处扩大为矩形的人民广场。人民广场与八一大道成为南昌城市新的中心，第四交通路也成为南昌城市空间主轴线。此外，城南第一交通路线形与走向均发生改变，东端止于井冈山大道而不再与第二交通路相交，西端被拉直与沿江路相交。

铁路方面最大的变化为修建了跨赣江的公路、铁路两用桥——赣江大桥，火车过江通道也因此由货场一带的渡口改为赣江大桥。贤士湖以东地区向西转向货场的铁路线也因此分出一支形成铁路主线向北经由赣江大桥向昌北地区延伸。

（2）空间格局

总体而言，1950年后南昌的城市建设是在一系列规划与建设文件①的指导与控制下完成的，且主要以职住靠近的单位大院为空间单元进行建设，故形成了"大分区小混合"的空间功能格局。

从宏观层面看，城市形成了以老城为生活区和商业区，老城边缘和外围包含公共服务区、行政办公区、文教区和工业区等在内，其中行政办公区和公共服务区靠近老城区，工业区和文教区从老城边缘一直向外围延展的空间格局（图3-20）。

但从中微观层面看，支撑上述分区内的空间细胞为职住靠近的各种形态类型的单位大院，因此城市空间分区更准确的描述应为单位大院性质分区。不管哪个空间分区内的单位大院均包含了与工作空间规模几乎相当的居住空间和一定量的生活与社会服务设施空间。因此，"大分区小混合"成为这一时期城市空间格局的典型特征。

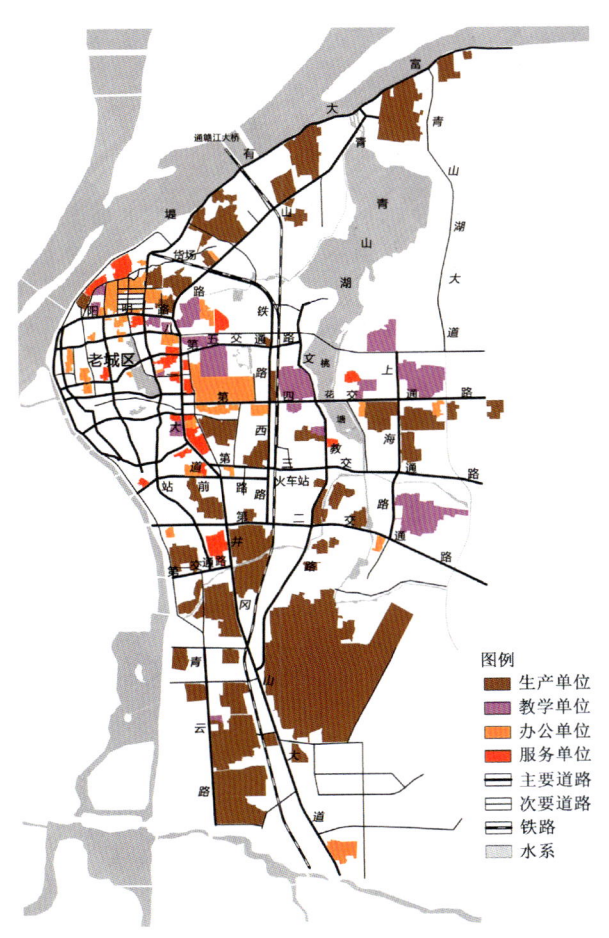

图3-20　1965年前后单位大院功能与分布

---

① 主要包括：1951年编制的《南昌市城市建设方案》和《南昌市新市区计划图》，以及《南昌市总体规划草案（1956—1967年）》《南昌市城市规划说明书》（1959、1964）等。

（3）土地利用

这一时期的城市土地利用有如下特点：

第一，功能性质："一五"期间公共服务设施、行政办公、文教、工业等各类功能用地均衡发展。而"大跃进"期间尽管新上了大量学校项目，规划并供应了大量教育用地，但多数项目在"大跃进"后下马，从客观上造成了1958年后城市用地发展向工业用地一边倒的近乎单一化的发展模式。

第二，利用方式：新增区域以项目为依托，并主要以职住靠近的各种类型单位大院形态进行建设扩展。因当时单位大院内以单层和低层建筑为主，且建筑间一般按照或者高于规范要求留足间距，故总体而言这一时期城市空间的建筑密度和容积率都很低。这一时期对水系等自然地形要素的处理主要采取回避方式，尽量避让湖泊、水塘等进行建设，充分利用并贯通天然沟渠形成排污沟，以建立"建设用地—沟渠—湖泊、河流"的排污通道。尽管在建设中保留了自然水系，但是城市建设对水文条件的影响加上污水、污物的排放则造成了对天然水系的污染与破坏。

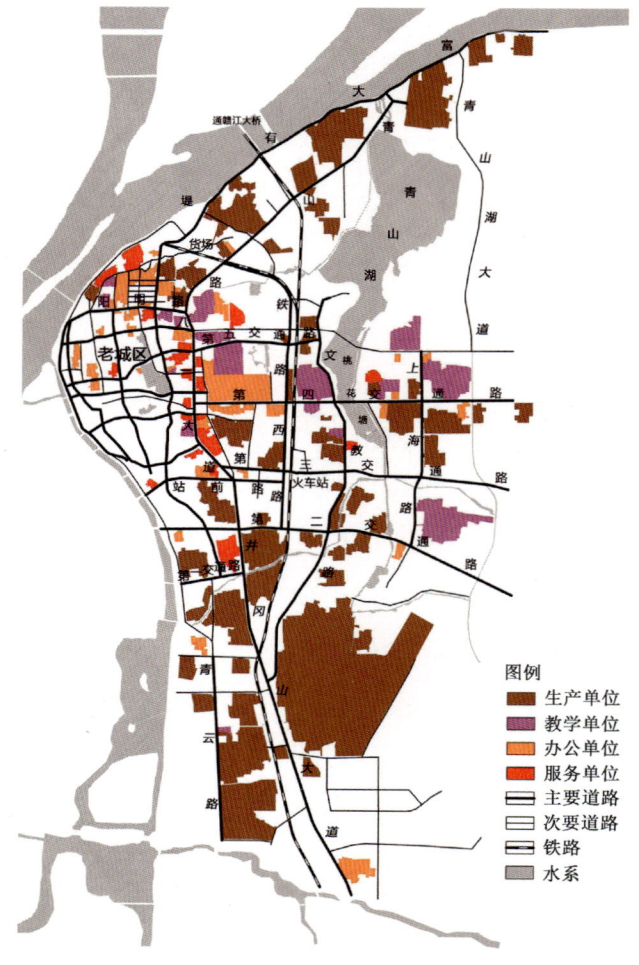

图3-21　1976年前后单位大院功能与分布

第三，相关土地利用政策的影响："大跃进"时期大量征用建设用地以及其后"清退再征"的做法，加之大量征用"一种三养"的非建设用地与其后的清退工作，对城市空间形态斑块的形成与关系建构起到关键性的影响。此外，"大跃进"期间不少新建项目，在其后的调整期中被下马，单位被撤销，残留单位空间为后来单位选址与建设留下基础。

3.5 1966—1976年南昌单位大院与城市空间发展

3.5.1 1966—1976年始建的单位大院

3.5.1.1 区位

受到"文化大革命"的影响,这一时期南昌主城区范围内新建的单位大院较少。所选单位大院案例中有21个属于1966—1976年间新建,主要分布在城东地区,城北和城南数量较少。除了城北塘山地区的南昌电化厂越出原单位大院框定的城市边界外,这一阶段新建单位大院主要是在前阶段建构的城市空间框架中进行填充(图3-21、图3-22)。

表3-9　1966—1976年新建单位大院的功能与形态类型(单位:个)

形态＼功能	生产型	办公型	教学型	服务型	合计
整体型	10	7	0	1	18
二分型	3	0	0	0	3
多分型	0	0	0	0	0
主从型	0	0	0	0	0
合计	13	7	0	1	21

3.5.1.2 功能性质

这批单位大院仍以生产型和办公型为主,两者分别有13个和7个,各占总数的61.9%和33.3%,此外还有1个服务型单位大院——位于八一广场西侧的毛主席思想万岁馆(简称"万岁馆",今江西省展览中心)(表3-9)。除生产型单位大院外,截至2000年前后这批单位空间绝大多数延续了初建时的功能性质。这一时期的办公型单位大院有一批是"文革"外迁后回迁的科研院所。

3.5.1.3 规模

从这一时期的单位大院样本看,其占地规模与前阶段单位大院相比明显小了不少(表3-10)。21个新增单位大院中没有1例占地面积超过20 hm^2,均分布在1.1～17.7 hm^2之间。其中:最大的单位大院为青山北路七里街一带的南昌硅酸盐制品厂,占地面积约17.8 hm^2;最小的为青云谱南莲路以东的江西省第一测绘院,占地面积不足1.2 hm^2。其中:规模最大的3个单位大院占地面积均为10～20 hm^2,占总数的14.3%;而占地面积5～10 hm^2的单位大院数量最多,为8个,占新增单位空间总数的38.1%;占地面积在2～5 hm^2的单位空间有6个,占总数的28.6%。

这一时期新增单位大院仍然以工厂单位的占地规模为最大,占地 5 hm² 以上的 11 个单位空间中除 1 个办公型单位大院外,其余均为生产型。

表 3-10　1966—1976 年新建单位大院的规模

占地规模(hm²)	10～20	5～10	2～5	小于 2	合计
单位大院数量(个)	3	8	6	4	21

3.5.1.4　形态类型

21 个样本中只包含了整体型和二分型两种形态类型的单位空间,其中:整体型单位大院占到 18 个,数量仍然最多,占总数的 85.7％;而 3 个二分型单位大院全都是生产型单位大院(表 3-9)。从样本的形态类型看,整体型单位大院逐渐成为单位空间建设采用的主导形态类型。

3.5.2　城市空间发展

3.5.2.1　城市规模

1966 年开始的"文化大革命"运动对城市建设与发展产生了深刻影响。"文革"期间,南昌城市建设进展缓慢,11 年共新增建设用地 701.9 hm²,非建设用地 169.3 hm²,平均每年新增建设用地 63.8 hm²。根据统计数据推断,1976 年南昌建成区面积约 55 km²。

这一阶段南昌城区人口经历了一个"下滑回升"的过程,1967 年城区人口数量达到峰值 62.43 万人后迅速下降,接下来 4 年城区人口总数维持在 48.5 万上下,1972 年开始逐年回升,至 1976 年达 61.98 万人,基本与"文革"初人口数量持平,起落相差大约 14 万人,相当于 1967 年南昌城区总人口的 22.3％,大致相当于 1957—1958 年的整个南昌城区人口总数。

3.5.2.2　边界与空间发展

这一时期新建的单位大院基本上在前阶段搭建的城市空间框架中填充完成,除北边的南昌电化厂将城区的东北边界沿富大有堤向东推进了大约 0.8 km 外,其余各方位新增单位大院对城市边界基本没有构成影响(图 3-22)。整个城市空间呈现出内向填充发展的态势。比较显著的空间增长区域位于城东南京路与铁路交叉口附近,以及南京路与第四交通路之间的上海路、江大南路一带。城南、城北新增的单位大院也主要是依附既有单位大院和城市道路进行零星式填充建设,有些甚至利用现有单位大院的道路与空间系统孵化发展,如城南南莲路的江西省第一测绘院就是依附冶建大院建设而成,测绘院须穿越冶建大院联系城市道路。

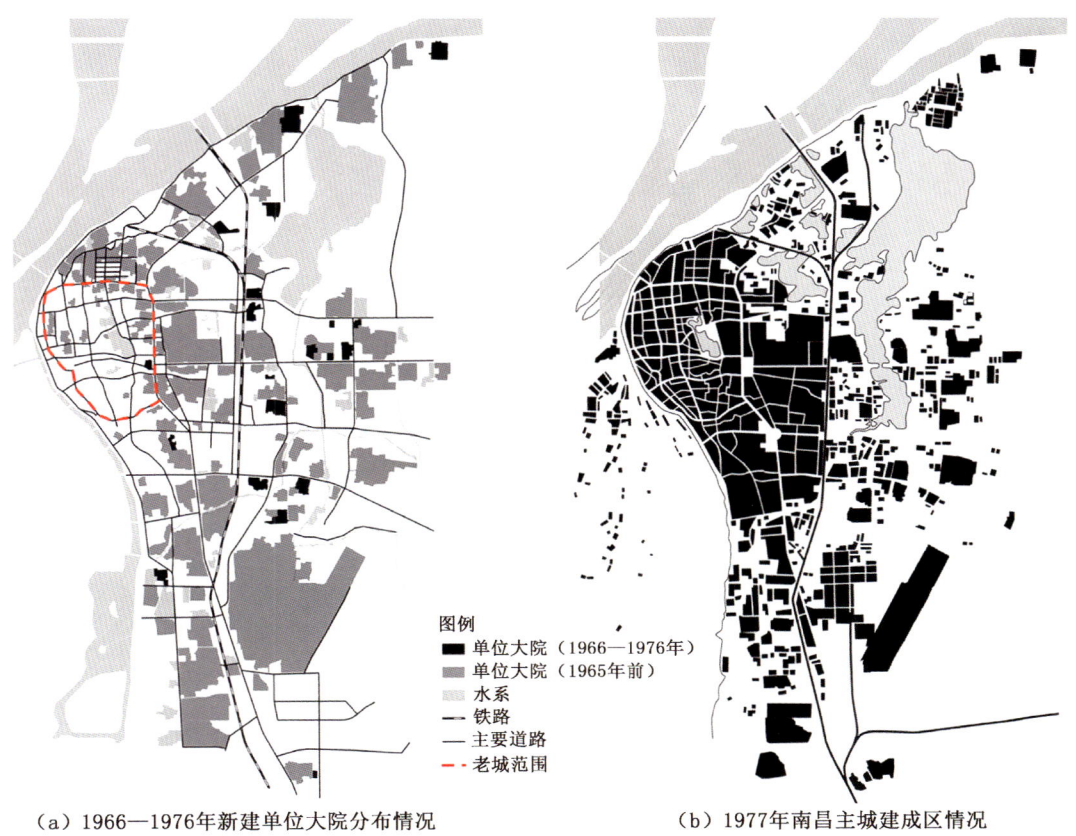

(a) 1966—1976年新建单位大院分布情况　　　　(b) 1977年南昌主城建成区情况

图 3-22　1976 年前后单位大院空间与城市建成区空间

3.5.2.3　城市内部空间格局

(1) 道路系统

从宏观层面看,这一阶段南昌城区道路系统没有明显发展,甚至不少支路乃至主次干道的部分路段还被某些单位大院占用(图 3-23)。对比 1963 年和 1977 年两张南昌市街区图可发现,青山湖大道、上海路等城市干道的部分路段均未很好地实现。而位于铁路以东第三、第四交通路之间的两组网格状城市支路基本上未能实现,其中上海路东西两侧的支路分别成为橡胶厂大院和洪钢大院的内部道路。

铁路方面,从 1977 年南昌市城区图发现,贤士湖与青山湖之间向东分出一条铁路支线向北延伸至七里街地区的南昌电厂,取代了 1963 年南昌市街区图该位置的一条城市道路。可见,生产型单位大院的货运专用铁路替换了城市道路而对城市道路系统产生影响。

(2) 空间格局

从宏观层面看,这一时期基本上延续了之前确定的"大分区小混合"的城市空间格局。但因"文革"期间城市建设失去规划控制,城区不少单位机构外迁或撤并,人员下放至农村或疏散至城市周边的丘陵地带新建工厂,城区房屋大量被拆,不少单位大院被改为"五小工厂"等,导致各空间分区内部出现了杂化现象(图 3-21)。其中文教类单位情况较为突出,市内大部分大、中学校被迫迁出或停办,校园被工厂占用,尽管后来大部分学校被恢复,但也有不少校址被永久性占用。

这一时期空间杂化的主要特征为:一方面,新办的工厂和部分迁入的工厂在南昌城区选址失去规划控制,从此扎根在文教区、老城居住区内;另一方面,不少工厂在原学校或其他单位大院的空间基础上建设发展起来。此外,这一时期大兴单位办家属工厂之风,多数单位在大院内部或附近孕育出一块工业用地,且不少单位的家属工厂有靠近生活区的趋势,如南航利用校园东部一块土地创办的赣江机械厂。不管是非生产型单位创办家属工厂,还是毗邻单位生活区建家属工厂,均导致了中微观层面的城市空间的杂化现象。

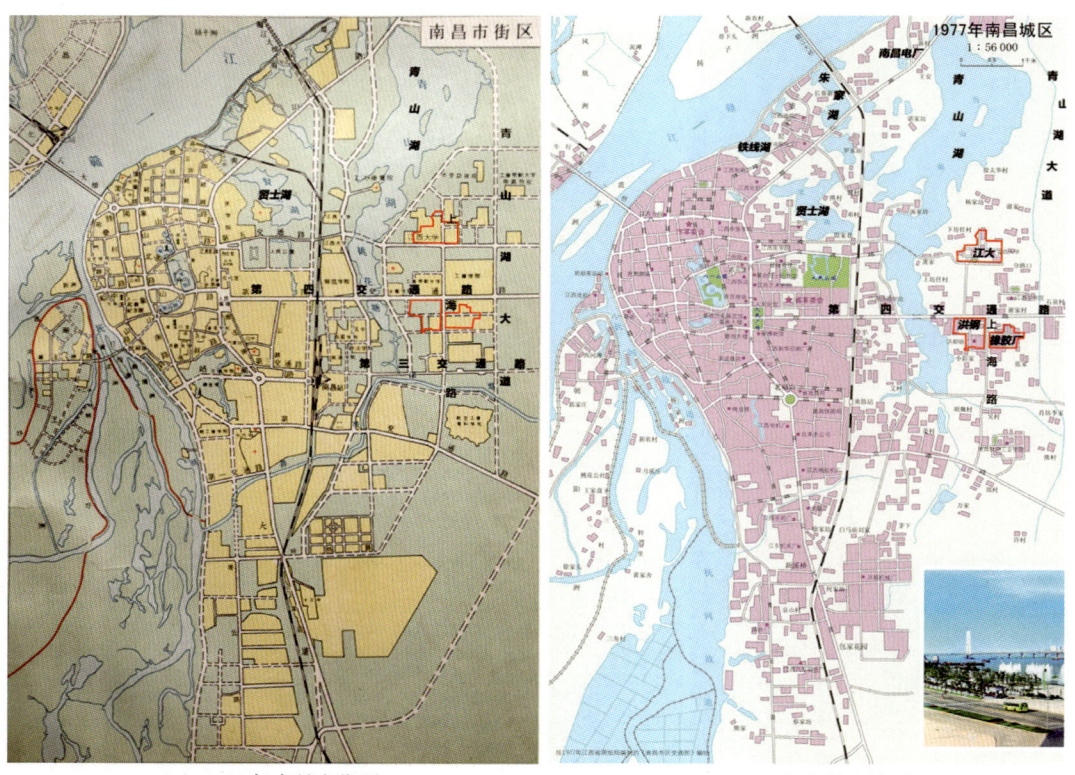

(a) 1963 年南昌市街区　　　　　　　　(b) 1977 年南昌市城区

图 3-23　1963 年与 1977 年部分道路比较

(3) 土地利用

这一时期的城市土地利用特点基本与前一阶段相似。

首先,职住靠近、功能混合的土地利用方式得以延续,整体型单位大院的建设方式得到强化。1966年至1970年代初期,城市土地功能调整明显,原有功能格局受到一定冲击;1976年前后,随着一些机构的恢复,开始在青山湖桃花塘以东地区供应少量科教文卫用地。大致在1970年之前,城区人口外迁、房屋拆除,导致建筑密度降低,故城区土地利用强度处于下降状态;而1970年之后,外迁单位机构恢复、人员陆续返城,为了解决短期内大量回流人口的居住问题,出现大量违章建筑、临时建筑,因此城区建筑密度回升,但是密度的增加以单层临时性建筑为主,故土地利用效率低下。总体看来,这一阶段南昌主城建成区形态大致以铁路为界分为两部分,其中铁路以西的城市区域建筑密度高、形态连续性强,明显呈现出"逗号"状空间形态,而铁路以东的城市区域多为城乡接合部,整体建筑密度较低、形态分散,但形成了典型的组团式发展的空间形态特征(图3-22)。

其次,尽管新建项目较少,但仍以单位大院及其变体为主要形式进行建设。新建项目在前一阶段残留的单位大院空间或空间间隙的基础上填充建设,但有意避让了湖泊、水塘等天然地形要素;从1977年南昌城区图看(图3-23b),这一时期在对待水系等自然地形要素方面,仍然采取了回避的方式,青山湖、贤士湖,以及沿赣江南岸的铁线湖、朱家湖等水体均得以保留,并对城市空间形态的连续性产生了极大影响。

此外,"文革"后期随着下放人员陆续返城,人口剧增与住房短缺之间的矛盾变得异常尖锐,城区出现了大范围的违章搭建现象,城市公共空间、城市空地和单位大院内部空地被大量占用,也成为这一时期土地利用方式的显著特点。

3.6　1977—1990年前后南昌单位大院与城市空间发展

3.6.1　1977年后始建的单位大院

3.6.1.1　区位

所选单位大院案例中有44个新建于1977年以后,这批新增单位大院主要新建于1980年代,也有少量新建于1970年代末。其中部分建于1980年代中后期的单位大院其建设期延续到了1990年代初期,因此将考察时期划在1990年前后。

44个新建于这一时期的单位大院主要分布在洪都北大道沿线,以及城东青山湖大道以东的北京东路和南京东路两侧。前者以文化、科研、体育类单位大院为主,后者则云集了一批中专学校。此外,城内南京西路贤士湖一带和老福山地区,以及城南青云谱地区也集聚了少量新建单位大院。总体看来,除城东地区外,其他地区的新建单位大院仍然是在之前单位大院空间框定的城市空间轮廓范围内填充发展(图3-24a)。

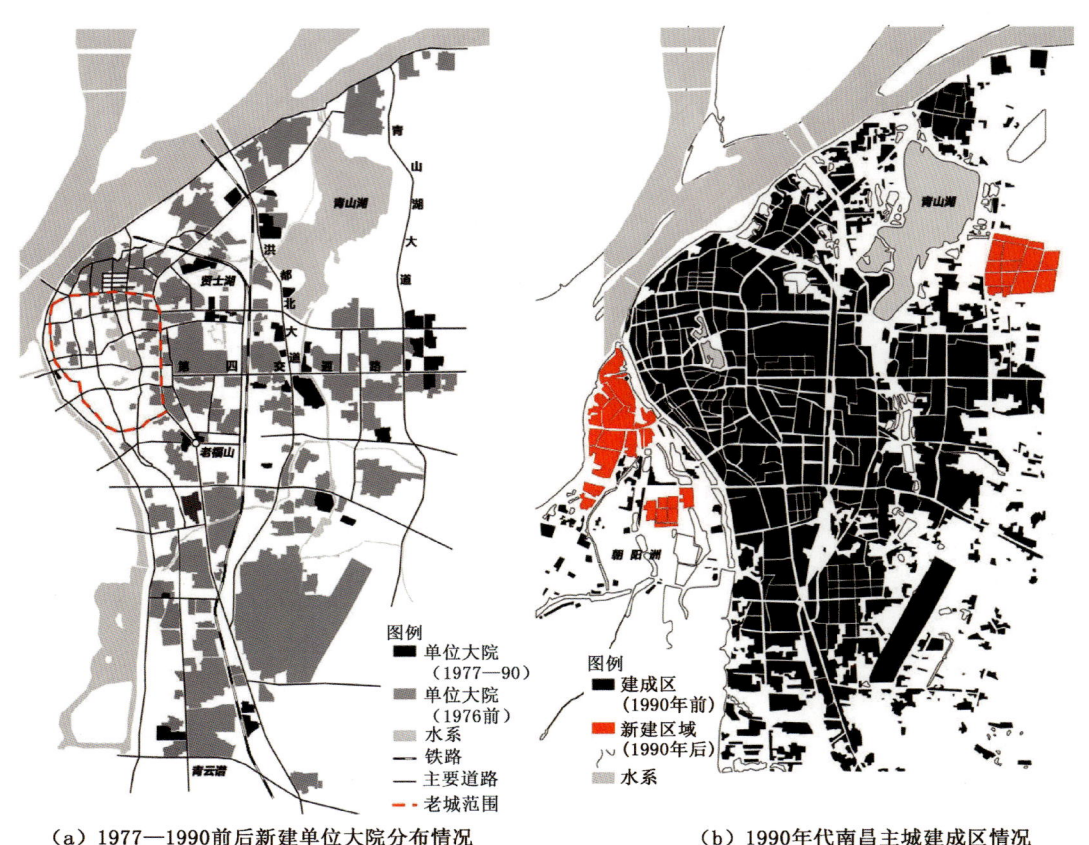

(a) 1977—1990前后新建单位大院分布情况　　　　(b) 1990年代南昌主城建成区情况

图 3-24　1990 年代初期单位大院空间与城市建成区空间

3.6.1.2　功能性质

与之前几个时期以生产型单位大院为主的空间增长方式不同，这一时期单位大院以办公型和教学型为主（表 3-11），两者分别有 22 个和 13 个，各占总数的 50% 和 29.5%，

表 3-11　1977—1990 年前后新建单位空间功能与形态类型（单位：个）

功能 形态	生产型	办公型	教学型	服务型	生活型	合计
整体型	3	20	12	5	1	41
二分型	0	0	0	0	0	0
多分型	0	0	0	0	0	0
主从型	0	2	1	0	0	3
合计	3	22	13	5	1	44

其余还有生产型单位大院 3 个,服务型单位大院 5 个。此外,这一时期所选案例中出现了纯生活型单位大院 1 个,即位于贤士二路的省府二大院。新增办公型单位大院主要以各行各业的研究院所为主,新增教学型单位大院则主要是各类中专院校和技校。截至2000 年前后,这批单位空间绝大多数延续了初建时的功能性质,只有个别生产型单位大院被拆除作为房地产项目开发。

3.6.1.3 规模

从表 3-12 可知,44 个单位大院占地规模从 0.6~21.0 hm² 不等,最大的为北京东路与洪都中大道交叉口东南角的广电大院,占地面积约 21.0 hm²;最小的为位于文教路师大北面的省机械工业设计院,占地面积约 0.6 hm²。这一时期新建的单位大院规模明显受到控制,其中:占地面积小于 5 hm² 的单位大院共有 30 个,占总数的 68.2%,其中在 2~5 hm² 的有 14 个,小于 2 hm² 的 16 个;其次为 5~10 hm² 的单位大院,有 10 个,占总数的 22.7%;占地面积超过 10 hm² 的单位大院只有 4 个,只占总数的 9.1%,其中占地面积大于 20 hm² 的单位空间只有 1 个。

从功能类型上看,占地规模较大的仍然为生产型和教学型单位大院。4 个占地 10 hm² 以上的单位空间中有生产型 2 个,教学型 1 个,办公型 1 个。而 10 个 5~10 hm² 的单位大院中有教学型 5 个,办公型和服务型各 2 个,生产型 1 个。而规模较小的主要是办公型单位大院。16 个占地面积小于 2 hm² 的单位大院中办公型就达到 14 个,另有教学型和服务型单位大院各 1 个。

表 3-12　1977—1990 年前后新建单位空间规模

占地规模(hm²)	20~30	10~20	5~10	2~5	小于 2	合计
单位大院数量(个)	1	3	10	14	16	44

3.6.1.4 形态类型

44 个样本中只包含了整体型和主从型两种形态类型的单位大院,其中整体型单位大院占绝对多数,达到 41 个,占总数的 93.2%;剩余 3 个主从型单位大院中有教学型 1 个,办公型 2 个(表 3-11)。从样本的形态类型看,尽管规模受到一定限制,但建设整体型的单位大院成为这一时期的控制性建设方式。

3.6.2 城市空间发展

3.6.2.1 城市规模

1977 年后随着"文化大革命"结束和改革开放开始,城市建设与发展迎来了新的机会。1977—1985 年,南昌新增建设用地 1 026.9 hm²,平均每年新增建设用地 114.1 hm²,

截至1989年,南昌建成区面积达到65 km²。这一时期南昌市区人口稳步上升,截至1989年,市区人口数量达到132.62万。

3.6.2.2 边界与空间发展

从宏观层面看,这一阶段尽管南昌城区南、北边界变化不大,但东、西边界均发生了显性变化(图3-24b)。尤其是西边界已明显突破抚河的限制向朝阳洲发展;而东边界尤其是青山湖以东,第四交通路以北的地区已然跨越青山湖大道向东成片发展,截至1990年代中期,该地区的东边界大致扩展到了高新大道附近。

从中观层面看,城区西边界道路沿江路的改造将其向南北方向拓展,分别与富大有堤和城西圩堤贯通,形成南昌城西新边界。与原边界相比,除了部分地段空间性质与形态发生改变外,抚河桥以南的沿江路段还向西偏移了约60 m将里洲纳入了城区范围。而城东青山湖以西地区利用青山湖南延水系桃花塘新建了洪都北大道,为道路两侧赢得了新的发展空间。

总体而言,这一时期南昌主城区城市空间增长仍然以更新与填充式发展为主,并在城市东、西边界处有少量外延式发展。

空间更新的主要区域为老城区,尤其是西湖区部分,绝大多数低矮的民房被拆除替换成多层甚至高层的单元式住宅和办公楼等公共建筑,也有少量小型新建单位大院出现。填充式增长的城市空间主要分布在新开辟的洪都北大道两侧和贤士湖周边区域。因洪都北大道主要是在青山湖西岸湿地和南段原桃花塘所在空间上修筑而成,因此这一阶段的城市空间填充式发展可被认为主要靠填充被垃圾、废料、淤泥等淤积的湖泊与水塘等天然水系来实现的。

城区边缘空间的外延式发展,除了沿江大道里洲段外,主要集中在青山湖大道东侧与南京路交叉口附近区域,以及上海路南延段、佛塔路(现广州路)与青云谱路之间的南莲路西侧等区域,两者均以中专学校为主。此外,1990年后青山湖以东新开辟高新技术开发区,空间增长方式不完全以单位大院为主推进。与1976年之前城市空间主要以单位大院方式发展不同的是,这一阶段房地产公司开发的居住小区和单位住宅区开始成为城市空间更新与发展的重要方式,前者如城东的青山湖住宅小区和沿江路的里洲住宅小区等,后者如贤士湖一带以省府二大院为代表的各单位住宅区。

3.6.2.3 城市内部空间格局

(1)道路系统

这一阶段南昌城区道路系统得到重新梳理,在原基础上延续、打通和新增了一批道路,城市主要道路的连通性和穿越性均有了明显提升。城区大致形成了"三纵四横"的城市主干道系统(图3-25)。南北向以既有的沿江路、文教路为基础,向南北延伸、贯通形成新的沿江大道和洪都大道,与城市南北主轴八一大道—井冈山大道共同构成城区南北向主干道骨架。东西方向东延叠山路(现南京西路)、西延解放路,与阳明路、孺子路—北京路共同建构东西向城市主干道骨架。同时，以象山路、青山路、上海路和青云路（现迎宾北大道）等为南北向次干道，以建设路、洛阳路、叠山路、南墙路、三店西路为东西向次干道，整体架构城区干道系统。

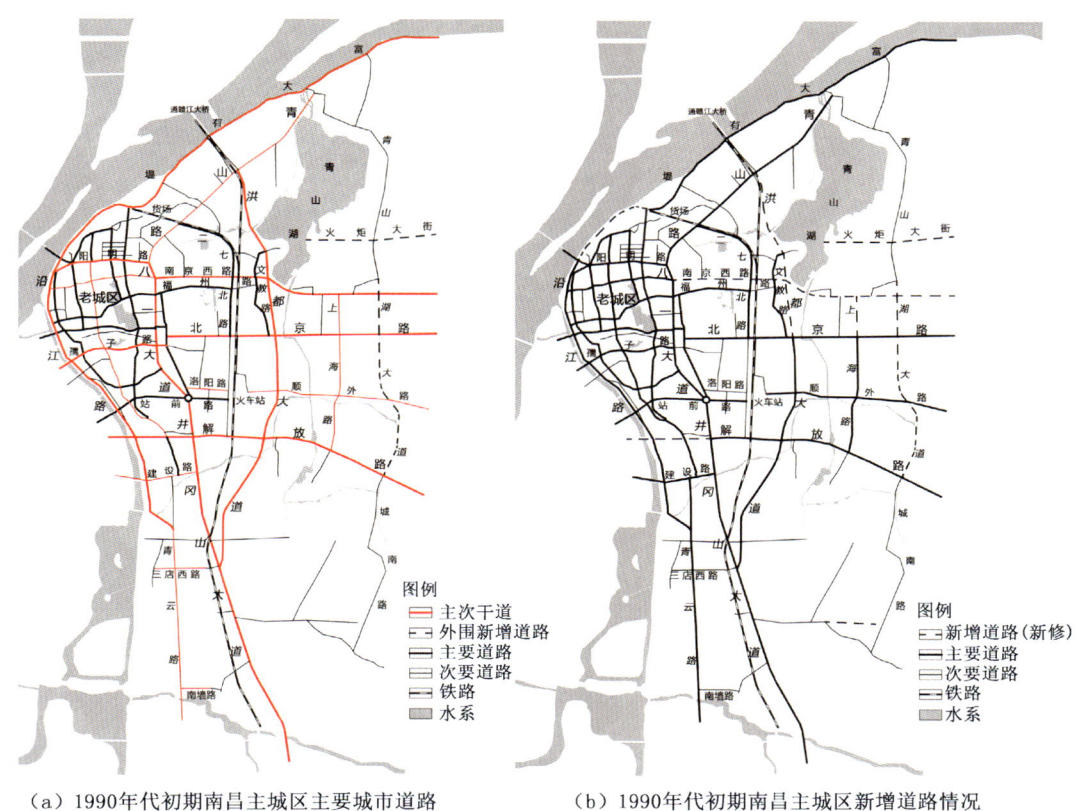

(a) 1990年代初期南昌主城区主要城市道路　　(b) 1990年代初期南昌主城区新增道路情况

图 3-25　1990 年代初期南昌主城区主要道路与新增道路

（2）空间格局

这一阶段在原有分区的基础上进一步梳理了城市功能分区，仍然形成"大分区小混合"的城市空间格局。大分区即老城及紧邻的周边地区以居住、商业服务和行政办公为主，并以中山路、胜利路结合人民广场形成商业服务和文化娱乐中心；而老城东北角外则形成了小规模的高校集中区。城北、城东和城南分别形成工业区，其中城北为造纸、化工和纺织工业区，城东为轻工业区，城南为机械工业区。此外，在铁路以东北京路以北直至青山湖东南边界之间形成了相对集中且具有一定规模的大、中专学校集中区。

这一时期洪都大道与北京路交叉口一带还形成了集中体育场、广播电视中心、图书馆、科技活动中心等在内的文体公共服务区。尽管大体上南昌城区形成了上述功能分区,但因受单位大院空间、新建住宅小区以及城中村的影响,仍然呈现出明显的功能混合特征。

(3) 土地利用

这一时期的土地利用出现了一些新特点：

在土地功能性质方面,城市建设重新获得城市规划的指导与控制之后,单位不再是唯一获得建设用地的机构,专门成立的房地产机构和其他一些机构也开始获得建设用地,除了国有资本,民间资本和外资也开始参与城市用地的开发建设。早期提供的建设用地以综合的单位建设用地和纯居住用地两种性质为主,同时也出现了单位之间合作建设的情况。其中老、旧城区新增建设用地以居住混合用地为主,而旧城边缘和新城区新增建设用地则以科教文卫设施用地为主。

1977年至整个1980年代,城市建设的总体思路为:利用改造老城区,适度发展新城区。因此,在土地利用方式方面,"填空补实"成为老旧城区主要的土地利用策略。一方面,拆旧建新使得老城区大量平房和低层建筑被多层甚至高层建筑代替,传统的空间肌理和尺度被彻底改写;另一方面,老城之外的城市建成区范围开始大规模的填充性建设,尤其是城市边缘地带的空地被彻底填实,多数天然水系因废水、废物的污染使其生态价值被忽略,转为建设用地而遭遇毁灭性的破坏。总体而言,这一时期旧城改造往往以"拆一补一"作为建设策略,即拆除低矮建筑之后的土地以满铺的方式新建多层和高层建筑,故土地利用强度得到显著提高,但由于建筑与空间尺度的改变导致了城市空间环境质量下降甚至恶化。

新增居住用地的规模尺度跨度较大,各种规模建设地块并置的情况比较突出。规模较大地块的占地面积可达14 hm²,而规模较小的地块只能容纳1～2栋多层住宅。大规模的居住用地往往被建成功能相对单一的单位生活大院和由房地产机构统一开发的居住小区、工人新村等;前者如位于贤士湖一带占地面积约4.0 hm²的省府二大院;后者如青山湖以东、南京东路以南占地约14 hm²的青山湖小区,以及沿江路里洲小区和上海路工人新村等。这一时期单位除了自行建设住宅区外,还有可能在房地产机构统一开发的居住小区中集中购买住房分配给职工居住。由于单位购买给职工居住的住宅相对集中,一般通过加建围墙和大门将其从小区中分隔出来成为一个个小型的单位生活院落。总体看来,这一时期新增居住用地的建设一般以5～8层单元式住宅为主,建筑间距控制在14～17 m左右,也有不少单位为了尽可能多建住宅,将建筑间距压缩至12 m甚至更低。这样,建筑密度和容积率得到一定的提高,但仍然以牺牲环境质量为代价。

这一时期新建的单位大院主要是一些科研院所和中专学校,也有一些公共服务型单位,如省图书馆、青山湖宾馆和省第二人民医院等,一般都采用了整体型空间形态。与先前的单位大院相比较,新建单位大院的主要建筑高度明显增加,出现15～20层的高层建筑,如广电大楼、图书馆大楼等均为1980年代中后期至1990年代初期的产物。但此时单位大院内部的单元式住宅建筑仍然为 6 层左右的多层住宅。

综上，这一时期土地利用的主要特征为建筑密度加大、建筑高度提升，因此容积率也有较大提升，但主要实现手段为通过填充和挤压城区内淤积的湖面、水塘等天然水系来换取城区建设用地，以及通过压缩多层建筑之间的间距获得较大的建筑密度。在一些统一规划设计的规模较大的居住区，6 层住宅建筑间距大致控制在 12～16 m，而在老城区内建筑高度 6～7 层、间距 6～7 m 甚至 2～3 m 的建设区域比比皆是。可见，这一时期的土地利用策略导致了城市空间不可挽回的损失。

3.7 本章小结

从图 3-26(a) 呈现的 1949 年至 1990 年代初南昌主城区城市空间发展的基本情况看，经过 1950—1960 年代初期的城市空间外延式发展之后，至 1960 年代初基本上奠定了此后 30 年间的城市空间框架，并左右了城市空间的发展模式与特征。

(1) 南昌主城区城市空间边界大致在 1960 年代初期确定，此后 30 年的城市空间发展主要表现为在此边界范围内填充式发展，边界形态仅在局部发生细微变化。

(2) 1950—1960 年代是南昌城市空间外延式发展和空间结构性建构的重要时期，与 1949 年的城市空间相比，明显呈现出沿主要道路向东北、东、南三个方向轴向发展的趋势，并形成了 3 条主要空间发展轴(参见 3.4.4.2)。其中东北和南两个方向轴向发展趋势明显，而向东尽管形成了沿北京路的轴向发展趋势，但也呈现出片状发展特征。此外，在老城及靠近老城的区域内①，除局部地区外城市空间连片发展的形态特征明显；而外围地区则主要呈现出空间成组团跳跃式发展的形态特征。

(3) 从宏观层面看，新增长的城市空间在旧城以外的地区成组团式分布，而呈现出跳跃式城市空间发展模式，因空间连续不够，形成碎片化城市空间。这一空间特征至少延续到 1970 年代末期。从 1990 年代的城市建成区图底平面图看，整个 1980 年代和 1990 年代初期的城市空间发展的主要任务仍为填补 1960 年代之前形成的城市空间版图中的空白带。当然，从建成效果看，1980 年代的填充性建设对城市水系造成了不可逆转的严重破坏。

对比各时期城市空间与单位大院空间发展情况可知，1960 年代中期之前形成的城市空间框架与单位大院空间框架基本吻合(图 3-26)，具体表现在：

第一，城市空间边界与单位大院空间边界吻合；

第二，城市空间发展方向及外围轴向跳跃式发展模式与单位大院空间发展方向和模式吻合；

---

① 大致范围为东、北两边至铁路，南边至今建设路。

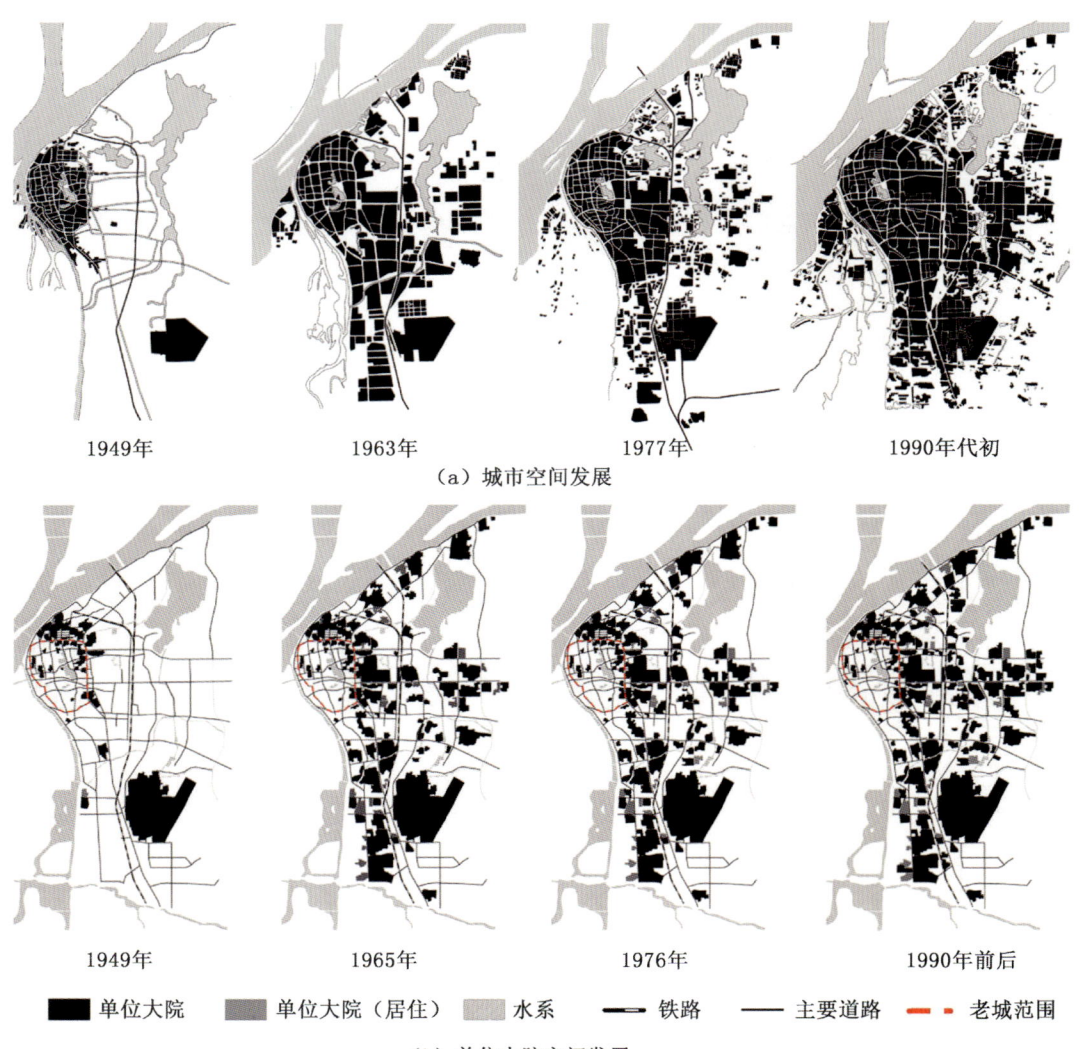

图 3-26 1949 年后单位大院空间与城市空间发展

第三,旧城以外城市空间成组团分布的特征也与单位大院空间形态特征吻合。

综上,单位大院空间发展支撑了 1949 年至 1990 年前后南昌主城区的城市空间发展,40 年间城市空间发展以单位大院空间发展为主要内容。从宏观层面看,单位大院空间的形态特征决定了城市空间的形态特征。

第四章
中观层面：单位大院与城市物质空间形态组织

本章旨在从中观层面入手揭示单位大院与城市内部空间之间的结构性关联，重点在于探讨城市内部空间的线性结构（道路）和片状结构（斑块）如何组构。为此，本章采用结构类型作为第一架构、时间脉络为第二架构展开形态研究。

4.1 路网格局

对南昌主城区范围内的路网形态进行分析发现，该范围内主要存在四种类型的路网形态格局：老城层级格网型、民国均质格网型、民国主路补充型和外围主路型（图 4-1）。以下将探讨不同类型路网中单位大院的形态差异以及单位大院对不同类型路网格局的影响。

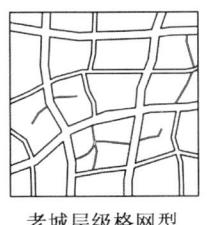 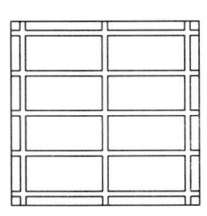 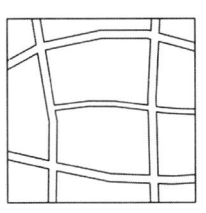 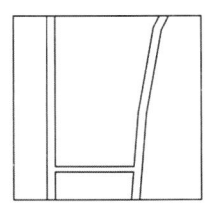

老城层级格网型　　民国均质格网型　　民国主路补充型　　外围主路型

图 4-1　四种类型的路网形态格局

4.1.1 老城层级格网型

老城层级格网型道路格局特指南昌老城内及紧邻老城周边的部分地区（主要是老城西、南部分地区）形成的道路格局。老城路网起源于封建城市街巷二级制道路系统，经民国以来多次梳理、拉直、拓宽形成主要干道，具有主要道路连续性强、密度较大，主路间还存在大量路面宽度 5 m 以下的支路、辅路和巷道系统等形态特点（图 4-2）。

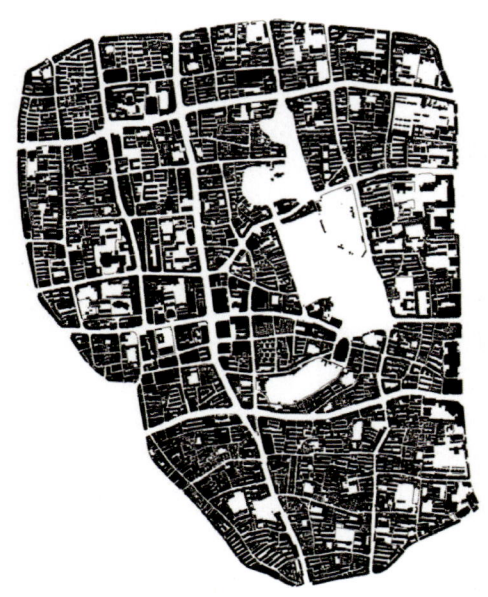 

图 4-2　南昌老城图底平面与卫星地图

4.1.1.1　道路格局

老城层级格网型路网形态特征以南昌老城区表现最为典型。整个老城区以阳明路、八一大道、永叔路、船山路和榕门路为边界道路，各道路衔接过渡比较圆滑，形成北大南小类似心形的平面轮廓。老城范围内道路系统比较成熟，密度大，间距小，形态自由复杂，层级丰富。该区域的道路可区分为边界道路和区内道路，区内道路又可提取出穿越性道路和高连接度道路、连接性道路和小街巷等道路类型。将边界道路、穿越性道路、高连接度道路和连接性道路视为主要道路。老城内主要道路线形曲折自由，也非严格的东西、南北方向，但大致呈现出东西、南北走向的趋势。

边界道路指划定研究区域时作为研究范围边界的道路。研究范围的划定往往与研究目的相关，因此边界道路可能是城市主、次干道，也可能是支路。穿越性道路指从南北或东西两个方向穿越整个研究区域的道路，其两端可能止于边界道路也可能跨越边界道路进一步延伸。穿越性道路在区域内部空间组织与交通结构中起到主干性作用，同时与边界道路配合建立区域内外空间与道路系统的关联。高连接度道路主要指横跨在 3 条以上（含 3 条）穿越性道路和边界道路之间，起重要连接作用的道路；而连接性道路则主要指横跨在边界道路、穿越性道路和高连接度道路之间起拉结作用的道路，一般路宽不小于 5 m。此外，老城层级格网型路网中还存在大量路宽小于 5 m，路长较短的道路和巷道，这些道路一般未连接 2 条以上边界道路、穿越性道路和高连接度道路，甚至有很多成为尽端式道路。

　　老城的边界道路和穿越性道路一般成为城市的主、次干道或者主要支路。其主要形态特征为尽管道路线形自由弯曲、变化丰富,但方向的变化与过渡相对比较平顺,道路的长度和宽度均优于区内其他道路。其中,边界道路中部分城市主干道路面宽度为30～40 m,沿街建筑控制线间距可达 60 m。穿越性道路宽度略小,沿街建筑控制线之间距离一般为 15～30 m,而路面宽度一般为 8～20 m。高连接度道路宽度一般小于穿越性道路,沿街建筑控制线之间距离一般为 10～20 m,路面宽度为 8～12 m,局部宽度可能在 6 m 左右。而连接性道路建筑控制线之间距离一般为 8～15 m,路面宽度在 6 m 左右,局部路段可能小于 5 m。上述 4 种道路被称为主要道路。

　　从图 4-3 中可以看出,除边界道路外,老城内共有 6 条穿越性道路,其中南北走向有 2 条,东西走向有 4 条,与边界道路共同建构了"横三纵五"的街区形态格局。该层级道路各交叉口直线距离大致分布在 200 m 至 870 m 之间,其中:间距最大处位于老城最南端,两条东西走向的主要道路间距超过 800 m;而南北向道路间距最大处位于老城西北角,

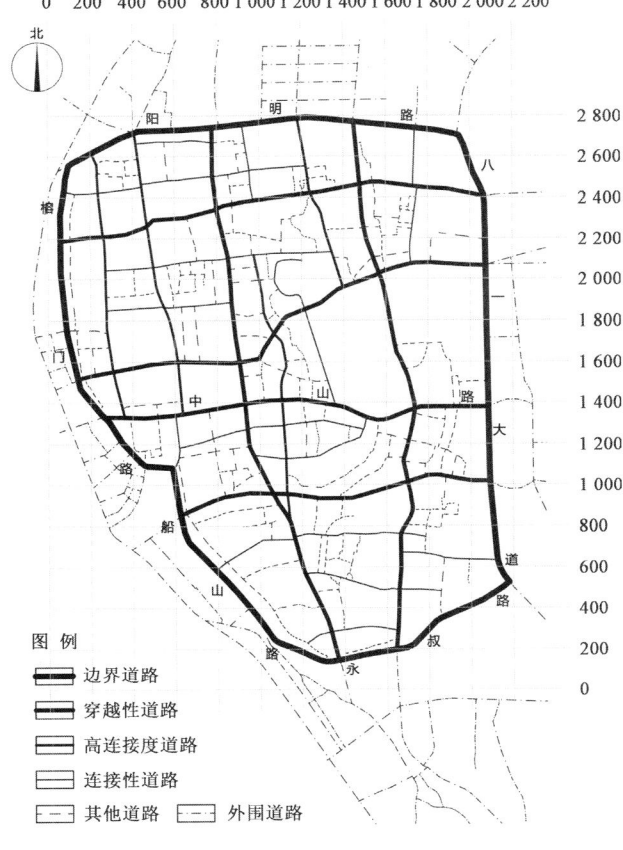

图 4-3　南昌老城区路网

间距超过 750 m。合并高连接度道路和连接性道路后，整个老城区内道路格局大致可以中山路为界分为南、北两区进行考察。两区的路网形态特征最大的差异在于南区道路系统中路宽 5 m 以上的道路数量明显少于北区，取而代之的是大量连接性较好但通行能力与穿越性均明显欠缺，宽度在 5 m 以下的辅路和巷道系统。主要道路间距最大处超过 800 m，相隔 300 m 以上的两条道路间没有可供机动车有效通行的连接性道路的"大街区＋辅路巷道系统"的道路格局非常普遍。此外，因沿街建筑间距较小且退距不统一，老城南区次要道路路面宽度变化不定成为其另一显著特征，一条 5 m 宽的道路往往在局部变得不足 4 m。

总体看来，老城主要道路间距最大处位于中山路与八一大道交叉口西北角沿中山路并置的两个街区，其中：靠西一街区尺度略小，为八一公园所在地，主要被公园及南湖占据，东西宽最大处约 370 m，南北长最大处约 670 m；而紧邻八一大道的街区尺度最大，平面形状近似倒直角梯形，北边沿民德路段长约 500 m，南边沿中山路段长约 340 m，民德路与中山路间距约 670～700 m，该街区内分布着江西宾馆和省妇保两个单位大院，以及市卫校、东湖小学、南昌二中、市保育院以及省外办等单位空间。

4.1.1.2 单位大院概况

老城区分布着大量占地 1 hm² 以下的小型单位大院，其中以中小学校形成的教学型单位大院居多。除江西宾馆、南昌军分区（简称"军分区"）和江西省委党校（简称"党校"）等少数单位大院占地面积达到 5 hm² 左右外，其余规模较大的单位大院占地面积主要分布在 1.4～4 hm²。占地面积 2 hm² 以上的单位大院主要分布在老城区东、北边缘，沿八一大道和阳明路分布；而 2 hm² 以下的单位大院，除中小学校散布在老城区各个街区外，其余几个主要集中在象山路以西、民德路以北的区域内（图 4-4）。据 1947 年《南昌市市郊图》显示，老城区东边缘沿八一大道以西，以及老城东北角以空地为主，尚未形成成片的建成区，道路系统也不够完善，主路之间连接性支路少，满足单位大院空间规模与完整性需求，因此成为儿童医院、中医学院、江西宾馆和党校等单位大院落户地。而老城腹地民德路以北成为单位大院聚集地的主要原因在于，该区域属民国时期省、市政府及行政机构聚集地，这些单位机构空间较大基本能够满足新单位大院对空间规模和完整性的需求，因此被新的单位利用落户。总体而言，老城区的单位大院绝大多数是在利用民国年间旧建筑空间的基础上发展演变而来。从空间形态看，除少量主从型单位大院外，老城区的单位大院几乎都是整体型。

4.1.1.3 关联性

老城层级格网型道路格局因路网系统比较成熟，路网密度较大，此类区域内单位大院类型主要是占地规模一般不超过 5 hm² 的办公型、教学型和服务型单位大院，而大型单位大院则主动避让此区域。一些规模相对较大的单位大院表现出对既有城市街道的主动礼让，即便是街道围合的街区范围内难以满足单位大院空间需求，也往往跨越城市街

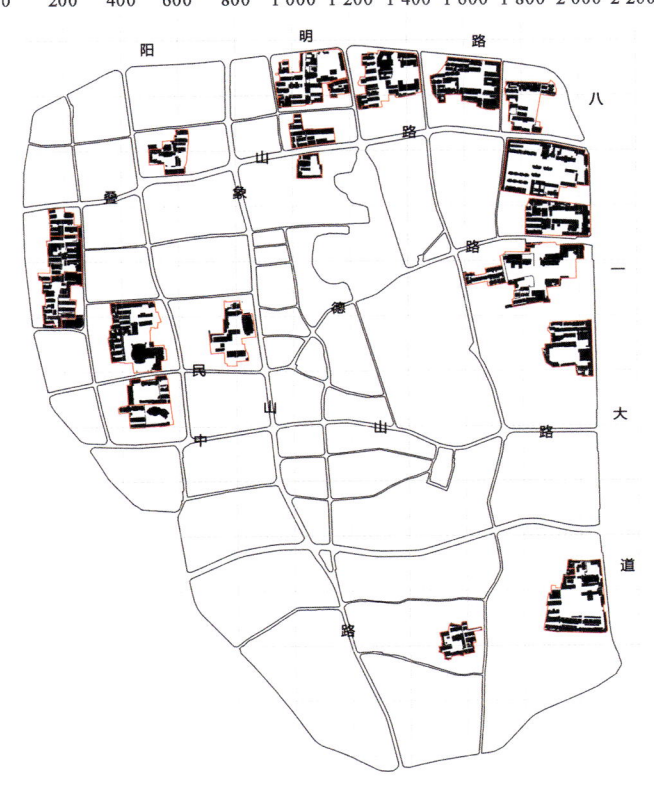

图 4-4　南昌老城区内主要单位大院分布

道在相邻街区中寻得发展空间,从而形成主从型单位大院,如位于阳明路的原市委大院。

总体看来,单位大院以填充方式进入老城区,对老城层级格网道路系统的影响主要体现在主要街道形成的城市街区内部。单位大院通过干扰或吞并宽度小于 5 m 的辅路与巷道,而对道路系统的层级建构产生影响,进而影响街区内辅路和巷道的密度以及街区的穿越性。单位大院对老城层级格网型路网中路宽 5 m 以上的主要道路影响不大。

4.1.2　民国均质格网型

民国均质格网型路网特指南昌老城区以北毗邻阳明路的经纬路片区形成的道路格局,该片区为 1930 年代新开辟供富人和官员居住的城北住宅区。据 1949 年南昌城区图显示,该片区形成了"四经五纬"的棋盘式道路网,并按照殖民模式[①]进行开发建设,但据

---

① 梁江,孙晖. 模式与动因:中国城市中心区的形态演变[M]. 北京:中国建筑工业出版社,2007:18.

推断，直至新中国成立初期，棋盘式路网只在三经路以西地区得到较好实现，而位于三经路和四经路之间的一组东西向道路目前已变得面目全非，只剩下五纬路和四经路、一纬路的部分路段(图4-5)。从目前道路现状看，该区域"三经四纬"的路网格局比较明显，以下称为经纬路核心区。本章节内容以原"四经五纬"区域为核心进行研究，同时为了保证空间单元本身的完整性以考察单位大院与路网的关联性，还将整个老城北地区纳入观察范围。

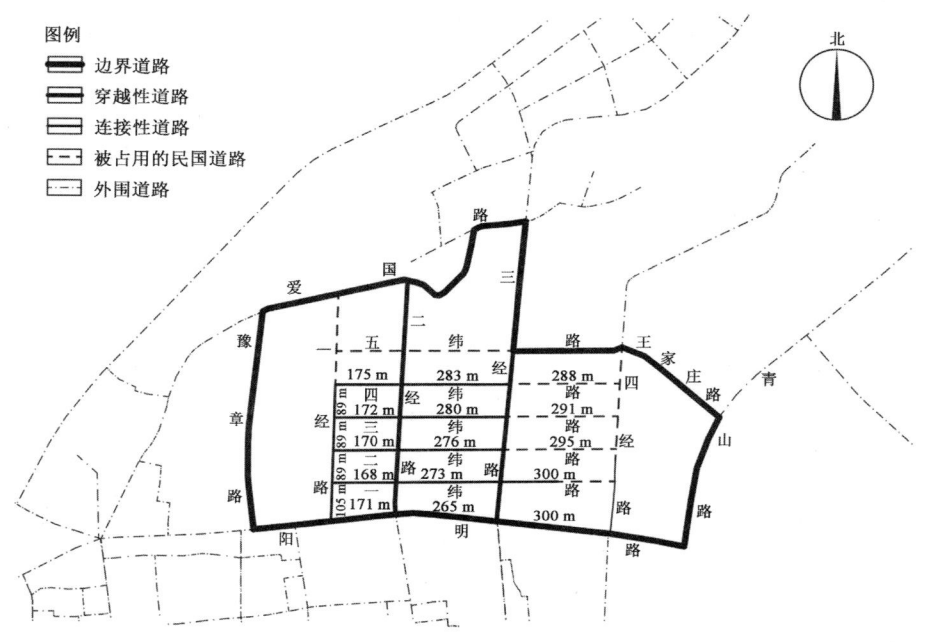

图4-5 民国均质格网型路网

4.1.2.1 道路格局

最初经纬路片区由4条南北走向的穿越性道路和5条东西走向的连接性道路构成。目前该区域棋盘式格局只在一经路与三经路，阳明路至四纬路之间得以呈现，形成由3条南北走向和4条东西走向的道路建构起来的"三经四纬"道路格局。南北走向的道路中二经路、三经路穿越经纬路片区，称为主街；而东西走向街道起到连接一经路至三经路的作用，称为横街。

主街南端与阳明路及老城主要道路对接，路面宽度大约8~10 m；横街横跨在一经路与四经路之间，路面宽度约6 m。主街间距较大，约为170 m和280 m；横街间距较小，约90 m(图4-5)。其中三经路是唯一从南北方向贯通整个城北地区的城市道路。此外，由西南角向东北方向延伸至三经路的爱国路为改善经纬路片区外围东北部的交通起到了关键性作用。南北走向的主要道路豫章路、二经路、三经路均与爱国路相交，其中豫章路

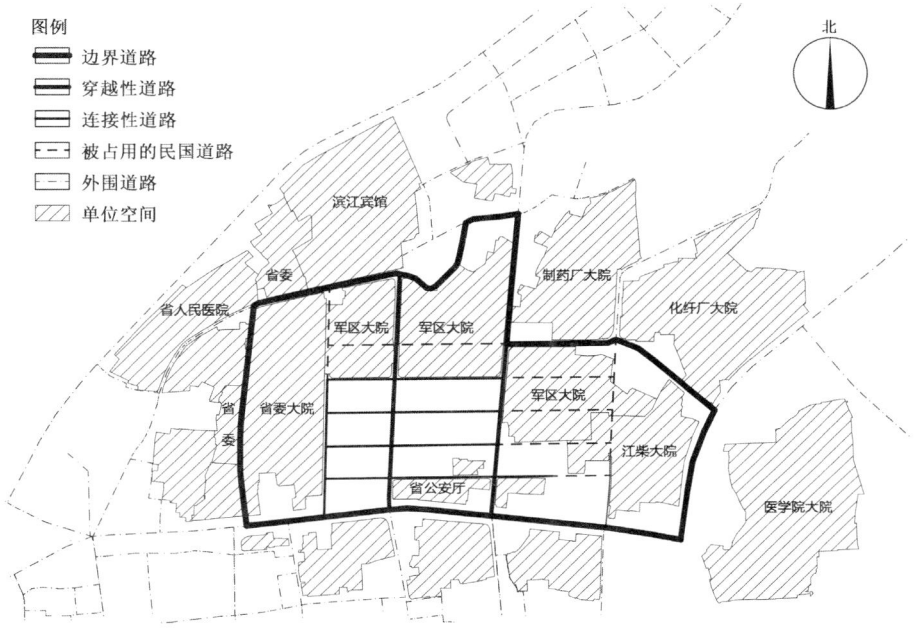

图 4-6 单位大院与民国均质格网型路网

和二经路北端止于爱国路。爱国路与北侧沿江路走向基本一致,两者间距从 130 m 至 410 m 不等,两者之间形成的长约 1.5～1.7 km 的带状区域内没有任何可承载机动交通的城市道路加以连接,形成巨型街区。

4.1.2.2　单位大院概况

经纬路核心区少有单位大院,一些大型单位大院都分布在经纬路片区边缘地带,如军区大院、省委大院、化纤厂大院、制药厂大院和江柴大院等(图 4-6)。从空间形态看,该区域单位空间以主从型和多分型单位空间为主,前者如省委大院,后者如军区大院和省公安厅。而整体型单位大院主要分布在"三经四纬"路网格局外围:如豫章路以西、爱国路以北;在四经路以东,以及五纬路、王家庄路以北各地区。

就规模与性质而言,2 个占地面积分别为 16.7 hm² 和 2.3 hm² 多分型大院空间和 1 个占地约 14.3 hm² 主从型大院全为办公型单位大院;外围整体型单位大院占地面积从 1.1 hm² 至 12.6 hm² 不等,包括办公型、生产型、教学型和服务型单位大院。

4.1.2.3　关联性

对于民国均质格网型城市道路格局而言,因路网密度较大、街区尺度较小,道路规划建设先于单位大院空间增长,既有城市路网形成的街区规模难以满足大型单位大院空间对用地规模及空间完整性的需求。一些规模较大的单位大院总体上表现出对民国均质格网型路网的避让态势,而选择在此类地区边缘与外围落地。也有少量单位大院嵌入该类型区域,但往往被城市道路切分,最终形成主从型和多分型单位空间,大院空间的整体性只能通过功能联系得以维系。如省公安厅占据了"二经路—三经路—阳明路——一纬路"4条道路围合的整个街区尚难满足空间需求,只好跨越道路发展,在一纬路以北和三经路以东的相邻街区设家属区,其中食堂等生活设施设置在一纬路以北的家属区内(图4-6)。

在民国均质格网型路网边缘地带,单位大院则像"摊大饼"一样占据并试图充满道路之间的空地。尽管在遇到既有村落、沿街建筑和水面等人工与自然屏障时,单位大院也表现出避让姿态,但在遭遇道路尽端时单位大院会尽可能保持自身空间与形态的完整性,而从道路尽端延绵过去继续发展,道路也只好止步于单位大院而成为尽端式道路。如江柴大院跨越四经路北端连片发展,致使四经路迄今仍为尽端式道路。类似的情况还有一至四纬路西端止于一经路省委大院东边界,东端止于三经路而丧失了进一步向西、向东延伸至区外主要道路的机会;豫章路、二经路北端分别止于爱国路的省人民医院和滨江宾馆大院门口;等等。

此外,将经纬路片区现状道路与1947年《南昌市市郊图》中该区域的道路进行历时性比较发现,省军区大院吞没了三经路以西的五纬路和四纬路以北的一经路,而二经路与三经路不仅未被大院吞没,反而进一步向北延伸至爱国路和沿江北大道。两条纵向主路将军区大院空间切分为三大部分,其中三经路以东主要是招待所和附属中学等服务设施空间。在整个经纬路片区一带还镶嵌着大量省军区单位空间,如军区幼儿园位于三纬路与四纬路之间靠近二经路的位置。城市道路被单位大院空间吞没后往往会被用作大院内部道路,如三经路以西的五纬路。

可见,单位大院在民国均质格网型路网边缘生长蔓延阻碍了核心区与外围道路的连接,使得民国均质格网型路网所在城市区域内道路的整体穿越性和连接性较差,且存在大量丁字路、尽端式道路和少量路宽2~5 m的小路。其形成的主要原因如下:

(1) 城市道路与单位大院未能同步建设,导致原本不够成熟的路网没有得到改善,甚至以牺牲城市路网为代价来保证单位大院空间规模和完整性方面的需求;

(2) 既有相对成熟的道路系统对大型单位大院的空间完整性需求表现出顽强的抗拒力,此时单位空间往往会避让主要道路而吞并靠近边缘的次要道路;

(3) 单块用地面积超过4 hm^{2}的单位大院对城市道路的连接性与穿越性产生了较大影响,以致形成大量尽端式道路和丁字路;

(4) 单位大院毗邻分布对城市道路的可穿越性与连接性产生较大影响。

总之,民国均质格网型路网构架有别于老城区,属于规划控制型的格网式均质路网,单位大院以"主动避让,选择填充"的方式进入路网构架中,并聚集在此类路网的边缘地带,同时为了保证空间的规模与整体性在局部合并路网,并在紧邻格网路网的边缘地带阻止了路网的进一步延伸与扩展。单位大院对民国均质格网型路网中道路的密度与方向性均造成了一定影响,尤其是在片区的边缘部位,吞并了一些道路。

4.1.3 民国主路补充型

民国主路补充型道路格局的主要特点为骨架性主路经规划确定,并始建于民国年间,1950年后有局部的修改与补充。该类型道路格局主要分布在紧邻老城的外围地区,大致范围包括老城北、东、南三个方位的边界道路①与今洪都大道、建设路之间的半环状区域(图4-7)。该区域内在民国期间城市规划确定的城市主要骨架性道路和既有乡村道路、公路等的共同作用下,形成了半规划型路网格局。1950年后,单位大院在此类型的路网覆盖区域内填充明显(图4-8)。

图4-7 民国主路补充型路网格局　　图4-8 单位大院与民国主路补充型路网格局

4.1.3.1 道路格局

1949年《南昌市区暨街道图》显示,民国主路补充型路网覆盖区域在1949年已被规划并初步形成了以老城为核心向北、东、南三个方位辐射发出6条骨架性道路的路网格局(图3-11),其中包括了第二至第六5条交通路和由广场附近向南延伸的赣粤公路。在

---

① 老城东边界道路为八一大道,南边界道路为永叔路,北边界道路为阳明路。

区域外边界处由第一交通路和四堡、五堡、六堡、七堡路形成了环向道路与上述轴向道路相交。除第二交通路起点位于赣粤公路外，其余轴向道路与老城道路均有良好衔接。除上述骨架性道路外，该区域内还形成了4条重要的轴向道路，包括老城东北角向东延伸的永外正街（今南京西路）、第四交通路与赣粤公路交叉口向东延伸的金盘路、老城南部经绳金塔向南关口的十字街，以及沿抚河东岸的堤坝路。此外，该区域内还有一条铁路从城北赣江南岸的铁线湖附近向东南方向绕过贤士湖转而向南穿过本地区继续延伸。除骨架性道路外，本地区没有形成城市次级道路如城市次干道、支路和辅路；而骨架道路之间存在大量串联村落、农田、菜地、水塘和荒山等乡村形态要素的乡间小路。1950年前后，本地区除城北和城南十字街沿线，以及靠近老城的城东边缘地带有些城市建筑物外，其余仍然属于自然的乡村地形地貌。

尽管1949年确定的骨架性道路几何特征不够鲜明且经过一定调整，但仍然可根据历史与现状地图大致估算出当时确定的骨架性道路的间距，东西向间距较大，大致为1.4～2.1 km，局部因增加连接性道路而形成700 m左右的道路间距；南北向道路间距较小，大致在1 km左右。而城北地区骨架性道路较少，第五、第六2条交通路形成一定夹角，间距从2 km至3 km不等（见图3-11）。

从该地区目前的现状地形图看，除七堡路基本上没有遗留之外，其余道路都全部或部分延续下来了。其中第一交通路和五堡路只保留了小部分，道路的长度、线形和走向均发生了较大调整；而原第四交通路和第二交通路西段的走向进行了调整，变得更加接近正东西走向，同时第二交通路还进一步向西延伸至抚河路（见图3-11、图4-7）。民国道路与现状道路名称与关系见表4-1。

1950年代后期开始新开辟的3条主要城市道路站前路、青山路和二七路成为本地区骨架性道路的重要补充。此外，本地区现状的次要道路、支路、辅路等并不发达，显得比较零碎，其中部分明显是在原乡村道路基础上发展而来，也有少量经过规划建设而来，比较典型的是1980年代开发贤士湖地区南京西路以北形成的"井"字形路网（图4-7）。

总体而言，民国主路补充型路网覆盖区域内城市道路系统几何特征不明显，骨架性道路间距偏大，1950年后增加的3条骨架性道路对本地区路网结构影响不明显，而次要道路、支路和辅路系统任由自由生长，缺少统一的规划指导，进一步加剧了本地区道路系统穿越性较差和连接性[①]不强的缺陷。

---

① 道路连接其余道路数量的多少，称为连接点，可反映道路的连接性，连接点越多道路连接性越强，连接点越少道路连接性越差。

表 4-1　南昌老城外围民国主要道路与现状道路关系

民国道路名称	现状道路名称	状　态
第一交通路	建设路	修正
第二交通路	解放西路	局部修正
第三交通路	洛阳路	保留
第四交通路	北京西路	修正
第五交通路	福州路	保留
第六交通路	爱国路	保留
赣粤公路	广场南路和井冈山大道	保留
四堡路	洪都大道局部	基本保留
五堡路	洪都大道局部	修正
六堡路	文教路	保留
七堡路		消失
十字街	十字街	保留
永外正街	南京西路	保留
金盘路	金盘路	保留

4.1.3.2　单位大院概况

民国主路补充型路网覆盖区域属单位大院集中地段,因与市区联系方便,城市中最早的一批单位大院一般位于该区域内。尤其是靠近老城边缘的地区云集了一批始建于 1949 年前的单位大院,如城北的江柴大院、化纤厂大院,老城东北角的医学院北院,城东的交通厅大院和长运大院等。但总体看来,此类地区多数单位大院始建于 1950 年代,也有部分单位大院始建于 1960 年代之后,其中:位于洪都中大道(原文教路南段)的江西鸿雁摩托车厂大院始建于 1960 年代;位于南京西路的江西电子仪器厂大院和福州路东段的江中制药厂大院始建于 1970 年代;而在南京西路沿线和城南老福山一带则云集了一批始建于 1980 年代的单位大院空间,如青山湖宾馆大院、核工业江西冶矿局大院、省电力设计院大院,以及省府二大院等。

民国主路补充型路网覆盖区域内分布的单位大院功能类型较多,有办公型、生产型、服务型、教学型和生活型;形态类型也包括了整体型、主从型、二分型和多分型各种类型。办公型单位大院主要位于老城东沿北京西路两侧,城北经纬路片区的东、北边缘地带,以及贤士湖地区和老福山地区,绝大多数为整体型和主从型单位大院。生产型单位大院分布较广,在老城东、南、北各区域内均有分布,形态类型以整体型为主,多分型和二分型为辅,其中多分型和二分型生产型单位大院主要分布在城北董家窑地区和城东八一广场东南角。服务型单位大院主要分布在八一大道沿线与南京西路中段两侧,形态类型也以整体型为主,二分型为辅;而教学型单位大院则主要分布在老城西北角的豫章路和爱国路之间、老城东北角和城东北京西路与文教路交叉口附近,形态类型均为整体型和主从型单位大院;此外,还有一个生活型单位大院位于南京西路以北的贤士湖地区,为 1980 年代建成的省政府机关职工家属区,称为"省府二大院"。

  本地区单位大院空间占地规模差异较大,既有如省机械厅大院这样不足 1 hm^2 的小型单位大院,也有如省府大院和江纸大院这样近 50 hm^2 的特大型单位大院。该地区云集了一批占地规模较大的单位大院空间,且单位大院毗邻分布形成连绵区,成为本地区单位大院空间最显著的形态特征。以老城东为例,在八一广场周边分布着占地面积分别为 49.2 hm^2、23.8 hm^2 和 26.9 hm^2 的省府大院、体委大院和南柴大院,其中省府大院和体委大院 2 个整体型单位大院毗邻分布在八一广场东北角,形成近 1 km^2 的单位大院空间覆盖区。而与此相对的北京西路以南,4 个占地规模总共约 9 hm^2 的办公型单位大院从八一广场东边向东毗邻分布,导致沿北京西路长约 750 m 范围内没有任何城市道路穿越。类似的情况还存在于八一广场以南八一大道与广场南路的围合区,形成了长边方向达到 960 m 的巨型街区。

4.1.3.3 关联性

（1）路网格局对单位大院形态的影响

  该类型路网中主路间距大,缺少次要干道和支路系统的规划建设,导致道路之间用地缺少二次划分,容易提供单位大院所需的大面积连片建设用地,加之此类路网所处地区临近老城,故成为各种规模单位大院选址落地的首选地段。在现状与城市功能分区的控制下形成了办公型、生产型、服务型、教学型等各种功能类型单位大院聚集地。城市中心的职能和集聚效应也在单位大院功能类型的筛选中发挥了重要作用。办公型、服务型单位大院获得占据城市中心地段的优先权,并反过来支撑了城市新中心的形成。

  主路间距大、密度小,低层级道路缺失,使得大中小各种规模建设用地的获得变得容易,故此类路网所处地段形成了具有一批大规模单位大院,并以整体型和主从型单位大院为主,多分型和二分型单位空间为辅,大中小规模单位大院毗邻分布的形态特征(图 4-8)。

  此外,此类区域中城市主要道路、铁路与水系等自然边界限定的街区规模与形状等也在很大程度上对某些单位大院形态、规模等起到决定性作用。如二七北路与铁路之间的原南昌八一配件厂大院,受二七路和铁路的挤压,形成了南北长超过 500 m,而东西宽不足 100 m 的长条形单位大院(图 4-9)。而该厂以东的师大大院也受铁路和文教路以及南边一消失道路(原第四交通路部分路段)的塑形,尤其是大院南边界在原第四交通路走向调整为正东西方向后,仍然保持了与原道路走向一致的边界形态,因此与现北京西路存在大约 8°的交角。

（2）单位大院形态对路网格局的牵制

  大规模整体型单位大院的存在,以及中小规模单位大院毗邻分布的形态格局反过来

图 4-9 老城东地区主要单位大院与路网情况

又将"主路间距大、密度低,缺少次要道路和支路、辅路"的路网格局定格下来,抑制了主要道路间连接性支路的生成,并制约了此后半个多世纪甚至更长时间内城市道路格局的优化。如老城东和老城北分别形成了占地面积达 1.3 km² 和 1.5 km²,且内部没有任何城市道路穿越的"巨型街区",后者直至 2005 年江西火柴厂、江脂和江纸等工厂单位倒闭或外迁置换后才得以破冰,而前者即由北京西路、广场北路、福州路和二七路围合而成的包含省府大院、体委大院和人民公园在内的巨型街区,迄今仍未获得破冰机会(图 4-9)。

此外,此类地段中还广泛分布着大量占地面积超过 0.4 km² 的大街区,因受单位大院规模与组合方式的牵制难以补充城市支路和辅路,城市路网格局的完善存在较大困难。而随着城市功能转型、土地利用强度增加、城市职能的强化,对某些巨型街区进行二次划分以完善城市中心区的路网格局的诉求显得愈加突出。

在单位大院城市空间发展模式下城市支路与辅路的形成往往旨在解决大院间,或大院与城市骨架性道路间的连接问题,而支路与辅路的形成同步甚至滞后于单位大院建设,影响了某些道路的线形与走向,以及路网的连接性与可达性,导致了此类地段大量城市支路、辅路呈现出"绕着大院走",城市支路中存在大量尽端路、丁字路和"尾巴路"等形态特征。以老城东手表厂所处地段为例,该大院位于城市干道北京西路以南,铁路以东,洪都大道以西,占地面积约 6.4 hm²。师大南路和岔道口东路 2 条城市支路分别从北、西两个方向直通手表厂大院，前者北起北京西路，南端正对手表厂北大门（1980年代后厂区扩建后的主大门），并与沿手表厂北围墙外向东延伸至洪都大道的一条路宽不足4 m的辅路交于手表厂大门前节点空间；而后者西起二七路、铁路一带，东端正对手表厂大院西门（1980年代以前主大门），并于手表厂西门前沿大院围墙向南、向东两次90°转向后延伸至洪都大道。该地区的城市平面图显示，手表厂南部路宽4～6 m的永康路几乎与师大南路相对。可见手表厂大院客观上阻断了师大南路与永康路的衔接，假如手表厂大院被穿越，师大南路与永康路就有可能连成一条本地区范围内的穿越性道路（图4-9）。

某些规模较大的单位大院空间规模与完整性需求可能导致既有道路整体或局部被单位大院吞没，而成为大院内部道路或者形成尽端路、丁字路。根据1949年《南昌市区暨街道图》中第一交通路走向与位置推断，大致就是目前的建设路（如今当地还有不少老人将建设路称为"一交通路"），但建设路西段已经被拉直，直通抚河南路，而这一区间内的第一交通路更接近从建设路与京山北路交叉口处通向南昌通用机械厂（简称"通用"，占地约12.3 hm²）大门，并进入大院穿越生活区一直向西南方向延伸至生产区的道路。据此可推断，通用大院用围墙将第一交通路西端一部分围入大院内部，成为联系单位大院生活区与工作区的主要区间路（图4-10）。而第一交通路位于井冈山大道以北的路段则消隐在了江拖大院围墙和沿玉带河北岸的城中村之间。

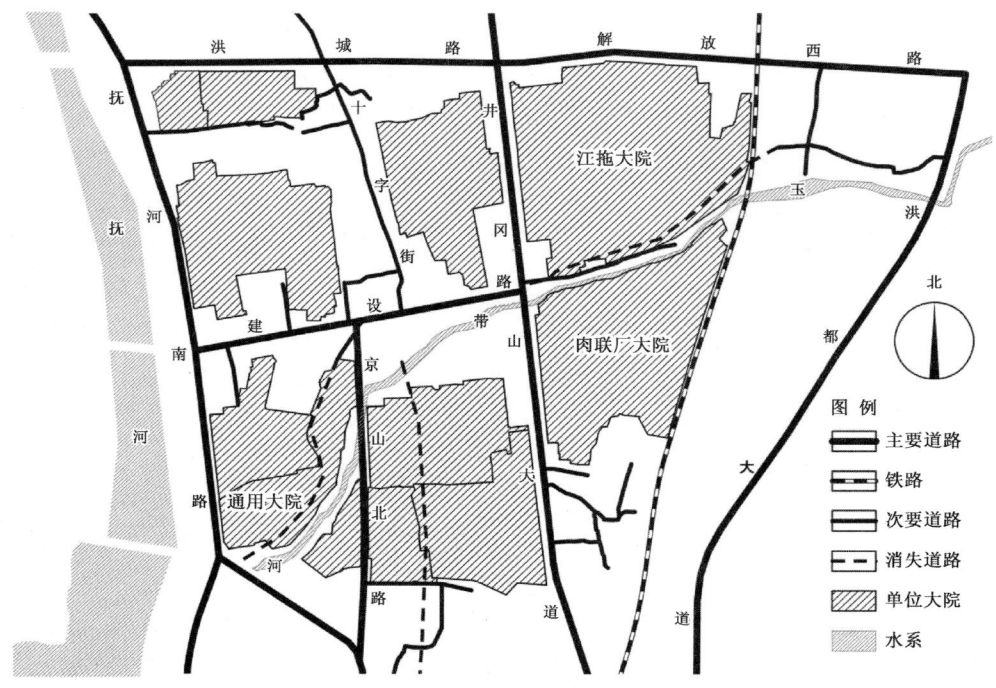

图4-10　建设路一带单位大院与道路情况

4.1.4 外围主路型

外围主路型道路格局典型的形态结构特点为以一组平行或者放射状的主要道路为主干,各空间细胞沿各主要道路两侧布置。沿各主路两侧可能生长出一些支、辅路和小路,但相邻道路间缺少横向道路的连接,故以主路为主干形成类似树状的形态结构特征。支、辅路和小路可能经规划建设形成,更多的是由原乡间小路发展而来。经规划建设形成的支、辅路一般路形较直且与主路垂直相交,路宽多在6 m以上。局部地区支、辅路相对发达,数量较多,与主路形成鱼骨状的道路格局,如城南地区沿迎宾大道形成的一组道路格局(图4-11)。而由乡间小路演变而来的支、辅路和小路则线形自由曲折,路长较短,路宽多在5 m以下,且存在大量的尽端路和"尾巴路"。

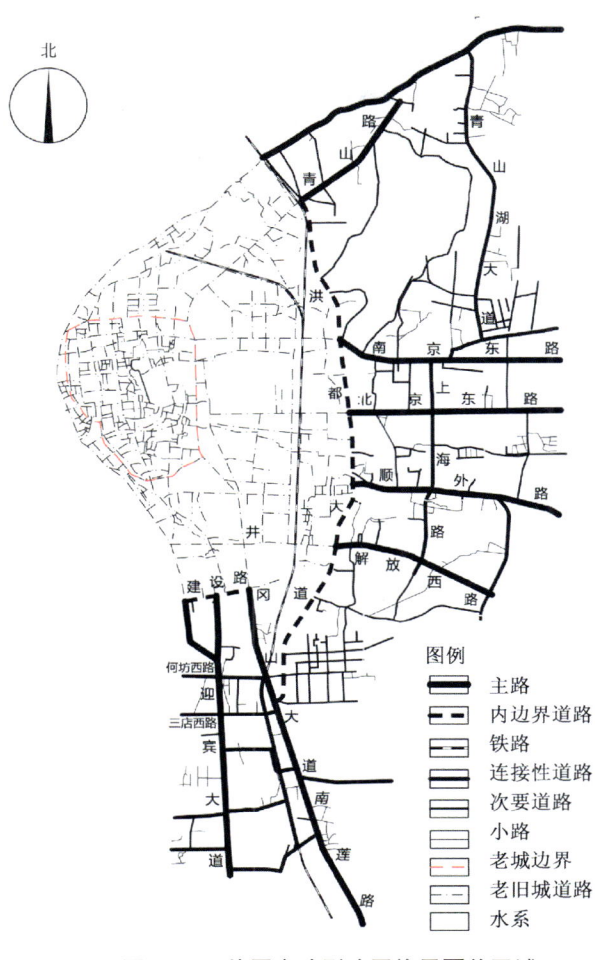

图4-11 外围主路型路网格局覆盖区域

该类型路网格局可根据实际情况产生变形,一方面局部可能由横向的道路拉结起来,另一方面相邻两条主路间也可能随空间单元的不断填充发展壮大而相互交织。这与相邻两组树状结构道路系统中主路的间距及两者间空间单元的性质与形态规模有关。

该类型道路格局分布较广,基本涵盖了旧城区以外的整个外围地区(图4-11)。外围主路型道路格局一般为1950年代开始在城市外围依托某些主要的公路和乡村道路形成。从1963年南昌市街区图看,该路网覆盖区域在"大跃进"时期有过道路系统规划,但在后来的实施中除了青山路和青云路(现迎宾大道)等少数几条主路得以实现外,其余次要道路系统基本上未能有效落实。

外围主路型道路格局覆盖区域直至1980年前后均以单位大院加村落这种低密度的空间形态格局为主，单位大院之间存在大量的水面、农田等空地。1970年代末期开始的大约10年的城市建设基本上是在填充单位大院之间的空地。填充形式比较多样，有单位大院自身空间的生长，新建单位大院、单位住宅区和居住小区等。

4.1.4.1 道路格局

外围主路型道路格局所在地区主要依托的城市道路有城北的富大有路、青山路，城东的南京路、北京路、上海路和解放路，以及城南的井冈山大道和迎宾大道（原青云路）。除城东的上海路外，其余道路均以老城为核心向各方向发散延伸。上海路始建于1950年代中期，大致与沿线的一批生产型单位大院同步建设而成，直至2000年代初期，上海路仍为横跨在解放路与南京路两条东西向骨架性道路之间的区间道路，南部止于解放路以南的乡村地带，而北部则止于南京路正对原江大校园。青山路和迎宾大道均为"大跃进"时期规划建设而成。青山路修通后取代富大有路成为联系整个城北地区各生产型单位大院的骨架性道路。迎宾大道修通前，城南的单位大院主要沿井冈山大道布置，甚至位于铁路以西的江西汽车制造厂都是通过下穿铁路的火电路与井冈山大道建立联系，且工厂主大门也设置在正对火电路的位置，而迎宾大道修通后便成为连接铁路以西一批大型生产型单位大院空间的骨架性道路。此外，横跨在井冈山大道和迎宾大道之间的何坊西路和三店西路也起到串联单位大院空间的作用。

外围主路型道路格局分布地区大致形成了以洪都大道、建设路为内边界的1/3圆环区域（图4-11）。区域内骨架性道路大致分为轴向主路和弧向骨架性道路两类。其中，轴向主路大致以老城为中心向东北、东、南三个方向呈放射状分布，并在三个方向各自成组分布，组内道路间角度变化平缓，而组间道路角度变化显著，相邻组间道路主线角度变化大致为45°。组内形成各自的局部道路与空间体系，组与组之间联系薄弱，在1980年代之前几乎没有城市道路将北、东、南三组道路联系起来形成统一整体。

城东主路共有4条，相互间角度变化较小，靠北的南京东路与北京东路主体路段基本平行，而北京东路与南边的顺外路、解放西路间角度变化呈渐变趋势。城北、城南各有2条主路，其中城北2条汇聚于塘山一带，而城南2条则呈发散状分布。组内主路间距大致为0.5～1.5 km，组间相邻主路靠近老城端最小距离约1.5 km和2.3 km。因任意两条相邻道路均不完全平行，故相邻道路间距随着测量点与老城距离的变化而变化。1980年代之前，此类路网格局覆盖区域内横向的骨架性道路很少，只有城东的上海路能够勉强视为骨架性道路；城南与迎宾大道相交的何坊西路、三店西路以及其他支路、辅路也只能视为鱼骨型路网构架中的"腹骨"。从城南地区1990年代后随城市空间建设而逐渐显露的横向道路系统看，间距大致为0.5～1 km。

总体而言，外围主路型道路格局所在地区的道路系统特征为以老城为中心向外放射状发出轴向骨架性主路,轴向主路间距较大,缺少环向拉结的骨架性道路,主路之间存在少量连接性的城市支路和辅路,但未成系统,且有部分属线形自由、宽度较窄且多变的城中村道路。

4.1.4.2 单位大院概况

外围主路型道路格局覆盖区域也属于典型的单位大院集中地段。因距市区较远,与市区联系不够方便,覆盖区域内集中了一批占地规模大、配套设施相当完备的生产型和教学型单位大院。此类地区属 1950 年代城市规划中划定的工业区和高校区所在地,地区内的工厂和教学型单位大院始建年代主要集中在 1950 年代中后期,也存在一批始建于 1970 年代末期和 1980 年代的办公型、教学型和服务型单位大院。其中,办公型单位大院以科研院所为主,教学型单位大院以中专院校为主,服务型单位大院数量较少,主要是医院。

此类地区单位大院规模差异非常大,占地面积从 1~2 hm² 至超过 60 hm²,而位于城南地区的洪都大院占地面积高达约 404.2 hm²,成为 1980 年代之前南昌主城区内规模最大的单位大院。从功能类型看,本地区分布的单位大院中占地规模最大的为生产型单位大院,其次为教学型单位大院。但前者占地规模跨度也大,从几公顷至几十公顷甚至几百公顷都有,而教学型单位大院占地面积相对稳定,始建于 1958 年前后的高等学校单位大院占地面积一般为 30 hm² 左右,而始建于 1980 年前后的中专学校占地面积较小,一般也不会超过 10 hm²,但规模差异稍大。相比之下,办公型单位大院规模最小,占地面积主要分布在 1~4 hm²,服务型单位大院占地面积一般也不超过 4.5 hm²。

从形态类型看,因城市路网的约束力较小,此类区域的单位大院以整体型和主从型为主,二分型次之,也有少量多分型单位空间。其中二分型单位空间主要分布在城东的上海路、城南的迎宾大道,以及井冈山大道与铁路交会处一带。此外,城北青山路与富大有堤之间的南昌电厂大院也属二分型单位空间。而位于城东南京东路与上海北路交口处的原江大校园也于 2000 年后被上海路北延段一分为二,其中教学区位于西侧,生活区位于东侧,从此实现了从整体型向二分型的转变。

总体而言,大型单位大院数量多,分布广,成组集中布置,毗邻或间隔分布,大院空间与城中村空间夹杂,单位大院内部生活与社会服务设施相当完备,一些大型单位大院本身就可视为一个"小城镇、小社会",这些便是本地区单位大院及空间分布的主要形态特征。

4.1.4.3 关联性

(1) 路网格局对单位大院形态的影响

与民国主路补充型路网格局所在区域类似,该类型路网中主路间距大,延伸长度长,但方向单一,缺少环向道路将各轴向主路联系起来,缺少次要干道和支路系统的支撑,导致道路间用地缺少二次划分,容易提供大型甚至特大型单位大院所需的建设用地,再加上此类路网所处地区远离市区,但其主路提供了单位大院与市区必要的联系通道,故在此集中了一批大中规模单位大院,尤其是生产型和教学型单位大院。

单位大院沿骨架性道路依次排列,各大院往往通过出入口直接与主路连接。这种空间组织方式导致了横向道路功能的弱化。横向道路功能弱化甚至缺位与单位大院空间沿主路纵向扩张与组合的自由度形成关联。

此外,因远离城市中心,各大中型单位大院中均配备了相当完善的生活与服务设施,除教学型单位大院外,有些生产型单位大院还配备了标准的田径场。

主路间距大、密度小,低层级道路缺失的路网格局,使得大规模建设用地的获得变得容易,故此类路网所处地段中单位大院以整体型和主从型为主,二分型为辅,形成了单位大院成组并与城中村杂的空间形态特征。

此类区域中城市主要道路、铁路与水系等自然边界限定的街区规模与形状等也在很大程度上对某些单位大院的形态、规模等起到决定性作用。如井冈山大道与铁路之间的一些单位大院的空间形态(图4-12)。

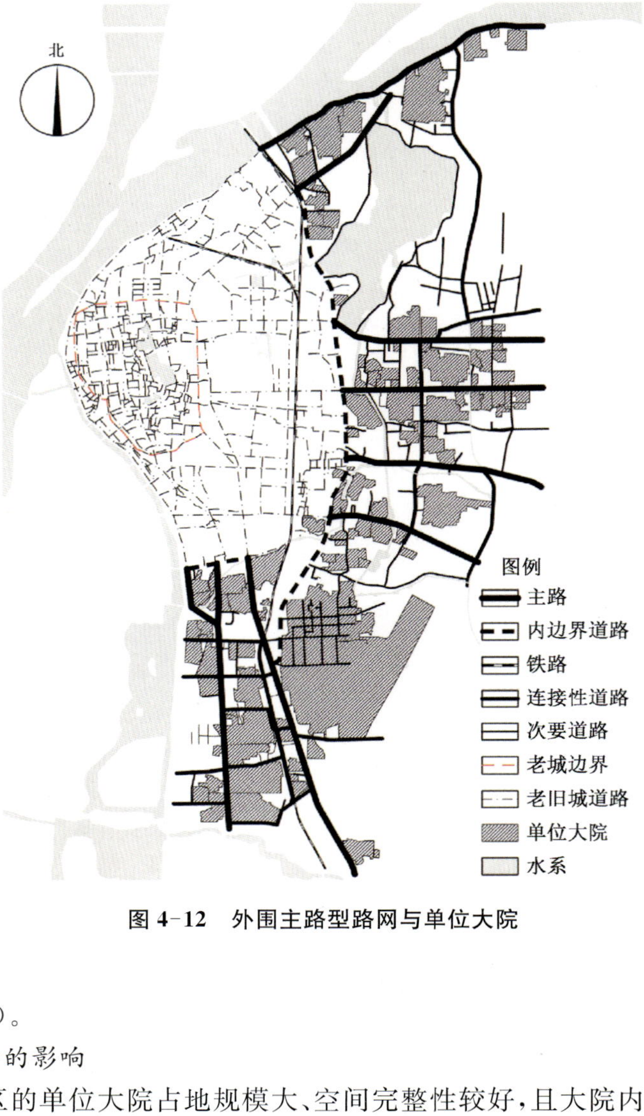

1990年代后,此类地区成为城市路网整体性重构的重点地段,不少丁字路、"断头路"被延伸或打通,在此过程中对相关单位大院的空间形态产生了重大冲击(具体参见7.1中的相关论述)。

图 4-12　外围主路型路网与单位大院

(2)单位大院形态对路网格局的影响

外围主路型路网格局覆盖地区的单位大院占地规模大、空间完整性较好,且大院内部配套设施完善,不少大院本身内化为"小城镇、小社会",导致此类地段骨架性道路之间的联系需求度降低,进而抑制了横向道路的生成,在某些地段甚至出现单位大院因自身空间拓展及空间完整度需求吞没规划或建成城市支路的情况。以城东上海路一带为例(图4-13),北京东路以南、南京东路以北地区在1963年南昌市街区图中均用虚线显示了较为完善的连接性道路。其中,北京东路以南显示的2条连接性道路中靠北的一条大致从洪钢与橡胶厂两单位大院的生活区与生产区之间穿过,靠南的一条大致位置在橡胶厂与洪钢大院南边界外,紧邻橡胶厂围墙。从目前现状看来,这2条路均未实现,其中:靠北一条被洪钢和橡胶厂两单位大院瓜分,上海路以东路段被橡胶厂转为内部主要区间道路联系生活区和生产区,并沿上海路设单位主大门,而上海路以西路段则被洪钢大院建筑物占据;南边那条道路,靠近上海路两侧的局部路段被保留,其余则偏离原规划道路位置与城中村道路融合在一起,变得线形自由曲折、宽度变化不定,尤其是西段道路,其走向还受洪钢大院局部凸出空间的影响。而南京东路以北的连接性道路,因路网变化较大、缺少必要的参照,只能确定紧靠南京东路那条东西向道路局部被江大生活区吞没,其余则隐没在了城中村与小型单位空间之间。此外,2000年之前原江大校园占据了上海路北段的部分路段,因而成就了整体型单位大院空间,上海路也因此与南京东路形成丁字路口,上海路北沿工程从江大教学区与生活区之间穿越而过,将校园一分为二。

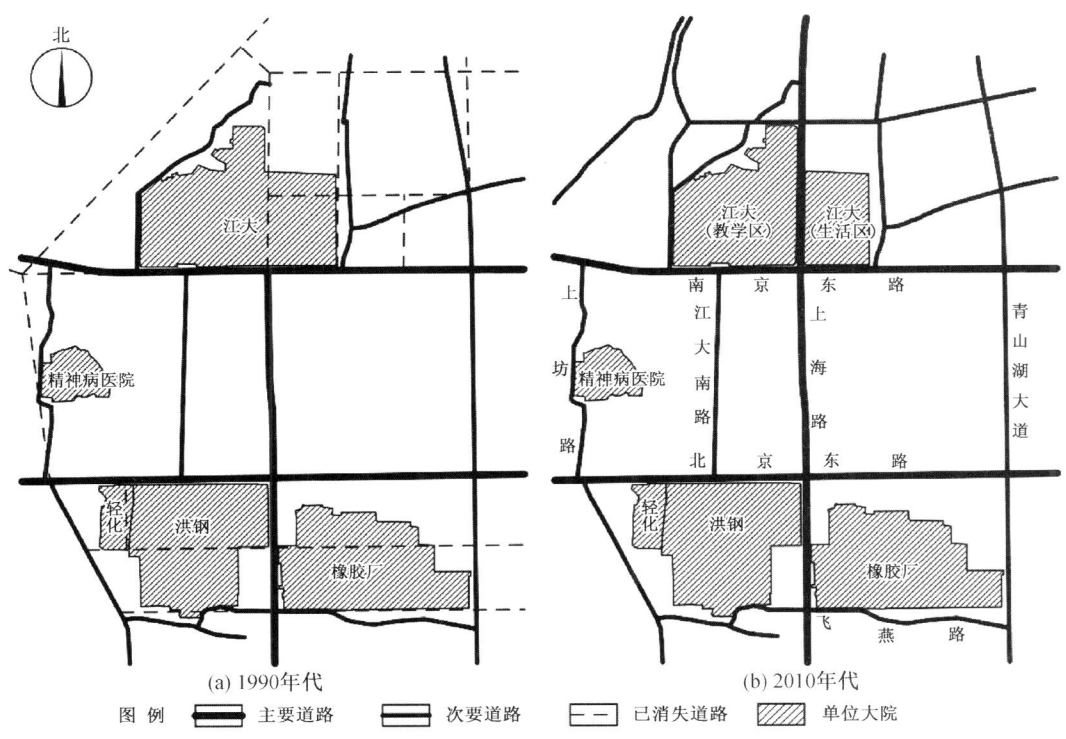

图 4-13 上海路一带单位大院与城市道路变迁

城市中某些骨架性道路是以单位大院为支撑或参照而形成的,如城北主要的单位大院均始建于"大跃进"之前,当时依托的骨架性主路为富大有堤,而"大跃进"时期修通青山路的重要目的就是起到连接市区与王家庄、董家窑、七里街,直至塘山镇各工厂单位大院的作用。而城南青云路的修通则与沿线各工厂单位大院几乎同步进行,从1963年南昌市街区图分析,图中显示了若干与青云路级别相同的道路迄今均未实现,究其原因,与道路沿线缺少单位大院空间作为支撑、道路形成动力不足不无关联。

此外,某些大型单位大院的位置,以及空间完整性需求及其空间拓展,对城市道路的线形及走向产生了影响,受影响的道路可能包括城市干道、支路和辅路。前者如原江大校园就从形态上吞没了上海路北段,使得上海路直至2000年代初期仍为"断头路",与南京东路丁字相交①(图4-13)。受影响的支路和辅路如城北七里街地区的电厂生产区西北角空间扩建使得青山支路与富大有堤衔接段改变方向;而相邻的硅酸盐厂始建于1970年代,也占用了其西南角一道路的北段,使该道路成为尽端式道路,其公共职能退化,成为仅供当地村民通行的城中村道路(图4-14)。另外,位于城东上坊路的江西省精神病医

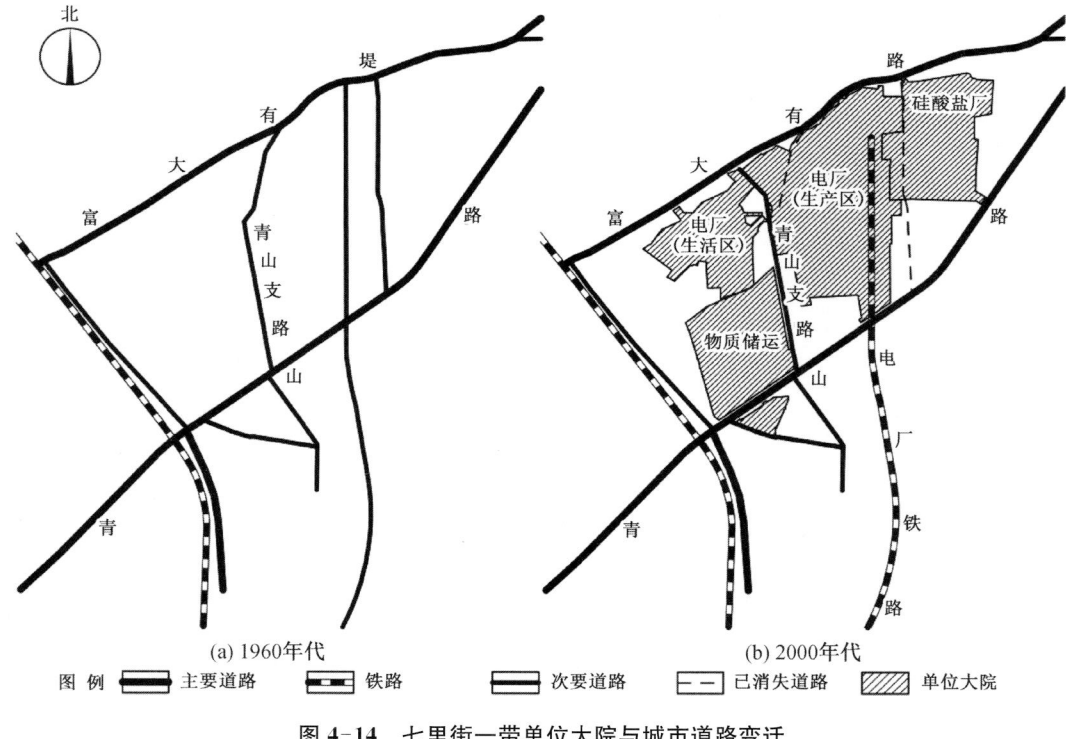

图4-14 七里街一带单位大院与城市道路变迁

---

① 据1963年南昌市街区图显示,上海路北段穿越江西大学转向西北方向与沿青山湖东岸的规划道路相交,其中邻近南京路的部分显示为实线,推断为已建成路段。

院就对上坊路的走向产生明显影响,使得上坊路线形弯曲、路面狭窄(图4-13b)。再者,一些生产型单位大院的货运铁路专线取代了城市道路,而对城市路网产生影响。如七里街地区电厂的货运专线代替了1963年南昌市街区图中同一位置的城市道路而使得青山湖西岸直至2000年代初期未有城市道路通达(图4-14),进而也对相应地段的城市化进程产生影响。当然,2000年代开始一批生产型单位大院空间转型置换后,一批专用铁路废弃,在此基础上又形成了补充性的城市道路,如利用原南柴大院废弃的铁路专线建成的道路。

4.2 斑块形态——城市形态单元类型

4.2.1 街区与街区群

街区(city block)是城市规划与城市设计的一个核心要素,指城市中由街道(streets)围合而成的最小区域[①]。在规划型网格城市中,城市空间往往依靠街道和街区加以组织,故形成了清晰可辨的街区形态,而在某些生长型和半规划型城市中街区形态可能并不那么清晰明确,甚至根本就没有形成街区。街区形态是否清晰可辨取决于城市路网复杂程度。城市路网的几何构型、层级性、道路的宽度、走向、长度与穿越性,以及界面的连续性等均对街区的形成与识别产生影响。街区一旦形成并被识别,其形状与尺度取决于周边城市道路的位置与走向。

南昌主城区的路网格局非常复杂,且不同区位的路网系统存在较大差异。本书4.1中梳理出1980年代之前南昌主城区普遍存在的4种路网格局:老城层级格网型、民国均质格网型、民国主路补充型和外围主路型。不同类型路网格局覆盖区域内中微观层面城市空间的组织形式有较大差异,反映出来的形态斑块特征也存在明显差异。除远离老城区的外围主路型道路格局覆盖区外,街区仍然是南昌城区较大范围内形成的主要斑块形式。但因路网类型不同,不同区域内街区形态也存在一定差异(图4-15)。

其中,民国均质格网型路网覆盖区域内道路系统简单,道路之间没有形成明显的层级,沿街界面连续性较强,形成了尺度较小、形态规则、清晰可辨的街区,街区之间关系简单、相互并列(图4-16)。街区内部早期有比较规则、统一的地块划分方式,尽管后来通过原始地块合并等使得目前部分街区内地块形态规模差异较大(图4-17),但除少数位于该路网格局覆盖区边缘的街区外,地块变化并未突破街区边界,最初的街区尺度与形态仍然得以保留。

而老城层级格网型路网覆盖区域内道路系统复杂,不仅道路走向自由多变,还形成

---

① 维基百科. City block[EB/OL]. [2016-03-13]. https://en.wikipedia.org/wiki/City_block.

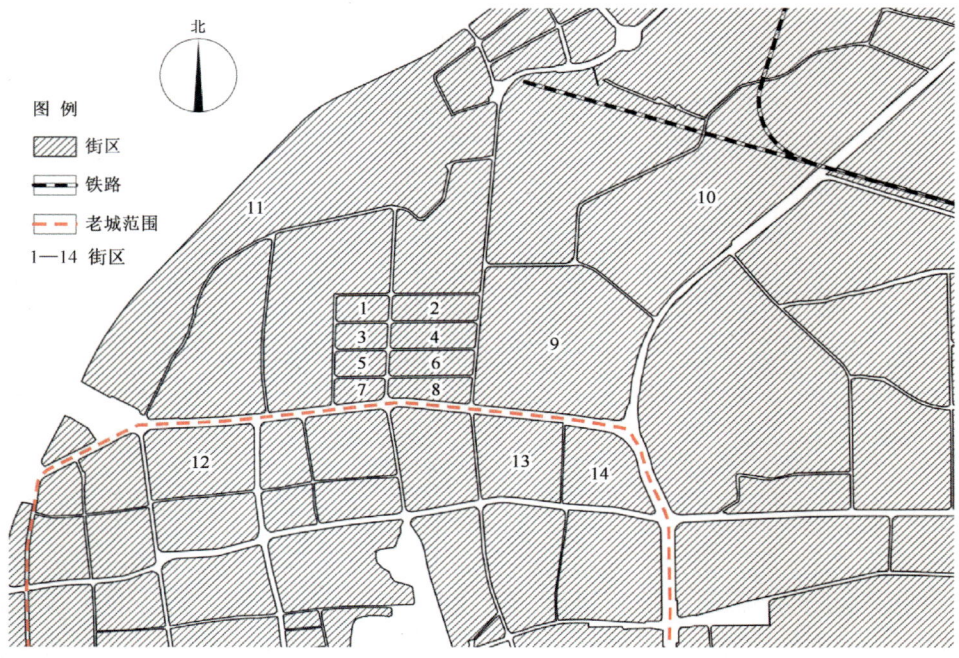

图 4-15　老城北部及附近地区街区形态

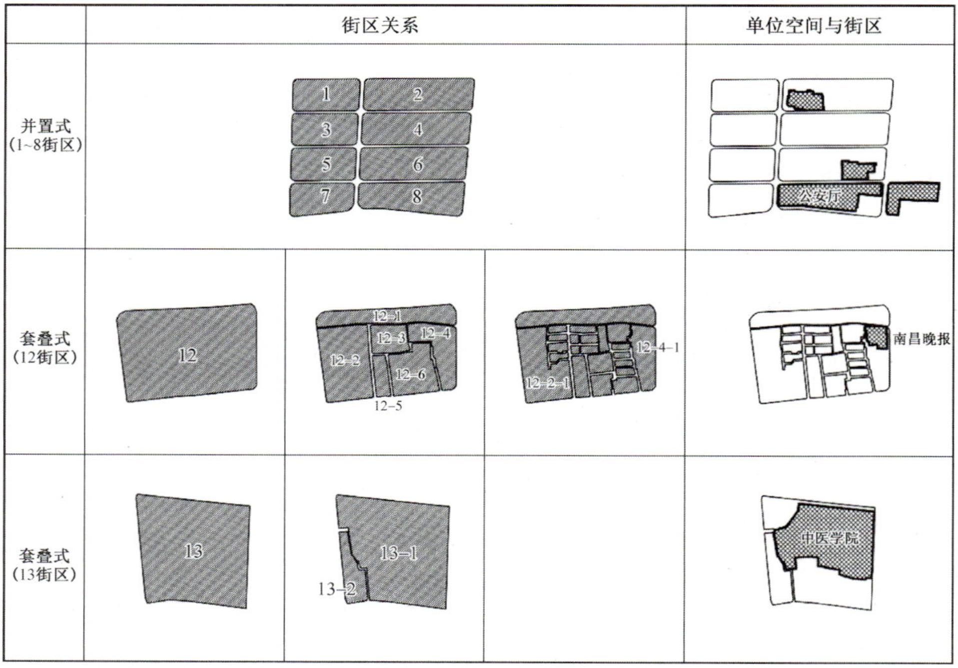

图 4-16　街区关系与街区群

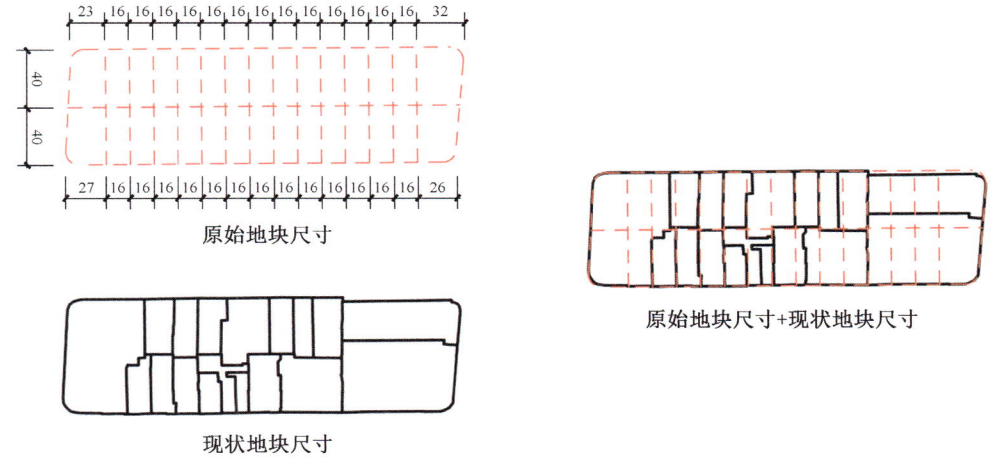

图 4-17　4#街区地块形态

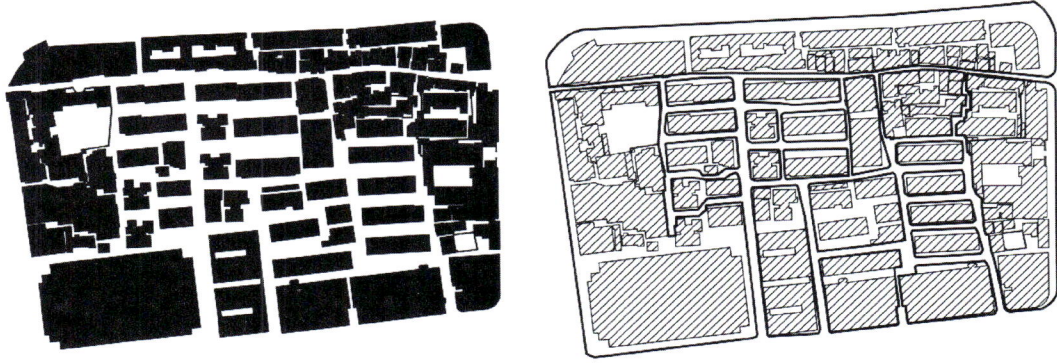

图 4-18　12#街区建筑肌理与子街区(sub-block)

复杂的层级关系,除主、次干道外还有丰富的支路、辅路和巷道系统,加之沿街界面构成要素以及沿街建筑与道路之间的空间关系的多样化,此类地区形成了复杂的街区形态格局。不仅街区间形成了并置和套叠两种结构关系(图 4-15、图 4-16、图 4-18),且街区本身的识别就存在困难。这与街区形状复杂,尺度、形状差异大;街巷系统过于复杂,线形变化大,道路级别、宽度变化悬殊,大量"断头路"影响街区识别;以及建筑南北向布置,缺少东西向建筑,街区边界围合性不够导致某些宅间道路公共化;等因素有关(图 4-18)。

民国主路补充型路网覆盖区域则明显形成了街区型和非街区型两种空间组织形式,在靠近老城区和经纬路片区的地区形成了较为明确的城市街区形态,而在远离上述区域的部分地区却未能形成明确的街区形态,有些地区即便能够勉强识别出街区,其形态也变得非常奇异,如图 4-15 中编号为 10 和 11 的街区。出现如此街区形态的一个根本原因在于此类街区所在区域的城市空间原本就不是以街区形式进行组织。与老城区和经纬路片区形成的街区形态相比,此类地区形成的街区形态自由不规则,尺度跨度非常大且存在大量巨型街区,几公顷的小街区与几十公顷甚至上百公顷的巨型街区并存的现象非常普遍。街区内地块划分方式比较随意、自由,几何特征不明显,往往会根据早期乡村地形地貌特征进行地块划分,水塘、沟渠等往往成为确定街区内部地块边界的重要参照。街区内的地块大小不一、类型繁多,不同大小与类型地块并置,使街区内部肌理反差很大并呈现拼贴现象(图4-19)。街区之间存在并置和套叠两种结构关系,不少巨型街区内部可以识别出子街区。巨型街区中普遍存在"断头路""尾巴路"和城中村道路等,受它们的影响,子街区的边界往往比较模糊。

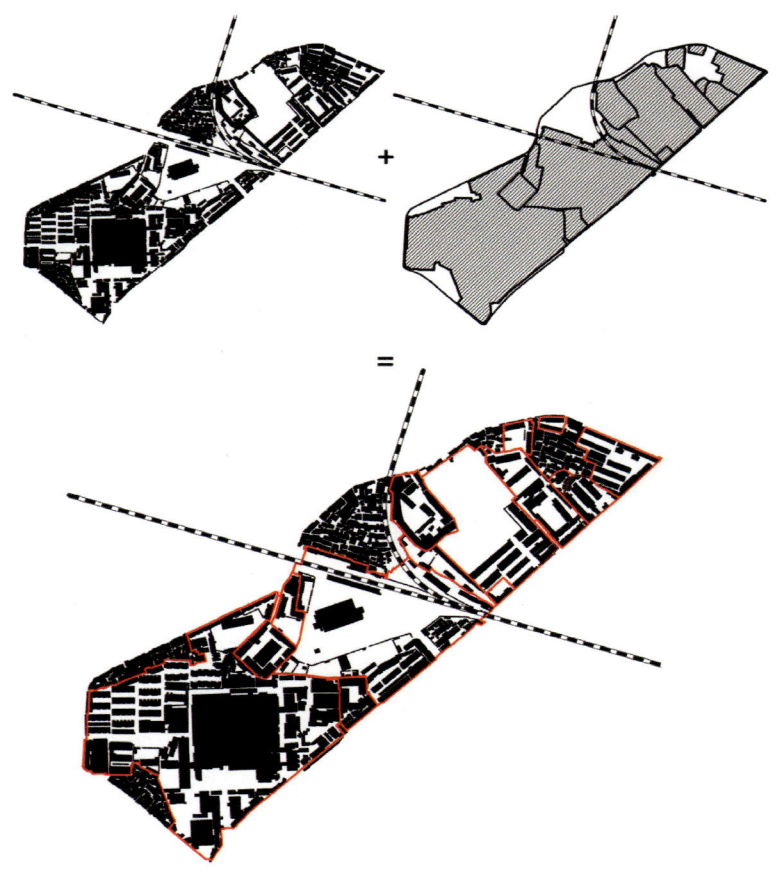

图 4-19　10#街区建筑肌理与地块格局

4.2.2 单位大院

单位大院是南昌主城区物质空间形态构成中除街区外另一重要斑块类型,也是南昌主城区另一重要的物质空间组织形式。单位大院参与城市物质空间建构的方式分为显性和隐性两种类型。在以街区为显性斑块的老城区、经纬路片区和靠近老城的边缘地区,城市物质空间形态首先表现为"街道+街区"的空间形式,单位大院以内嵌于城市街区的方式参与城市物质空间的建构,并呈现自身的斑块特征,在此,街区为显性斑块,单位大院为隐性斑块(图4-15、图4-19)。而在外围主路型路网覆盖的城市外围地区,往往因"有路无街"或者"有街无区"而未形成城市街区,故单位大院取代街区成为城市物质空间建构的显性斑块,此类地区城市物质空间形态表现为"主路+单位大院"的结构形式(图4-20)。

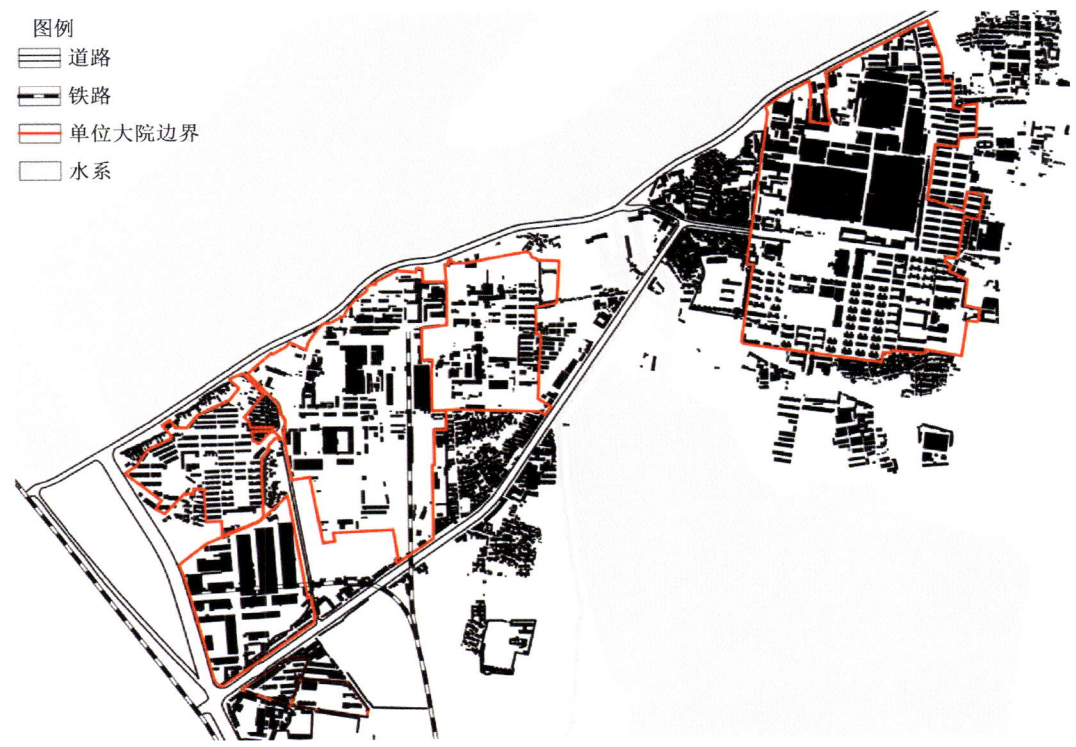

图4-20 主路+单位大院空间结构形式

不管单位大院是以显性还是隐性方式参与城市物质空间建构,从南昌城区图底平面图中均可比较明确地识别出此类斑块,其主要形态特征为:一块相对集中的空地周边分布着密度相对较低、相互平行或垂直的建筑群,或建筑群与多块大小形状不一、尺度明显大于一般建筑间距的空地间杂分布,建筑群中各建筑物相互平行或垂直。其中,前者主要分布在老城区及边缘地带(图4-21),后者主要为远离老城的外围地区的大规模单位大院显现出来的斑块特征(图4-20)。大多数生产型单位大院的建筑群中还明显呈现出由厂房和仓库形成的大体量条、块状斑块特征。

图4-21　老城北经纬路及周边地区图底平面与主要单位大院

在老城区,单位大院规模相对较小,且镶嵌在老城边缘及部分腹地街区内(图4-22)。这批单位大院内部集中空地尺度相对较小、建筑密度相对较高,但也明显低于同一街区内相邻地块的建筑密度,大院内部主要建筑一般取南北朝向,临街建筑往往与街道走向一致,既围合大院又形成连续街墙(图4-21)。老城区属于层级格网型路网覆盖区域,单位大院的植入改变了街区内部空间的可达性,对街区尺度以及街区内相邻地块的形态与建筑空间组织形式均产生了牵制性影响。

经纬路核心区属民国均质格网型路网覆盖区,街区尺度较小且形态规整,难以满足单位大院对用地规模和空间完整性的需求,除公安厅大院的办公区占据其

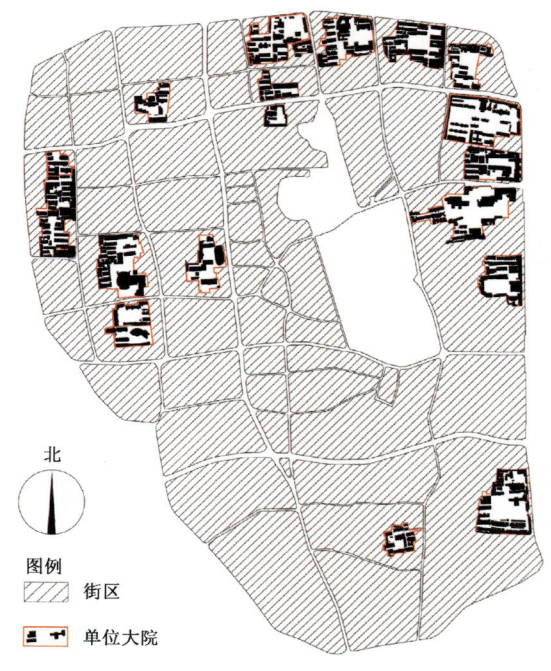

图4-22　单位大院与老城街区

中一个整个街区外,其余街区没有形成单位大院斑块特征。而在经纬路片区西、北、东三个方位的边缘地带则形成了明显的单位大院形态斑块,不论空地尺度还是建筑群的规模均明显大于老城区的单位大院斑块(图4-21)。除生产型单位大院外,这批单位大院的建筑密度较低,集中空地的尺度相对较大;而生产型单位大院内部建筑密度较大,集中空地尺度相对较小,因存在大量的厂房、仓库等生产和仓储建筑,故呈现出较大尺度的条、块状肌理特征。此区域单位大院内部除部分生产型建筑外,主要建筑仍然以南北朝向为主,临街建筑大多数仍然与街道走向一致,承担围合大院与形成连续街墙的双重职能。

严格地说,经纬路边缘地带属于两种路网格局的过渡区域,除靠近货场铁路和沿赣江的部分地区外还是形成了比较清晰可辨的街区形态(图4-15、图4-21),故单位大院镶嵌在街区当中仍然是此类地区形态斑块的主要特征。与老城区不同的是,在经纬路核心区边缘形成的街区中,单位大院斑块基本上阻止了街区内部空间的公共可达性,并对街区的形状、尺度,以及街区内相邻地块的形态与建筑空间组织形式均产生了重要影响。

民国主路补充型路网覆盖区域内形态斑块特征与经纬路片区边缘地带类似,在大多数地区也形成了类似街区的形态斑块,但其形状、尺度极不规则,且此类地区单位大院与街区之间的关系变得更加复杂,并形成了内嵌、包含、穿插和重合4种典型的空间关系(参见4.2.3)。包含与重合空间关系的出现导致某些地段单位大院取代城市街区成为城市物质空间的主要组织形式。

外围主路型路网覆盖区域与上述区域形成强烈反差,1980年代之前基本上并未形成明确的街区形态(图4-20)。此类区域的空间通过道路并联和串联各个单位大院和乡村聚落这种类似树状的结构类型加以组织,故呈现出独立单位大院或若干单位大院与城中村并置的形态斑块特征。尽管此类地区没有形成真正意义上的城市街区,但某些特大规模的单位大院内部却形成了明确的街区形态,如洪都大院。

单位大院内部形成的街区从形态上与城市街区类似,但从公共性角度看却与城市街区有一定区别,将其称为"单位街区"(Danwei Block)以示区别。单位街区随着大院空间的开放和城市化,能够实现向城市街区的转化。

4.2.3 单位大院与城市街区

从南昌城区的物质空间构成情况分析,单位大院与城市街区成为城市物质空间建构的两种最主要的斑块类型。两者均存在显性和隐性两种表现形式,且两者均有表现与未表现的城市区域。在老城大部分地区,城市街区成为主要斑块形式参与城市空间建构,而单位大院几乎不参与城市空间建构;但在老城内沿边缘的部分地区尽管城市街区仍然为显性斑块类型,但单位大院开始以内嵌于街区的方式作为一种重要斑块类型参与城市空间建构(图4-23)。

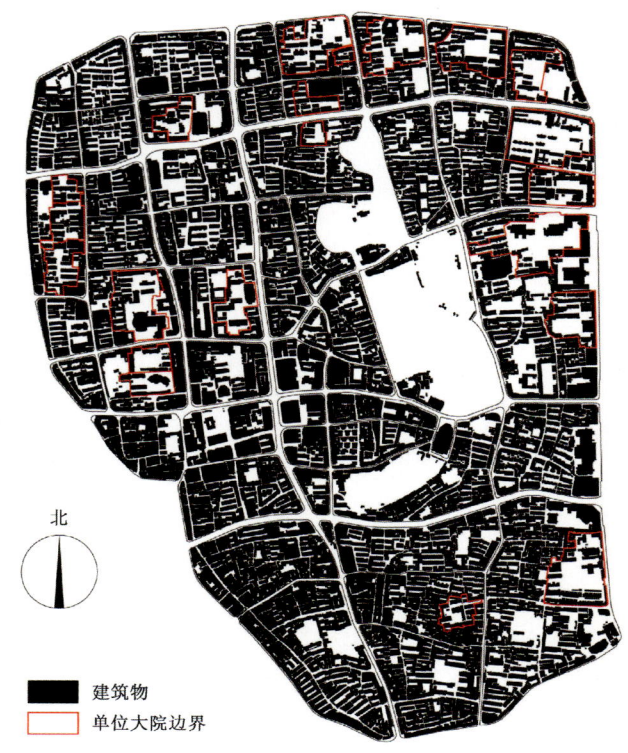

图 4-23　老城图底平面图

　　在靠近老城的边缘地带，单位大院在城市物质空间建构中的作用进一步凸显，某些街区形态被异化导致其在城市物质空间建构中的作用开始隐退。此类地段中城市街区和单位大院的斑块特征显现度均不高，但总体而言，从老城边缘向外，街区斑块特征逐渐弱化，而单位大院斑块特征逐渐凸显。这种趋势随着地区与老城距离的增加而加剧，直至外围地区，单位大院取代城市街区成为城市物质空间建构的唯一显性斑块（图4-24）。

　　在靠近老城的边缘地带，城市街区和单位大院的空间关系也变得复杂。不仅存在单位大院内嵌于城市街区的空间关系，还存在穿插、包含和重合多种空间结构关系（图4-25）。

　　单位大院与城市街区穿插的情况主要表现在某些二分、多分和主从型单位大院所在地段，单位大院工作区与生活区被城市道路分隔，分隔后的单位空间沿道路两侧分布。沿道路布置的单位建筑、围墙与大门等要素一般会形成连续的街道界面，且因单位职工每天穿越街道往返于工作区和生活区之间，并通过该街道与城市发生关系，故孕育出街道生活。在此，城市街道成为单位大院空间不可或缺的构成部分，同时单位大院的生活

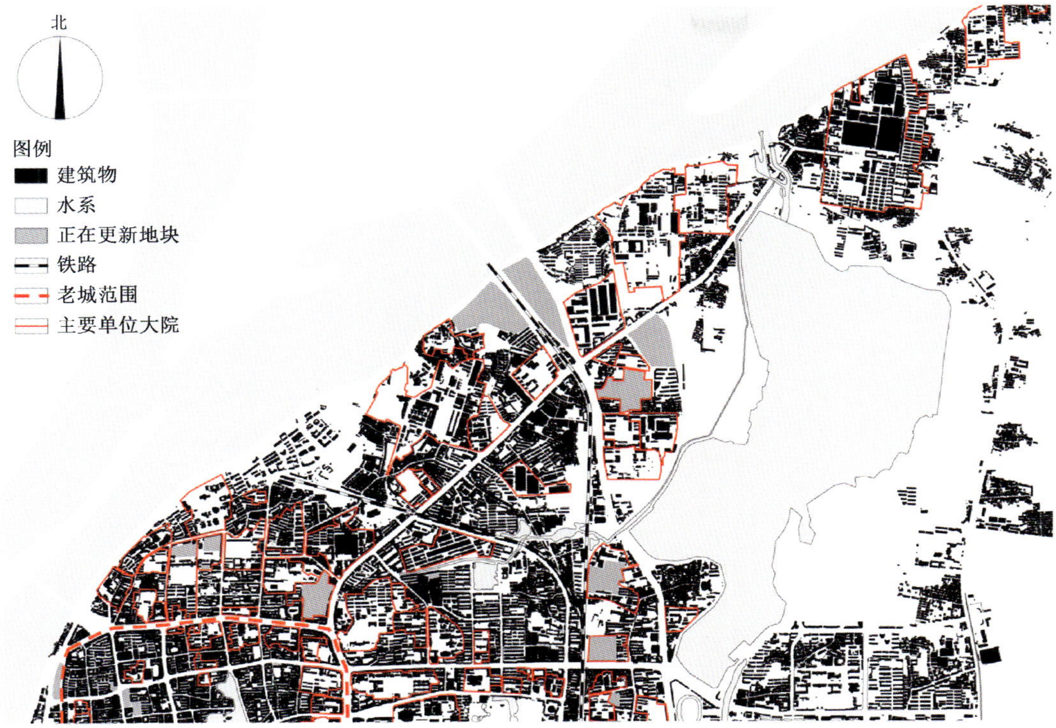

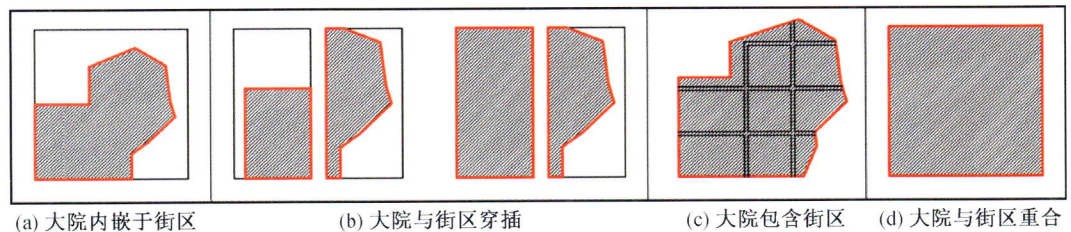

图 4-24 城北图底和主要单位大院

图 4-25 单位大院与城市街区空间关系

(a) 大院内嵌于街区　　(b) 大院与街区穿插　　(c) 大院包含街区　(d) 大院与街区重合

区空间与工作区空间又分别属于两个不同的街区,从形式与空间结构上看单位大院与街区之间构成了穿插关系,例如位于广场南路、丁公路的南柴大院(图 4-26)。

城市街区内含于单位大院系指单位大院内部形成了类似城市街区的空间单元与斑块特征,主要表现在一些特大型单位大院当中。这批单位大院一般经过统一的规划设计,内部有比较清晰的功能分区和格网式道路系统,如省府大院、江纺大院和洪都大院等。其中省府大院形成了"巨型街区—单位大院—单位街区"多层级的空间套叠关系(图 4-27)。

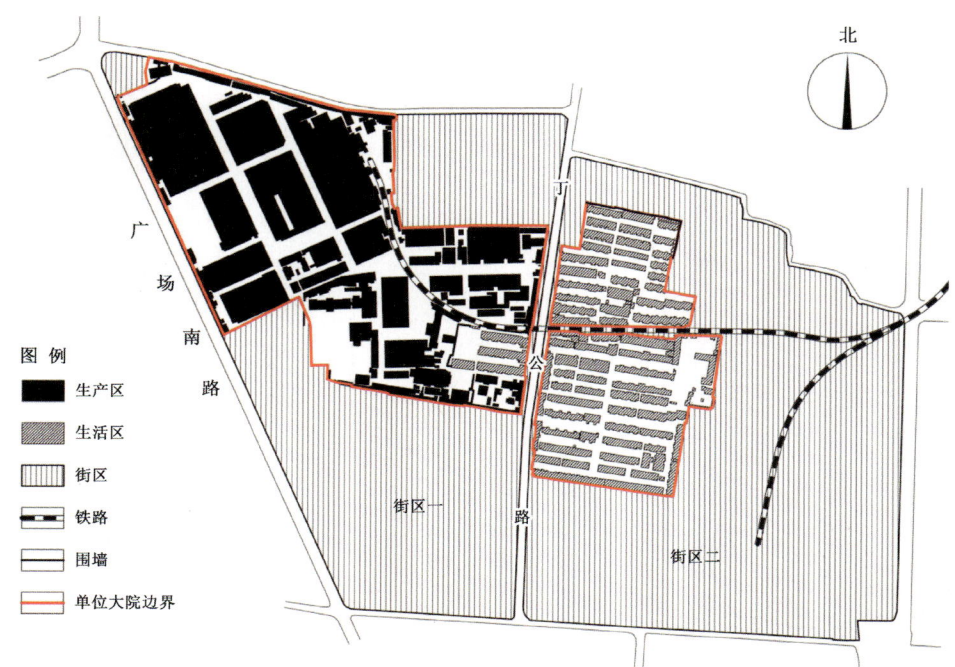

图 4-26 南柴大院与街区关系

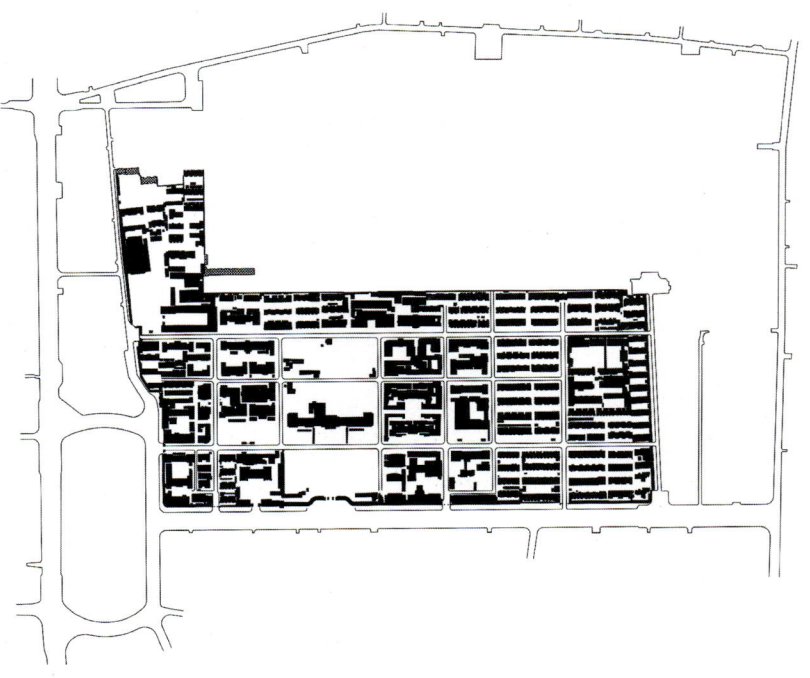

图 4-27 省府大院与街区空间结构关系

4.2.4 城中村

除街区和单位大院外,城中村也成为构成南昌城区物质空间形态的一种重要斑块类型(图 4-28),其形态特征明确可辨,从几何特征看有规则和自由两大类(图 4-29)。

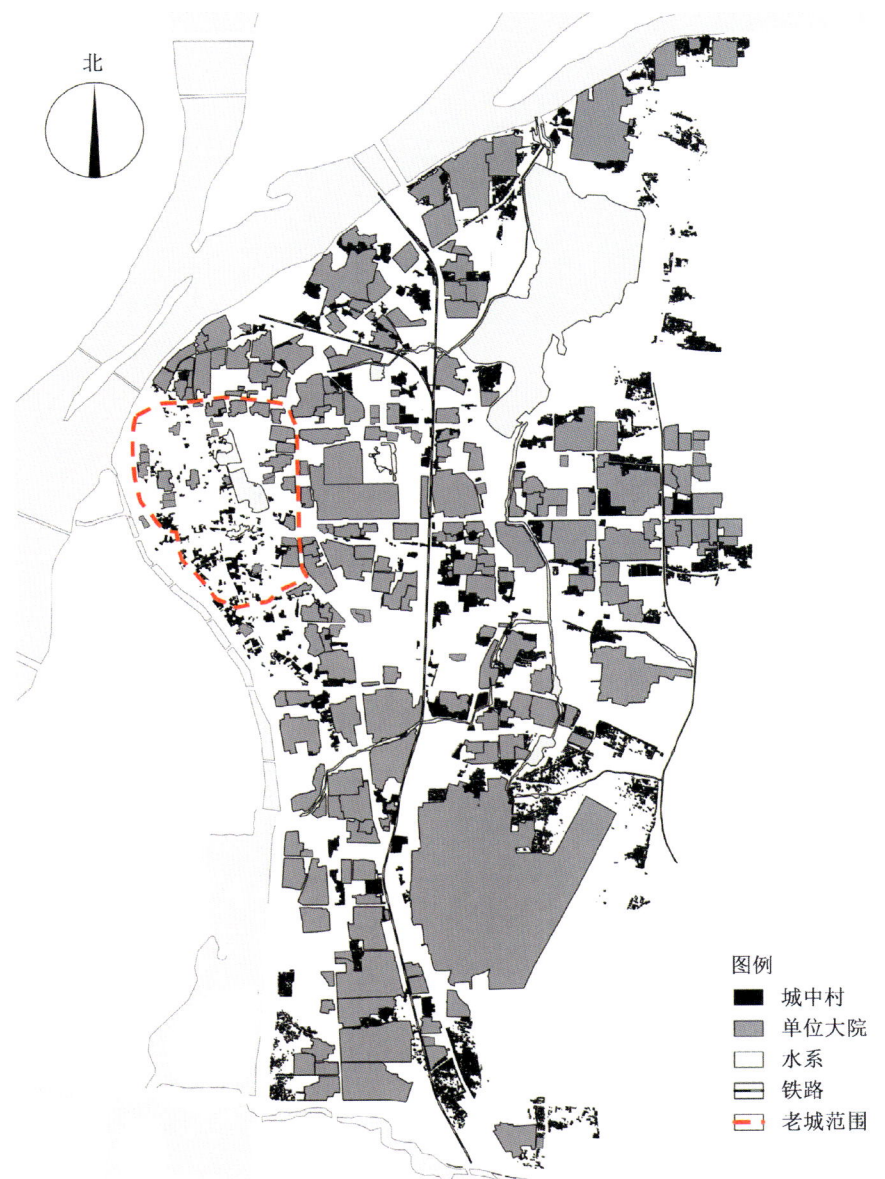

图 4-28 城中村与单位大院空间分布

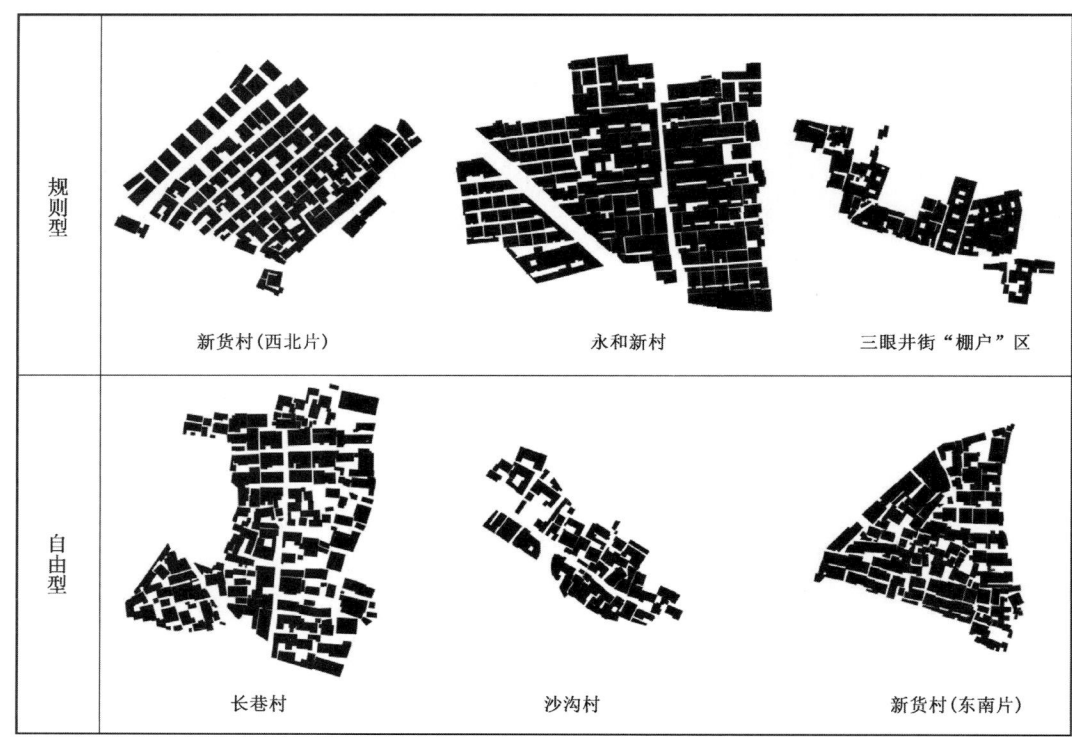

图 4-29 城中村肌理类型

4.2.4.1 规则型

1950年后,南昌城市建设史上出现过几次"新农村"建设高潮,且新农村建设往往伴随着单位大院空间规模与整体性需求的实现。原来自然村落的位置靠近单位大院选址,因新建或扩建单位大院需要大面积集中用地,而散布的村落又占据了大院建设需要的用地,故采取统一搬迁、整合,就近新建的方式形成新的村落。从形成机制看,形态规则的城中村斑块均为迁建所致。迁建型村落一般有统一的规划布局,并按统一的尺度规模来划分地块,故形成了一批整齐划一的村落空间,例如位于城北永外正街的永和新村等。根据规模不同,迁建型村落形成了行列或格网式道路系统。

这批村落一般与单位大院邻近布置,在一段时间内与单位大院之间形成了一定的依存关系,有些村民还因单位大院建设征用了土地而被单位招为"土地工"。

此外,还有一类位于老城区及紧邻老城区出城道路两侧的类似城中村的形态斑块。它们并非真正的城中村,而是早期产权地块(plot)划分导致的密质建筑肌理,其形态特征为地块垂直街道划分,不同地段、不同街道产权地块的尺寸、形状有较大差异。有的产权地块面宽小至3 m左右,进深小至6 m左右的,建筑物基本满铺地块,如翠花街一带的地块;也有一些地段的地块面宽较宽,可达到12 m左右,有的甚至达到17 m,而进深也有达到30～40 m,此类地块往往采用多进天井式建筑布局,如三眼井街8#、28#等。一般而言,同一条街道的地块尺寸有相对固定模数系统,且形成的肌理特征与规则型城中村肌理特征类似,故将其归入规则型城中村斑块进行形态考察。此类斑块主要分布在老城内,尤以西湖区分布较广。1980年代的旧城改造运动中,东湖区拆除了大量的旧房屋,以单位集资房等形式重建,导致一种形式的密质肌理取代另一种形式的密质肌理。

4.2.4.2 自由型

南昌城区内更多的城中村系自然生长形成并呈现出自由的形态特征,多数先于周边城市空间而存在。单位大院在村落周边选址建设后城市空间得以在村落周边生长蔓延。这批生长型村落往往与某些生产型单位大院毗邻布置,随着单位大院与村落各自的空间生长,两者边界相互挤压并形成犬牙交错状(图4-30)。

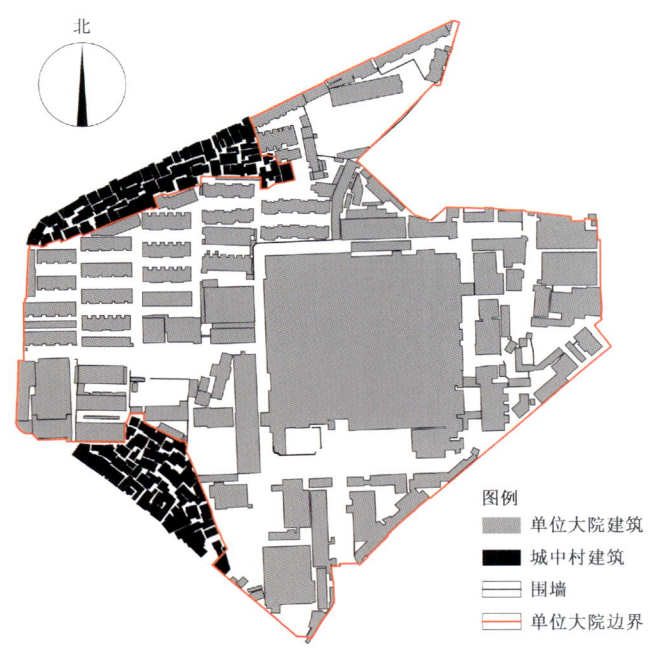

图4-30 化纤厂大院与城中村

4.2.5 其他斑块

远离老城区的外围地区城市空间主要由单位大院和村落两类斑块构成,而在城市街区覆盖地区,除单位大院和城中村外还存在其他斑块类型,比较典型的主要有小型院落斑块、行列式斑块与块状斑块(图4-31)。其中,小型院落空间斑块主要为散布在城区内的众多中小学校和一些小型单位院落空间,也有由若干建筑沿城市街道周边布置围合而成的。脱离单位大院而独立存在的行列式斑块主要为1980年代以来,统一开发建设的单一功能的住宅小区,包括城市住宅小区和统一规划建设的农民公寓等。这批住宅小区基本上是通过填充1980年代之前形成的单位大院之间的空地形成的。而2000年后新建的居住小区形成的斑块几何构图特征更加活泼,经常出现一些曲线形构图的形态斑块。块状斑块的形态特征表现为若干占地尺度明显大于普通单元式住宅和单廊式建筑,平面形状呈现粗条状或者块状的建筑物形成的建筑肌理。

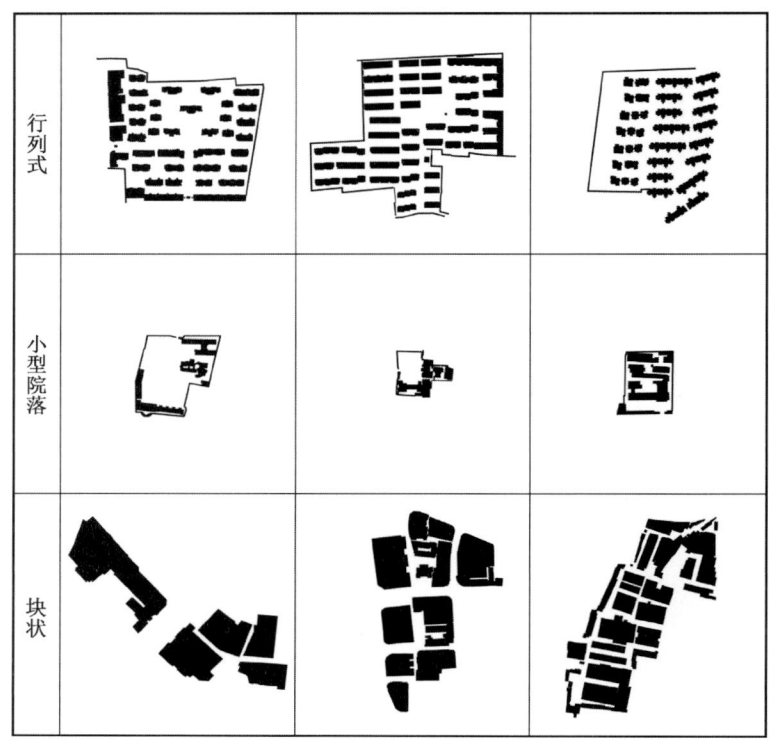

图4-31 其他斑块类型

小型院落式空间中以单位为依托的部分空间从某种意义上说是一种小尺度的单位大院,也形成了职住靠近的功能空间格局。除某些生产型和仓储型单位空间外,块状斑块主要包括一些大型商业建筑和商住混合体等,主要分布在老城及周边地区。

此外,老城区街区形态清晰,单位大院内嵌于城市街区,大院与街道之间地块形状、尺度随大院边界的位置与形态而变化,形成了一批形态极不规则的地块。南北朝向和土地利用强度是控制这批地块中建筑布局形式的主要因素,故形成了高密度、小间距的"行列式+周边式"形态斑块特征。而在没有单位大院嵌入或者单位大院所占据比重较少的城市街区中,尽管南北朝向和土地利用率仍然是建筑布局形式的主控因素,但因地块尺度较大、形状相对较规整,形成了"沿街建筑＋内部行列式或密排点式建筑"和块状建筑为主的形态斑块。

4.3 空间组织模式

城市空间组织主要描述形态斑块通过何种方式组织起来。通过解析南昌城区的物质空间形态发现,主要存在街道—街区型和道路—大院型两种空间组织方式,局部也存在大院—大院型空间组织形式(图4-32)。

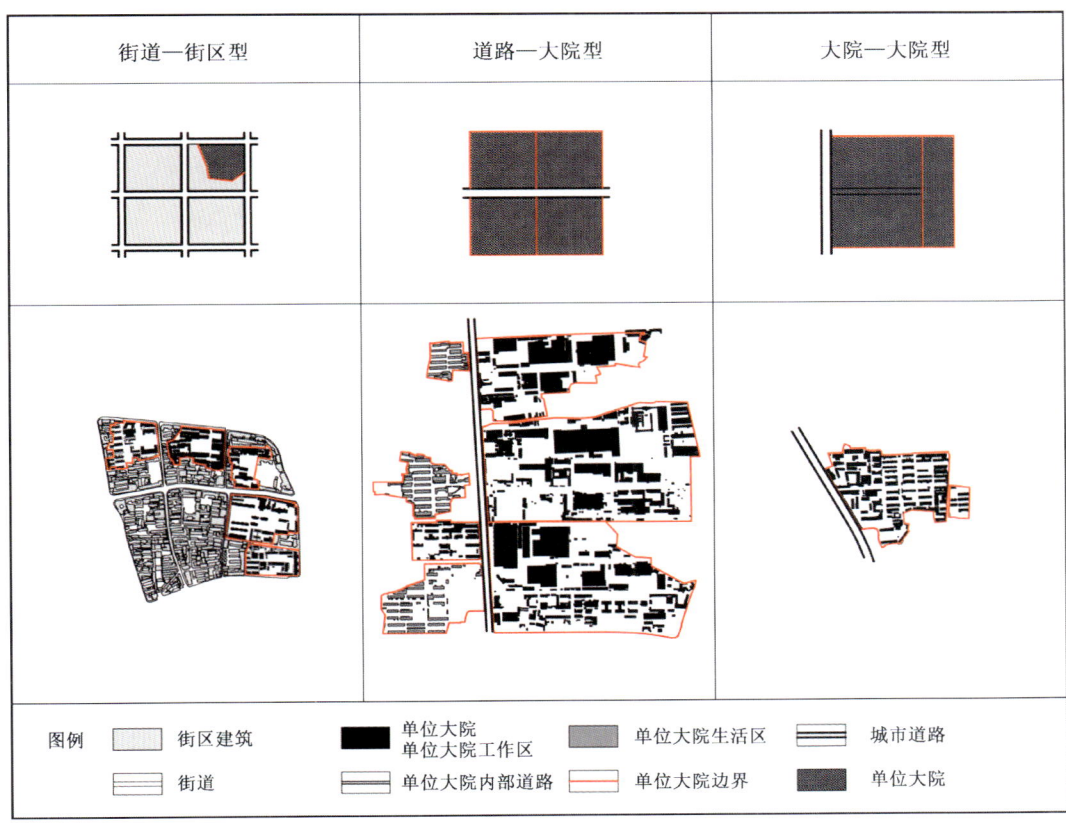

图 4-32 城市空间的三种组织形式

4.3.1 街道—街区型

4.3.1.1 类型

街道—街区型空间组织模式是老城及边缘地区形成的最主要空间组织形式。该模式的典型特征为由街道将城市街区联系起来形成整体,街区与街道互为图底。根据几何构型和空间结构关系,该模式又可大致分为层级式和均质网格式两种类型。

(1) 均质网格式

均质网格式"街道—街区"格局的形成一般都经过规划控制,1980年代之前南昌城区范围内此类空间组织形式并不普遍,主要集中在城北经纬路片区。此外,从1988年南昌市街区图中可以识别出在洪都大院和省府大院等位置也出现了均质网格方式组织起来的空间片段。与经纬路片区相比较,它们位于单位大院内部,属内生型"街道—街区"空间,而经纬路片区则属由城市空间限定的外生型空间。

(2) 层级式

层级式"街道—街区"格局的形成起因于所在地段的层级式路网。在南昌的老城区及其边缘地带形成了明显的层级路网。尽管形成机制各异,但各区域均形成了至少包含"主干道—次干道—支路"在内的三级道路系统,尤其是老城区的巷道系统更加丰富了路网的层级。城市干道围合的街区内部支路与巷道形态的复杂性导致城市街区划分以及街区之间空间结构关系的多样化。街区之间存在并置与套叠两种结构关系。而街区之间又可能因街道具有层级性而形成多层级的套叠关系(参见4.2.1)。

4.3.1.2 单位大院的嵌入

以"街道—街区"方式组织起来的城市空间中仍然存在大量单位大院,这批单位大院以嵌入街区的方式参与到城市空间组织当中并对沿街界面以及沿街地块的形态、尺度等产生影响,进而影响到沿街建筑空间与街道空间(参见4.2.1)。总体看来,在老城区,单位大院主要对街区的层级的丰富性产生影响,而占地规模超过 3 hm² 的单位大院对街区尺度会产生一定影响。尽管在城市边缘带"街道—街区"方式在城市空间组织中仍然起到重要作用,但是单位大院对街道的走向和街区的形态、尺度等均产生了关键性的影响,如4.2.1中的图 4-19。

4.3.2 道路—大院型

在城市外围地区,城市物质空间与街道—街区型有显著差异,主要通过道路加单位大院的方式进行组织。单位大院依托道路生长并向其开设出入口,所依托的道路可以是城市主次干道、支路,以及各种性质的公路,单位大院周边道路并没有围合形成街区,道路界面连续性不足也使其难以成为街道。一个单位大院与其出入口对应的部分路段形成一个基本空间单元(图 4-33),所处地段的城市物质空间建构则通过基本单元的形态转换和组合得以实现。基本空间单元内部结构转换时单位大院与道路的空间关系大致有三种模式:旁轴式、尽端式和穿越式。旁轴式是指单位分布在道路任意一侧形成的空间结构形式;尽端式是指单位大院分布在道路尽端形成的空间结构形式;而穿越式则是单位大院被道路切分而形成二分型、主从型甚至多分型单位大院形态格局的空间结构形式。经过空间变形与单元结构转换后形成的各空间细胞以共同依托的道路为轴进行组合,单位大院之间可毗邻,或被水系、农田等自然要素以及村庄等人工要素隔离。

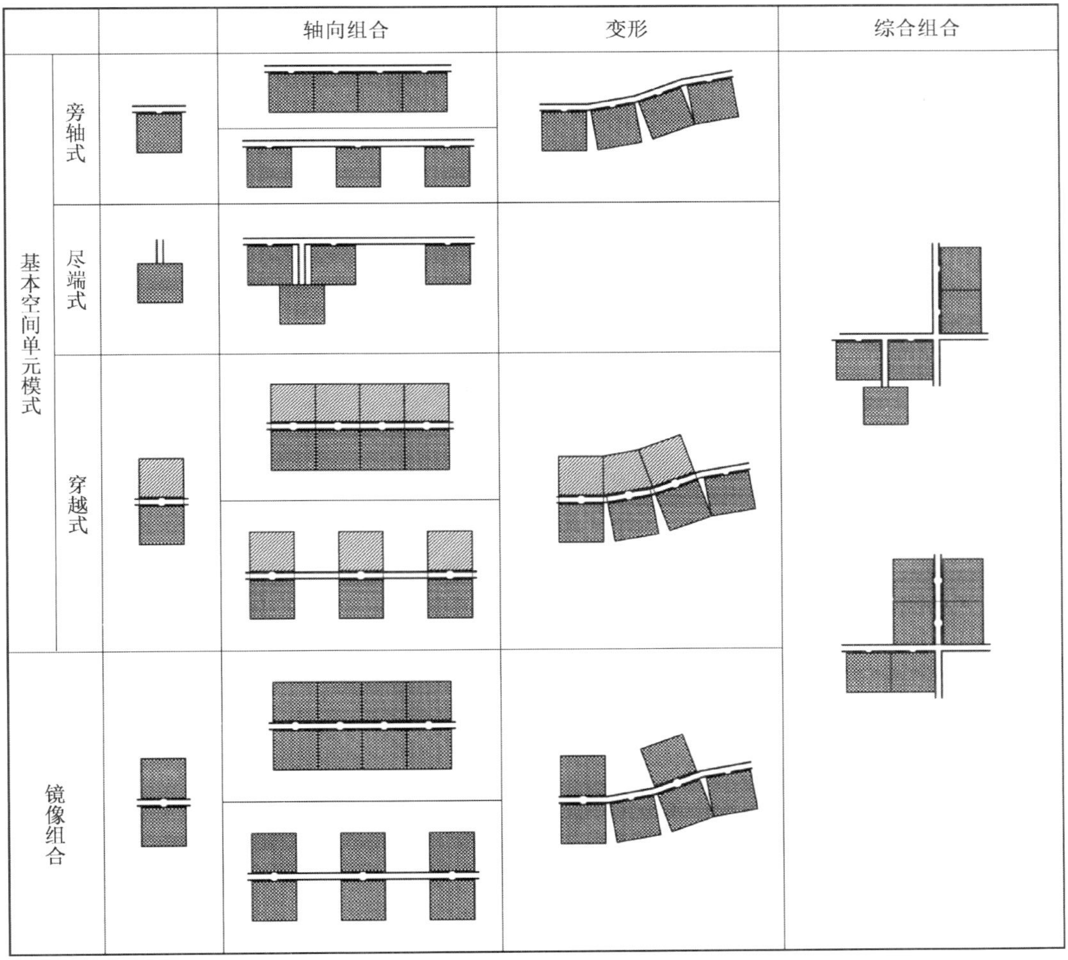

图 4-33　道路—大院型空间组织模式解析

此类地段形成的斑块形态特征为单位大院沿道路并联或串联分布,大院可直接与道路毗邻,并向主路开设出入口,也可以通过支路将单位大院出入口与主路相连。

除道路外,在生产型单位大院集中地区,铁路和排污沟也成为连接各单位大院的两个要素。

4.3.3 大院—大院型

除上述两种空间组织模式外,在外围地区还存在单位大院通过另一单位大院与城市道路建立联系的空间组织形式,被称为"大院—大院型"模式。以这种模式组织的空间比较少见,最初主要出现在远离城市的边缘地区,并且随着城市空间的发展以及单位的合并,其空间关系可能会发生变化。如塘山的江纺大院东端就包含了原江西印染厂,后来两单位合并后成为一个单位大院。而位于青云谱地区南莲路的江西省第一测绘院,就位于冶建公司大院东侧,并通过冶建大院内部道路系统与南莲路建立联系(图4-32)。该大院—大院型空间组织模式出现的主要原因大致有两个:其一,单位大院建设地段早期道路系统很不成熟,新建单位大院无法直接依靠主要道路,只有通过既有单位大院内部道路建立与主要道路的联系;其二,新建单位大院为既有单位大院的下属单位,后来机构独立形成新单位后空间随之分离,如南航大院内部的赣江机械厂就是1970年代南航的家属工厂。

4.4 本章小结

本章着眼城市中观层面的空间结构形态研究,主要采用结构类型分析方法,从路网格局、斑块形态以及空间组织模式三方面入手探讨了单位大院与城市内部物质空间形态组织方面的关联性,主要结论如下:

(1) 街区、单位大院和城中村成为南昌主城区城市物质空间建构的3种主要斑块类型。而单位大院成为城市物质空间建构中除街区外,另一显性结构性要素。街区与单位大院相互交织、切换成为不同地区城市物质空间构成的重要结构特征。单位大院参与城市物质空间建构的方式有显性和隐性两种。在老城区及靠近老城的边缘地区,街区作为显性要素参与城市空间建构,形成街道—街区型空间格局;尤其在老城中心地区,街区几乎成为城市物质空间建构的唯一斑块形式。在远离老城的外围地区,单位大院代替街区成为城市物质空间建构的显性要素,从而形成道路—大院型空间格局,局部还出现大院—大院型空间组织方式。而在上述两类地区之间过渡地带形成的空间则更多地表现为街区与单位大院两种结构性要素相互冲突与妥协的形态结果:一方面城市主要道路系统仍然形成了类似街区的斑块特征,另一方面单位大院对用地规模与空间完整性的需求使得街区形态变得极不规则,出现大量外形复杂内含较大规模单位大院及其连绵区的"巨型街区"。单位大院对街区形态的影响随所处地段以及与老城区距离增加而变得愈加显著,直至单位大院最终冲破街区束缚成为城市物质空间的显性构成要素。而在某些超大规模的单位大院内部又因具备了相对完善的道路系统故再次孕育出街区形态斑块。即便如此,单位大院已然成为显性结构要素主导城市物质空间建构,而街区则作为隐性要素参与到城市物质空间建构当中。

在街区和单位大院共同作用建构的城市物质空间中，两种形态要素存在多种空间关系：街区包含大院、单位包含街区、大院与街区相互穿插，以及大院与街区重合等。

（2）单位大院除作为结构性要素参与城市物质空间建构外，还对不同地段与类型的路网结构产生了不同程度的影响，且单位大院也在不同类型的路网结构中表现出形态特征和空间生长规律方面的差异：

① 单位大院对老城层级格网型路网中主要城市道路影响较小，受既有城市道路格局影响，嵌入此类地区的单位大院占地规模相对较小。而某些占地规模稍大的单位大院其空间完整性则受主要道路影响被切分为二分型、多分型或主从型单位大院。同时单位大院也反作用于所在街区内部的街巷系统，甚至出现吞并街巷的现象。此外，受既有道路系统影响，此类地段中较少出现较大规模单位大院在同一街区内毗邻分布的情况。

② 单位大院主体空间较少占据民国均质格网型路网的核心区域，个别嵌入此类地区的单位大院也只能牺牲空间完整性而被既有城市道路切分。而在此类路网格局的边缘地带，单位大院对用地规模和空间完整性的需求则凌驾于城市道路系统建构的需求之上，故出现不少大、中型单位大院毗邻分布，占据和吞没城市道路的现象，造成地段城市道路系统的破坏。

③ 民国主路补充型和外围主路型路网覆盖区域范围非常广，且为单位大院集中地段。除少数几条主要道路外，此类区域既有道路少、系统很不完善，路网密度小、间距大，加之单位大院代替街区成为城市物质空间的主要组织形式，单位大院及其空间完整性成为此类地段城市空间建设的重要目标，故此类地区集中了大量占地面积高达数十公顷以上的大规模单位大院，加之单位大院毗邻分布形成单位空间连绵区，使得该地段早期不成熟的路网格局被长久定格，并制约了迄今为止城市道路系统的优化与完善。此类地段中普遍存在占地面积超过 $0.4~\text{km}^2$ 的巨型街区，最大街区规模已超过 $1.5~\text{km}^2$。此外，在单位大院空间发展过程中还出现了为追求单位大院的空间完整性占用、吞并城市道路的现象，使得原本不完善的道路系统更加支离破碎。除部分主路外，支路、辅路系统的发展被抑制，并且存在大量的"断头路"、丁字路、"L"形和"Z"形路。当然，外围地区道路—大院型空间组织形式原本就表现出对主路间横向道路联系的需求度不高。故纵向主路间严重缺乏横向道路的联系，支路、辅路系统很不完善，成为单位大院作用于城市外围地区路网系统表现出来的形态特征。

（3）对形态斑块的研究中还发现了两个重要的形态规律：

① "街区群"是层级街道系统中普遍存在的街区形态结构特征。"街区群"概念建立，为诠释层级街道系统中街区形态结构的复杂性提供了有效的分析视角，尤其是街区与街区之间并置与套叠关系的区分，有效地解释了在老城区和城市外围地区街区认定困难的

现象。

②单位大院空间建设与生长伴随着城中村空间形态的重构与生长,两者相互交织。城中村与单位大院毗邻分布、空间相互挤压现象普遍,且不少规则型城中村的选址与形态格局的形成均由单位大院的新建与扩建导致。

第五章
微观层面：单位大院与城市公共空间建构

上一章的研究表明，"街道—街区"和"道路—大院"成为南昌主城区城市空间的两种主要空间组织形式。鉴于特定时期单位大院集中地段的城市物质空间具有自身的形态特点，将其称为"单位城市"（Danwei City）。其范围包括主城区范围内采用"道路—大院"方式组织城市空间地区，以及老城与外围地区之间由街区作为显性斑块、单位大院作为隐性斑块建构起城市物质空间的那部分地区。本章以单位大院集中地段，即"单位城市"的公共空间为主要研究对象，并在涉及公共空间系统时将视野拓展至整个主城区范围。

受单位大院形态及空间组织方式的影响，单位城市的公共空间系统与典型街区型城市形成了较大差异（图5-1），主要表现在公共空间系统的层级、层次，以及各公共空间的形态类型方面。

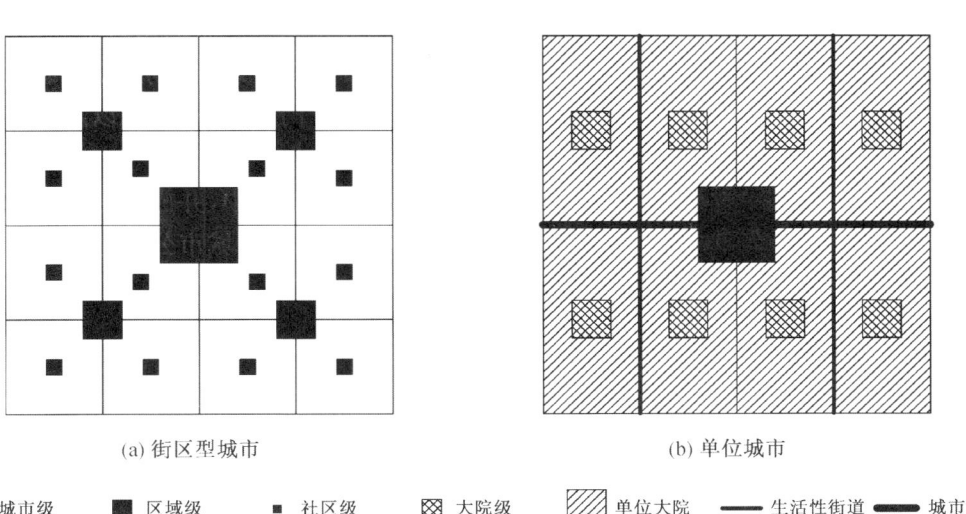

图 5-1 街区型城市与单位城市公共空间系统结构比较

5.1 城市公共空间的层级

典型街区型城市的公共空间系统一般形成了城市、区段和社区等清晰的层级关系,而单位城市的公共空间系统大致也形成了城市、地段和大院三个层级。所不同的是,在单位城市以及单位城市为主要特征的城市中,地段层级的公共空间受到抑制,往往退化为单位大院集中地段中各单位大院之间的少数几条生活性街道,并未形成类似街区型城市中的区段中心,因而在规模、形态与功能构成方面均与区段中心存在显著差异。

在单位城市中,最具活力的公共空间属大院级的公共空间。不少研究未将大院级公共空间列为城市公共空间系统,其原因在于大院内部的公共空间属于大院内部人员集体所有,供大院内部人员使用,在使用上具有一定的排他性。此类研究一般将大院内部的公共空间称为"集体空间"而非"公共空间"。上一章的研究表明,在单位城市中单位大院成为城市空间的主要组织方式,在不少地区尤其是城市外围地区,单位大院空间已然成为城市空间具体且唯一的表现形式,故在以单位大院为主要形态斑块的城市建成区内,大院内部的公共空间在较长一段时间内充当了街区型城市中区段和社区级公共空间的角色,并成为所在地段城市公共空间的主要甚至唯一表现形式。因此,单位大院内部的公共空间属于单位城市中公共空间系统的重要有机构成部分。其理论依据为,所谓公共空间的公共性始终是相对的,城市中各种所谓公共空间的公开性程度存在差异并形成梯级关系,从某种意义上看,并不存在绝对的公共空间,而公共的也可以表示集体的,其对立面为个人[①]。

在单位大院集中地段中,各大院之间也可能形成具备相当活力的街道空间,尤其是1980年代后期,形成了商业和生活气息浓郁的街道生活。这批街道的物质空间载体及活动人群往往以单位大院和紧邻的城中村为依托,如江纺厂门前的塘山街,以及联系师大和手表厂的师大南路等。

可见,单位大院一方面参与到城市公共空间体系的建构当中,并成为最具活力的一个空间层级;另一方面,单位大院的物质空间形态建构也承担了城市公共空间系统建构的职能,并从客观上吻合了某一层级的城市公共空间的要求。

5.2 城市公共空间的层次

尽管单位城市中缺少区段级的城市公共空间,但因大院级公共空间的存在,在城市

---

① [英]马修·卡莫纳,史蒂文·蒂斯迪尔,蒂姆·希斯,等.公共空间与城市空间:城市设计维度[M].2版.马航,张昌娟,方堃,等译.北京:中国建筑工业出版社,2015:154-155.

级公共空间与私有空间之间架构起一套层次非常丰富的空间系统,具体包括:城市级公共中心、城市道路与街道、单位大院出入口、单位大院级公共空间、组团空间与宅前空间等。上述空间从前往后公共性依次减弱,私密性不断增强。单位城市中城市物质空间的组织与社会结构紧密结合在一起,并形成了良好的空间场所感。多层级、多层次的公共空间系统也孕育了城市、大院和组团等多层级的公共活动。

5.3 城市公共空间的类型与形态

与街区型城市的公共空间形式类似,单位城市中的公共空间也包括开敞性公共空间和公共服务设施两大类。前者包含城市、地段和大院三个层级,而后者主要是城市和大院两个层级。城市级开敞性公共空间主要包括城市广场、城市道路与街道、城市公园等,城市级公共服务设施除包括街区型城市中的各类商业、服务业和医疗、体育、文化等设施外,还包括颇具特色的工人文化宫。各单位大院中包含的大院级开敞性公共空间和公共服务设施数量与类型有所区别,其中:公共空间主要有单位广场、单位街和园林绿地等;而公共服务设施则涵盖了生活设施(如食堂、公共浴室等)、文化体育活动设施(如礼堂、电影院、俱乐部、活动中心、运动场等)、文化教育设施(如子弟学校、技工学校等)和医疗与社会服务设施(如医院、招待所、商店等)。因本书在章节1.7.7中对大院级公共空间已有过专门论述,故本章探讨的城市公共空间主要包括城市和区段级的开敞性公共空间。

单位大院及其建设模式对单位城市中各公共空间的物质形态均产生了深刻的影响。首先,受单位大院空间组织模式的影响,城市级别的公共空间数量较少,但孕育出丰富的大院级别的公共空间。直至1990年前后,南昌城区真正的城市广场仅有位于市中心的八一广场一处,而不少单位大院内部则形成了尺度相对较小的类似广场的空间。在老城区外的单位大院集中地段,城市道路在各单位大院以及其他空间单元之间主要起交通联系作用,而在单位大院周边或内部却孕育出一批尺度较小、具有类型学意义的生活性街道,这批生活性街道充满活力,也形成了自身的形态特点。

其次,在单位城市中,除城市广场和街道空间外,绝大多数城市级的公共空间与设施均呈现出类似单位大院的物质空间形态特征,单位城市中不少公共空间与设施本身就形成了一个个大小规模不等的单位大院。即便是本应属于城市开敞空间(open space)的公园也往往以门墙系统围合,并与公园的管理机构办公与居住空间毗邻分布而形成类似于单位大院的形态特征(图5-2、图5-3)。

此外,因单位大院往往沿城市公共空间布置,且成为城市公共空间边界的有机构成部分,故单位大院对城市公共空间的边界形态,包括边界的形式、功能、空间方向性等均产生了重要影响。

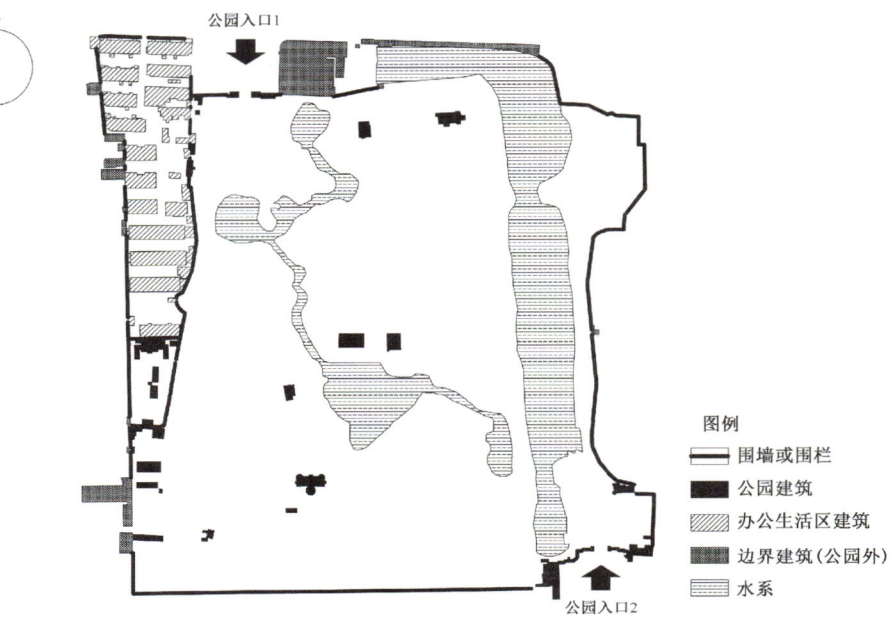

图 5-2 人民公园边界形态与空间构成

图 5-3 人民公园大门（摄于 2016 年）

5.4 典型城市公共空间的形态解析

城市街道仍然是单位大院集中地段中除单位大院内部公共空间外，最主要的城市公共空间。在单位城市中除老城区的各种街道外，作为公共空间的城市级别的广场、公园、绿地等数量均受到压缩，而江、河、湖、渠等水系也主要被作为交通和排污功能来使用。直至 1990 年前后，南昌主城区范围内真正意义上的城市广场只有位于市中心的八一广场一处，而城市公园也只有 2 处，分别为位于老城区的八一公园和福州路的人民公园与动物园。尽管 1970 年代之前南昌主城区的水域面积非常大，但滨水空间并未打造成供市民活动的公共空间。鉴于此，以下将选择城市广场和城市街道作为典型公共空间，通过对案例空间的物质形态解析来揭示公共空间与单位大院的相互关联，并总结出一般性规律。在对各公共空间的形态解析中将以形态呈现和分析为主，涉及内容主要包括空间边界的功能性质与形态、图底平面、空间剖面等。

5.4.1 城市广场

因单位时期很大一部分公共活动被分散到各单位大院，故单位城市中类似于西方城市中完全开放的城市广场在数量和系统建构方面均受到很大制约，也未能形成西方城市中的广场空间系统与广场生活。直至 1990 年前后，南昌城区范围内真正意义上的城市广场只有位于市中心的八一广场（图 5-4）。该广场始建于 1950 年代，经多次改扩建演变成当前的规模与形态。而广场的功能性质也由最初主要用于开展大型纪念性、政治性活动以及供市民休闲活动用，到改革开放后政治功能逐渐弱化，商业、休闲功能大大提升；与此同时，广场的尺度、形状和围合界面也发生了重大改变。因大部分与八一广场毗邻的地块均形成单位大院或类似单位大院的形态斑块，故八一广场物质空间形态的建构与演变同周边单位大院的形态与演变形成了密不可分的联动关系。

(a) 从西南角看八一广场　　　　(b) 从东北角看八一广场

图 5-4　1980 年代南昌八一广场

5.4.1.1 八一广场空间概况

（1）轴线

2000年前后八一广场及周边主要建筑的图底平面图显示，八一广场为一南北长约370 m、东西宽约260 m的矩形空间，且明显形成了东西和南北两条结构性空间轴线（图5-5）。两条轴线的雏形均形成于1950年代。东西横轴因与北京西路中心线重合，故成为城市空间轴线。该轴线起点最初为1950年代建成的检阅台，1960年代末拆除后新建毛主席思想万岁馆，后改名为江西省展览中心。南北纵轴起于南端的原江西省博物馆，该建筑始建于1950年代，因采用对称式平面格局故成为广场空间轴线雏形。"文革"期间在广场北端新建对称式检阅台，轴线与原博物馆建筑轴线重合，因此限定出广场南

图 5-5　八一广场空间轴线与周边主要建筑　　图 5-6　八一广场及周边建筑图底平面

北空间轴线。而1970年代末在原博物馆大楼前新建的八一起义纪念塔更进一步强化了这条轴线在广场空间中的地位。

（2）围合

从2000年前后八一广场及周边建筑的图底平面图看，八一广场边界建筑对广场空间起到了良好的限定与围合作用（图5-6）。但进一步解析围合广场边界的建筑形态类型发现：对广场各边界限定起关键性作用的建筑性质与形态有较大差别。其中：西边界建筑朝向广场布置，且平面尺度大、间距小，对广场边界限定良好；而东边界主要建筑物大多数为南北向布置，形成与广场垂直的空间关系，且建筑平面尺度小、间距大，未能形成对广场边界的良好限定（图5-7a）。广场南北边界处均有一主要建筑物位于纵轴两端，其中北边界建筑体量较大对边界限定良好，而南边界建筑体量相对较小对边界限定明显不足（图5-7a）。图5-7b显示的是广场周边1~2层的填充性建筑的分布情况。这批建筑主要包括沿街的商铺和大量临时性建筑，甚至有很多属于违章搭建。但从平面图底关系看，尽管这批填充性建筑体量很小且多呈线状形态，但却有效地弥补了广场东、南边界主要建筑对广场空间围合、限定不足的缺陷，与毗邻的主要建筑物共同形成了对广场空间良好的限定与围合（图5-7c）。

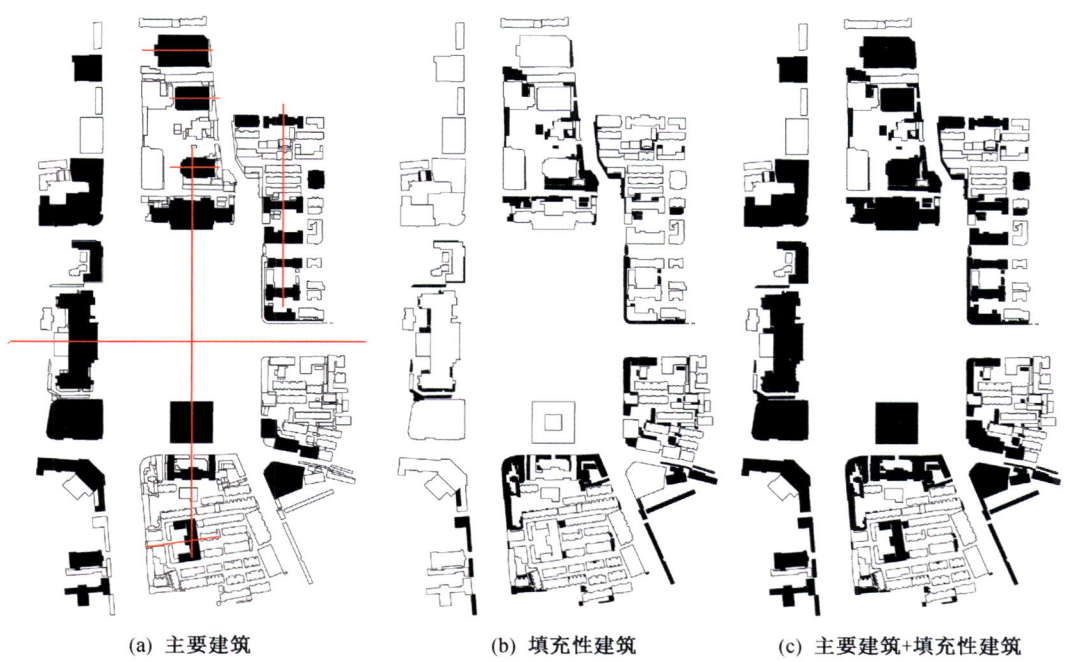

(a) 主要建筑　　(b) 填充性建筑　　(c) 主要建筑+填充性建筑

图5-7　八一广场周边建筑形态解析

从围合广场边界的主要建筑功能类型看,除东边界建筑以办公建筑为主外,西、南、北三条边界主要建筑均为商业和公共服务类建筑(图5-8)。而建成年代方面,除西南角的丽华大厦是1990年代拆除原南昌服务大楼后新建外,其余商业和公共服务建筑均为1950年代至1980年代建成。

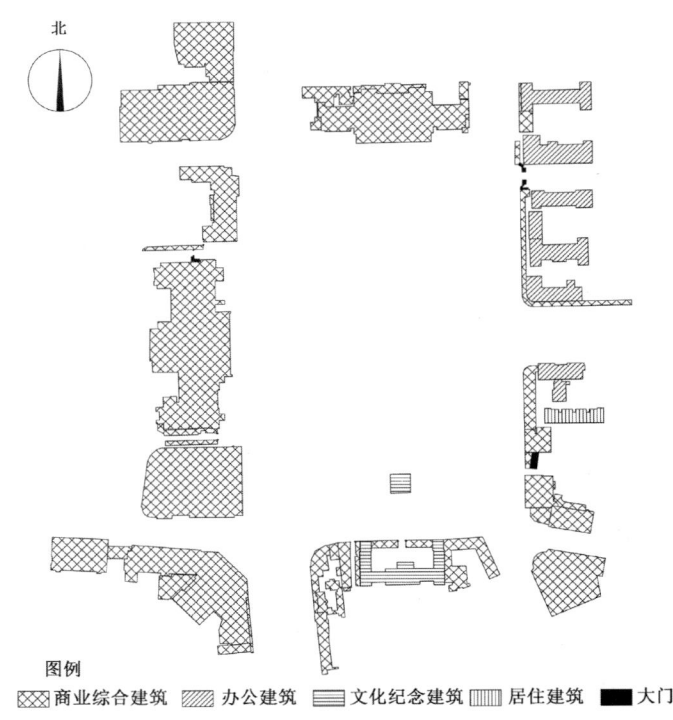

图5-8 八一广场周边建筑功能类型

5.4.1.2 单位大院对广场形态的影响

(1)单位大院在广场周边的分布

2000年前后与八一广场毗邻的地块共有13个,其中形成单位大院形态特征的共有9个,其余4个均形成了建筑覆盖率高的商场和酒店等城市公共性建筑(图5-9a)。除位于广场东北角的省府大院占地面积达到49.2 hm²,其余8个具有单位大院形态特征的地块面积均不大,其中:最小的3个为广电大院南部的中国银行和江西画报社以及展览中心北部的南昌市新华书店,占地面积不足0.4 hm²;另外5个地块占地面积为1~3.4 hm²。除省府大院外,其余具有单位大院特征的形态斑块也形成了办公、居住一体的院落空间格局,故尽管占地规模小但仍将其视为单位大院来考察其与八一广场物质空间形态的关系。

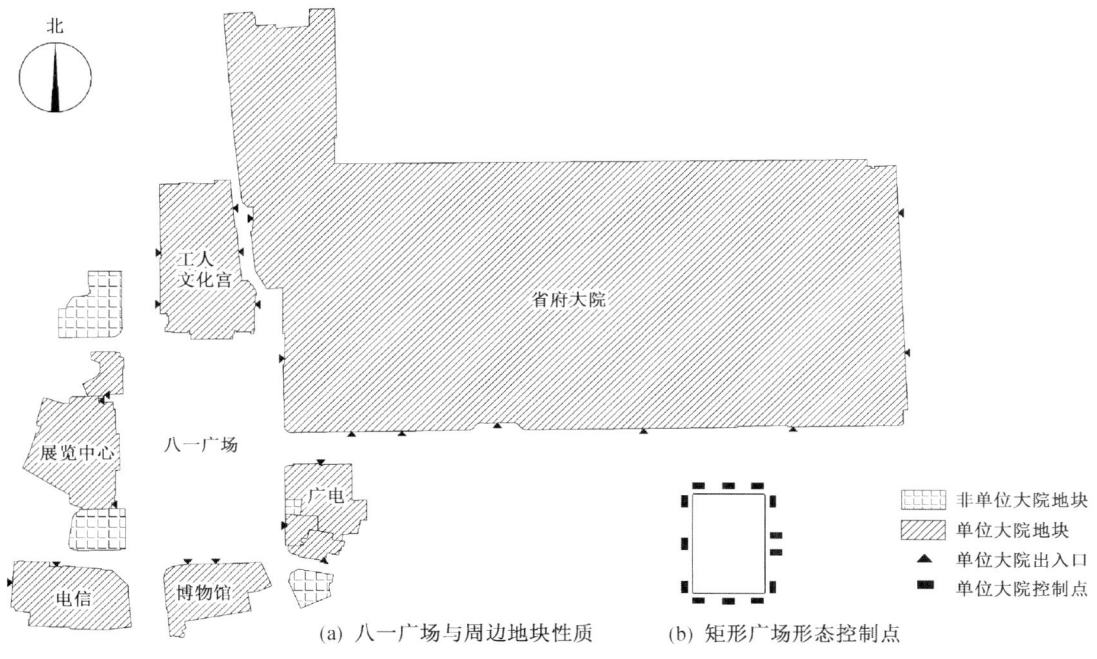

图 5-9 八一广场与周边地块性质

从平面空间构成情况看,八一广场各边界由单位大院、道路空间和公共建筑地块构成,其中单位大院占据广场空间边界周长的 67.8%,道路空间占 24.7%,而公共建筑地块仅占据广场空间边界周长的 7.5%。从单位大院占据的位置看,除西南角的丽华大厦占据了矩形广场空间建构的一个角点外,其余 7 个角点均由单位大院控制,而城市干道北京西路与广场东边界交会处 2 个关键性的角点也由单位大院占据。此外,单位大院还占据了广场东西、南北两条空间轴线的 3 个端点位置,可见单位大院对八一广场空间与边界形态起到了绝对的控制性作用(图 5-9)。

(2) 单位建筑与广场空间的围合

围合八一广场空间的建筑物可分为主要建筑和填充性建筑两大类,且大多数边界建筑隶属于单位大院或具有大院特征的形态斑块。将隶属单位大院的主要建筑称为"单位建筑",一部分在广场等城市公共空间建构中起到积极主动作用的单位建筑从中分化出来成为"城市建筑"。典型城市建筑的主要形态特征为建筑的主要立面和主要入口朝向广场等公共空间,主动参与广场空间的围合与形态建构,并且整个建筑的主体空间均向市民开放,如广场两条轴线上的省博物馆和展览中心(图 5-10、图 5-11)。

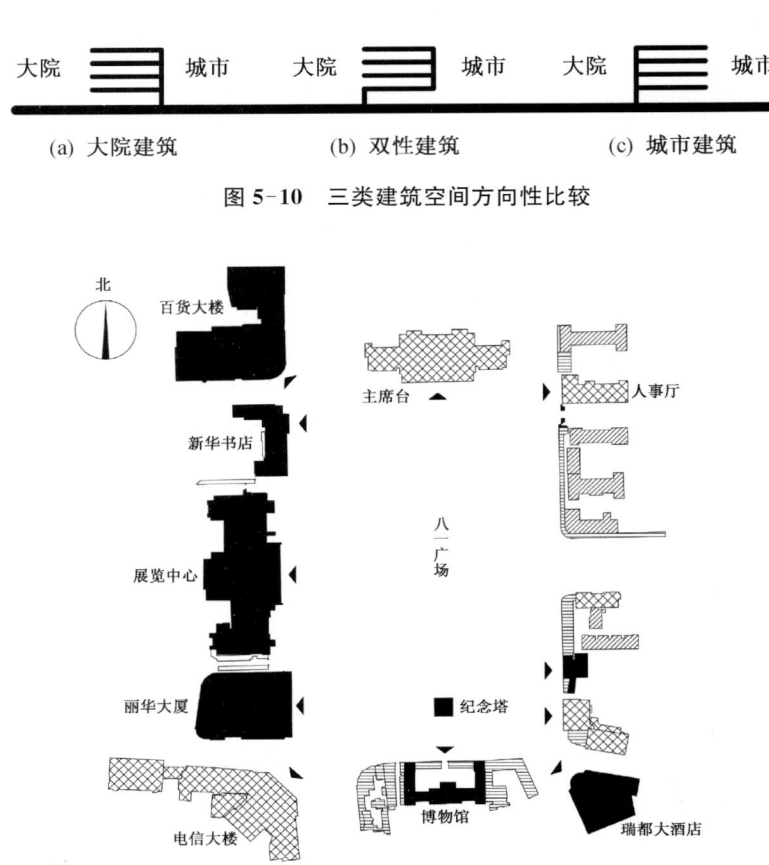

图 5-10　三类建筑空间方向性比较

图 5-11　八一广场周边建筑性质

单位城市中存在一批具有城市性的单位建筑，其空间构成方式有别于典型城市建筑（如百货大楼、丽华大厦、瑞都大酒店和新华书店等），往往形成竖向分化，位于建筑底部的空间向城市开放成为城市空间的有机构成部分，而上部空间仍然属于单位大院成为大院空间不可或缺的部分，如广场西南角的电信大楼、广场北端的原主席台和老年大学大楼。此类建筑成为单位城市中重要的一种建筑类型，因其具备双重功能故被称为城市单位双性建筑，简称"双性建筑"（图 5-10、图 5-11）。

除城市建筑和双性建筑外，单位建筑中还存在大量在朝向选择、出入口设置以及建筑形体布置等方面均未主动考虑广场等公共空间的形态建构要求的建筑。它们的形态塑造往往仅考虑单位大院内部空间秩序建构及单体建筑功能的需求，这部分建筑被称为"大院建筑"（图 5-10、图 5-11）。在此，单位大院内部空间秩序成为大院建筑组构的重要控制性秩序。如图 5-7a 所示,广场东北角一组建筑物按南北朝向平行布置,几幢对称式建筑平面轴线重合并形成建筑群的控制性轴线。尽管有些一般性的单位建筑对广场空间建构也起到影响作用,且客观上成为影响广场边界形态的视觉要素而参与到广场空间的建构当中,但本质上属被动参与。

大院建筑常采用南北朝向板式建筑平行布置的空间布局方式,使得主要建筑物无法建立与广场空间的直接围合关系,故滋生出在主要建筑之间或在主要建筑与广场之间设置围墙或填充性建筑的方式来实现广场空间的限定与围合(图 5-12)。填充性建筑有其自身的功能与形态特点,大多数进深较浅,主要作为商业店铺来使用,一般沿城市广场与街道布置,层数多为 1~2 层,分为独立于建筑主体的"条式建筑"与附设于主体建筑之外形成的"皮式建筑"两类。有一部分填充性建筑在城市公共空间建构中起到了弥补主要建筑布局方式缺陷的作用,但此类建筑中存在大量的临时性建筑和违章建筑,因此被称为临时性城市建筑(图 5-11)。

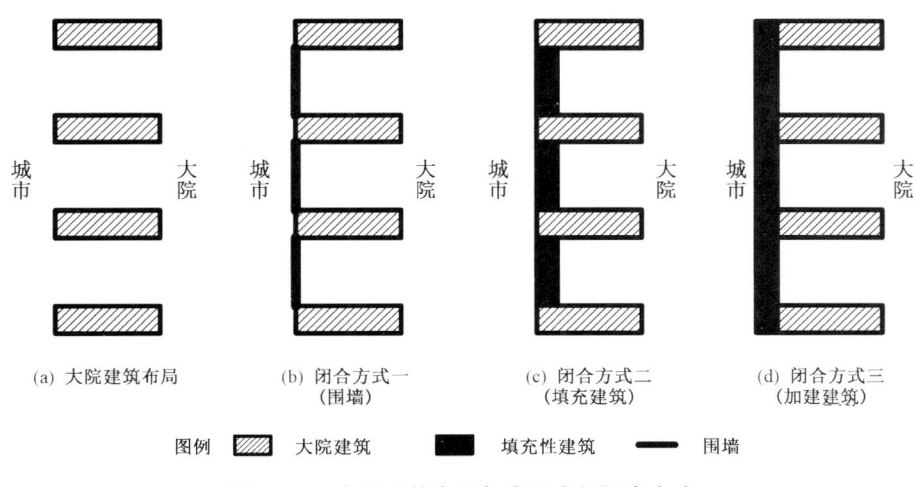

图 5-12 大院建筑布局与常用空间闭合方式

总体而言,围合广场空间的单位建筑大致有三类:城市建筑积极参与城市空间建构的主要建筑;积极参与城市空间建构的填充性建筑;被动参与城市空间建构的大院建筑。它们往往成为广场第二层次的界面。单位时期对城市广场空间建构的主要关注点有如下特点:首先,对水平基面关注高于对垂直界面的关注;其次,对建筑物和纪念性的关注大于空间品质和体验感,故广场轴线端点建筑得到良好设计与控制,而其余部位的建筑并未做出合理的控制,更未从广场空间需求的界面整体性和连续性角度出发研究与塑造界面建筑与空间形态,故形成的界面形态存在较大的形态缺陷。

5.4.1.3 城市广场对单位大院形态的影响

将八一广场周边的单位大院或具有单位大院特征的形态斑块与其他地区的单位大院进行形态比较,发现这批单位大院在功能布局和空间组织方面明显受到广场的影响。此外,这批单位大院与广场关联边界形态的塑造也不可避免地受到广场界面形态塑造的牵制。

（1）功能布局

从功能性质看,分布在八一广场周边的单位大院以办公型和服务型为主,位于广场东南角的南柴大院是广场周边唯一的生产型单位大院。其中服务型单位大院广泛分布在广场的南、西、北三个方位,而办公型单位大院则主要分布在八一广场的东面,且为省级行政机关所在地,此外,南面的省博物馆以南毗邻的省交通厅大院也属办公型单位大院。

因八一广场的存在,上述围合广场空间的单位大院从内部功能布局上看,均已形成工作区靠近八一广场布置,而生活居住区则远离八一广场布置的功能格局（图 5-13）。

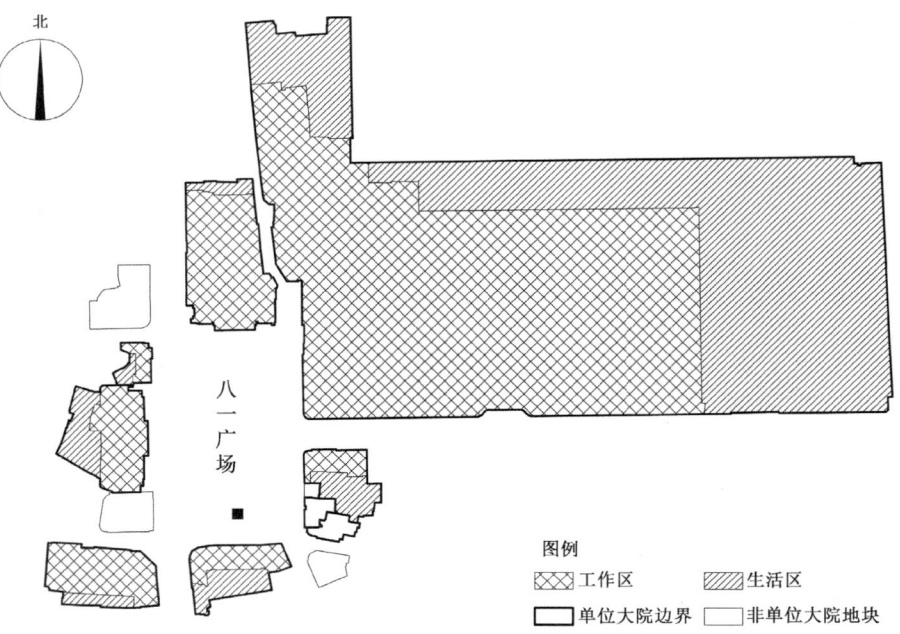

图 5-13 八一广场与单位大院功能格局

(2) 出入口与空间建构

为了八一广场空间与形态的塑造，周边单位大院空间形态的建构受到一定的牵制，主要体现在主要建筑的位置与形态格局，及其对单位大院出入口与整体空间布局的影响等方面。

首先，沿八一广场空间轴线端点的3个单位大院的主体建筑均沿广场边界布置，建筑主立面和主入口均朝向广场，建筑在单位大院中位居沿街面的中部。这一布局使得相应单位大院的大门失去居中布置的机会；一方面导致这类单位大院的入口只能分设在主体建筑两侧，或开设在其余临街面；另一方面以主要建筑面向八一广场的单位大院，沿广场一边入口弱化，除省府大院在广场东北角设置了一处作为大院次要入口的大门外，其余大院均未在广场界面范围内设置标志性大门。即便是有些单位大院只有广场界面处开设有临街面，也仅在主楼两侧设置了不太起眼的大院入口，并未形成标志性的门楼，如省展览中心、省博等。此类大院往往以主体建筑成为单位的形象性标志，而弱化大门的形象标志性功能（图5-14、图5-15）。

图5-14　1980年代江西省展览馆

服务型单位大院往往以服务性建筑大楼为核心来组织大院空间，单位的形象展示功能由大楼承担，单位大门在此仅承载通行与保安功能。大院的道路系统也往往由单位大门向内引出，并绕过主楼通向大院内部。在空间组织上，规模相对较大的单位大院往往依托周边其他城市道路设置主要出入口，并在内部组织道路系统。而规模较小的单位大院则往往采用建筑沿周边布置，空出中部较大的院落空间的方式组织空间。

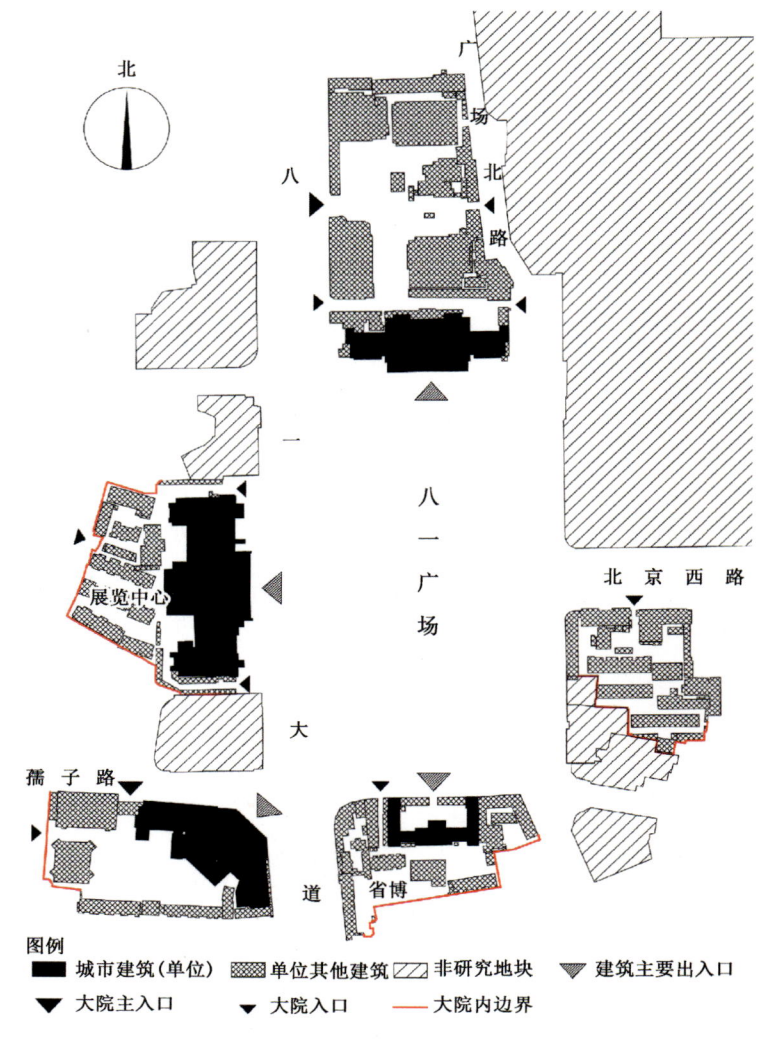

图 5-15　广场周边部分单位出入口分布

5.4.1.4　关联边界

图 5-16 呈现了八一广场边界主要由单位大院边界构成的事实。除南、北边界外，广场的东、西两边界均由多个单位大院的边界构成。构成广场边界的单位大院边界属于"一体之两面"，其形态为广场与大院两方面空间建构需求相互挤压作用的结果，故称此类边界为"关联边界"。因相关单位大院内部空间建构的需求均可能带来相应部位广场关联边界形态的更新与置换，故广场同一边界涉及单位大院数量越多，即广场边界分段

越细，广场边界形态整体性塑造的难度越大。这一现象在八一广场东边界表现尤为突出（图 5-17）。尽管广场东北角为省府大院，但大院内部被细分成若干小型院落空间后，每个院落空间对应一个厅局机关单位，有些厅局还在省府大院内部形成了职住一体的小型单位大院。细分后的每个下属单位空间均可能独立进行更新建设，导致广场界面局部形态的改变，这种改变往往难以兼顾广场界面的整体性。

图 5-16 和图 5-18 显示了八一广场周边单位大院，以及大院、广场临街建筑的分布情况，其中图 5-18 进一步呈现了广场各立面的大致形态。除广场东界面外，其余三个界面建筑所属的单位大院均

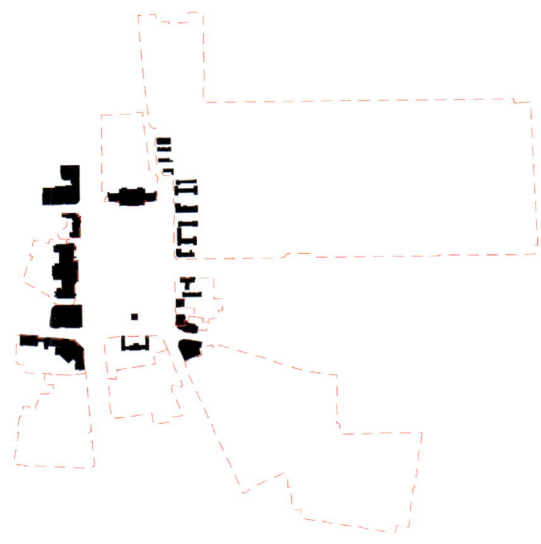

图 5-16 八一广场主要边界建筑与单位大院

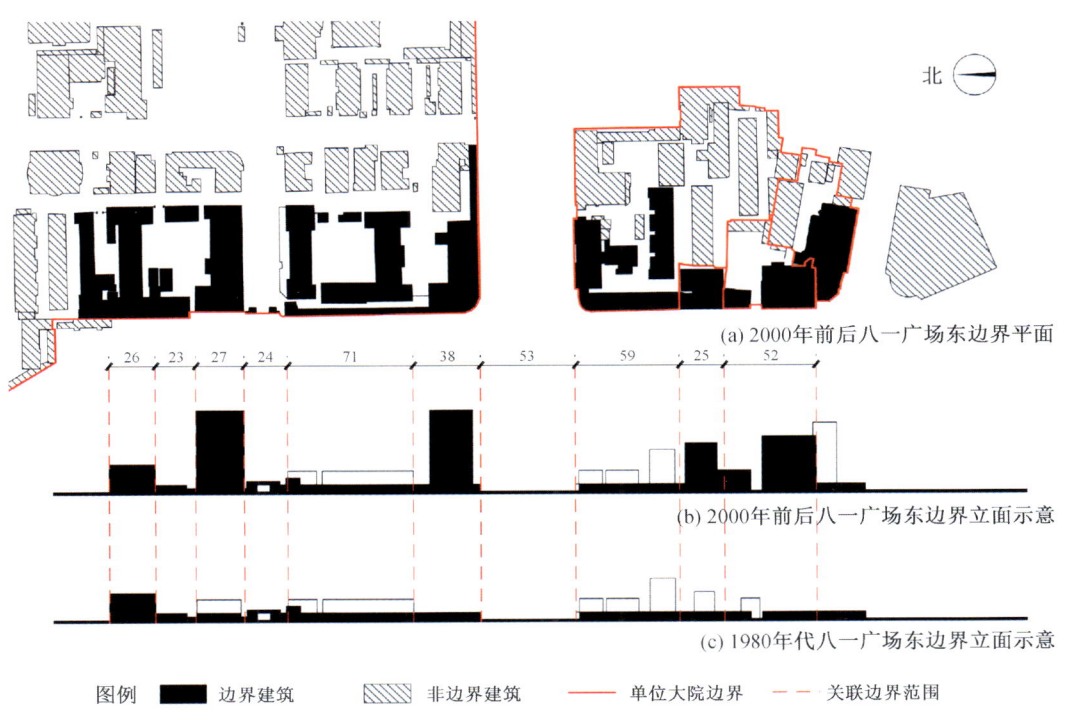

图 5-17 八一广场东边界空间形态分析

为服务型单位大院,形成了形态相对规整的广场围合界面。而东界面所依托的单位大院主要为办公型单位大院,界面形态相对凌乱,建筑高低起伏,界面整体性不够。从平面上看,尽管也形成了对广场空间的围合,但主要依靠低矮的临时性城市建筑来建立界面连续性。

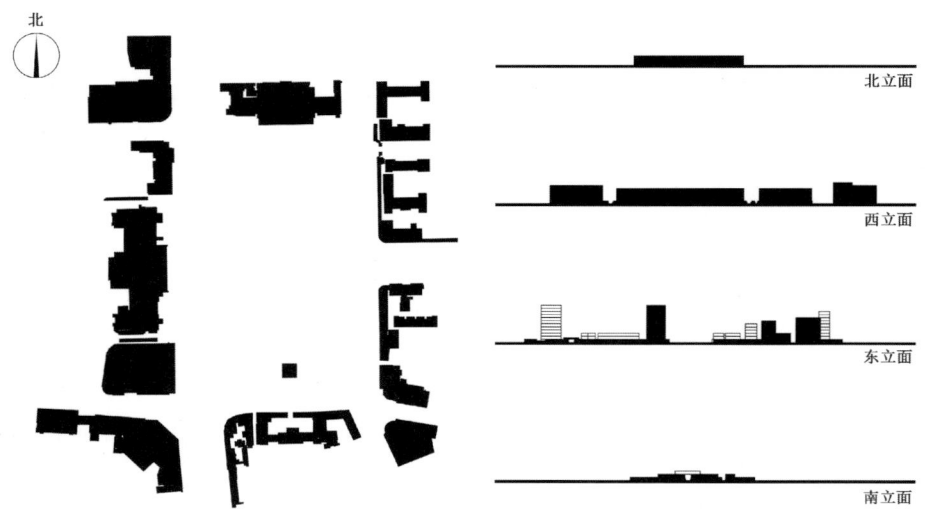

图 5-18　2000 年前后八一广场界面空间形态

尽管改革开放以来广场的边界主要靠建筑物来限定,但改革开放前单位大院的围墙和大门成为除建筑外广场边界的重要构成要素,并对广场边界形态产生重要影响。

5.4.2　城市街道

街道是城市中的主要公共区域,是一个城市最重要的器官①。道路与街道是两个紧密相关但又有着重要差异的概念。简言之,两者均为城市中某种线性空间要素的代名词,但道路强调要素的功能属性,描述的是线性空间的交通联系功能,而后者兼具功能与社会属性,强调的是线性空间形成的场所和生活。从物质形态构成上看,道路概念不强调线性空间两侧界面的形态与功能,而重点关注线性空间与各目标空间之间的连接关系;但街道概念则重点关注线性空间两侧界面形态的连续性及其与街道空间的互动性。从城市的发展过程看,不少街道均由早期的道路发展演变而来,在此过程中除线性空间本身的物质形态发生外,空间承载的活动起到重要的催化作用,并且物质空间与人的活动之间形成一种消长的互动机制。

---

① ［加］简·雅各布斯.美国大城市的死与生[M].纪念版.金衡山,译.南京:译林出版社,2006:29-30.

在单位城市中,街道成为单位大院集中地区地段级城市公共空间的主要表现形式,尤其是在老城区以外的城市建成区内,单位大院直接催生了所处地段的生活性街道,并为特定街道的生活与活力塑造提供了大量的人群资源和行为导向性保障。此外,单位大院成为某些街道沿街地块的重要构成部分,其物质空间形态及适应性改变也牵动着关联街道空间界面形态的改变。

5.4.2.1 街道类型

改革开放之前,单位城市中除老城区存在大量真正意义上的街道外,老城以外地区主要以单位大院为空间单元来组织城市空间,各单位大院与其他空间单元之间通过道路进行联系。道路的交通联系功能被重点强调,而商业与生活功能被压缩,城市居民的活动主要分两个层级,分别集中在单位大院内部和老城及城市中心地区。这一时期,城市外围道路典型的形态特征为:两侧界面不完整、连续性不强,或沿街设置围墙,界面与道路之间缺少空间互动,即便是建有少量沿路建筑,其底层空间也一般向单位大院内部而非向城市道路开口(图5-19)。这样的道路很难催生出有活力的街道生活。改革开放后城市商业功能恢复并得到自由发展的空间。不少联系单位大院的道路开始发生功能与形态的改变,在各个地段形成了一批具备商业活力的城市街道。这批街道在原空间界面的基础上通过新建、搭建沿街建筑或将既有沿街建筑底层空间向街道打开等方式,建立了界面与街道之间的空间互动,并形成了连续的界面。

图 5-19 八一大道历史照片

本书旨在揭示单位大院与城市物质空间之间的形态关联性,故选择关联性表现比较充分的一批街道空间作为主要研究对象,即改革开放后在单位大院集中地段形成的街道。

而从街道空间平面构型看,单位大院集中地段普遍存在主路型、支路型和尽端式三种街道空间类型。

(1) 主路型街道

主路型街道指以城市主、次干道为依托形成的城市街道,如八一大道、北京西路、上海路、井冈山大道(老福山—新溪桥)等。此类道路的典型形态特征为线性较直、长度长、宽度宽,形成了连续的街道界面。以八一大道为例,这是一条在城市主干道基础上形成的主路型街道,北起阳明路,南至老福山转盘,长约3.0 km,宽约60 m,该路北端和南端分别与青山路和井冈山大道相连,空间得以延伸。八一大道是新中国成立后南昌主城区最早打造的一条城市主要街道,曾与道路中段的八一广场同时被规划确定为南昌新的市中心,沿街分布着大量建于1950—1960年代的公共服务与文化设施,其中绝大多数形成了单位大院。改革开放前,八一大道沿街以公共建筑和围墙、大门为主要构成要素形成街道界面(图5-19、图5-20)。总体看来,尽管界面的整体性和连续性较强,但与街道的空间互动性仅局限在少数几栋公共性建筑和若干单位大门处,故街道活力显得不足,街道功能以交通联系为主。改革开放后,沿八一大道的绝大多数单位大院围墙陆续被各种店面和底商建筑替代,街道界面与商业空间的连续性,以及界面空间与街道空间的互动性均大大提升(图5-21),商业氛围和街道活力一度达到极值。近些年,随着拆违、拆临工程的推进,沿八一大道不少低矮的沿街商店被拆除,代之以通透的铁艺围栏,沿街商店的延续性被打破,某些路段商业氛围遭到破坏。尽管铁艺围栏建立了街道与单位大院内部空间的视觉关联性,但边界与街道空间在功能和行为上的关联性被彻底打破,故此做法是

图5-20　南昌工人文化宫大门历史照片

否可行仍需从城市及地段公共空间特色与整体性角度出发进行研究论证。

主路型街道路宽较大,一般在 30~60 m,从当前现状看来,均承载了较大的机动交通量,加之为防止行人、车辆横穿道路影响机动交通,在街道中间往往以绿化带或者隔栏隔开,街道两侧空间互动性较差,从行为可达性上看可视为两条平行的单边街道的拼合。总体而言,主路型街道在整个城市范围内数量较少,难以满足单位大院空间组织模式下地段层级公共空间的需求。

从沿街界面形态看,改革开放后经过形态蜕变的主路型街道,界面连续性主要依赖进深较小的低矮商业店铺构成,这一现象的出现与多数沿街空间单元为单位大院或受到单位大院牵制有关(图 5-21b)。此类型的界面形态尽管满足了街道界面空间连续性和整体性的要求,但业态适应能力弱,难以满足业态升级对空间载体的要求。从 2002 年后八

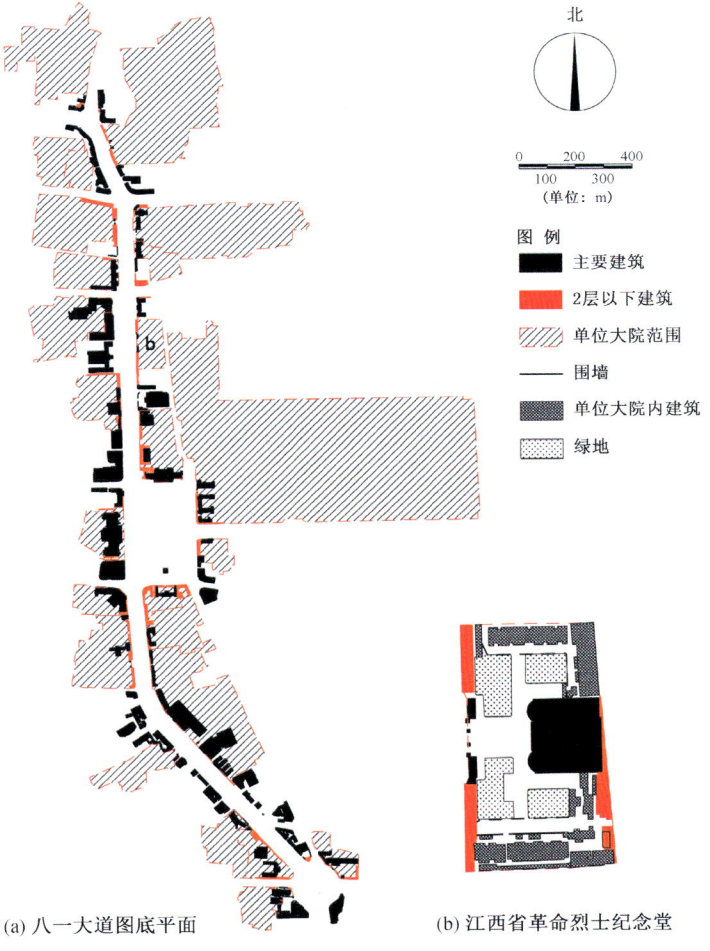

(a) 八一大道图底平面　　(b) 江西省革命烈士纪念堂

图 5-21　八一大道图底平面

一广场北工人文化宫地块的更新来看,单位大院整体搬迁释放出整个单位地块才能满足大型商业综合体所需的用地规模。但对比两种空间体验,有过经历的市民仍然留恋更新前工人文化宫那种大院式的空间体验感(图5-22)。

图 5-22　原南昌市工人文化宫更新前后比较

(2) 支路型街道

支路型街道是以城市支路为依托形成的城市街道,如广场北路、豫章路、丁公路等。此类街道主要在城市主路之间起到横向联系作用,也有部分形成了尽端式街道,其典型形态特征为线形较直或过渡平顺,长度一般不超过1.5 km,宽度多为10~20 m,且形成了连续的街道界面。以广场北路为例(图5-23),这是一条在城市支路基础上形成的与西侧八一大道大致平行的支路型街道,南起八一广场,北至福州路,长约660 m,宽约15 m。从历史地图推测,广场北路作为道路在新中国成立前就已形成,1950年代新建沿八一大道的一批公共服务和文化设施以及省府大院时得以保留并形成连续界面。直至改革开放前,沿街界面均以围墙、大门和部分单位建筑构成,而改革开放后通过打开沿街建筑底层空间和加建临时性商业店面,形成了连续的商业空间界面。1980—1990年代,广

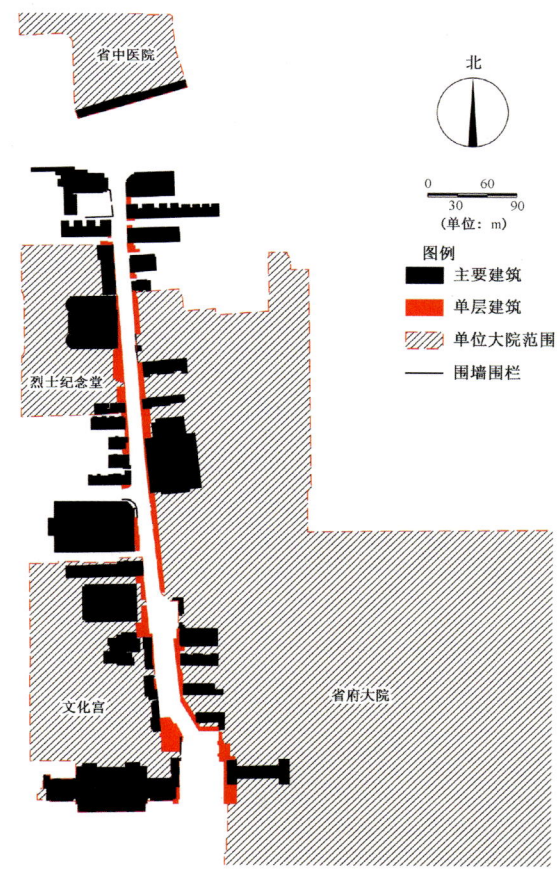

图 5-23　广场北路图底平面

场北路名为"展览路",并形成以女性服饰销售为主的商业街,曾经一度被称为"女人街"而风靡一时。

除靠近城市中心区的部分支路型街道发展成为影响全市范围的商业街外,支路型街道一般以生活性街道为主。在单位大院集中地区,尤其是城市外围地区,存在一类生活型街道,它们依托单位大院而存在,沿街开设了一定数量的商业店面,形成了连续性较强的街道界面,业态以小商品、生活必需品、餐饮等为主,如师大南路和塘山街等。

（3）尽端式街道

城市中尽端式街道有多种类型,形成机制各异,此处探讨的是受单位大院空间组织形式影响而出现的一种特殊的街道类型。尽端式街道属于支路型街道中一种特殊的类型。其典型形态特征为街道一端起于城市主要干道,另一端则分布着某个单位大院,两者的典型结构关系为单位大院阻挡了街道的进一步延伸（图5-24）。尽端式街道的长度较短一般不超过500 m,宽度则往往随沿街建筑退距不同而发生变化,一般沿街建筑界面间距多在6～15 m,个别情况会达到和超过20 m,路面宽度一般在7 m左右。部分尽端式街道没有设置专门的人行道。尽端式街道的形成与单位城市中单位大院取代街道、广场等城市公共空间成为城市空间组织的主要手段密切相关。某些规模较大的单位大院往往成为城市道路设置的目标地,城市道路正对单位大院大门并且在城市干道与单位大

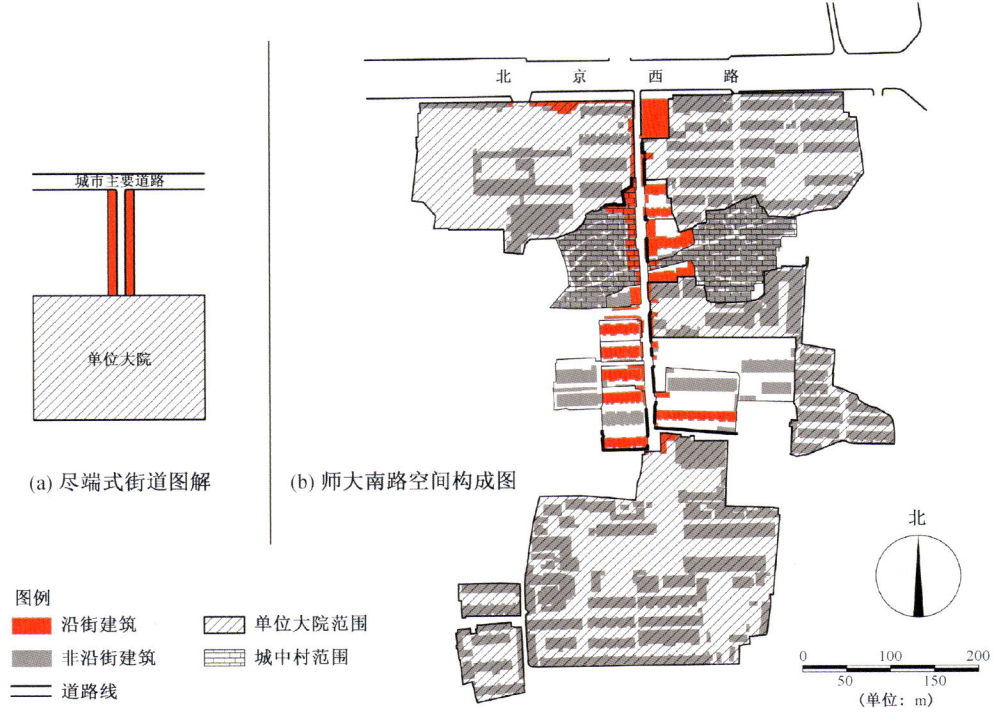

图 5-24　尽端式街道

院之间起联系作用。经多年的发展演变,这批正对单位大门的道路逐渐生长为尽端式街道。尽端式街道普遍存在于单位大院集中地段,并以尽端式道路为依托自发形成。单位城市的尽端式街道与普通意义上的尽端式街道有较大的区别,因为街道的尽端往往是某个大中型单位大院,支撑街道活力的不仅仅是沿街建筑的人群,而且还包含了单位大院内部及相关人群,故街道的辐射人群与普通意义上的尽端式道路或者"死胡同"有本质性的差异。因此单位城市中不少尽端式街道都发展成为颇具活力、场所感很强的地段级城市公共空间,例如塘山街、师大南路、四经路等。

(4) 大院型街道

大院型街道与上述3种街道类型最大的差异在于前者分布在某些单位大院内部,而后者分布在单位大院外部的城市空间。大院型街道均为生活性街道,很长一段时间内其服务对象主要为单位大院内部及相关人群。大院内部并非所有道路均能形成街道,但某些道路在大院内部人群的日常活动中,扮演了重要角色而从其他道路中分化出来形成最初的大院型街道。这批道路在大院内部空间结构中往往具有某些共同的形态特征,如:连通大院某一出入口,属于分隔工作区与生活区之间的区间路,经过食堂、学校等大院生活与公共服务设施等。单纯的宅间路较少发展为街道,但从某些大型单位大院案例看,各功能分区内部的主要道路有发展成为街道的趋势。单位大院内部街道数量的多寡与大院规模和空间格局有关,如省府大院内北二路、南一路的部分路段和东四路、东二路、西一路等均聚集了一些生活和商业服务设施而成为生活性街道(图5-25)。

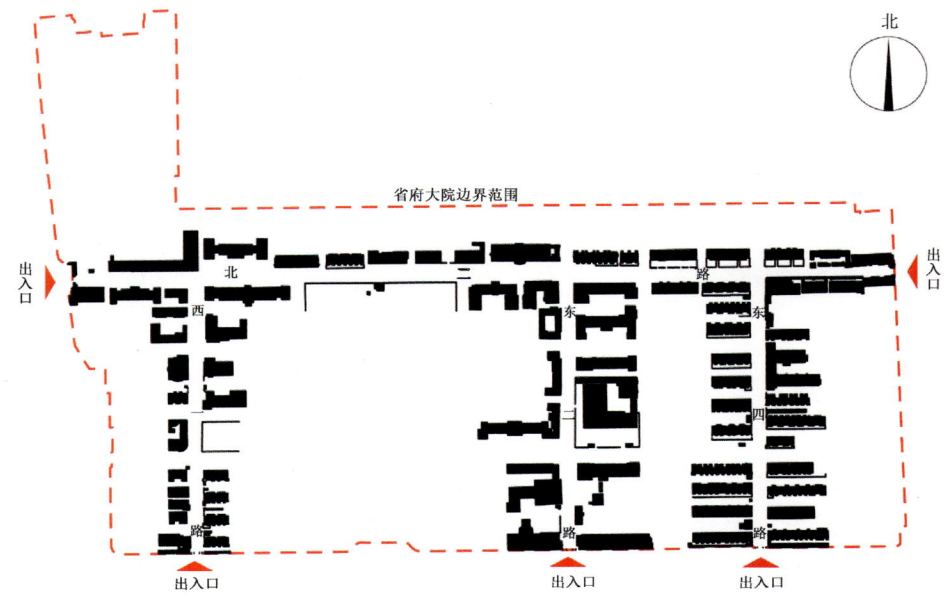

图5-25 省府大院内生活性街道空间构成

大院型街道的长度受单位大院规模和空间格局影响明显，一般不超过 1 km，而沿街建筑边界间距一般在 20 m 以内，也有部分案例达到 30～40 m，街道有东西、南北两种走向。受大院内建筑南北朝向的影响，前者往往能形成较为连续的街道界面；而后者则往往以建筑的山墙面和宅间围墙为主，辅以部分低矮建筑构成沿街界面。1980 年代后新建的部分建筑可能会形成沿南北走向的街道布置的体量（图 5-25）。除某些生产型单位大院外，以围墙为主的边界形态在大院型街道中较少出现，但"一层皮"式的沿街店面边界形态比较普遍。

总体而言，大院型街道均属自发形成，界面的连续性与整体性在大院型街道的重要程度往往低于城市中的商业性街道。从相关案例看，不管是界面功能还是空间形态的连续性、整体性，在大院型街道中只是相对的，大院型街道均较少达到城市和地段级街道界面的连续度。与城市和地段级街道界面空间中商业服务类功能占绝对主导地位的功能构成特征不同，大院型街道中商业服务功能所占比重明显偏少，而住宅和办公建筑所占比重较大，故大院型街道沿街建筑中多功能混合的构成特征比城市和地段级街道表现得愈加突出。

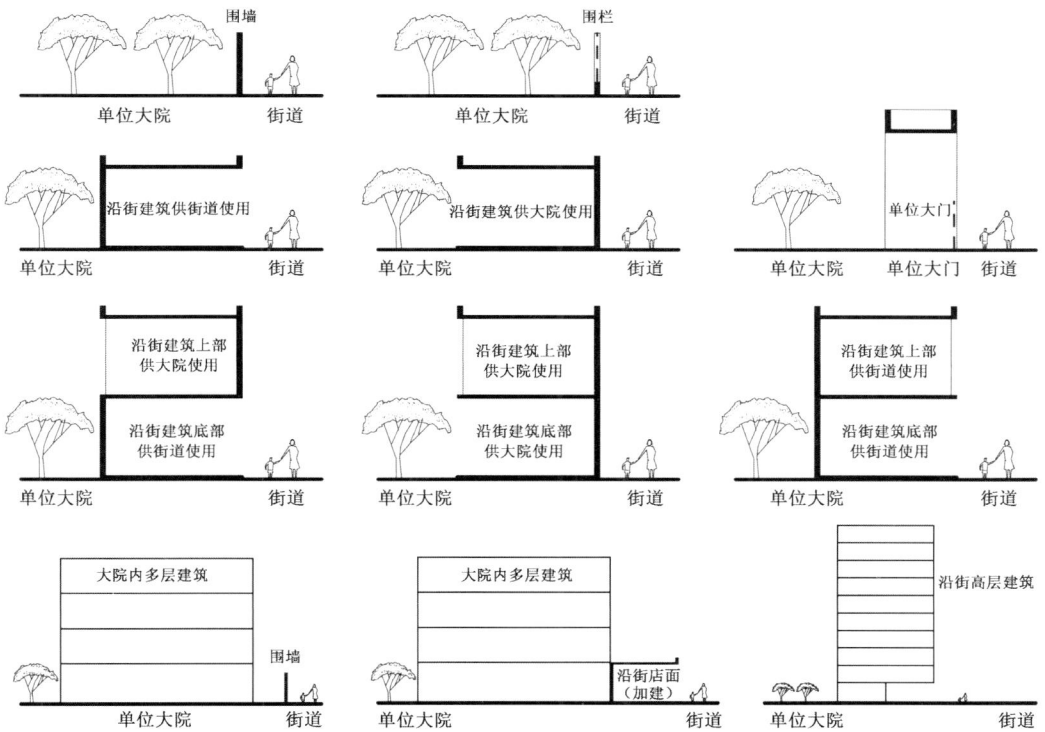

图 5-26 单位城市中街道界面空间类型

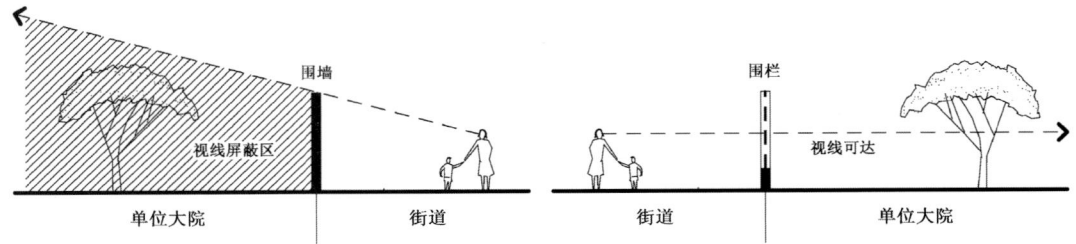

图 5-27　围墙和围栏作为街道边界形式

5.4.2.2　街道界面

在单位城市中，除老城区某些地段外，绝大多数城市街道空间的建构均离不开单位大院的参与(图 5-26)。单位大院作为城市街道界面的有机构成部分，对城市街道界面的影响首先表现为围墙、大门等要素的介入，导致界面形态类型与视觉效果的改变；其次，要素的扁平化和空间的内向性，影响了边界与街道在空间上的互动性；再次，不论是单位大院边界还是城市街道界面空间形态改变的需求均导致关联界面形态改变的需求；此外，围墙和大门作为边界具有更新成本低和空间扁平化等特点，故进一步推动了此类边界更新改造的频率。为此，街道界面形式在围墙、围栏、临时性建筑之间反复多次切换的现象时有发生。以下将从构成要素及其组合类型的角度对街道边界形态进行解析。

(1) 围墙与围栏(图 5-27)

围墙是单位大院集中地段区别于其他地段的城市街道最主要的界面要素，主要指由砖石等材料构成的实体要素。单位大院围墙参与街道空间界面结构具有如下特点：从视觉与行为两方面对空间起到分隔作用；边界实体化导致边界与街道缺少必要的空间互动；围墙常规高度导致单位大院内部较高的建筑成为街道空间的第二界面；延绵较长的围墙导致街道界面视觉效果单调，影响街道活力。

围栏也是单位大院在某些历史时期常用的一种边界形式，其特点在于视觉通透性。围栏作为单位大院边界的出现早期主要从节约和建筑材料方面考虑，后来则主要考虑美学和空间通透性等。与实体围墙在街道界面构成中具备的空间与形态特点不同，围栏参与街道边界建构，边界对空间的围合效果不明显，仅从行为上对空间起到分隔作用，而保留了界面两侧空间的视觉联系，人对街道空间的感知得以从街道向单位大院内部扩展。单位大院内部一定范围内的绿化、建筑等要素均因视觉可达性而成为街道空间体验的重要构成部分。界面的通透性使得围栏的高度和长度对街道空间体验感的影响比实体围墙小很多。只要围栏另一侧单位大院内部的空间景观效果具备一定品质，一般不会给街道行人产生不良空间体验感。但其缺陷在于边界的通透性导致街道空间缺少必要的围合感，并且空间扁平化导致边界从使用上缺少与街道空间基本的互动，同样也影响街道活力。

第五章 微观层面：单位大院与城市公共空间建构

（2）单位大门

单位大门与围墙均为单位城市中街道界面重要且独具特色的构成要素。构成街道界面的单位大门形态各异，且在典型单位制时期一般均成为相应街道界面的标志物。改革开放前，单位大门几乎都采用了单体门的形态独立于建筑物而存在。常用的大门原型有牌楼门、阙门和屋宇门等，通过原型的变形、组合以及立面材料、形式与风格的变化衍生出了丰富的单位大门形式系统（图5-28）。变形不局限于大门构件本身，而且还涉及两侧的围墙和建筑等要素。单位城市中各种形式的单位大门与围墙、建筑等要素既可相互组合，也可实现形态的融合。改革开放后，一度流行的建筑底层局部掏空作为单位大门的做法就是大门与建筑融合的典例。

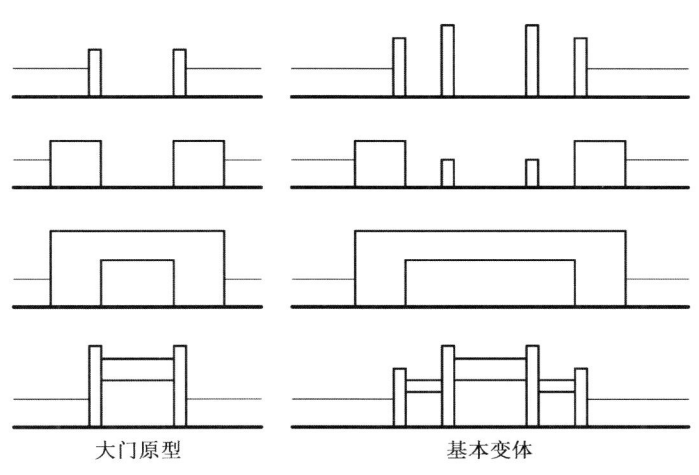

图5-28 单位大门原型与基本变体

（3）沿街建筑

尽管围墙和大门成为单位城市中街道界面的重要构成要素，但建筑物仍然在街道界面构成中占有较大比重。单位大院与城市街道的关联边界究竟以围墙还是建筑为主，不同街道不尽相同。一般而言，改革开放前沿街围墙所占比重较大，而改革开放后，建筑逐渐取代围墙成为街道界面的主控要素。改革开放前，街道边界建筑的多少与单位大院性质及其空间格局有关。位于城市中心区的服务型、办公型单位大院与街道关联边界的建筑物所占比重大，而远离老城区的教学型、办公型、生产型单位大院与街道关联边界的建筑物所占比重相对较小。但也有不少生产型单位大院在早期沿街规划并建设了部分职工宿舍，此外，不少地处郊区的单位大院在早期规划建设时就在单位大院用地沿街的某一角部设置了一幢商业建筑，一般称"供销社"。

从当前状况看，因单位大院内建筑物一般以南北朝向为主，且建筑形式主要为条式建筑，故其参与街道界面建构时，存在平行与垂直于街道两种空间格局。如前文所述，在单位大院集中地区，单位大院往往与城中村斑块间杂分布，故构成此类地段街道界面的建筑物除单位大院建筑外，还存在大量城中村建筑，两者与单位围墙和大门共同构成典型单位城市中的街道界面形态（图5-29）。

对单位城市中街道界面形态塑造存在影响的建筑不仅包括沿街建筑，还包括第二界

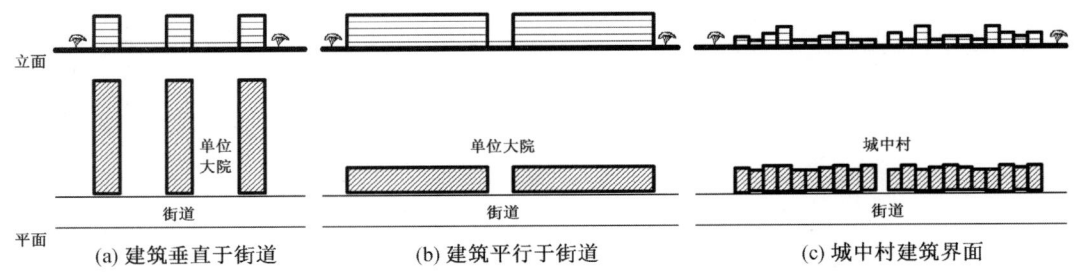

图 5-29　三种常见街道建筑类型

面建筑。因单位大院沿街围墙高度一般不会超过 3 m，故围墙内侧单位大院内的建筑，尤其是靠近围墙的多层和高层建筑，已经明显影响到人们对街道空间的体验感，甚至在某些情况下替代单位围墙成为街道空间的边界控制要素，此类建筑被称为"街道第二界面建筑"（图 5-30）。

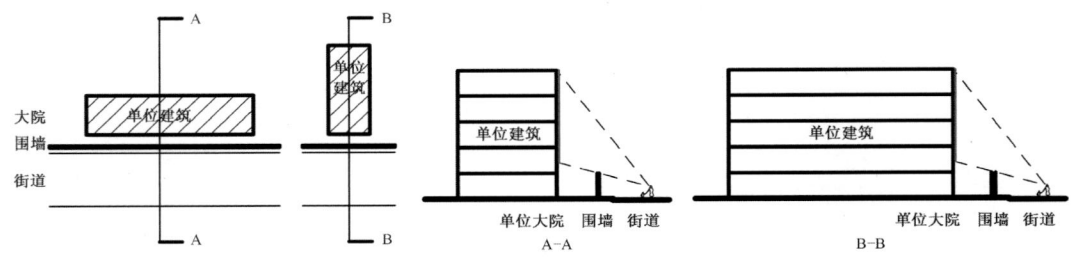

图 5-30　街道第二界面建筑

单位大院沿街建筑对街道空间与界面的影响还表现在其方向性及其改变对街道空间产生的影响。在改革开放前，单位城市的商业功能受到抑制，多数地段是以单位大院为单元进行城市空间组织的，建筑的方向性明显朝向单位大院内部，包括单位大院中的沿街建筑。改革开放后，不断增强的城市商业服务功能唤醒了城市街道在城市生活中的职能，一大批沿街单位建筑底层破墙设店。沿街建筑空间以方向性的改变来支撑新形势下城市街道空间职能的转变。

此外，改革开放后在原单位大院沿街围墙处新建一排低层商业店铺类建筑的现象非常普遍，但深入调研发现，此类建筑存在两种情形：其一，为属于单位大院建筑；其二，建筑产权不属于单位大院。前者即便受到单位大院内部建筑与空间的制约，但其仍然属于单位大院空间的构成部分，往往拥有与单位大院空间统筹考虑的机会；而后者在建设地块的形状与尺度等方面完全受单位大院围墙的牵制，因此影响到新建沿街建筑的形态，进而影响街道界面形态（图 5-31）。

综上所述，单位大院的边界甚至靠近边界的单位建筑对城市街道界面的建构与感知

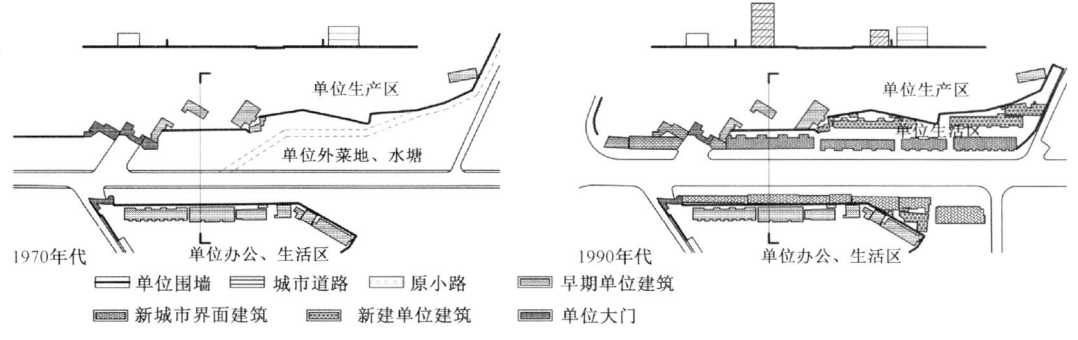

图 5-31 单位大院边界与街道界面形成

产生重要影响,且两者形成相互关联:首先,单位大院的大门、围墙等物质要素参与街道界面的建构并成为街道空间界面的重要甚至控制性的构成要素,导致街道空间界面呈现出不同于建筑形成的视觉效果。其次,围墙形式对街道空间存在重要影响,实体与通透给人的空间体验感存在明显差异;围墙形成的实体边界与建筑空间形成的边界在尺度方面存在显著差异,导致第二界面建筑现象的出现;围墙存在空间扁平化的特点,导致边界与街道的空间互动性缺失,进而影响街道空间活力。

5.4.2.3 街道节点

节点和标志物同为形成城市公众意象的重要要素。其中:节点是指城市中观察者能够由此进入的具有战略意义的点,是人们往来行程的集中焦点[1];而标志物则是观察者的外部观察参照点,观察者只是在其外部观察而未进入其中[2]。单位大门成为典型单位城市中街道空间的重要标志物,人们往往以单位大门来辨别在城市中的位置;而连通单位大门在内的单位入口前广场则成为所在街道的重要空间节点;加之以单位大院为目标地的城市道路组织形式使得道路丁字相交的现象在单位城市中比较普遍。故单位城市典型的街道节点除了一般城市中的道路十字交叉口外,还普遍存在单位大院出入口和丁字交叉口两种形式。

(1) 单位大院出入口

从街道空间平面形态上看,单位大院的入口前广场空间对街道的平面形状与空间节奏产生了明显影响,并成为城市街道空间的重要节点空间(图 5-32)。正如凯文·林奇提出的城市意象五要素[3]中的"节点"一样,单位大院入口空间成为单位城市中重要的节点空间。从某种意义上看,其在城市空间构成中的地位不亚于城市道路交叉口类的节点空

---

[1] [美]凯文·林奇.城市意象[M].方益萍,何晓军,译.北京:华夏出版社,2001:36,55.
[2] [美]凯文·林奇.城市意象[M].方益萍,何晓军,译.北京:华夏出版社,2001:36,60.
[3] [美]凯文·林奇.城市意象[M].方益萍,何晓军,译.北京:华夏出版社,2001.

间。因为该节点空间是整个单位大院内部人员在大院空间与城市空间之间转换的必经之地，同时也起到单位大院空间与身份的标志性作用（图5-33）。正因如此，单位大院入口空间往往成为单位城市中重要的场所空间，在单位时期人们在单位大院大门口驻足、交谈、拍照留念等情景也随处可见。

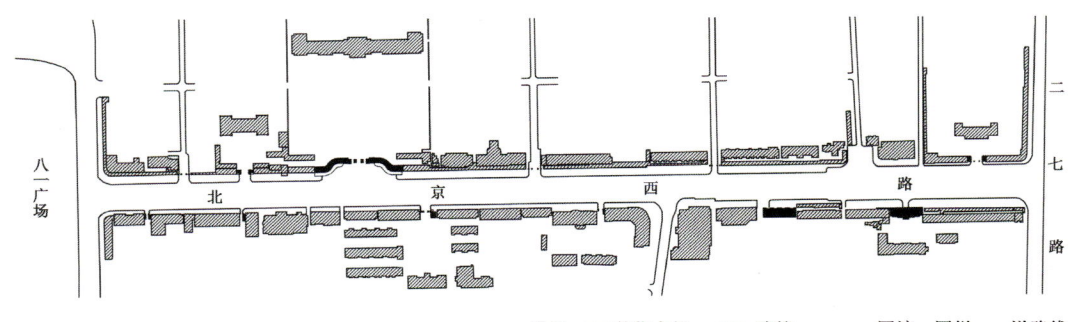

图 5-32 北京西路西段街道平面与单位大门分布

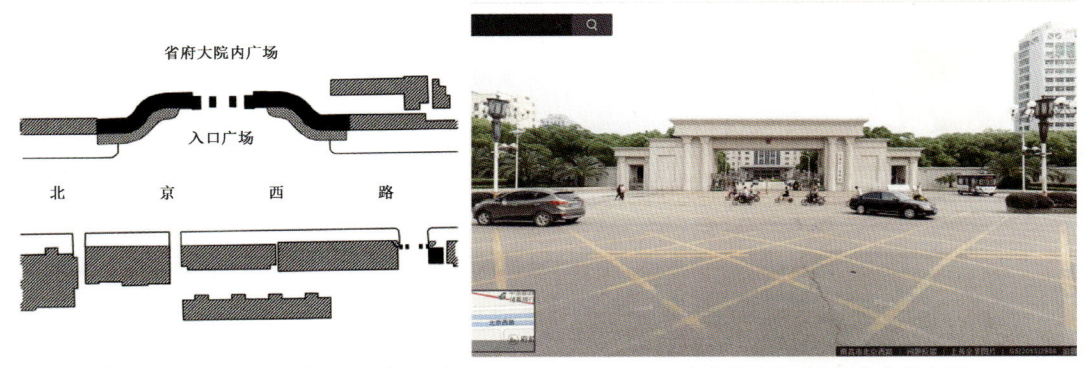

(a) 省府大院主入口与北京西路空间局部平面　　(b) 省府大院主要入口前广场实景

图 5-33 省府大院主入口

单位大院入口空间广泛存在三种空间形态：大门—道路型、大门—广场—主楼型、建筑—广场—主楼型（图5-34）。大门—广场—主楼型单位大院入口中，单位大门一般正对的建筑是单位大院的主要建筑，简称"主楼"，并且在大门与主楼前设有广场或者院落空间，选择此类入口一般旨在强调空间的围合感和建筑物的庄重性。大门—道路型入口形态的主要形态特征为从单位大门引出一条道路向单位大院内部纵深方向延伸，一般在入口附近不设正对大门的建筑，此类入口空间组织形式旨在强调空间的纵深感。而建筑—广场—主楼型入口则以沿街建筑作为单位大院入口，此入口类型主要出现在1980年代后，单位大院沿街新建建筑尽可能占据单位大院沿街面，建筑物底层架空设置单位大院的出入口。早期一些服务型单位大院可能采用此类入口形态。1980年代后采用建筑作为大院入口时往往伴随原大门空间形态的更新,单位大门由独立式大门改为建筑。

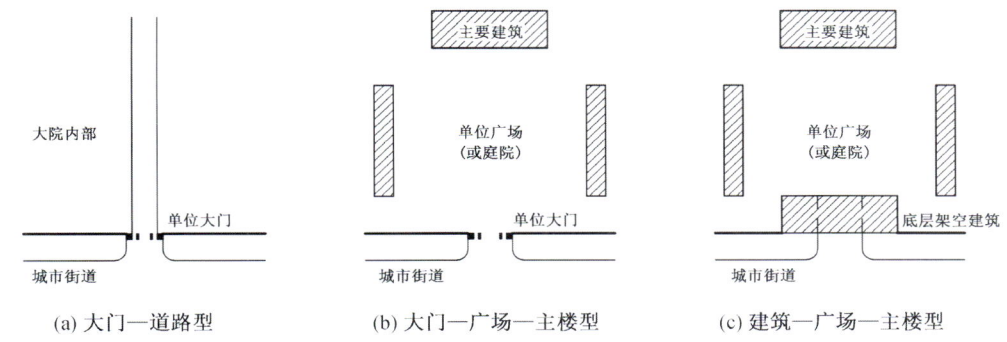

图 5-34　三种单位大院入口空间类型

与城市街道空间节点进行形态结构比较可看出,大门—道路型入口空间,单位大院内部主要道路与城市街道丁字相交,并以单位大门作为转换标志。大门外与城市道路之间形成局部放大的入口广场,从形态结构上看形成的空间节点与城市道路交叉口的形态机制类似。两者最大的区别在于单位内部的空间构成情况以及单位大门节点处采用了门禁系统区分空间领域。如果改变空间管理模式,将单位大门处的门禁系统取消只留下独立式大门,市民可以在连通大门的道路上自由通行,那么此类入口形态形成的节点空间就完成了向城市街道节点空间的转换。独立式大门可以成为节点空间的一处标志物,类似中国传统城市街道中起标示作用的牌坊、牌楼、阙门等构筑物(图 5-35)。此类入口形态往往成为城市更新工作中补充城市道路的重要关注对象(详见 7.1)。

(a) 西安书院门

(b) 南昌省府大院北二路西大门

图 5-35　西安书院门和南昌省府大院北二路西大门

(2) 丁字路口

丁字路口系单位城市中普遍存在的另一种街道空间节点类型,从平面形态上看,与上述单位大院入口形态类型中的大门—道路型非常类似。两者关键性的区别在于,丁字路口中垂直主路的道路位于单位大院外部,且丁字相交的两条道路均为城市道路;而大门—道路型入口空间中与城市道路丁字相交的道路位于单位大门内侧,为单位大院内部道路。单位城市中的丁字路往往正对某一单位大院入口,两者相结合则表现出不同的节点空间形态(图5-36)。从空间的形态结构上看,丁字路口与大门—道路型单位入口相对的节点空间,与城市道路的十字交叉口非常类似,两者关键性的差别在于前者在特定路口设有单位大门和门禁系统。如果将门禁系统取消,该节点空间可以顺利向城市空间转变。至于单位大门本身则因门禁的取消可能成为道路节点空间的标志物,起到类似于某些传统城市街道中的牌楼的作用。

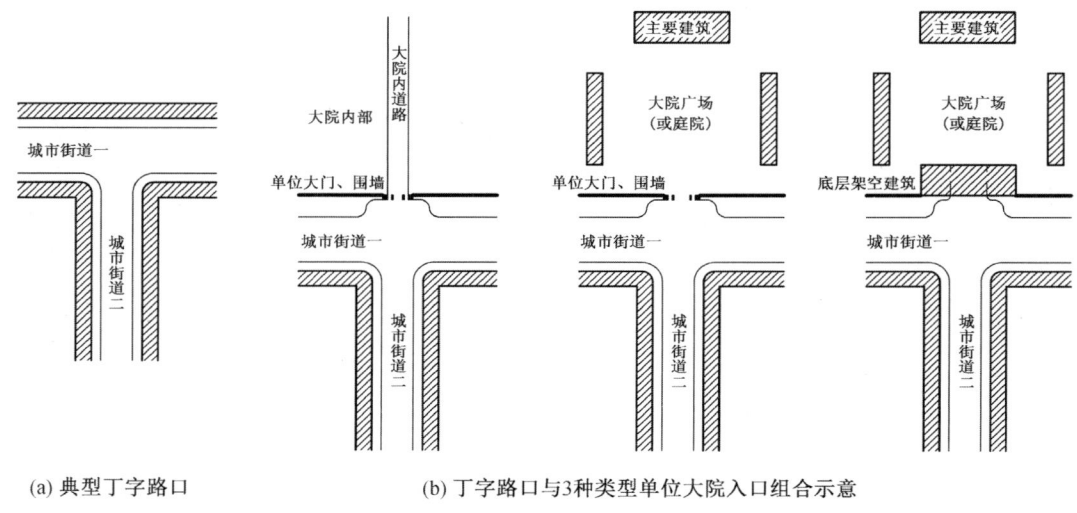

图 5-36　丁字路口与单位大院入口

5.4.2.4　场所活力

单位大院对城市街道空间的影响不仅仅在于对街道界面形式的影响,更重要的在于单位大院具有大规模的职工和家属人群,为街道空间活力提供强有力的支撑。

扬·盖尔将人在公共空间中的户外活动分为三种类型,即必要性活动、自发性活动和社会性活动,并指出每种活动对物质空间环境的要求存在差异①。其中,必要性活动很少受到物质空间形态的影响,主要指人们在不同程度上都需要参与的活动,参与者对此类活动的发生没有选择的余地,在各种条件下都会发生,如上学、上班、购物、等人、候车等。自发性活动则需要在适宜的时间、地点,加上人们有参与意愿时才会发生的活动,如散步、呼吸新鲜空气、驻足观望有趣的事情以及坐下来晒太阳等。而社会性活动则指在

---

① ［丹］扬·盖尔.交往与空间[M].4版.何人可,译.北京:中国建筑工业出版社,2002:13.

公共空间中有赖于他人参与的各种活动，其发生的必要条件为人们处于同一空间，或互相照面、交臂而过，或过眼一瞥。最普通的社会性活动为被扬·盖尔称为"被动式接触"的以视听来感受他人这一行为，此外还包括儿童游戏、互相打招呼、交谈、各类公共活动等。扬·盖尔将社会性活动称为"连锁性活动"，因为在绝大多数情况下，它们都是由必要性活动和自发性活动发展而来①。

在城市公共空间中，自发性活动和社会性活动具有重要意义，但对必要性活动进行干预有可能为自发性活动和社会性活动的发生创造条件。如前文所述，在单位城市中单位大院集中地段孕育出了颇具活力的生活性街道，在此，活力的先决条件在于单位大院的空间组织方式通过规定单位大院的出入口位置与朝向来规定单位大院内部人群的必要性活动的行为路线，并将大量人群聚集到特定的街道上，由此激发出街道活力。可见，单位大院空间组织方式通过改变空间单元的方向性来改变街道空间的人流量，进而实现对街道活力的调节。

将街区型街道空间与大院型街道空间的形态结构进行比较可发现（图 5-37）：街区型街道中宅间道路公共化，导致各地块人群的出行存在两个选择方向；而大院型街道中，单位大院出入口朝向特定街道，地块（单位大院）内人群的出行客观上被规定方向，导致特定道路人流聚集度和活力远高于周边其他道路。可见，街区型街道为出行提供了更多方向性的选择，空间指向在于人流的分散；而大院型街道则在规定出行方向的同时为人流的聚集提供了更大的可能性，其空间指向在于人流的组织，且客观上形成了人流的高度聚集。从某种意义上说，街区型街道是一种更适合交通组织的街道类型，而大院型街道则是一种更适合生活组织的街道类型。

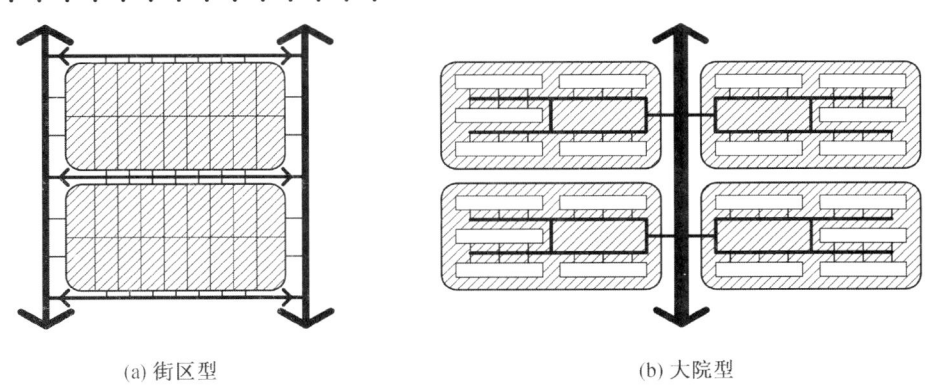

(a) 街区型　　　　　　　　　(b) 大院型

图 5-37　两种类型街道空间方向性比较

以师大南路为例（图 5-38），师大南路尽端分布着手表厂大院，1980 年代中期该厂有

---

① ［丹］扬·盖尔.交往与空间［M］.4 版.何人可，译.北京：中国建筑工业出版社，2002：13-16.

职工1 000多人,而鼎盛时期的职工人数约2 500人①。2000年前后,该大院内有职工住宅近700套,如果按照全国第五次人口普查时南昌平均每户3.68人计算②,手表厂大院内当时共有住户约2 600人,还有不少职工未住在手表厂大院内,而每日通勤往返于居住地与大院之间。再加上师大南路中段的第二塑料厂和其他省直单位如土地局、纺织局、出版局等分布在师大南路的住宅有900余套,折算居住人数超过3 300人。此外,师大南路部分路段沿线及毗邻地区分布着大量顺外村村民住宅。保守估计,师大南路成为至少7 000人与城市主干道北京西路联系的必经之路。而由于师大教学区和生活区,以及师大附中就分布在师大南路出口端北京西路两侧,以1990年代末师大的师生数7 000人计

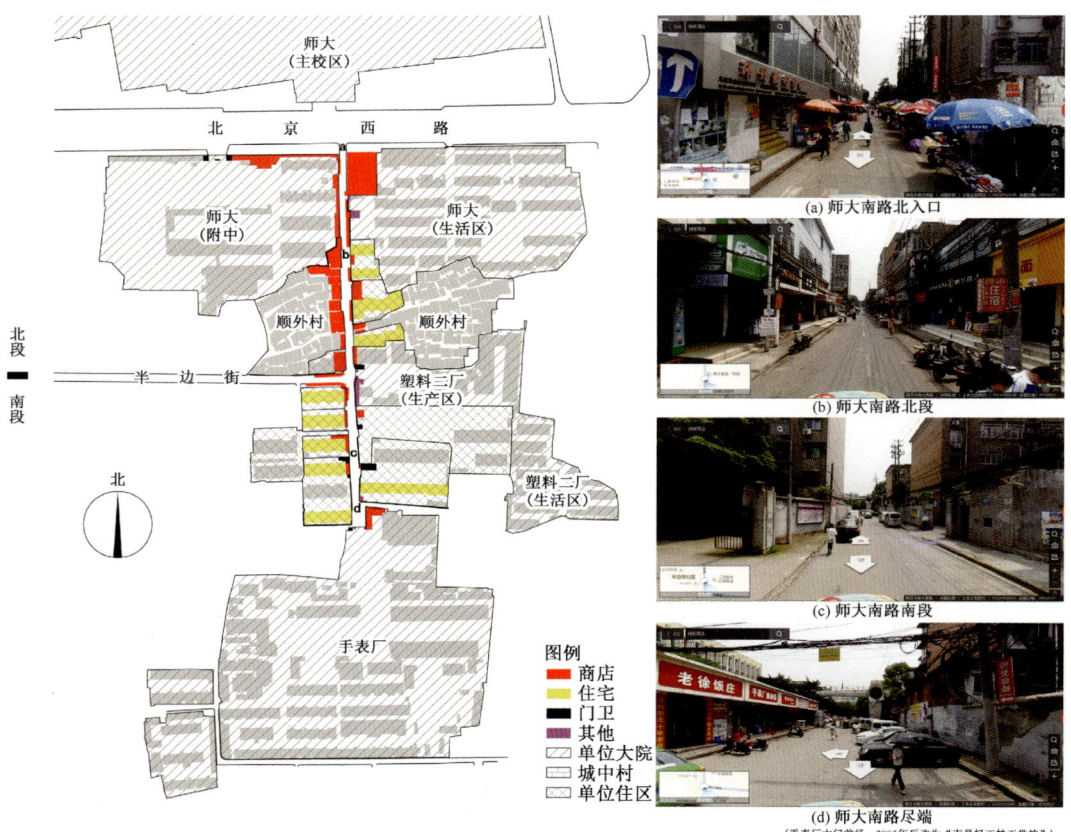

图5-38 师大南路空间构成与实景

① 据原手表厂厂长骆军介绍,该厂鼎盛时期仅职工人数就高达2 500人。数据来源:蔡文静. 探秘南昌手表厂的"流金年代"[N/OL]. 南昌晚报, 2014-08-26[2016-03-28]. http://nc.jxnews.com.cn/system/2014/08/26/013288507.shtml.
② 南昌市统计局. 南昌市人口发展特征分析[EB/OL]. (2012-07-25)[2016-03-28]. http://www.nctj.gov.cn/Content.aspx?ItemID=7955.

算,估计在 1990 年代末支撑师大南路这条长约 400 m、宽约 9 m 的生活性街道的活力源泉的常住人口数至少可达 15 000 人。

因与大量常住人口的日常通行与活动行为轨迹吻合,故师大南路成为迄今为止所处地段内最重要的生活性街道,也成为附近居民乐于参与的重要场所空间。鉴于前文所述单位城市中地段级公共空间的稀缺,商业与休闲相结合使得师大南路充当了所在地段公共空间的作用。

综上所述,因单位大院边界封闭,少数几个出入口规范了大院内部人员的行为路径,将大院内部所有人员的必要性活动导向特定的城市道路。单位大院内部人群必要性活动的定向化导致特定道路形成巨大的人流量,并进一步催生出最原初的街道空间和生活。而毗邻的城中村又为早期街道商业氛围的营造提供供给侧要素。而随着街道活力的提升,反过来进一步促进街道空间形态的改写。一方面不少单位大院因势利导盖起了沿街店铺或者利用原有沿街建筑开墙设店;另一方面,毗邻的城中村居民先后沿街盖起了多层民房,同样利用底层开设店铺。沿街商业空间的数量与经营种类的增加,加之界面连续性的增强进一步催生了自发性和社会性活动,进而提升了街道空间活力。

5.4.2.5　城市街道对单位大院形态的影响

因城市街道为单位大院提供空间接口与通道,同时单位大院与城市街道在某些地段表现为互为图底的空间结构关系,故城市街道对单位大院物质空间形态的影响不仅在于边界的形态关联,而且对单位大院的空间格局生长往往也产生重要甚至决定性的影响。

（1）边界关联

本章 5.4.2.2 中对单位大院边界参与建构城市街道界面的相关内容进行了研究,并主要关注了单位大院边界形式对城市街道界面及空间的影响。多数情况下,单位大院的沿街边界与街道界面属一体之两面,形成互为图底的结构关系。不管是来自大院还是街道的需求均可能引起关联边界的改变。不管是实体围墙还是建筑物作为关联边界,其改变均可区分为装饰性改变和结构性改变。其中:前者主要表现为边界立面的改变,例如沿街墙面更换外装饰材料、改变图案、文字等,以及沿街建筑物外立面装修与改造等;后者主要是指边界拆除、重建,以及要素及空间形态的改变,如围墙变成围栏、建筑,或者改变要素的形状、尺度等。关联边界的装饰性改变一般不涉及另外一侧边界形态甚至视觉效果的改变,而结构性改变必然涉及另外一侧边界形态、视觉效果甚至空间格局的改变。

单位城市中,城市街道对单位大院边界的影响主要表现为,城市街道空间性质改变往往对单位大院边界形态提出需求,而单位大院往往也做出适应性的改变。这种需求可能是自下而上的,也可能是自上而下的。具体的表现形式主要有:围墙改为建筑、围墙外加建建筑、沿街建筑底层破墙开店、围墙改为通透围栏、以及建筑改为围墙、拆除建筑建通透围栏等。

自上而下的需求在城市中某些主路型街道和部分重要的支路型街道中表现比较突出,主要表现形式有:为了某些街道的沿街立面效果,城市规划与管理部门可能规定沿街各单位大院需将沿街面建设成统一层数和高度的建筑,并且可能规定建筑物的功能类型,至少是沿街建筑物底部的功能类型;规定沿街围墙改为通透围栏;规定拆除沿街临时性店面,恢复围墙或者围栏等。自下而上的需求导致边界改变则可能来自单位大院统一行为,也可能来自沿街建筑底层使用者个人行为,主要因所依托的街道空间的发展带来利益,而出现自发改变边界形态的现象,常见的方式主要为,单位将沿街围墙拆除新建商业店铺或其他建筑物,也有沿街加建临时性建筑的现象,以及既有沿街住宅底层住户破墙开店的现象。

街道空间性质转变导致单位大院边界形态改变,而后者往往又反馈于街道,进一步推动街道性质的改变。

(2) 空间关联

街道对单位大院空间格局的影响主要源于街道能够提供通路,如师大南路的手表厂大院。该大院最初为1970年前后利用原江西教育学院的校园改扩建而成。起初单位大门位于大院西侧正对岔道口东路(称"西大门"),生产区在现大院生活区东南角,1980年后利用现生活区北侧的一大片农田扩建生产区,并在正对师大南路的位置开辟新大门(称"北大门")。因经师大南路至北京西路,可较方便地抵达八一广场和老城区,故北大门取代西大门成为手表厂大院的主大门,从此西大门的职能简化为生活区联系大院外生活性街道和农贸市场的主要出入口。新厂区的建成导致手表厂大院空间格局发生结构性调整(图5-39)。

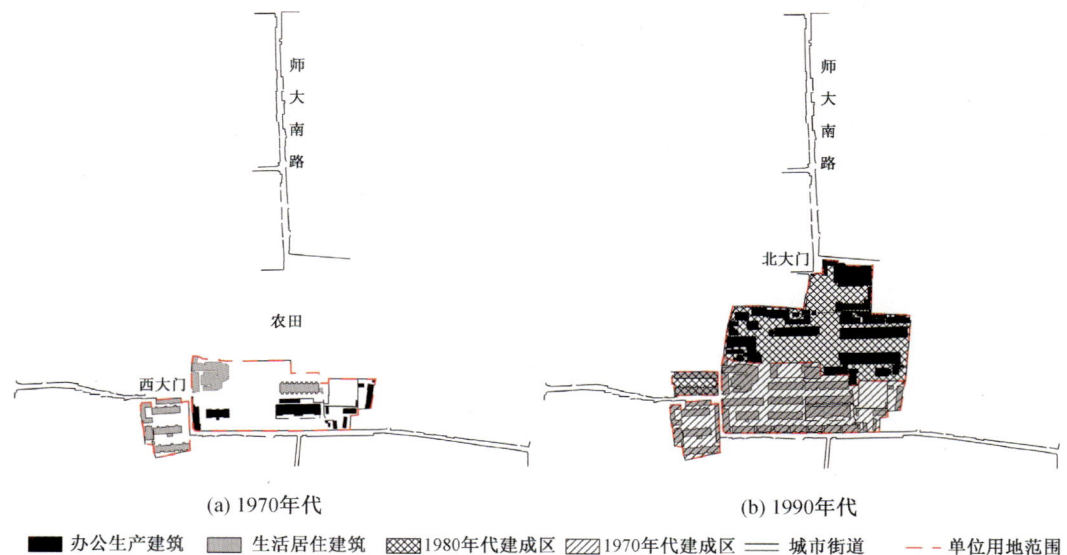

图 5-39 手表厂空间演变与周边街道[①]

---

① 1970年代手表厂大院的建筑与空间状况系根据《南昌市轻工业志》和部分退休老职工回忆整理而成,1990年代的建筑与空间状况根据相关地形图和现场调研及职工访谈资料整理而成。《南昌市轻工业志》编纂委员会.南昌市轻工业志:1900—1988[Z].南昌:江西省出版事业管理局,1990:245-250,407.

5.4.3 公共服务设施

5.4.3.1 城市级公共服务设施

单位制时期,南昌主城区绝大多数公共服务设施位于老城区和八一广场、八一大道沿线。除商业设施外,其主要包括文化活动类、纪念馆、旅馆、医院等公共服务设施。单位大院作为一种空间建设观念行为和空间组织模式对这批公共服务设施空间形态最为显著的影响在于,除商业设施外,其余公共服务设施基本上都采用单位大院作为各自的物质空间载体。以八一广场以北沿八一大道的一批公共服务设施为例,不管是医院、宾馆、工人文化宫,还是烈士纪念堂,均表现为封闭的院落式、职住靠近的整体型单位大院空间格局(图5-40)。故将城市级公共服务设施视为服务型单位大院进行考察(详见1.1.4等章节)。

5.4.3.2 大院级公共服务设施

典型单位制时期在城市外围地区,单位大院成为城市空间的唯一组织与表现形式,同时也承担并行使相应地段的城市职能。故单位大院内部均配备了一定数量的公共服务设施,而这批公共服务设施也就成为相应地区城市的公共服务设施。公共服务设施配备情况与单位大院所在地段以及单位大院的性质、规模有很大关系。一般远离市中心的大型单位大院内部公共服务设施配备比较齐全,如位于塘山地区的江纺大院内部就包含了礼堂(兼电影院)、文化活动中心、体育场馆(包含1个标准田径场)、职工医院、幼儿园、子弟学校、食堂、浴室、招待所和职工学校等。根据相关史料记载,早期单位大院集中地段的公共设施设置往往具有按照地段统筹考虑的意识,例如早期在上海路设置的职工子弟学校,就是考虑解决附近的橡胶厂、洪钢、搪瓷厂、华安针织厂等工厂职工子弟就学问题,后来各厂陆续自建子弟学校后,原子弟学校划归洪钢。在改革开放后,城市的商业服务功能恢复并得到迅速发展,城市公共性诉求提高,以各单位大院为依托建公共服务设施的热情空前高涨,表现为公共服务设施的类型、数量及规模等均全面提升。随着城市公共空间活力提升,市场机制作用的显现,不少单位大院将公共服务设施沿城市道路建设,既服务单位大院内部人群,也为社会提供服务,尤其是位于城市中心区的一些单位大院。如八一广场以南的交通厅大院,沿八一大道新建了交通宾馆对外提供服务。此外,随着单位大院空间职能的社会化,不少单位大院内部的服务设施也开始走向社会化。社会化后的单位大院内部公共设施客观上起到补充城市和地段级公共服务设施的作用,甚至成为相关地区地段级公共服务设施的主体,如昌南洪都地区大院生活区向城市空间转化后,原洪都大院内相当完备的公共服务设施就转型为整个地区的公共服务设施。

与城市级公共服务设施往往以单位大院形式出现的情况相反,大院级的公共服务设施中大部分均以单体建筑的形式出现,主要原因一方面在于大院级公共服务设施规模相对较小,无需以建筑群的形式来解决空间规模问题,另一重要原因在于利用这些服务设

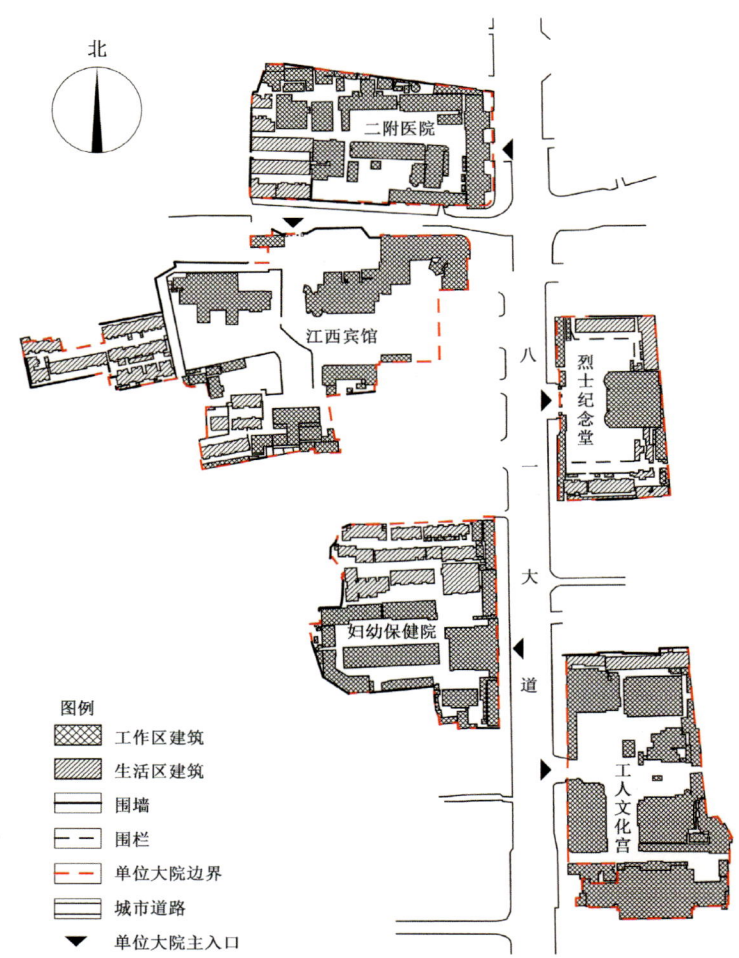

图 5-40 单位城市中的公共服务设施

施的职工为大院所属单位的职工,其生活、居住问题在整个大院范围内统筹安排,无需靠近这些设施形成独立的生活区,故当大院空间城市化后,这批公共服务设施均以独立建筑的形式面向转化后的城市空间。值得注意的是,大院内部的子弟学校则多以院落空间形式出现,这与学校的管理模式密不可分,可见院落空间与特定的使用功能及管理模式存在一定的对应关系。

5.5 本章小结

本章选择单位城市中的公共空间展开研究,旨在揭示单位大院与城市公共空间建构之间的形态关联性。主要结论如下:

第一，以单位大院作为城市空间组织形式建构起来的单位城市，其公共空间与设施的层级系统与街区制城市存在明显差异。单位城市中地段级公共空间与设施相对萎缩，而大院级公共空间与设施非常丰富。在一些远离城市中心区的地区，单位大院本身就成为该地区城市空间具体且唯一的表现形式，故此类地区大院内部公共空间与设施也就成为地段级城市公共空间与设施的具体表现形式。

第二，公共空间的公共性是相对的，即不同公共空间的公共性程度存在差异，导致公共空间层次性的出现，而公共性差异与空间层次性相结合能孕育出丰富的公共空间系统。与个人相对的集体以及与私有相对的公共，均为公共性的具体表现形式。单位大院空间组织模式下，公共空间公共性程度梯级变化细腻，导致城市公共空间尤其是地段和大院级公共空间形成了层次变化丰富细腻的公共空间系统。城市、地段、大院、分区、宅间、宅前等各层次的空间均获得了具体的表现形式。

第三，在单位大院空间组织模式与观念的影响下，城市中部分类型的公共空间与设施以及大多数公共服务设施均形成了具有单位大院空间特征的形态斑块。职住靠近、边界封闭等特征在公园、医院、宾馆和体育文化设施中均得到充分体现。换言之，单位城市中除广场、街道外，公共空间与设施本身就成为单位大院的一种功能类型——服务型单位大院。

第四，单位大院内部形成了丰富完备的公共空间与服务设施，随着大院周边地区城市化程度的提升，以及大院空间向城市空间转化，大院级公共空间与服务设施逐渐被释放出来，成为真正意义上的地段级公共空间与服务设施，在某些地段还成为城市级公共空间与服务设施的重要补充。

对城市典型公共空间的形态解析发现，单位大院在城市广场与街道空间建构中发挥了重要作用，并与相关公共空间形成了紧密的形态关联，具体表现在：

第一，单位大院边界成为所在地段绝大多数开敞性公共空间界面的控制性构成要素，两者互为图底，形成结构性关联，两者的共同边界被称为"关联边界"。

第二，单位大院在参与具备礼仪性需求的城市重要公共空间的界面建构时，如城市中心广场和部分主路型街道等，边界建筑形态往往是城市和单位大院两方面空间形式与秩序建构需求相互作用的结果。沿街建筑存在城市建筑、大院建筑和双性建筑三种类型。其中双性建筑是单位城市中特殊的一种建筑类型，主要空间特征为：底部空间面向城市开口供城市使用，上部空间面向大院内部开口供大院内部人员使用。双性建筑在今后的单位大院空间转型中可能发挥现实作用。

第三，绝大多数单位大院在建筑空间组织上将单位大院内部空间秩序建构需求置于城市空间建构需求之上，导致城市公共空间边界形态在连续性与整体性塑造与提升过程中受到单位大院的钳制，造成公共空间边界形成大量低矮的条式建筑和皮式建筑，缺少业态适应能力。

第四，单位大院的围墙和大门成为城市公共空间边界的重要甚至控制性构成要素。尤其是单位大门，还成为城市街道空间的重要标志物，对单位城市的公众意象形成起到关键性作用。

第五，尽端式街道和大院型街道是单位城市中独具特色的公共空间类型。单位大院入口和丁字路口成为城市街道重要的空间节点，大院—道路型入口和丁字路口在城市路网结构提升中具备良好空间潜力，故成为相关工作的重点关注对象。

第六，单位大院具有规模大、空间方向性明确等特点，客观上通过规定一定数量人群的出行方向与路线为特定城市公共空间活力的塑造发挥积极作用。故单位大院与某些颇具活力的生活性街道的共生现象成为单位城市中普遍存在的规律，这为当下以人为本的城市空间环境品质提升提供了现实参考。

3 第三篇
更新篇

第六章
单位大院更新与城市物质空间形态

　　单位大院集中地段的城市物质空间形态更新很大程度上受单位大院物质空间形态更新的影响：一方面，单位大院的空间更新成为相应地段城市空间更新的重要推动力；另一方面，单位大院集中地段的城市空间更新又很大程度上受单位大院的牵制。两者相互牵动。

　　从南昌的具体情况看，在单位大院空间的生长周期中，其物质空间呈现生长性和转型性两种更新方式。1990年代之前，几乎所有单位大院都存在空间的生长性更新，而1990年代后，尤其是2000年前后开始，转型性更新在生产型单位大院中表现尤为突出。如同全国大多数城市一样，这一时期南昌的工厂也在城市转型大潮中纷纷倒闭、外迁，旧工厂空间面临更新、改造与土地置换。尽管整个过程滞后于发达城市，但大致发展轨迹相同。自从1990年代初出现首批仓储类单位功能转换以来，如今南昌主城区已有超过50个生产型单位空间被置换或者正在置换过程中（图6-1）。鉴于单位大院转型性更新从根本上是由城市转型需求导致，且成为一定时期内城市转型与空间更新的重要表征，故本章以已更新的生产型单位大院作为调查研究对象，通过观察单位大院转型性更新的特点及其对所在地段的城市物质空间形态的影响来揭示两者的内在关联，进而洞悉城市形态的构成与发展规律。

　　本章主要研究思路为：对南昌主城区范围内1980年代之前的生产型单位大院进行统计，选定已经更新和正在更新的生产型单位大院及其所在城市地段的物质空间形态问题展开研究，总结归纳单位大院的更新阶段与模式，并分析各种更新模式对城市物质空间形态的影响。

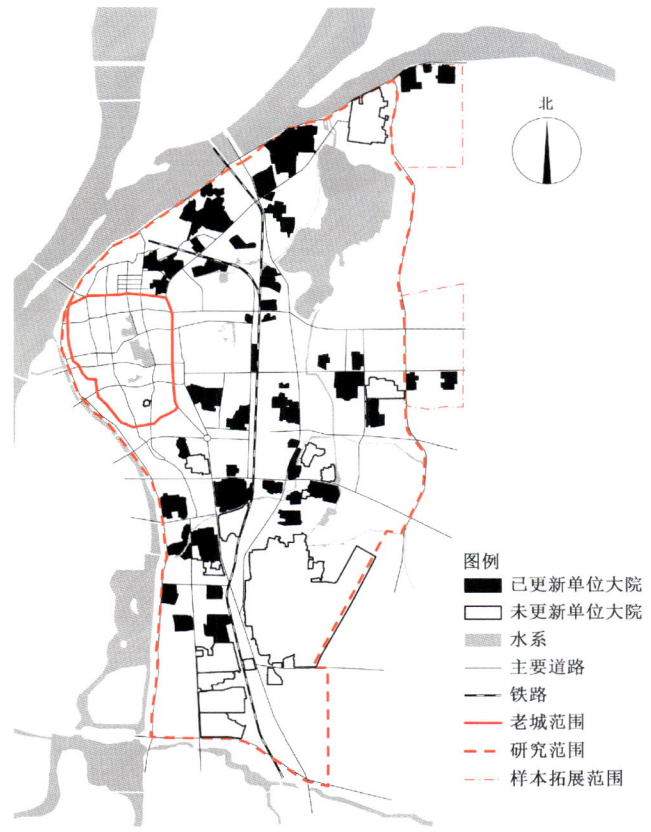

图 6-1 南昌主城区已更新的生产型单位大院分布状况①

6.1 更新模式

南昌生产型单位大院带动的城市物质空间更新大致始于 1990 年代初。从各单位大院的转型性更新历程看可分为一次更新和二次更新两个阶段。绝大多数单位大院迄今为止经历了一次转型性更新,也有部分 1990 年代经历首次转型更新的单位大院于 2010 年后开始出现二次更新现象。总体看来,单位大院转型性更新方式主要有功能置换、空间置换、结构提升和空间改造四种模式(图 6-2)。

---

① "已更新单位大院"包括正在更新的生产型单位大院,统计截止时间为 2015 年年底。

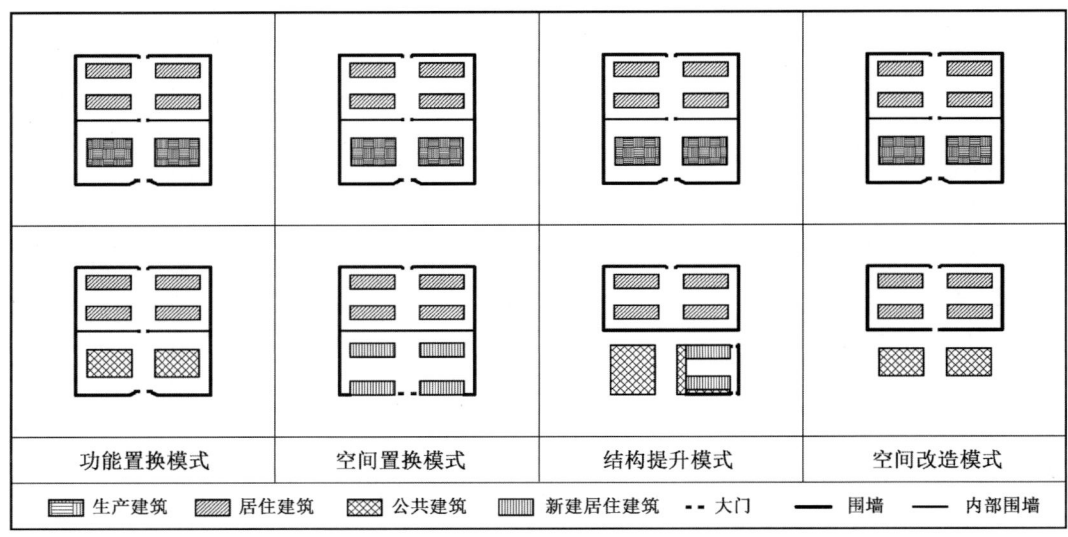

图 6-2　生产型单位大院的四种更新模式

6.1.1　功能置换模式

　　功能置换模式是最基本也是最早出现的一种单位大院更新模式,主要表现为某些生产型单位大院的仓储区和生产区被置换成专业市场、培训机构的教学办公用房等。一般而言,几乎所有的单位大院空间更新都会涉及功能置换,但此处仅指单纯的功能置换,未涉及结构性的物质更新。该模式大致始于 1990 年代初期,也是整个 1990 年代单位大院空间更新的主导模式,甚至近些年某些单位大院二次更新时仍沿用了该模式。其主要特征为物质载体基本不变或经过简单改造调整以适应产业转型需要。1993 年成立的"南昌市洛阳路建筑装饰材料市场"(简称"建材市场")就是由原江西省商业储运公司(简称"商储")的仓库经功能置换而成(图 6-3);2000 年前后手表厂转型将生产、办公用房出租给多家培训机构作为教学办公用房使用也属此模式。

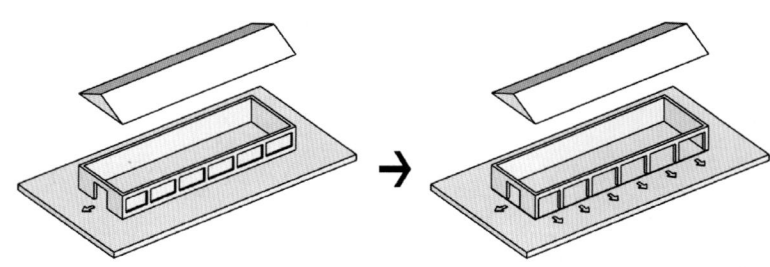

图 6-3　功能置换模式中建筑空间方向性改变示意

以该模式进行转型更新的单位大院对城市肌理特征未产生本质性影响,但用地性质与空间功能发生改变后对所处地段的活动人群、交通状况、整体活力以及相邻街道的沿街功能业态和空间界面等均产生了显著影响。

以原商储所处地段为例(图6-4),该单位空间始建于1950年代,位于洛阳路、二七南路、南柴专用铁路和丁公路围合区域内,占地约9.3 hm^2。更新前该单位空间为一整体型单位大院,共有四个出入口,其中一个为铁路专用出入口。单位大院的生活区位于西南角,由两部分构成,两者被单位大院的主要出入口隔开。1990年代初置换成建材市场后,原本封闭的大院转而成为可供市民自由进出的公共性商业空间,吸引了大量人、车、物流,地段整体活力显著提升,并推动了相邻道路的改扩建。东边紧邻的二七南路就是由一条交通性小路拓宽改建而来,成为两侧满布店铺的城市干道。

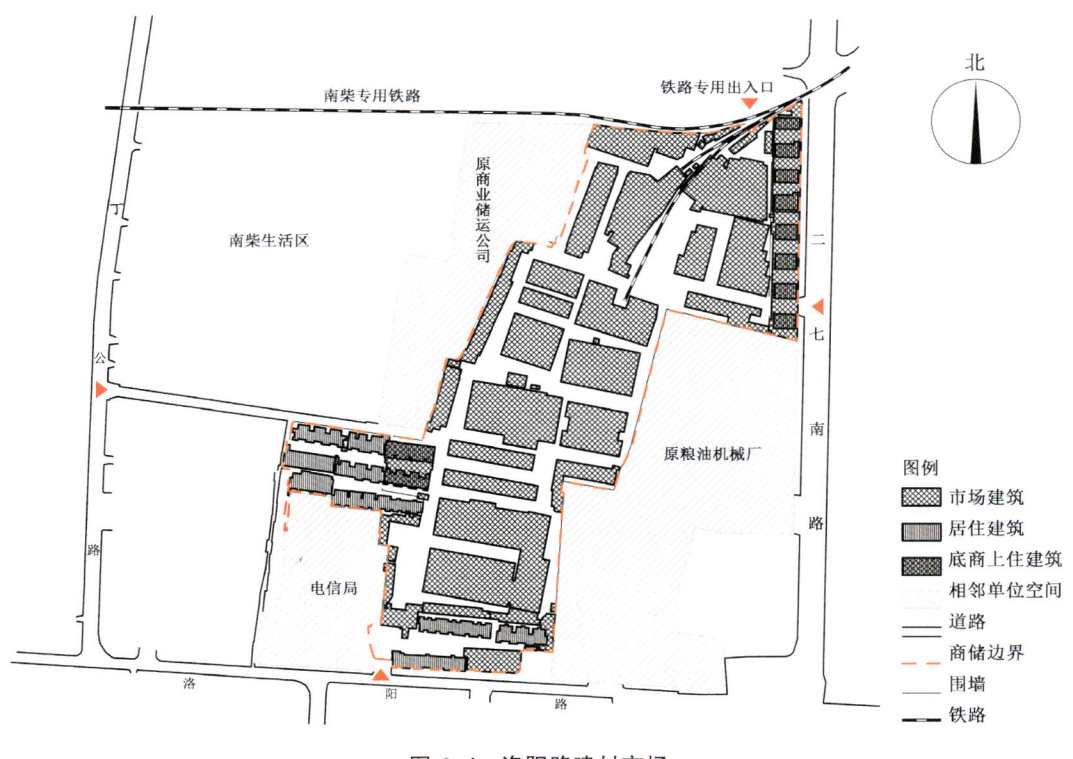

图6-4 洛阳路建材市场

各单位大院转型后选择的新功能、业态往往与原单位或者地段内既有单位及城市功能相适应,如手表厂因靠近师大而成为各大培训机构争相抢占的宝地;而商储与江耐都转型为与建筑装饰材料经营相关的专业市场(表6-1)。

表 6-1 部分单位空间转型前后功能业态对照

原单位简称	砖瓦厂	农药厂	中转粮库	商储	客车厂	手表厂	江耐
现用途	建材市场	农产品市场	粮油市场	建材市场	高校	培训机构	建材市场
两者关联	同类转型	同类转型	同类转型	同类转型	就近转型	就近转型	同类转型

6.1.2 空间置换模式

空间置换模式出现于 2000 年前后，直接推动力为日益壮大的商品房市场，它几乎终结了单位大院空间自然转型的进程，其特点为生产型单位大院的生产区建筑空间被彻底荡平，功能与空间全面置换，除空间边界外几乎不留痕迹，原生产、办公用地经重新规划设计开发建设成门禁式居住小区。总体而言，这一阶段更新的生产型单位大院一般规模不大，早期以纯居住空间开发为主，只在沿街建筑的底层设置商业店面，小区内部辅以少量配套设施。比较典型的如江柴大院被开发成阳明锦城小区，江西电子仪器厂大院被开发成恒茂城市花园等。前者占地面积约 4.8 hm²，属纯居住功能小区，大致有住户 700 余户；而后者占地面积约为 3.7 hm²，容纳住户近 600 户，只在沿南京西路一排住宅的底层设有沿街店面。2000 年代中期开始出现沿街商业、后部为门禁式居住小区的混合功能开发模式，如化纤厂生产区更新为蓝天碧水购物广场，蓝光电子仪表总厂大院更新为东方明珠小区等（图 6-5）。

空间置换模式的生产型单位大院空间更新以"土地变性、空间置换"为主要特征。工业用地改为居住用地后，原有的生产用房无法适应当代家庭生活需要，厂区建筑全部拆除而转向新建住宅，因此对所处地段的城市肌理有显著影响。因涉及的厂区占地面积不大，且新建住宅小区并未影响城市路网，可将其视为同一地块中物质空间的置换。尽管更新后的空间为居住空间，但是由于居住人群的聚集，有效提升了地段活力，并对相邻街道界面空间形态、功能业态以及周边的交通状况产生重要影响。

6.1.3 结构提升模式

2003 年开始，随着参与更新的单位大院规模增大，单位大院空间转型性更新表现出新的特点：单个地块占地面积过大，加之城市中心区超大规模的纯居住小区开发难以适应市场需求亦无法发挥土地价值、激活城市空间，故将城市空间和商业、办公、酒店等公共建筑引入地块内部的商住混合型开发应运而生。典型的有原南柴开发成恒茂国际华城，制药厂、洪钢和江纸分别转型为经纬府邸、恒茂国际都会和"江中·紫金城"等。此类开发成为南昌一批大中型生产型单位大院生产区空间更新的主要模式。

结构提升模式往往触及相应地段城市路网与公共空间结构，以及服务设施的功能完

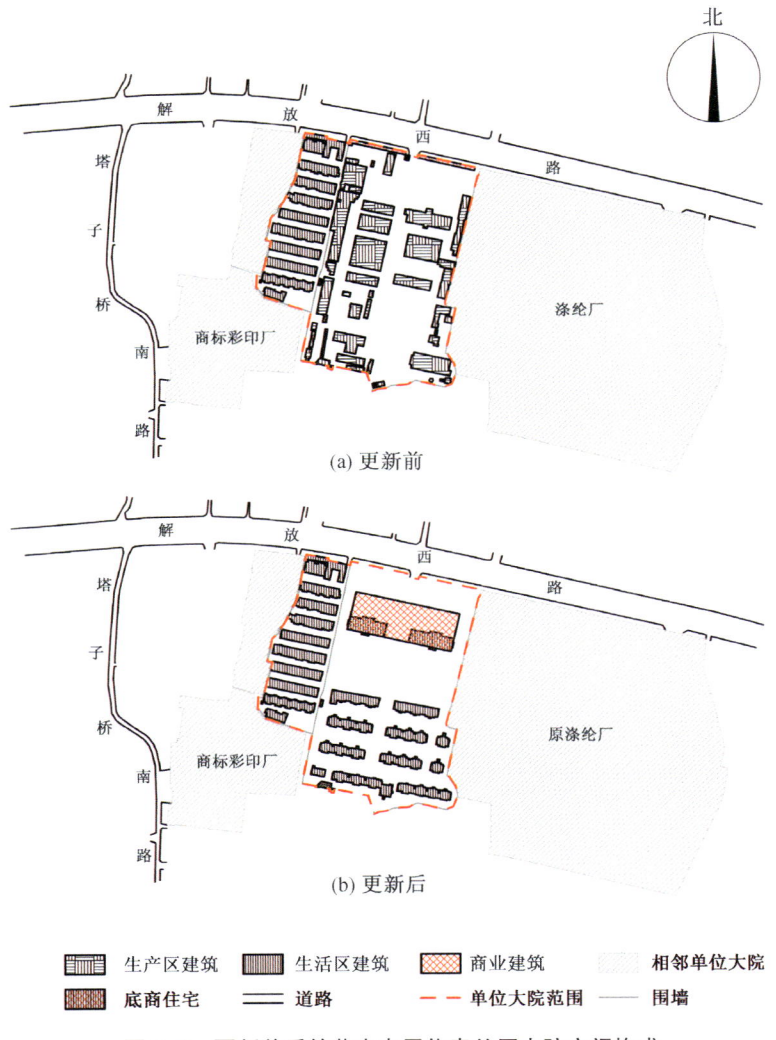

图 6-5　更新前后的蓝光电子仪表总厂大院空间构成

善。常见做法为通过新增城市支路、商业街等通路对大尺度的单位地块进行二次划分,同时引入休闲广场、休闲绿地等开敞空间,其中新增通路往往与既有城市道路衔接良好,客观上对完善局部城市空间结构起到积极作用,故被称为"结构提升模式"。用地性质发生改变后,不仅新建建筑彻底改写地块原有城市肌理,且商场、酒店、写字楼等公共建筑,以及城市道路、广场等被引入地块完善了地段的道路结构,增加了城市公共空间与活力。原单位大院所处地段的交通条件得到一定程度的结构性改善,空间的城市性显著提升,与此同时相邻道路原界面充分瓦解,新辟道路可能承载城市机动交通,也可仅为商业步行街。

八一广场东南角占地近 20 hm² 的恒茂国际华城为一个集居住、商业、酒店、办公等功能为一体的综合性开发项目，由原南柴生产用地转型更新而来。更新前的南柴大院属二分型单位大院，由丁公路将生产区、生活区分开，此次更新主要涉及生产区用地。更新前生产区形成封闭大院空间，通过建筑、围墙等形成的闭合界面以及少数几个出入口与城市建立关联，而更新后的恒茂国际华城尽管也形成了两处门禁小区，但四通八达的商业街与商业休闲广场、街头绿地等开敞空间以及商场、酒店、写字楼等公共建筑将城市空间引入地块内部（图 6-6、图 6-7）。

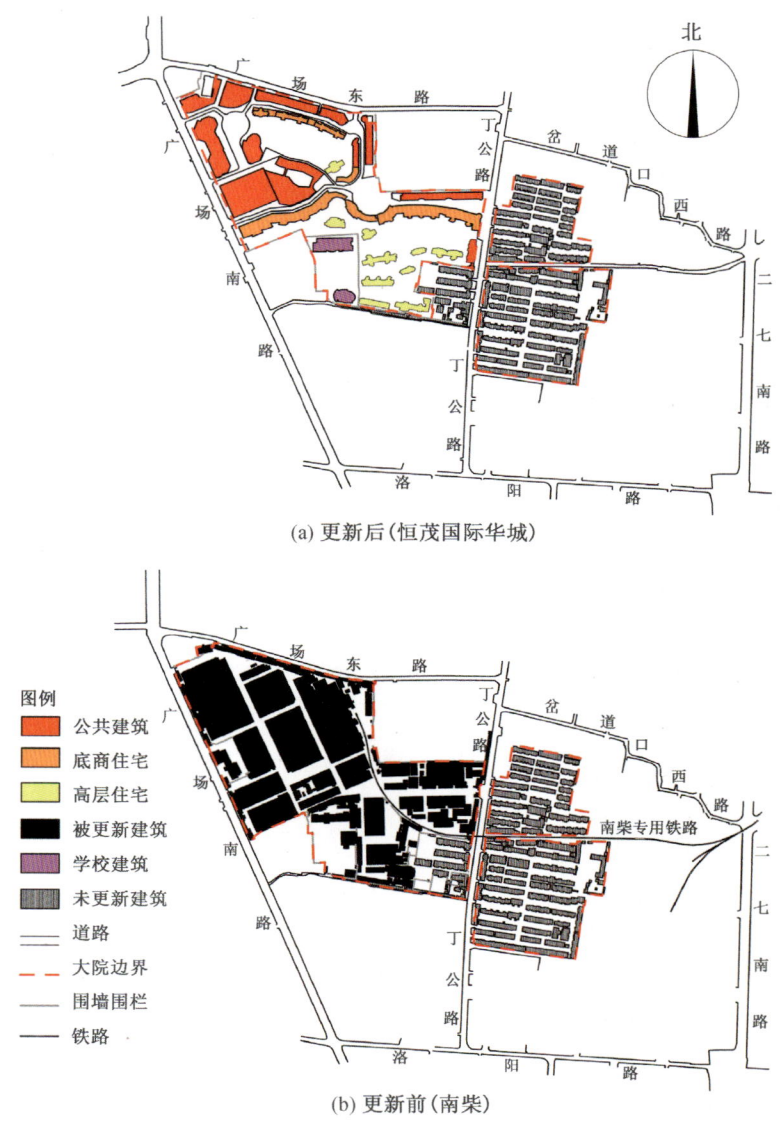

(a) 更新后（恒茂国际华城）

(b) 更新前（南柴）

图 6-6　更新前后的南柴大院空间构成

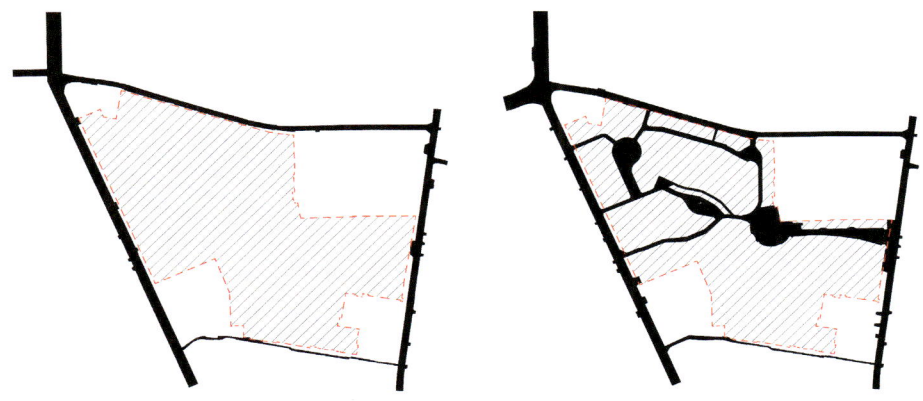

图 6-7 原南柴地段更新前后路网比较

可见,"结构提升模式"与"空间置换模式"最大的区别在于除地块内部的肌理、建筑功能与空间形态等被全面置换外,地块与城市空间的关联方式也因道路、广场等开敞空间的引入发生了本质性的变化。

6.1.4 空间改造模式

2010 年后,生产型单位大院空间更新出现"空间改造"新模式。部分单位大院的生产空间转型为文化休闲娱乐空间和创意产业园,比较典型的如佘山路的化纤分厂转型为樟树林文化生活公园,以及上海路一带的华安、搪瓷厂等生产空间转型为 699 文化创意产业园。该转型模式的主要特征在于较大限度地利用原厂区道路、绿化、场地与建构筑物等物质空间要素,加以整治、改造、利用,并部分新建,营造新的空间特色以适应新产业功能空间需求。

空间改造更新模式的主要特征为:在尊重并较大限度利用原单位大院内部既有物质空间的基础上,拆除围墙改变原空间的方向性,由封闭的内向空间转为开放的外向空间,将单位大院内部空间整体融入城市空间系统。与此同时,新植入的功能多为第三产业类功能且一般与商业、餐饮、文化、娱乐、休闲、健身等相关,较少涉及居住功能,故对提升地段城市空间的公共性、激活地段城市空间活力起到关键作用。

原化纤分厂位于佘山路 66 号,属二分型单位大院,占地约 8.9 hm^2,其生产区和生活区由佘山路隔开并分别形成封闭空间。2011 年在原化纤分厂生产区基础上转型发展而来的樟树林文化生活公园,占地约 7.5 hm^2,为江西省第一个老工厂改造的文化产业园,因保留了厂区原有 207 棵樟树,故名"樟树林"。樟树林文化生活公园较大限度地保留了厂区原有建筑物、道路和树木等物质空间要素,并对其整治、改造形成集商业餐饮、文化娱乐和休闲健身等功能于一体的公共服务设施。其改造时只拆除了 2003 年新建的一幢简易厂房并在此基础上重新组织建筑、小品与休闲广场等空间(图6-8)。目前,樟树林成为南昌旧城区一处重要的文化生活设施,尤为重要的是,为周边密集的居民区提供了一处宝贵的休闲活动场所。自从樟树林开放后,原本偏僻荒凉的佘山路地区变得人声鼎沸、川流不息。

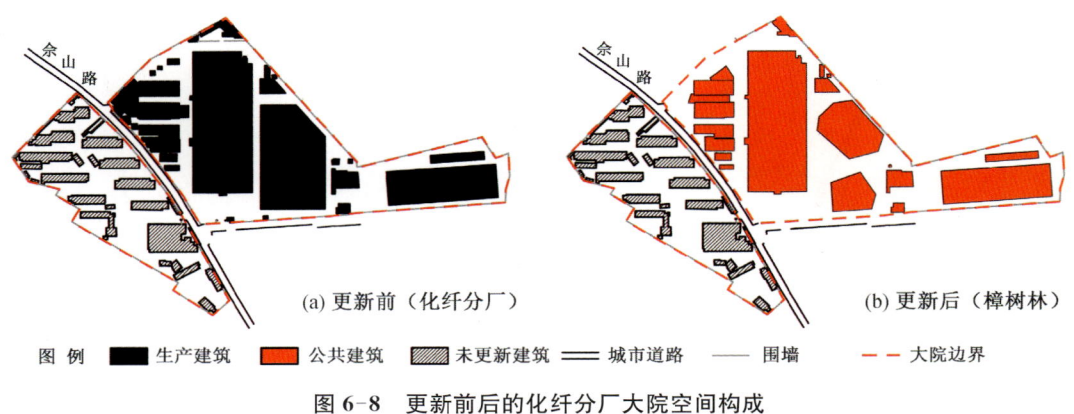

图6-8 更新前后的化纤分厂大院空间构成

6.2 二次更新

近年来,随着城市转型功能进一步升级,加之老旧城棚户区改造工作的推进,不少单位大院正经历着功能、空间的二次更新。

二次更新的主体为最早一批以功能置换模式进行转型更新的生产型单位大院,其触发因素主要表现为两方面:其一,某些专业市场外迁新址,腾出原空间,新功能业态的植入引发二次更新;其二,某些工厂单位大院经过首次更新后,随着所在地段土地价值攀升带来了更大的商业空间需求,加之城市功能升级和空间环境品质提升的诉求日益增强,最终导致整体拆除原低矮建筑,以多、高层商业综合体进行替换。总体看来,单位大院空间二次更新主要表现为功能置换、空间置换和结构提升三种模式。

功能置换模式的典型代表为原农药厂更新为深圳农产品市场后又于2013年前后二次功能置换为汽配市场,原物质空间基本不变,功能业态再次调整。

结构提升模式的典型代表为由原商储转型形成的洛阳路建材市场,于2012年前后再次更新为多、高层相结合的商住综合体,原市场低层建筑被整体拆除并重新规划建设。此次更新涉及整个市场用地和二七南路沿街的部分底商住宅用地[①]。新建商业综合体的5层裙房部分在整合原市场商家的基础上扩容升级形成新的建筑装饰材料市场;而30层

---

① 1990年代后期二七南路改造时,原商储和毗邻的粮油机械厂均沿二七南路新建了一排底商多层住宅。

高的塔楼则以还建住宅为主。更新后的地段空间提升了建筑容积率,丰富了功能业态,新增了2条穿越性道路对接城市道路,客观上织补了局部城市路网,优化了路网结构(图6-9)。

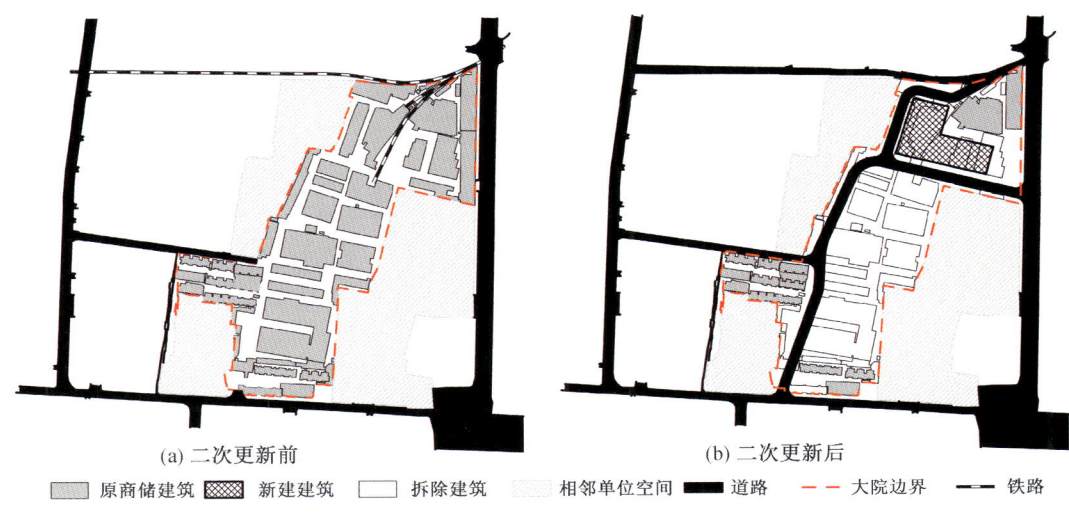

图6-9 商储大院二次更新前后空间比较

此外,单位大院二次更新中还出现了原单位大院生活区参与更新的新迹象。如1990年代中期被功能置换成省建材大市场的原江耐大院,随着地段商住开发价值的进一步提升,在2013年启动的旧城区改造工作的推动下,与建材大市场毗邻的原江耐生活区全部被拆除重新规划建设。南昌主城区绝大多数单位大院建于1990年代中期之前,大院内部的居住建筑也主要建成于1990年代之前,且多数为低层和多层建筑。在城市空间由增量发展转为存量发展阶段时,大批生产型单位大院的生产区已完成更新置换重新开发,而其生活区因以低、多层住宅为主,很可能被推向新一轮城市更新的风口浪尖。

总体而言,尽管单位大院空间的二次更新刚刚起步,但种种迹象表明,二次更新的力度将更大、范围将更广,不仅涉及生产区,而且涉及生活区的全面更新,甚至会整合相邻地块,理应对改善城市路网与公共空间结构、提升城市功能与空间环境品质起到关键性作用,因此在规划设计中应将此作为主要考量指标。

6.3 本章小结:瓦解与重构

纵观整个单位大院空间转型更新过程,功能置换模式以功能更新先于物质更新的方式为单位大院空间的物质更新留下了缓冲空间,为人们深入思考、看清问题本质赢得了时间。从当前情况看来,第一批照此模式转型的单位大院如今又面临新一轮的转型与更新。以结构提升与空间改造两种模式转型更新的单位大院，因实施时间较短且客观上在一定程度上起到了优化城市空间的作用，用地与空间承载的新功能与当前城市产业转型方向吻合，并在一定程度上提升了地段内空间功能与结构互补，而备受褒扬。

相形之下，以空间置换模式转型更新形成的新空间存在问题较多，主要表现为：插入的新空间与周边空间整合度不够，甚至出现支离破碎的城市空间单元。这在某些整体型和主从型单位大院的主体部分转型更新后表现尤为突出。因整体型单位大院的生活区和生产办公区集中或毗邻形成整合的混合空间体，在以空间置换模式更新后，因未触及城市路网结构优化，而新植入的空间也以门禁居住小区居多，故原单位大院空间整体性被彻底瓦解，失去厂区、办公区的原单位大院生活区也因失去主要沿街面而缺少了与城市空间必要的互动。

以位于井冈山大道的江东大院为例。该大院为主从型单位大院，单位空间分为两部分，分别位于井冈山大道东西两侧，其中主体空间位于井冈山大道以西，包含生产区和部分生活区，并形成大院形态。除东临井冈山大道外，该大院其余三面均与其他工厂单位相邻，相互之间以围墙和建筑物隔离，形成独立的空间单元。目前，江东大院南部的生产区已被置换成蓝天郡住宅小区，剩下一条宽50～150 m，深约370 m的"T"形生活空间，纵深方向与城市空间关系非常紧张（图6-10）。

可见，单位城市中每个单位大院的空间完整性是靠生产、办公与生活功能整合得以实现，并以整个空间单元与城市建立关联。而在考虑大院内外关系问题上显然是内部优先思想占主导地位，为了内部空间完整性往往牺牲与城市的联系。在面临转型更新问题时，更新部分往往限于大院的生产、办公用地，而居住部分则基本原封不动。不仅留下的生活空间成为割剩部分，而且基于工厂单位大院生产用地新建成的空间与城市也可能缺

图6-10 江东生活区（西区）现状

图6-11 江拖生活区和生产区

乏良好的互动。如由江拖大院生产区更新建成的玉河明珠小区规模巨大，但受到东南面水渠、铁路与西面江拖生活区的夹击，只留下北面与解放西路的城市接口（图 6-11）。

可见，单位城市中单位大院的整体性是城市空间整体性的基础，大院空间整体性的瓦解必然导致城市空间整体性的破坏。单位大院更新改造问题本质上为原单位大院空间整体性瓦解和城市空间整体性重构两个问题的综合，故须统筹考虑原单位大院更新空间与遗留空间两者与城市空间整体性关联的建构，并将两者融入新建构的城市空间系统当中。此外，单位大院解体后留下的单位地块边界形成的形态框架对更新后的城市形态将产生深远的影响，而这种影响随单位大院占地面积的增加而减弱。从已完成更新的单位大院看，占地达到一定规模的时候，在各种力量的作用下，客观上会将单位大院更新问题与城市路网完善以及城市空间性能提升统筹考虑。

第七章
城市控制性详细规划中的单位大院

2012年国务院正式批复了《南昌市城市总体规划(2001—2020)》,该规划的编制工作始于2000年前后。2006年前后,旧城各片区的控制性详细规划(简称"控规")的编制工作就已陆续开展,迄今覆盖研究范围的各片区控规均已完成,选择这一阶段的控规与城区现状平面图进行叠图研究,据此考察控规中确定的规划道路、用地规划、空间格局和绿地系统等与单位大院的关联性。

7.1 规划道路与单位大院

对南昌旧城区和城东、城南、城北各片区控规研究显示,某些片区的控规编制已进入单位大院内部,如城东片区的南昌大学南院(原江工)和北院(原江大)均规划了城市交通性支路(图7-1)。这一事实说明,某些占地规模较大的单位大院被认为干扰了城市路网与空间格局等的建构。控规中新增道路在选址、走向和道路性质等方面与单位大院存在密切关联。

7.1.1 道路的选址与走向

从控规显示的路网看,单位大院已成为新增城市道路,完善片区乃至城市总体路网格局的主要阵地之一[①],这与单位大院的国有土地性质以及城市总体产业调整带动的用地结构调整有关。

规划新增道路具体位置与走向的确定往往优先选择单位大院内部既有道路(包括生产型单位大院废弃的专用铁路)、单位大院边界处,以及生产办公区与生活区的分界处等(图7-2)。选择前者与既有道路空间基础有关,而选择边界和空间分区分界处则考虑了边界部位建筑尤其是重要建筑少,尽可能维护了原单位大院地块与空间的完整性,这与多数单位大院以中部为核心的空间格局特点相适应。

---

① 城中村、棚户区也成为考虑开设规划道路的主要用地。

第七章 城市控制性详细规划中的单位大院

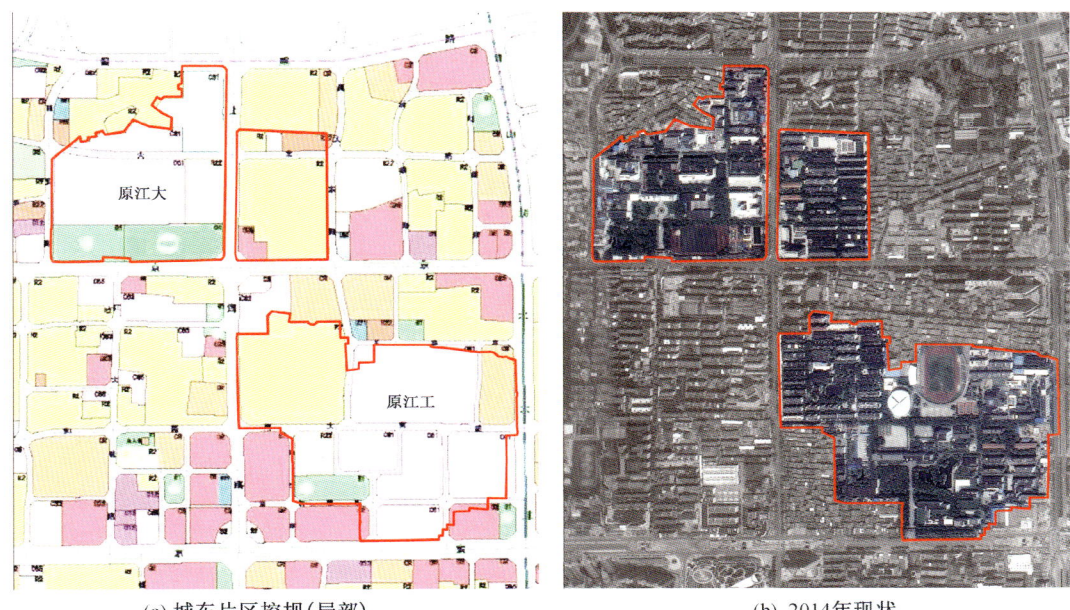

(a) 城东片区控规(局部)　　　　　　　　　(b) 2014年现状

图 7-1　单位大院与城东片区控规(局部)

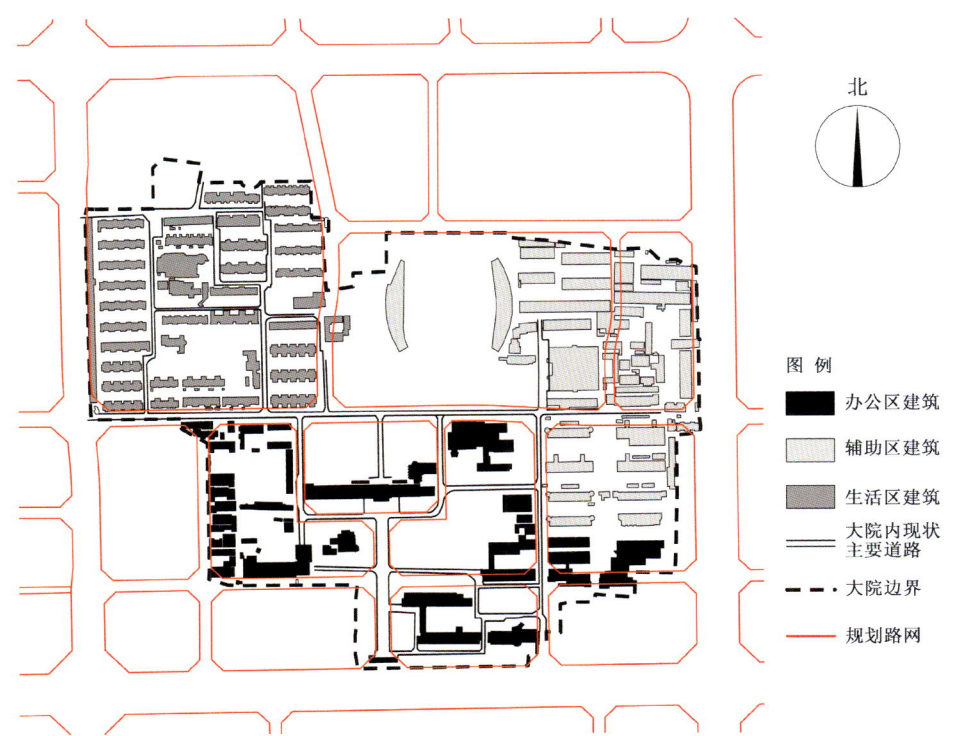

图 7-2　规划道路与单位大院内部空间(原江工大院)

7.1.2 道路的性质

从单位大院内部规划的道路性质看,主要是交通性支路和服务性支路,也有少量城市次干道和主干道。而在具体确定道路宽度时,单位大院内住宅建筑边界往往成为重要参照点,并在道路规划设计时尽可能避让了原单位职工住宅。

7.1.3 规划与实施

控规中新增城市道路的确定明显考虑了单位大院的性质。总体看来,控规在较大程度上保护了党、政、军机关单位大院空间的完整性,故此类大院范围内新增道路较少。但控规在八一广场附近的省府大院中却规划了多层级的城市路网,其中有 2 条城市次干道纵横穿越省府大院,大致与该大院地处城市核心位置和近 50 hm^2 的占地规模,以及与毗邻地块形成了约 1.2 km^2 的巨型街区有关(图 7-3)。尽管如此,省府大院内规划城市道路仍然选择在生活区或生活区与办公区之间开设。

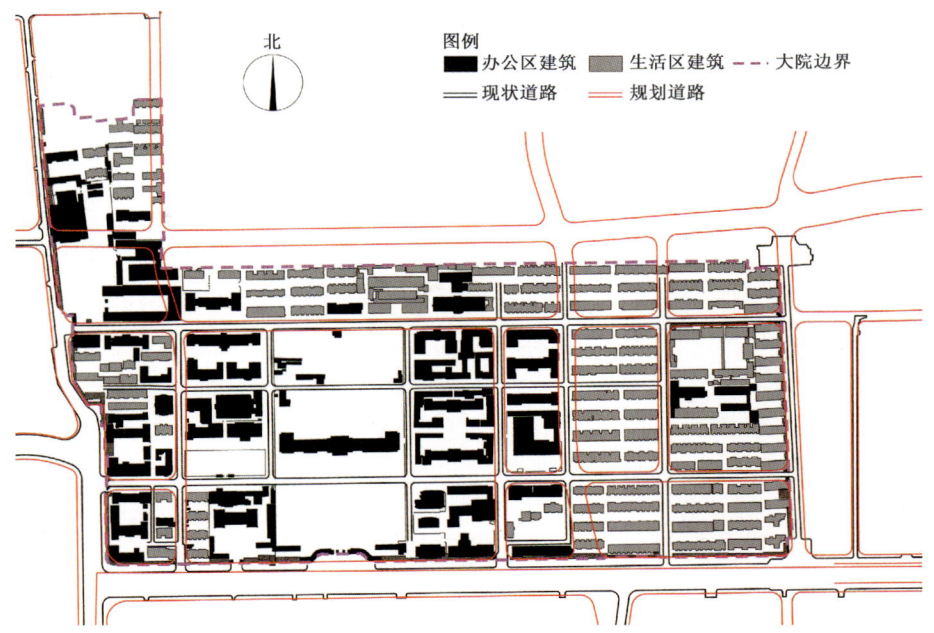

图 7-3　规划道路与省府大院内部空间

从规划路网看,生产型和教学型单位大院显然是规划中被选择用来开设城市道路的重要阵地,这与其占地规模较大有关。此外,若干单位大院毗邻布置形成的空间连绵区往往也成为新增规划道路的重点研究对象。如城北爱国路与沿江北大道之间由下正街电厂、人民医院、滨江宾馆等单位空间形成了一处长约 1.5 km,宽 100~400 m 的长条形巨型街区。

2015年,豫章路北延至沿江北大道,就从人民医院大院东北边界穿越而过(图7-4)。

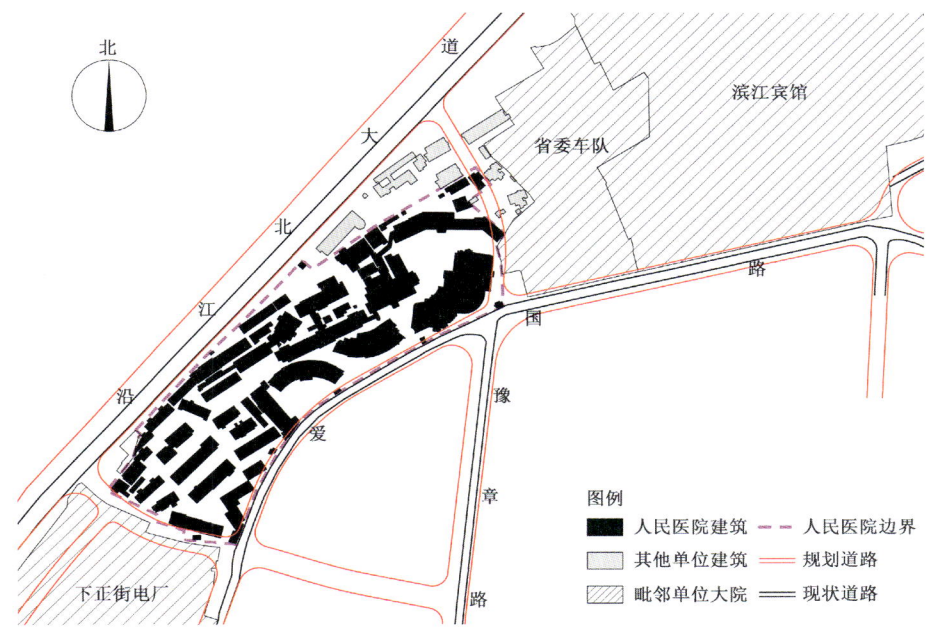

图7-4 人民医院大院与规划道路

从实施效果看,生产型单位大院中规划城市道路的实施效果最好,迄今为止大部分已更新的生产型单位大院空间都被瓦解。而研究范围内5所占地面积超过 10 hm² 的高校单位大院均被规划了城市道路,但除南昌大学北院、医学院北院分别被上海路北延段和阳明东路穿越外,其余规划道路均未实现。

因控规中部分道路属于单位大院内部道路,难以与城市空间互动,故控规的编制与落实同实际情况之间的矛盾有待进一步研究解决。换个角度看,在控规编制中将单位大院内部道路视为城市道路的做法是否合理,可待进一步商榷。

7.2 用地规划与单位大院

单位大院,尤其是生产型单位大院解体或外迁释放出来的原生产用地为规划中用地性质与功能结构调整提供了巨大的空间与现实可能性。如青山湖西岸地区因位于青山湖与赣江之间,2013年该地区控规调整中将区内南昌电厂、硅酸盐制品厂和省物资储运总公司三处单位大院释放出来的约 70 hm² 土地进行了重新规划定性,打造成北部以商务、娱乐康体、旅馆业用地和水面绿地为主的文化休闲核心区,南部以居住为主的滨江景观居住区(图7-5)。其中:北部公共建筑用地及水面、绿地的主体为硅酸盐厂大院和毗邻的城中村;而南部物资储运公司大院则主要转变为居住用地和某中学用地;电厂生产区用地则被分解为包括居住用地、九年制学校用地、商业用地,以及集中绿地、水面等在内的混合功能区。

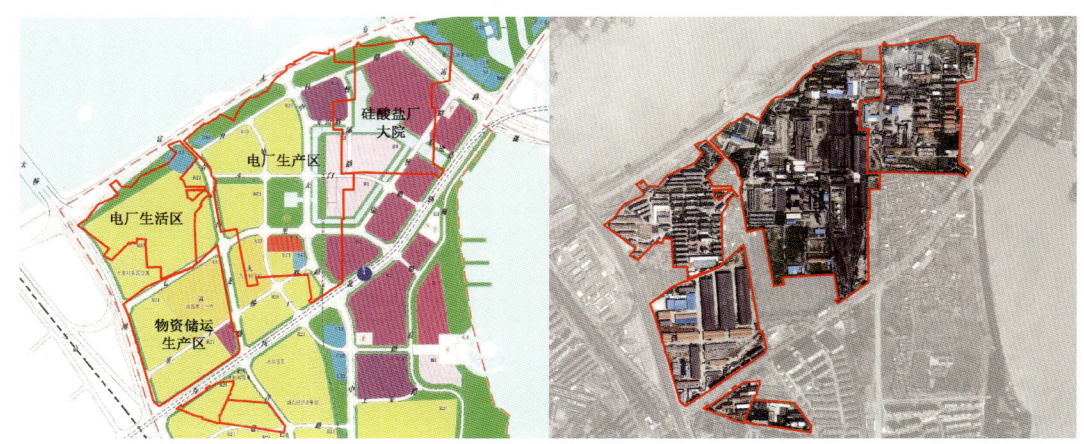

图 7-5 单位大院与青山湖西岸控规

早期控规表现出保护原单位大院生活区空间的倾向,而上述青山湖西岸地区控规调整则表现出将某些单位大院生产区和生活区用地进行统一置换、统一规划定性的新倾向。

控规新规划了一批穿越或者毗邻单位大院的城市道路,这批道路促使毗邻单位大院局部用地性质进行调整。一般而言,沿街地块可能局部调整为商住用地或者商业用地,如城东片区控规在位于北京东路与上坊路交会处东南角的城中村位置沿省轻化研究院大院西边界规划了一条服务性支路,大院内部紧邻该规划支路为一排职工住宅,但控规中将其规划定性为商住用地(图 7-6)。

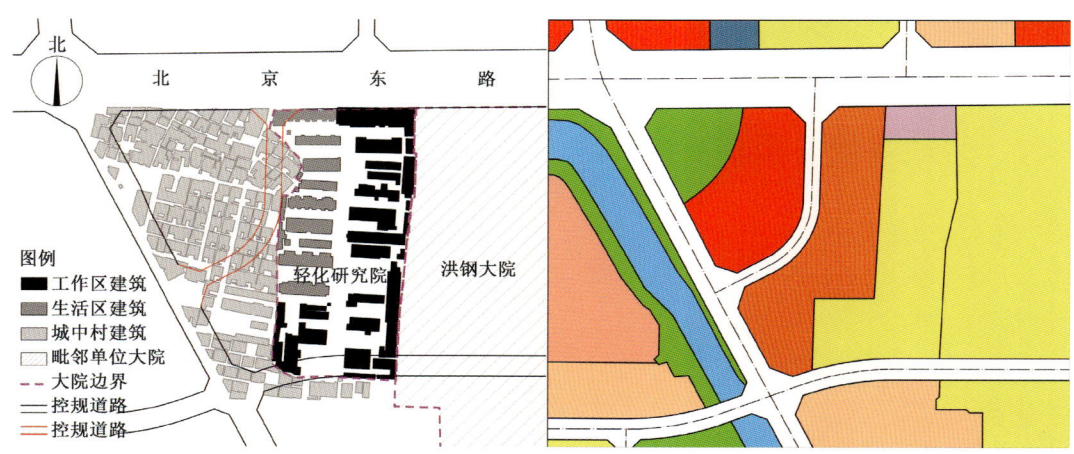

图 7-6 控规道路与单位大院用地调整

7.3 空间格局与单位大院

单位大院在城市空间格局的调整与重构中也发挥了重要作用。各片区的控规编制往往考虑将单位大院集中地区作为城市副中心或者区域中心的选址,并据此组织局部城市空间,如城东片区控规选择在上海路与北京东路交会处设置城市副中心(图7-7)。该副中心主要由商业用地构成,并辅以城市公共绿地和少量商住混合用地。不仅该中心所处地段周边分布着原洪钢大院、南大南院、橡胶厂等多家大型单位大院,且支撑该中心的大量商业用地也有赖于洪钢大院、橡胶厂大院、南大南院和周边城中村释放出来。

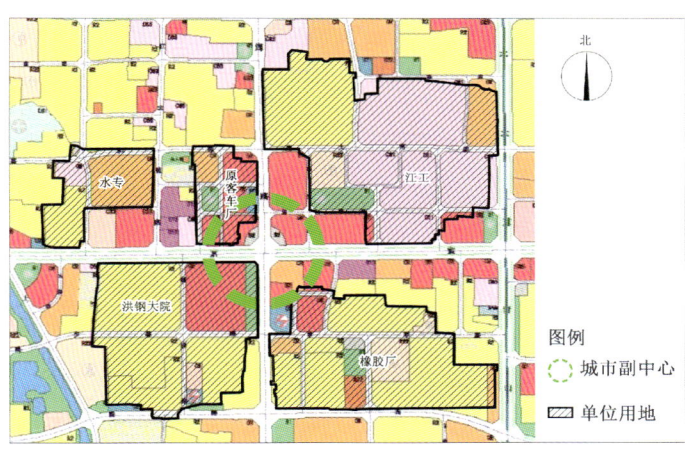

图7-7 单位大院与城市空间格局调整

7.4 绿地建构与单位大院

控规中城市绿地系统的建构与单位大院密切相关。

一方面,新规划城市公共绿地的实现有赖于原单位大院土地的释放。如位于城东片区的城市副中心,在上海路与北京东路交会处第三象限位置规划了一长条形块状绿地,该用地属于原洪钢大院的一部分;而在城北青山湖西岸片区的控规调整中,在七里街地区设置了一个街区的块状公共绿地和大量带状绿地,均属南昌电厂生产区用地的一部分(图7-8a)。

另一方面,控规中将一批单位大院内部既有绿地规划为城市公共绿地。仍以城东片区控规为例,位于南京东路和国安路交会处东北角和位于北京东路与上海路交会处东北方位的两处块状绿地均为单位大院内部现状绿地,其中前者为南大北院的校园绿地,后者为南昌大学南院的校园绿地(图7-8b)。

对单位大院现状的田调发现,多数单位大院内部确实存在优良的绿化资源。它们在调节城市微气候中起到不容忽视的作用。至于如何在城市规划编制中进一步发挥它们在城市绿地系统建构以及城市生态环境建构中的作用,有待进一步研究。

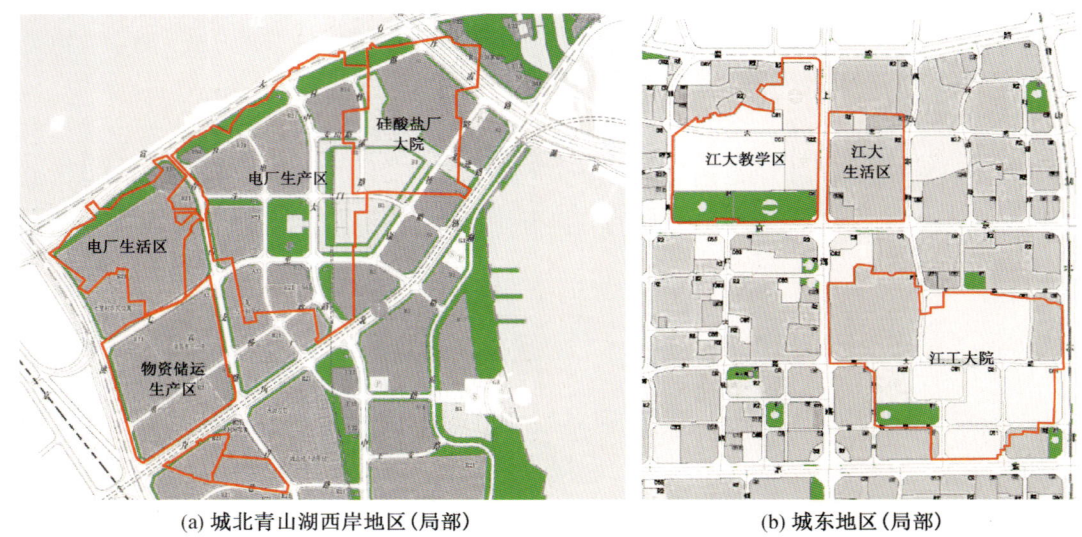

(a) 城北青山湖西岸地区(局部)　　　　　　　　(b) 城东地区(局部)

图7-8　单位大院与绿地系统规划

7.5　本章小结：机遇与困境

控规对控制和指导一定时期内的城市建设起到关键性作用。由于南昌城市长期以来旧城区更新建设步伐相对滞后，因此现行旧城各片区控规涉及对城市路网、用地性质、空间格局和绿地系统等诸方面的结构性调整与重构。控规做出调整的实现有赖于原有土地的释放。南昌旧城区大部分地区属单位大院集中地区，单位大院占据着旧城区大量的城市土地。将现行旧城各片区控规和城市现状平面图叠图研究发现，路网结构、土地性质、空间格局和绿地系统的调整均有赖于单位大院尤其是生产型单位大院用地与空间的释放。而不同类型单位大院对土地释放的难易程度存在显著差异，给全面实现控规中各项结构性调整带来困难。

而控规中路网结构的调整，尤其是穿越单位大院或毗邻单位大院的规划道路的实现，必将带动单位大院物质空间形态的调整。城市道路通达或者穿越单位大院，也必然带来单位大院空间内外关系的改变。单位大院可能向新开道路开设出入口，并重新建构沿城市道路的边界形态，也可能出现沿新开道路地块整体更新的情况。这取决于新开道路性质以及道路与单位大院空间位置的结构性关系。

第八章
明日的"单位大院"

8.1 困境与选择

8.1.1 老旧城区服务行业

对现实情况的调研发现，企业为其一线员工提供集体宿舍、解决住宿问题的做法，在当今城市中餐饮、酒店、美容美发等服务行业非常普遍。以全国大型连锁机构上海永琪美容美发经营管理有限公司为例，该公司在南昌市青山南路附近租用一间店面开设连锁店。根据员工反映，该店招聘了20余位一线员工，包括美容师、美发师等，以未婚男女青年为主。公司在附近租了两套住房用来分别解决男女员工的集体居住问题。此外，公司还为员工提供午餐补贴等福利并定期开展素质拓展活动。此外，企业自己办食堂的现象在如今的城市中也非常普遍。事实表明，解决居住问题以及提供较好福利往往成为企业吸引人才的重要手段。

8.1.2 外迁单位

当观察视野随外迁单位从老旧城区转至新城区，我们可以发现，近些年城市新区新增了大量各种所有制形式的工厂企业和行政、事业单位。从外迁新建的各类单位看，职住矛盾一直存在。一方面原职工难以适应到新址上班的通勤问题，另一方面新进职工的居住问题也无法回避。经过多年的运营，不少单位均在积极寻求相关问题的解决办法。

8.1.2.1 办公型单位

外迁的办公型单位，如行政单位和部分事业单位，往往占据新区的核心位置，周边配套设施相对完备。加之此类单位新员工人数少，除职住分离带来的通勤问题外，职工居住问题并不尖锐。此类单位往往采取在新址附近以组织职工团购商品房的形式改善职工居住问题，并在单位内部设职工食堂来解决午餐问题。据调查，不少单位内部还设有健身房和后勤人员休息用房。此类单位往往采取原单位单身宿舍、房改房回租,或发放租房补贴等方式解决新进职工的基本居住问题。

一些选址远离城市各级中心的外迁办公型单位,如科研院所等,也开始以公租房等方式解决新单位空间运行过程中出现的需求与空间平衡问题。如 2009 年前后迁至高新区的江西省科学院,运行多年后,于 2014 年开始在单位新址南侧启动新建 300 套公租房的项目建设,该项目拟包括"2 栋高层住宅楼,1 栋 2 层商铺,1 栋 2 层物业用房以及相关社区服务设施。此外,该项目还配有停车位 170 个"①。

8.1.2.2 教学型单位

高校新校区曾在 2000 年后成为推动新城区建设的重要力量。新校区的选址往往考虑城市外围交通便利、风景宜人的地区,而此类地区一般生活配套设施非常薄弱。多数学校在新建校区时考虑了少量周转房以解决青年职工的居住和通勤职工的休息暂住问题。而大学校园内部丰富的配套设施完全可以满足职工日常生活需要。即便如此,不少高校新建校区后,绝大多数教职工仍然住在老旧城区,出现教师除了上课基本不去新校区的现象,不利于教学科研工作的组织。2012 年公租房政策松动后,不少新校区争先恐后地补充了一批公租房,用以解决高层次人才、新进职工、无房职工的基本居住问题,以进一步解决需求与空间平衡的问题。

此外,目前在国有体制的各高校和企事业单位的人才招聘中,以提供住房或丰厚的住房补贴等条件吸引高层次人才的做法非常普遍。

8.1.2.3 生产型单位

外迁的生产型企业单位在新城区往往选址比较偏僻,所处地段尽管市政设施配套良好,但生活服务设施基本空缺。此类单位一般职工人数众多,动辄上千、数千人,新进员工人数也多,加之原厂职工出现通勤问题等,为了保证企业正常运行,单位往往在新厂区建设时配建职工住宅小区和必要的生活服务设施。以洪钢为例,该厂在

图 8-1 新洪钢单位空间分布状况

---

① 孙娟. 江西省科学院拟建 300 套公租房 选址南昌市高新区[EB/OL]. (2014-08-26)[2016-01-27]. http://jiangxi.jxnews.com.cn/system/2014/08/26/013289246.shtml.

2006年前后迁至南昌经济技术开发区的白水湖工业区时，为解决职工上班地与居住地过远的矛盾，新建了占地约 10 hm² 的职工住宅小区，并进行相应配套设施建设（图 8-1）。据其员工反映，当时在厂职工每人可通过集资获得一套住房的居住权。

综上所述，既有需求与空间的平衡被打破，新的平衡受现行住房体制等因素的制约尚未建构起来，导致外迁单位的运行存在一定困难。在困难解决的过程中，我们看到需求与空间载体之间的磨合与碰撞，其结果必然是新形态单元类型的出现，或是原有类型的变体。从目前趋势看，回归单位大院这一形态单元类型，并出现新变体的趋势逐渐明朗。

8.1.3 新建单位

新城区新建工厂另一重要来源为招商引资。严格地说，这类工厂企业不属于上述意义上公有制性质的"单位"，但因近些年此类工厂企业的空间实践具备单位大院的物质形态特征，因此本章节将其视为"单位"进行考察。

许多靠招商引资入驻新城区的工厂企业，其选址同样远离配套良好的新区中心，周边生活配套设施的空缺给员工交通、生活造成不便。不少规模较大的工厂属劳动密集型企业，工人数量较多，动辄上千，且以单身青年为主，还有很多是从外地招聘过来，加之工厂可能有"三班倒"的上班模式，员工居住问题成为工厂运行最为重要的问题之一。是否解决住房问题，提供的生活服务和福利条件的优劣往往成为工厂招工竞争中的关键问题。因此，工厂不得不将解决职工居住、生活问题放在了工厂建设和生产的重要地位。现实中可以看到，新城区新建工厂提供基本住房（一般是集体宿舍）和食堂、娱乐设施的情况比较普遍。位于南昌经济技术开发区昌西大道的富泓（江西）科技园，除车间和仓库等生产建筑外，还包括了两栋多层的单元式住宅作为员工宿舍使用，共容纳了 1 000 余员工，同时园区还建有一栋 2 层的食堂与活动中心（图 8-2）。据了解，该厂大概 2/3 员工是

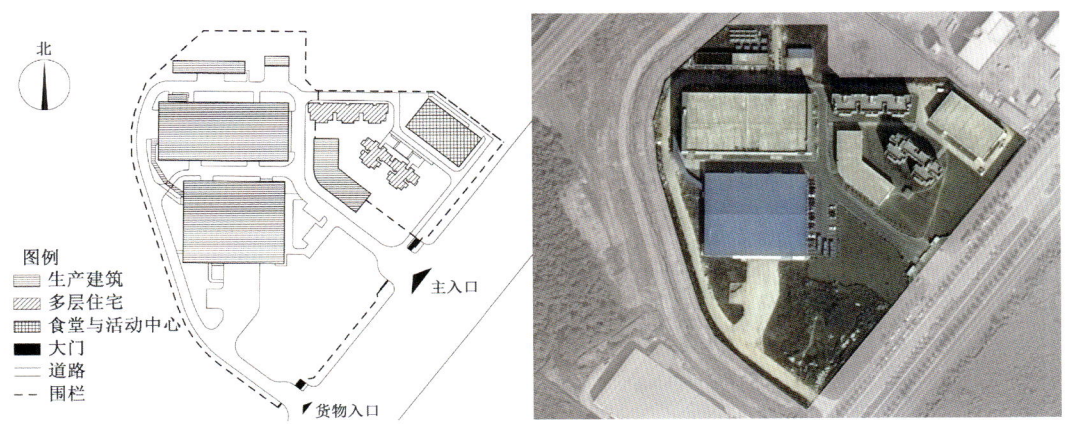

图 8-2　富泓科技园空间布局

从外地招聘来的,工人和部分管理人员、技术人员均住在园区。

此类企业的空间结构形态与单位大院完全一致,管理模式也与单位非常相似,所不同的是员工和企业的关系不如单位密切,员工尤其是工人流动性很大,高峰期和低谷期员工人数可能相差数百人。

南昌的新区建设实践已经有 20 多年经验,从世纪之交单位大院开始解体迄今也有近 20 年,也就是说,新单位空间的实践已有近 20 年的经验。20 年来,不管是 2000 年代初政府机关单位带动的新市区建设,还是之后的新校区建设、新工业区建设,单位空间仍然成为带动新区建设的主要力量。新区建设发展仍然表现为以项目带动的发展模式,所不同的是投资渠道发生改变。各类型的新单位空间往往成为各地段城市空间建设的领跑者。依托市政设施而建的单位空间往往先于城市空间建设,新单位空间所处地段居住、生活设施的空缺导致单位员工的居住、生活成为新区和新单位空间运行的关键性障碍。经过多年来"他组织"和"自组织"的磨合,以及需求与空间载体之间的碰撞,不管是新建单位还是外迁单位的建设都再次表现出了建构一个"功能混合空间体"的倾向:行政单位外迁新址除办公楼外也有食堂等设施;高校新校区建有周转房和公租房;外迁工厂厂区内或附近建有配套的住宅区;私有制工厂提供集体宿舍和食堂等设施。

实践的回归再次证明:单位大院是职工生活需求、单位运行与发展需求相结合形成的空间产物,它实现了需求与空间之间良好的平衡。与 1950—1980 年代相比,中国的经济体制发生了重大改变,如果拨开所有制形式和行政关联来看,单位大院的物质空间载体与城市启动区以及人员密集型单位之间似乎存在必然的关联。从这层意义上看,单位大院作为一种形态单元类型,是基本需求与空间适应性平衡的结果,并与中国传统空间经验一脉相承。

城市形态学将城市视为有机体,分析其发展的机制。特定的城市形态从来都是"自上而下"和"自下而上"两股力量共同作用的结果。"自下而上"的自然生长机制构成了城市理论研究和规划设计操作的根本问题,城市空间是否存在内在的发展机制,外在的规划设计干预起到什么作用,它与内在机制有何关联,这些问题涉及城市空间发展的自组织性。[1]

自组织理论(self organization)的概念起源于物理学,它指在没有特定外部干预下由系统内部相互作用而自行从无序到有序、从低序到高序的演化过程;他组织则是指那些在特定外部作用干预下获得有序结构的过程,而特定外部干预指对系统加以设计、组织和控制[2]。两者的重要区别在于自组织的个体行动可以自由选择,而他组织是对每一个要素进行设计、组织和控制。从这个意义上讲,城市系统是典型的自组织系统。

---

① 段进.城市空间发展论[M].2 版.南京:江苏科学技术出版社,2006:122.
② 段进.城市空间发展论[M].2 版.南京:江苏科学技术出版社,2006:127.

在诸多对"自组织"的定义中,协同学创始人哈肯给出的定义具有较强的普适性,他说:"如果系统在获得空间的、时间的或功能的结构过程中,没有外界的特定干扰,则系统是自组织的。这里的'特定'一词是指,系统的结构和功能并非外界强加给系统的,而且外界是以非特定的方式作用于系统的。"①

8.2 需求与空间

人类创造空间是以需求作为驱动力。建筑与城市是人类创造的空间,城市形成的目的不是为了居住,但居住是人的基本需求,源于人类的自然属性。居住地的选择及其与物品加工地和交易地相结合形成了最初的城市。城市从来就是应需求而生、伴需求而长、因需求而变的。居住、加工、交易均为城市最原始的需求,同时也决定了早期城市的格局与形态。当需求发生量、质、类的变化时,将导致城市的功能、空间与规模发生变化,城市变得愈加复杂。城市包含的功能多寡、规模大小直接决定了城市的复杂程度。在漫长的封建时期,城市需求趋于稳定,并孕育出了相对成熟的城市格局,需求与空间之间建立了良好的平衡。

工业革命带来了城市需求类、量和质的改变,新的需求以前所未有的强度植入城市。城市用地与人口急剧膨胀、功能置换导致的空间内涵和外延生长迅猛,毫不留情地改写了城市原有格局。老城区原本老化的物质空间不堪新功能的植入、新增人口的涌入,由此出现了严重的环境品质、卫生和效率问题。封建城市业已形成的需求与空间之间的平衡被彻底打破,城市空间格局重构的诉求得以显露。人们意识到对城市进行整体性设计的必要性②,并开始了对城市理想模式和改良方式的探索。19世纪初,空想社会主义代表人物罗伯特·欧文(Robert Owen)提出并在美国印第安纳州实践的"新协和村"(New Harmony),傅立叶(Charles Fourier)提出并在美国马萨诸塞州和新泽西州建立的"法郎吉"(Phalange)等,均在客观上表现出了建构需求与空间平衡的本质性问题。此后,公司城(company town)的实践,以及"田园城市""广亩城市""工业城市""带型城市"和"光明城市"等各种理论与实践均以不同的视角力求寻找一条与工业时代相匹配的城市总体物质环境设计的出路。《雅典宪章》(*Atherns Charter*)提出的"分区制"(zoning)是功能主义城市规划思想的重要体现,也成为重构现代城市空间格局的重要手段,并对后来世界范围的城市实践产生了深刻的影响。然而,实践证明分区制未能建构现代城市需求与空间之间的平衡,致使众多按照分区制原则建立起来的城市失去特色与活力,并出现新问题。1950年代后,大量涌现的城市规划与设计理论一个重要转变在于将着眼点从

---

① 段进. 城市空间发展论[M]. 2版. 南京:江苏科学技术出版社,2006.
② 王建国. 城市设计[M]. 北京:中国建筑工业出版社,2009:59.

静态的城市物质空间上升到空间使用者即社会生活中的人,将需求视为设计的基点和评价的根本①。《马丘比丘宪章》(Machu Picchu Charter)集中体现了这一时期的理论转向,它批判了分区制的做法,认为其"否认了人类活动要求流动的、连续的空间这一事实",并强调创造一个综合的、多功能的环境。需求与空间之间的平衡在根本上决定了城市空间格局。简·雅各布斯、Team 10、凯文·林奇、埃德蒙·培根、柯林·罗等人的研究均在很大程度上体现了这一理论的回归。

中国城市的发展历程与西方城市有显著差异。但需求与空间的平衡作为城市发展内在驱动力的城市空间建构规律在中国城市发展过程中同样适用。不同需求导向不同的城市类型与城市格局。封建时期,中国北方的"都城型城市"与南方的"消费型城市",以及"消费都城结合型"城市在城市规模、形态格局等方面均有本质性差别,这与城市类型不同导致需求差异最终影响城市格局有关。

进入近现代之后,中国绝大多数城市未经过基本的资本主义工业发展,直接从封建城市迈向社会主义工业化进程。除沿海一些城市外,工业基础都非常薄弱,几乎所有工厂都由国家按统一的计划投资新建。新建工厂和单位所需的工人、职工少量由本地招聘,大多数从外地农村招聘或者城市之间迁移。工厂和单位一线职工以青年流动人口为主,使得工厂、单位必然要考虑解决这批职工的居住问题。一方面因城市基础薄弱,现有住房难以容纳大量新增人口,另一方面新增工人、职工的工资根本无法满足其在城市中租住和购买住房的需求,故单位解决住房几乎成为当时的必然选择。这一做法及其形成的观念在民国时期一些民营工厂和单位中业已形成。集体宿舍成为当时单位主要的住宅形式,大凡单位兴建都会将集体宿舍作为首要考虑因素。而从整个工厂、单位层面统筹考虑食堂、澡堂、开水房和公用厕所等基本生活设施配置问题与单身职工数量多、收入低、居住标准低等有必然关联。这也是当时总体社会形势下最为经济有效的一种生活与空间组织策略,满足的是最低生活保障和工厂、单位运行成本最低②。至于其他福利设施的配置情况,各单位有较大差异,且与当时工厂、单位所处地段的城市化程度低、城市配套空缺有必然关联。可见,单位大院的出现是在当时条件下取得需求与空间平衡的有效手段。从某种意义上说,居住空间与城市功能其他空间的不同组合方式孕育了城市最基本的空间组织形式——形态单元类型。

1980年代单位大院和城市均得到了巨大发展。随着物质条件不断丰富,单位大院的管理与空间发展模式依旧在延续。除了单位发展壮大招聘了一批新职工之外,原来的单身职工也都陆续结婚生子,集体居住行为无法适应家庭生活。集体宿舍居住密度降低,直至单元式住宅取代集体宿舍成为单位大院内部住宅的主要类型。居住标准也伴随住

---

① 王建国.城市设计[M].北京:中国建筑工业出版社,2009:62.
② 当然也与当时的建筑技术与空间经验现状有必然关联。

宅类型变化而提高，导致单位大院中的居住空间急剧膨胀，基本生活配套设施规模也适应性增长，单位大院开始不堪重负。另外，随着物质文化水平的提高，职工生活品质需求也逐步提高，单位大院内部的生活、文化、福利等设施也不断充实，并达到一个较高的水准。此时的单位大院已经偏离满足最低生活保障的初衷，而走向福利为导向的空间建设与发展方向。住宅与生活设施由最初的保障最低居住和生活要求变成一种福利设施。生活、文化和福利设施重复建设、造成浪费的问题因单位大院空间封闭、管理各自为政的结构特点开始显露。

如果说，中国工业化初期，将国家资源分散到单位大院进行集中建设是一种经济有效的空间发展模式的话，那么到了1980年代后期，不断生长的单位大院使得这种分散的发展模式在一定程度上造成了浪费，制约了新形势下城市整体的运行效率，故整合原有空间形成一个新的经济、高效的城市空间体的诉求就呼之欲出。传统意义上的单位大院可能不是解决福利需求与空间之间平衡问题的最佳空间组织形式，但一定是解决基本生活需求与空间之间平衡问题的最佳空间组织形式。在物质、文化生活水平发展到一定层次的时候，原先建立起来的需求与空间之间的平衡被打破，新的平衡形成之前必然面临秩序重构和空间重组问题。

随着后工业时代的到来，城市转型成为必然趋势。而转型带来的新功能对城市空间与劳动力的大量需求必然再次带动城市用地外延式扩张和土地利用潜力的挖掘，加之单位大院及其所处地段的城市空间因物质性老化带来了一定程度的环境品质问题，而级差地租的作用也使得单位大院空间因土地利用效率过低而被诟病。城市总体层面的格局重构在所难免，老旧城区原单位大院形成的形态单元也逐一被替换。根本原因在于新需求的出现致使既有需求与空间之间平衡被打破，新需求呼唤新的空间载体与之相适应并建立新的平衡。

8.3　形态与类型

类型形态学（Typology-Morphology Studies）是城市形态学的一个重要分支，基于对建筑和城市空间的分类来描述城市形态，在不同的尺度下观察形态要素的类型和要素之间的关系类型，并关注其变迁过程，为研究建筑、建筑与城市的关系、城市的结构特征提供了基础方法[①]。类型形态学研究以英国 Conzen 学派、意大利 Muratori-Caniggia 学派和法国 Versailles 学派为典型代表。就城市形态物质对象的本体逻辑而言，城镇平面分析和建筑类型分析构成了类型形态学本体研究的两个基本源流[②]。

---

① 刘华. 南京老城内河水系与物质空间形态关联性解析[D]. 南京：东南大学，2014：7.
② 韩冬青. 城市形态学在城市设计中的地位与作用[J]. 建筑师，2014（4）：35.

以类型形态学的观点看，单位大院独特的空间组织方式形成了独特的肌理特征，它属于一种特定空间类型(typology)衍生出来的形态单元(morphological unit)。在此，包含了 Conzen 学派和 Muratori-Caniggia 学派的两个相互关联的重要概念：形态单元和肌理基本类型(urban tissue type)。在此，肌理基本类型可视为由各形态单元经过抽象提取出来的更具本质性的空间形态结构模式。肌理基本类型概念的得出源于微观的建筑类型分析，因此与形态单元概念相比更具备将城市形态研究向微观建筑层面拓展的潜力。鉴于本书的研究对象以中观城市物质空间组织和微观城市公共空间、建筑群空间形态建构为主，因此采用"形态单元类型"(morphological unit typology)这一概念以兼容两个概念的本质内涵。

单个单位大院或若干毗邻分布的单位大院形成一个形态区域(morphological region)。它有别于城市中其他形态单元类型(如城中村)形成的形态区域。按照类型形态学观点，形态单元类型是历史长期发展的结果并蕴含当地的社区精神，表达了历史文化与精神内涵。因此，它可以建构城市空间环境在时间上的连贯性，成为新的城市变化与发展方向的参照[①]。故它可以成为当前中国新型城镇化建设中"发掘城市文化资源、强化文化传承创新，把城市建设成为历史底蕴厚重、时代特色鲜明的人文魅力空间"[②]这一目标实现的有效分析工具。

8.4 今日的单位空间

单位大院作为一种形态单元类型反映的是一种边界明确，内部综合工作、居住、生活服务等多种功能类型的特定空间结构模式，其具体表现形式往往是自组织和他组织相互作用的结果。从近些年的单位空间实践经验看，主要在边界形式、内部功能和建筑形式等方面发生改变。

8.4.1 边界与大门

8.4.1.1 边界

边界是划定土地产权范围和管理实施范围的重要标志。边界标定形式有物质和文本两种。除了自然边界外，常用的人工物质边界有围墙、栅栏、绿篱等。在中国传统空间经验中，围墙成为城市中各类建筑空间的主要边界形式。大致从 1960 年代开始，砖石围墙成为绝大多数单位大院边界的主要甚至唯一的边界形式，并一直持续到 1970 年代。

---

① 陈飞, 谷凯. 西方建筑类型学和城市形态学：整合与应用[J]. 建筑师, 2009(2): 53-58.
② 中共中央, 国务院. 国家新型城镇化规划(2014—2020 年)[A/OL]. (2014-03-16)[2016-01-26]. http://www.gov.cn/gongbao/content/2014/content_2644805.htm.

1970年代末开始，城市的商业与服务功能逐渐恢复并激活，紧邻城市道路的外边界围墙逐渐被各类建筑取代。

1990年代后，城市再次转型，城市对公共空间的诉求催生了新一轮城市美化亮化运动，在"开墙透绿"等口号影响下，铁艺栏杆逐渐取代一些单位大院的沿街围墙或临时店面。围墙在中国作为一种重要的建筑类型，在城市和乡村的空间建设中具有强大的生命力。对于中国多数城市而言，过去的20年属于城市空间结构与形态的重构期，旧的格局被打破，新的格局尚未建构完成。从实际操作看，城市新建区域各地块规划建设是在城市总体规划、控制性详细规划、城市设计导则以及地方性城市规划管理技术导则或规定（简称"导则"）等文件控制与指导下完成的，尤其是控规和导则对具体项目的形态落实影响重大。因此，单位地块最终完成物质空间建设后，边界的形式基本可从导则的规定中得到答案。以南昌市为例，目前指导该城市具体地块规划设计的导则为《南昌市城市规划管理技术规定》(2014)。其中，"第六章城市景观和环境"中第三十条和第三十一条明确规定，"建设项目临街可以采用花台、绿化带等建筑小品隔离或者设计成透空型围墙；有特殊要求需要修建封闭式围墙的，应当对其进行美化处理"，"新建居住小区应当统筹规划门卫、值班室、社区服务、物业管理、市政配套设施等用房和围墙"[①]。

可见，现行的建设指导性法规允许沿街设置物质性边界，只是边界的形式更加多样化，且鼓励采用通透性的物质边界。从近些年绝大多数新建的小区和单位空间看，都采用了沿街建筑、通透围墙等物质性要素构成边界。

8.4.1.2 大门

除了重点控制地段，一般允许单位空间沿街设通透围墙，因此大门也就成为单位边界的主要构成部分。从目前单位空间的大门看，其形式更加多样，并表现出一些新的美学倾向[②]，且敞开式大门比较常见，原来常用的屋宇门和牌楼门相对较少。

而某些重点控制地段按照规定沿街不允许设任何形式的物质性围墙，这与当前单位空间的管理需要存在一定冲突。不少单位也找到了两全的办法：主体建筑居中布置并按要求退后城市道路红线，地块沿城市道路的边界中部保持开敞，仅在两端设置绿化隔离带，城市道路边缘至主体建筑之间形成开敞的入口广场；单位地块其余边界均建有围墙或者围栏，形成物质性边界；主体建筑正面朝向入口广场并设主入口，而两侧则建有平行城市道路的围栏、大门与岗亭，与垂直城市道路的物质性边界衔接并共同围合形成院落空间。此处，单位主体建筑的主入口成为单位空间的形象入口（图8-3）。

---

① 江西省南昌市人民政府.南昌市城市规划管理技术规定[A/OL].(2014-11-19)[2016-02-19]. http://www.chinalawedu.com/falvfagui/22598/jx2014111916180995028421.shtml.
② 李晨.当代单位大门设计的美学倾向[J].华东交通大学学报,2011(3):49-54.

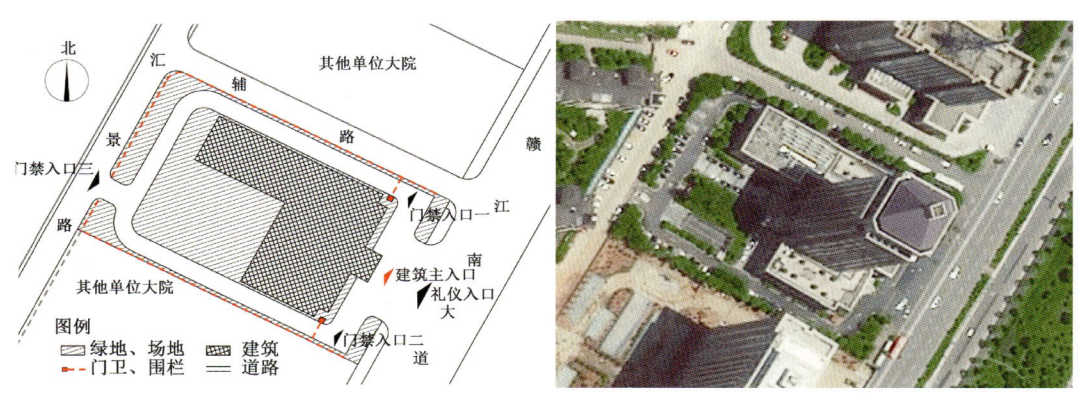

图 8-3 2010 年前后某新建单位空间

8.4.2 规模、密度与容积

从南昌红谷滩新区沿赣江南大道一批新建的办公型单位空间看,各单位空间的占地规模尽管有所差异,但多数地块占地面积在 0.7~0.8 hm²,规模最大的地块面积也控制在 1 hm² 左右。而远离新城中心区的生产型和教学型单位空间用地规模则远大于原单位大院用地。前者如位于昌北白水湖工业区的新洪钢,生产区用地约 120 hm²,加上附近的生活区,总占地面积约 130 hm²,约为老洪钢大院占地面积的 5.2 倍。后者如:南昌大学前湖校区占地面积达 300 hm²,约为老江大和老江工两个大院占地总面积的 4.5 倍;而师大瑶湖校区占地面积约 170 hm²,约为老师大大院占地面积的 4.9 倍。

新建单位空间一般在控规和各类规范、标准指导下完成规划设计并建造实施,与原单位大院相比,建筑密度一般都有所下降,而容积率则与不同类型的单位空间有关。

原单位大院建成后经过长期的自组织生长,加上城市规划管理难以进入单位大院内部,导致建筑密度可能达到 50% 以上,而新建单位空间中生产型和行政办公型单位空间建筑密度一般在 40% 左右,而教学型单位空间的建筑密度一般在 20% 左右。

原单位大院因以低层和多层建筑为主,建筑容积率一般不超过 2.0,而新建的行政办公型单位空间的容积率与地块大小有关,一般在 2.0~3.0,土地利用强度明显提高。而教学型和生产型单位空间的容积率则有所下降,从目前建成情况看,这两类单位空间的容积率一般均未超过 1.0。以南昌大学前湖校区为例,根据官网公布数据显示,截至 2015 年年底,该校区的建筑容积率仅为 0.43[①]。而师大含老校区在内,三个校区的容积

---

① 该数据为 2015 年 12 月底的数据。来源:南昌大学.学校概况·学校简介[EB/OL].[2016-04-06]. http://www.ncu.edu.cn/xxgk/xxjj.html.

率也不足 0.47①。

近几年,一些工业用地出让与建设情况有所改变,其容积率可能达到并超过 1.5。其他科研院所类办公型单位空间的指标大致在教学型与行政办公型单位空间之间。

8.4.3 功能与建筑

8.4.3.1 功能构成

新建单位空间一般内部仍然保留了工作、居住、生活服务功能混合的特点,且包含功能种类的多寡、数量的多少与单位规模和所处区位有必然关联。处在城市生活设施不完善的郊区的大型单位空间内部配备的生活、服务功能空间一般多于城市成熟地段的小型单位空间。但与原单位大院相比,新单位空间内部的配套功能和空间规模更加精简,经过瘦身的新单位空间能更好地适应当前的社会形势。一般而言,除工作空间外,新单位空间中常见的功能空间有保障性住房、食堂和健身活动场所等。其中:保障性住房旨在解决刚性需求职工的基本居住问题,工作多年有一定经济基础的职工可选择购买商品房以改善居住条件;食堂作为基本的生活设施在新单位空间中予以保留,主要解决通勤职工和单身职工的午间工作餐问题,以减少外出奔波时间,保证食品卫生和午间休息;必要的健身活动空间,如乒乓球室、健身房等,可为职工打发工间休息时间,休闲、娱乐、交流和健身提供条件。

此外,在郊区的大型单位专门设置的生活区中,往往配有相对完备的社区商业、活动、休闲和其他服务场所等;而高校新校区中的配套设施一般按照学校建筑设计规范进行设置,除职工住宅外,生活、运动、文化活动等设施的配备水平往往高于老校区。

8.4.3.2 建筑类型

从形态上看,新建单位空间内部建筑与原单位大院相比,在建筑的体量、高度、空间与形体的整合度等方面有显著变化,办公型单位尤为突出。原单位大院的主要建筑一般采用类似园林式的空间组织方式进行分散布置,但一般布局规整,可能平行布置,也可能形成空间轴线或院落空间。每栋建筑体量不大,平面多为多层走廊式布局,且功能单一。而新建单位空间往往采用集中式布局,整个单位的主要功能空间集中设置形成高层综合楼,占据单位地块的中心位置,建筑主入口正对单位大门。建筑内部以办公空间为主,整合车库、食堂、健身和休闲活动等功能空间。

原单位大院主要建筑朝向为南北向,新单位空间内部主要建筑则更多地根据地块形状及其与城市道路的关系呈现多样化的朝向(图8-4),这与地块方向性、周边景观资源以及空调的使用导致朝向对室内微气候的影响减弱有关。

---

① 数据来源:江西师范大学.学校概况[EB/OL].[2016-04-06].http://www.jxnu.edu.cn/s/2/t/690/p/1/c/2/list.htm.

另一个显著变化在于单位空间内的居住建筑。原单位大院的居住建筑包括集体宿舍和单元式住宅两类。早期有大量1~2层的居住建筑，后期一般以多层为主。早期的集体宿舍多为走廊式平面布局，分楼层集中设置公共盥洗室和卫生间，或将两者独立于宿舍建筑之外单独设置。1990年代后期开始，不少单位在此基础上给每间宿舍加建了厨房和卫生间。而供职工家属居住的住宅，早期也以低层走廊式住宅为主，与单身宿舍的区别在于可能出现套间的形式，一般分楼层集中设置厨房和卫生间。

图8-4 赣江南大道一组办公型单位空间卫星地图

而1980年代后基本上都是多层单元式住宅，每套住房包括了客厅、卧室和厨房、卫生间等。1990年代是单位大院内部单元式住宅建设的高峰期。

新单位空间内较少设置走廊式的集体宿舍，往往采用成套的单元式住宅安排单身职工居住。一般1~2人一间，多人一套，共享套内的厨卫设施。一些私营工厂企业中每间住房安排的员工人数较多。而供职工及家属居住的套房则往往采用多层和高层住宅，以提高土地与空间的利用效率。

8.5 明日的"单位大院"

尽管当下城市空间建构的作用力发生了重大改变，由原来的行政主导转变为现在以市场为主导，行政和市场等多种力量共同作用，并且经济作为主要作用要素其效果已然显现。老旧城区单位大院在一定程度上的解体是经济作用于城市形态以及城市外延式发展的必然结果。城市外延式发展打破了原有城市用地格局，导致用地格局重新调整。级差地租，加上人们对城市环境品质提升的要求，进一步推动老旧城一批既有的空间单元被置换以释放出城市土地供新功能空间植入。市场运作与经济导向，民间资本的进入必然使得容积率的追求成为重要标杆。

但是，正如社会科学领域学者所说：一些非单位组织中的单位化倾向，把强化单位意识作为一种企业文化和增进成员对组织的认同感的方法来加以贯彻的现象，以及乡镇企业与其所属社区的那种割不断、说不清，永远以各种各样的方式"粘"在一起的联系，说明了单位在中国社会及社会生活中的各个角落里实实在在地客观存在[①]。

单位的物质空间载体单位大院是中国城市中一种特定的形态单元类型，它是中国传统的空间实践经验与现代城市发展需求相适应的产物。职、住和生活福利设施在一定程度上的匹配是城市空间单元组织的重要原则和内在需求。原单位大院解体与自身功能空间的臃肿以及城市发展需求的改变导致三者动态平衡被打破有必然关联。

近20年城市各层级空间重组的实践，遇到过困境，也正在寻求合理的出路，经验与教训告诉大家：无视工作和保障性住房、基本的福利设施之间平衡的做法将导致城市居民通勤交通量的增加，从而增加城市的运行负担，降低城市的运行效率和城市居民的满意度。

事实证明，将职、住和福利设施控制在一个合适的配比范围内，在一定地域范围内单位大院是一种有效的空间组织形式。在当前中国新型城镇化发展背景下，中国绝大多数城市将陆续从增量发展转为存量发展，城市规模、范围与空间格局趋于稳定，各单位如何在给定坐标范围的城市土地中发展自己的空间将成为下一阶段新型城镇化建设的重要问题。而明日的"单位大院"，这一工作、保障性住房和基本的生活福利设施有机结合的"功能混合空间体"将成为重要的选择。

---

① 李汉林.中国单位社会：议论、思考与研究[M].上海：上海人民出版社，2004：1-2.

第九章
结　　论

　　单位大院无疑是中国绝大多数城市中观层面最为重要的物质空间构成单元之一,也是中国城市空间独具特色的重要形态基因。2016年2月6日国务院发布《中共中央 国务院关于进一步加强城市规划建设管理工作的若干意见》,提出将打开封闭式小区和单位大院作为"优化街区路网结构"的一项重要举措[①],从而将单位大院问题推上风口浪尖,一时间"单位大院"重新回到人们的视野中,并再次引起全国范围内各界人士的关注与热议。单位大院不论是在人们心目中还是在中国城市空间中的地位尽显无遗。

　　街区无疑是西方城市物质空间在中观层面最基本的形态组织方式,街区在中国城市中也普遍存在,尤其是在由封建城市发展而来的老城区和城市中心地区,街区格局尤为凸显。而单位大院是普遍存在于中国城市中的一种不同于街区的形态斑块类型,尤其是在1949年至1980年代计划经济时期新建的城区范围内的单位大院成为城市空间组织的主要方式。与老城区街区作为城市空间构成的显性斑块一样,上述地区单位大院取代街区成为显性斑块参与城市空间构成。

9.1　关联性结论

　　以单位大院为视角,基于南昌主城区大量第一手资料开展的城市物质空间形态原创性研究表明,单位大院与城市物质空间形态的关联性是结构性的,并且是全面而持久的。本书关于"关联性"研究的主要结论如下:

　　(1)空间发展关联

　　单位大院成为计划经济时代中国城市空间发展的主要方式和动力,在某些地区尤其是在城市外围地区,单位大院成为城市空间唯一的表现形式。单位大院空间集聚表现出

---

① 国务院新闻办公室. 中共中央 国务院关于进一步加强城市规划建设管理工作的若干意见[A/OL]. (2016-02-22)[2016-04-06]. http://www.scio.gov.cn/zhzc/3/32765/Document/1469105/1469105.htm.

来的方向性、发展特征也代表着城市空间的发展方向与特征,同时单位大院在城市外围集聚形成的空间边界往往就是城市建成区边界形态的表征。

（2）土地利用关联

尽管宏观层面城市空间是在既有空间基础与各个时期的城市规划控制下形成,而1960年之前的城市规划给城市设定了若干明确的功能分区,但中观层面单位大院职住靠近的空间组织模式仍然全面控制了城市宏观层面功能混合的土地利用格局。这种土地利用格局在建成于计划经济时代的城区中尤为突出,但也进一步影响到老城区和部分1990年代后新建的城区空间。

（3）空间组织结构关联

从中观层面看,单位大院已然成为城市内部空间组织的结构性要素,它不仅影响了城市路网与街区形态,还形成了"道路—大院""大院—大院"和"院中院"等城市空间组织模式。单位大院作为显性斑块建构城市物质空间的组织模式在远离老城区的城市外围地区尤为突出,且成为相应地段城市空间的唯一显性斑块。而在老城内外边缘地带,单位大院与街区两种斑块相互交织共同建构出相应地段物质空间形态的斑块特征,两者形成了内含、穿插、重合等多种空间关系。并且由老城区向外表现出街区显现度不断弱化,单位大院显现度不断凸显的趋势,直至外围地区单位大院完全取代城市街区成为城市空间的显性构成要素。同时,在一些规模巨大的单位大院中再次出现街区形态。

（4）空间整体性关联

中观层面关联性另一重要表现为:单位大院还建构了城市空间的整体性。在单位大院集中地段,中观层面的空间整体性完全表现为单位大院空间的整体性。这种关系在1990年代后由生产型单位大院带动的城市物质空间转型性更新中凸显出来。单位大院职住和生活服务空间一体化的空间组织方式建构起单位大院内部空间的整体性,也同时排斥了城市地段层级的公共空间建构,使得南昌主城区整个计划经济时代甚至迄今为止地段层级的城市公共空间发育很不成熟。因此,单位大院转型性更新问题在很大程度上表现为城市空间整体性重构问题,即由大院空间整体性转为城市空间整体性的建构过程。因此需要统筹考虑宏观和中观层面城市空间整体性,以及单位大院更新部分与保留部分两者与城市空间衔接的整体性建构问题。在此过程中,职住关系重构和公共空间与设施重构尤为关键。如不处理好单位大院空间整体性破坏导致的城市空间整体性重构问题,必将导致城市空间碎片化及城市空间秩序混乱。

（5）公共空间类型关联

从中观层面看,单位大院空间组织模式影响了城市整体公共空间层级的建构,进而孕育出独具特色的公共空间类型,主要表现为四个方面:其一,除城市广场、街道外,城市级别的公共空间与服务设施等,如城市公园、医院、宾馆、文化宫等往往也采用单位大院作为空间载体,形成封闭边界和职住一体的空间格局;其二,很长一段时间内地段级公共空间缺位，而单位大院内部却孕育出类似街区公园、街道和街区广场性质的公共空间，被称为"单位街""单位广场"和"单位公园"等；其三，改革开放后，在单位大院集中地段孕育出一批颇具活力的生活性街道，成为地段级公共空间的雏形；其四，单位大院的主要出入口成为单位城市中独具特色的空间节点并形成重要场所。

（6）公共空间界面关联

从微观层面看，城市广场、街道等公共空间的界面与单位大院外边界属于一体之两面，互为表里、互相关联，被称为"关联界面"。受单位大院边界构成要素的影响，城市公共空间的界面形态也呈现出独特的形态特征：首先，单位围墙、单位大门等成为公共空间界面的主要构成要素，界面空间呈现扁平化特征，而以通透围栏作为空间界面则表现出界面空间的通透性，大院内部空间与城市空间之间视线可达；其次，某些单位大院的沿街建筑也成为城市公共空间的界面构成要素，但在典型的计划经济时代，沿街建筑空间的方向性一般朝向大院而非城市，而部分服务型单位大院的沿街服务建筑则表现出底部朝向城市而上部朝向大院的双性建筑特征；其三，单位大院围墙特定的高度特征使得城市公共空间出现第二界面现象，大院内紧邻围墙的建筑成为城市公共空间的第二界面，直接影响城市公共空间的视觉与空间围合效果；其四，单位大院内部和城市空间两方面的需求改变均可能带动关联界面的空间形态改变。

（7）公共空间场所活力关联

单位大院具有占地规模大、全时段滞留人数多、人群多样化，以及空间边界封闭、方向性强等特点，在客观上形成了将大院内部人群必要性活动行为路线进行控制并引导至特定街道空间的事实。故单位大院集中地段的城市空间组织方式提供了特定街道场所建构与活力营造的人群与空间基础。而这一特点在改革开放后单位大院周边涌现出来的一批颇具活力的生活性街道得到证实。而单位大院对特定街道的这一作用力往往与毗邻城中村配合完成。

9.2 理论启示

（1）作为空间组织模式的单位大院

当前对单位大院的主流认知存在一定片面性，一般认为单位大院系中国在特定历史时期城市空间实践中遗留下来的一种边界封闭的空间单元类型。甚至在不少学者和公众眼中，单位大院阻断了城市路网，影响了城市交通，是一种过时且消极的事物。究其原因，与人们观察的对象有关。持这种观点的人群，往往看到的是位于城市中心地段，或者经过去二三十年城市空间外延式发展后逐渐进入城市各级中心区的，占地规模巨大，动辄几十公顷、上百公顷，甚至数百公顷的大型、特大型且边界封闭的单位大院。此类单位大院确实对所在地段的城市道路与交通产生重要影响。但根据本书的研究，此类单位大院仅属冰山一角。事实表明，不同城市单位大院的规模存在差异，故有必要区别对待不同城市不同规模、性质和类型的单位大院及其对城市空间的客观影响，建立起科学、系统的单位大院认知观。

对单位大院起源、形态类型，单位大院与城市空间发展、内部空间组织、公共空间塑造，以及单位大院更新问题的实证研究发现，单位大院不仅仅是一种空间单元类型，而且还是一种颇具价值的空间组织模式。该模式不仅存在于空间单元内部，即单位大院本身，而且还存在于中观和宏观层面的城市空间组织。单位大院空间组织模式在世界范围内普遍存在，但只有在计划经济时代的中国城市中才表现得如此系统全面与彻底。从微观上看，单位大院空间组织模式的具体表现为职、住以及基本生活服务设施在建筑群体空间上的一体化发展，在其影响下形成了各种形态类型与规模特征的单位大院。中观层面，以"道路—大院"组织城市空间成为该模式的具体表现形式，这是与"街道—街区"模式并行的一种空间组织方式。以"街道—街区"模式组织起来的城市空间被称为"街区型"城市空间，而以"道路—大院"模式组织起来的城市空间也可被称为"大院型"城市空间。街区型城市中最具活力的城市公共空间在于街道和广场，而典型大院型城市中最具活力的城市公共空间则为单位大院内部的公共空间和1980年代后单位大院集中地段的生活性街道。尽管"大院型"和"街区型"是完全不同的两种空间组织模式，但两者在城市中不少地区却表现出不同程度的共存共生。而宏观层面，单位大院空间成为城市空间发展的具体表现形式，大院空间的增长决定了城市空间发展的方向性、建成区范围、用地和人口规模等。

研究表明两种空间组织模式各有优缺点（表9-1），其中：大院型城市空间组织模式的立足点在于生产、工作和生活组织，而街区型城市空间组织模式的立足点在于交通和商业运营；前者有效地将城市空间的公共性分散到各个层级的空间当中，而后者追求的是一种绝对的公共性，缺少对公共性程度的区分度。本书认为两者有机结合可能会创造出一种兼顾效率与人性化的城市空间。

（2）单位大院与城市空间整体性

"整体"一词在哲学上是指若干对象（或单个客体的若干成分）按照一定的结构形式构成的有机统一体。对整体的理解往往包含空间和时间两个维度，即整体不仅指事物各内在要素相互联系构成的有机统一体，还包括其发展的全过程[①]。"部分"是指组成有机统一体的各个方面、要素及其发展全过程的某一个阶段。整体与部分是紧密关联的两个概念：整体包含部分，部分从属于整体，两者在一定条件下可以互相影响，互相转化。整

---

① 百度百科.整体（汉语词语）[EB/OL].（2015-12-15）[2016-04-08]. http://baike.baidu.com/link? url=8UInIW_xvADipuAP_kcd57wXVFlwAg3hNI7QTfaquYGla4beAQue5nofb812BOD8N2YtcbJRiYdlkXjzt6mvQYV_Rrgc2iCV4LtiGP1 43__.

表 9-1　大院型和街区型两种城市空间组织模式特征比较

特征与要素		组织模式 大院型	街区型
	典型空间组织形式	道路—大院	街道—街区
	空间组织立足点	生产、工作与生活组织	交通与商业运营
城市空间	土地利用	"大分区、小混合"：即分区制引导下的职、住、生活与社会服务、休闲娱乐等功能混合	传统街区以功能混合为主；现代街区多为典型的分区制；当代街区有回归功能混合的趋势
	空间构型	以道路为骨架、单位大院为细胞构成的树状空间结构	由街道围合街区为空间单元，构成规则或不规则格网状空间结构
	空间发展	(1) 跳跃性与连续性结合，并以沿主路跳跃性发展为主 (2) 大院与村落、城中村相结合的空间发展模式	城市空间连片连续性发展为主
	城市道路系统	以干路为骨架的树状道路系统，局部随支路发达程度可能连成格网状；大院内路网发达，自成一体	城市道路层级化或均质化发展，形成完备的规则或不规则格网状道路系统
地段空间	空间整体性	尽管存在城市层面的整体性，但由单位大院细胞构成的整体性成为城市空间整体性的主要表现形式	地段空间整体性建立在城市整体性的基础上
	交通联系空间	主要承载交通联系功能的各类道路	交通联系功能与商业、生活功能结合的城市街道
	公共空间系统	地段级城市公共空间主要表现为大院内公共空间系统	地段级城市公共空间发达
地块与公共空间	地块划分模式	以建筑群空间为导向	以建筑为导向
	地块尺度	尺度悬殊，尺度控制体系不明确，地块尺度根据单位规模而定	一般具有明确的地块尺度控制体系
	地块形状	规则与不规则共存，地块边界可借用毗邻自然要素物理边界	多为规则地块，边界形式多为产权边界
	地块内部空间	建构出公共属性的多功能活力空间体系	多为私有性质的单一功能非活力空间
	公共空间性质	层级丰富且形态异质	各层级形态相对同质
	典型城市公共空间	(1) 大院外生活性街道 (2) 大院内部"单位街""单位公园""单位广场"	城市广场、城市街道、城市公园、街区公园等
	街道空间	(1) 一般而言，界面的公共性和连续性不是重点，故常出现扁平化和第二界面现象 (2) 双性建筑成为大院型城市空间的兼容界面形式 (3) 大院入口成为重要节点空间	界面的公共性和连续性成为重点；建筑界面具有很强的连续性和公共性

体具有其组成部分在孤立状态中所没有的整体特性，而"整体性"就是指整体所具备的特性。整体性包含局部或要素、组织结构和发展过程的整体性。从空间上看，要素或者组

织结构的缺失都将影响空间整体性的建构。

根据C.亚历山大等学者的研究,整体性普遍存在于欧洲最美城镇之中,但现代城市却普遍缺失,这与当前没有一个学科积极主动着手创建城市的整体性有关,包括城市规划、城市设计和建筑学学科①。整体性在城市物质空间中表现为各空间层级构成要素自身的整体性以及要素间组织结构的整体性,这种整体性并非由现代城市规划和建筑学科的工作直接创造,而是经过很长一段时间城市自组织发展形成。在空间层级发生改变时,整体与部分所指代的对象会发生转化,比如从宏观层面看,城市是整体,单位大院是城市空间的一部分,而从中观层面看,单位大院又是由不同建筑物构成的整体。故城市空间的整体性由各层级空间的整体性构成,不同层级空间整体性的具体内容与表现形式有较大差异。

要素与组织结构是从空间上建构整体性的两个先决条件。一个有机体以不同观察方式可解读出不同的整体建构方式。以生物体为例,其整体性既可以解读为各肢体与器官的有机组合,也可解读为细胞的有机组合,同样的方式也可用来解读城市有机体。分区制是现代主义试图建构城市整体性而采用的一种手段,他们将城市解读为若干功能空间的组合,并通过建立高效的交通联系网络来组织不同空间分区。这种整体性停留在宏观层面,而忽略了更为丰富、细腻的中微观层面的空间整体性。正如C.亚历山大等学者提出的:城市整体性是由过程创造的,而非形式②。

上述研究显示,单位大院成为计划经济时代中国城市大部分地区城市空间的具体表现形式,也成为城市各层级空间整体性建构的核心要素。以单位大院为主建构起来的大院型城市的空间整体性与街区型城市有显著差异。街区型城市中整体性首先表现为城市与地段的整体性,实现手段为依靠形成各级中心来建构空间结构,即城市空间划分成不同分区,各分区形成次中心,公共设施集中分布在各级中心,而分区内空间的功能性质表现出单一化和同质化特征。分区内部除公共空间与服务设施外,其余用地调整与更新一般不对地段空间整体性造成结构性冲击。而大院型城市的整体性首先表现为空间单元的整体性,尽管单位大院及若干单位大院毗邻分布形成的形态区域可视为一个地段,但与街区制城市空间中地段性质的本质差异在于,单位大院本身的功能与空间完整性太强,并形成一个完整的空间细胞,细胞中功能与空间表现出差异性和非均质性特征。不管是职、住、生活服务,任何一部分功能空间的更新与置换均会导致空间整体性的结构性破坏。这也是近20年多数城市更新导致诸多城市问题的重要根源。事实表明,单位大院空间组织模式在城市绝大多数地段建构了一种空间整体性。这种整体性的建构有赖于单位大院空间的自组织生长。

---

① [美]亚历山大,奈斯,安尼诺,等.城市设计新理论[M].陈治业,童丽萍,译.北京:知识产权出版社,2002:1-2.
② [美]亚历山大,奈斯,安尼诺,等.城市设计新理论[M].陈治业,童丽萍,译.北京:知识产权出版社,2002:2.

单位大院的转型更新极大地影响了城市空间的转型与更新，一方面提供了城市空间重构的机会，另一方面单位大院残留部分与更新部分未能较好融合，造成城市空间裂痕的出现，中微观层面城市空间整体性被破坏。

可见，单位大院更新改造带来的城市空间整体性瓦解与重构问题，将成为今后很长一段时间内中国新型城镇化建设重要且迫切需要解决的课题。

（3）单位大院与城市公共空间活力

伴随着对现代主义城市规划的反思，20世纪中期以简·雅各布斯对城市多样性与城市活力问题的探讨为代表开始了关于城市空间活力问题的研究。而国内对城市活力问题的研究大致始于1980年代中期，2000年后开始逐渐升温。长期以来，对于城市活力概念的解读存在城市社会学和建筑学两大视角[1]。前者认为城市活力由经济活力、社会活力、文化活力三者构成，城市空间活力仅是经济、社会、文化活动的空间表征；而后者认为城市空间活力可通过设计手法来营造。近年来对城市空间活力的认知逐步走向联合，越来越多的学者认为城市空间活力存在二象性，城市空间活力可以被理解为一种基于城市空间形态影响的城市活动[2][3]，即城市空间活力是一种空间特征及其背后社会活动的同构体，应该可以从空间形态特征和居民活动强度，尤其是扬·盖尔（Jan Gehl）所定义的"自发性活动"（optional activities）强度这两方面进行界定[4]。

可见，人的活动与城市物质空间形态的关联性成为城市空间活力研究的核心问题。关于单位大院集中地段公共空间与活力问题的研究有如下重要启示：

第一，计划经济时代的单位城市并未孕育出传统意义上的地段级公共空间，但却孕育出丰富且充满活力的大院级公共空间。即便是在经历各种转型的今天，单位大院内部的公共空间仍然保持活力并实现顺利转型。这一事实表明，城市中可能存在不同类型的公共空间组织形式，传统意义上的街道和广场并非城市公共空间的唯一表现形式。探寻多样化的公共空间类型，建构多样化的公共空间组织方式本身就可能成为塑造城市空间

---

[1] Ye Y, Vannes A. Measuring urban maturation processes in Dutch and Chinese new towns: combining street network configuration with building density and degree of land use diversification through GIS[J]. The Journal of Space Syntax, 2013, 4(1): 18-37. 转引自：叶宇，庄宇，张灵珠，等. 城市设计中活力营造的形态学探究——基于城市空间形态特征量化分析与居民活动检验[J]. 国际城市规划，2016(1): 26-33.

[2] Lees L. Planning urbanity? [J]. Environment and Planning A, 2010, 42(10): 2302-2308. 转引自：叶宇，庄宇，张灵珠，等. 城市设计中活力营造的形态学探究——基于城市空间形态特征量化分析与居民活动检验[J]. 国际城市规划，2016(1): 26-33.

[3] Marcus L. Spatial capital[J]. Journal of Space Syntax, 2010, 1(1): 30-40. 转引自：叶宇，庄宇，张灵珠，等. 城市设计中活力营造的形态学探究——基于城市空间形态特征量化分析与居民活动检验[J]. 国际城市规划，2016(1): 26-33.

[4] Gehl J. Life Between Buildings: Using Public Space[M]. 3th ed. Copenhagen: Arkitektens Forlag, 1971. 转引自：叶宇，庄宇，张灵珠，等. 城市设计中活力营造的形态学探究——基于城市空间形态特征量化分析与居民活动检验[J]. 国际城市规划，2016(1): 26-33.

活力的重要途径。

第二,城市空间活力问题与城市公共空间一样存在层级与类型的差异,不同层级与类型的城市空间其活力的具体表现形式不尽相同,不应套用统一评价标准。

城市公共空间系统包含城市、地区、地段和街区等多个层级,不同层级空间之间分工协作构成整体。因人的活动源于人的需求,人的需求的层级性对应了空间的层级性,故各层级空间承载的人群活动性质有明显差异,若统一公共空间活力的标准,将阻碍城市空间多样化发展,进而损坏城市空间活力。就城市社会学提出的从经济、社会和文化三方面来考察城市空间活力而言[1],目前存在偏重经济活力而轻视其他两个方面的倾向。在计划经济时代的单位城市中,城市整体的经济活力受到抑制,这在地段级空间中表现尤为突出,导致广场成为政治性和社会性活动的主要场所,而单位大院集中地段的街道也主要为交通联系服务,但在单位大院内部却孕育出丰富的自发性活动和颇具活力的类似市民广场、生活性街道和街区公园等的公共空间类型。若单从经济活力来评价的话,单位大院内部的公共空间根本就不具备活力,但大院级公共空间确实承载了高频率的自发性活动,尽管与经济活力无关却形成了强烈的文化认同感。

第三,不同时代与地域文化背景下城市空间活力的具体表现形式存在差异,考察城市空间活力不能离开特定的时代与地域文化背景下特定人群的行为特点与需求。

计划经济时代单位城市中,单位大院内部的公共空间成为大院集中地段最具活力的公共空间。改革开放后,单位大院内部部分公共空间的功能构成与空间形态逐渐发生适应性改变,但同样保持了良好的活力。商业服务功能的提升导致空间活力的具体表现形式随之发生改变。与此同时,大院之外某些街道也因在空间组织中具有某种结构性优势,而获得优先发展商业与服务功能的机会,从而吸引了地段内人群的自发性活动,形成了具有一定集聚效应的活力空间。

第四,尽管对城市空间活力的考察最终都要落实到微观层面即某些具体空间,但其中人群聚集及活动状况往往是宏观空间结构、中观空间组织与微观具体物质空间形态共同作用的结果。尤其是中观层面空间组织模式对某些特定空间中人群的聚集与活动状况会产生关键性影响。

从当前各种城市设计理论中关于城市空间活力的描述看[2],城市空间活力归根到底是人流聚集的结果,而营造城市空间活力的难点也在于通过空间的和非空间的手段来实

---

[1] 蒋涤非,李璟奇.当代城市活力营造的若干思考[J].新建筑,2016(1):21-25.
[2] 包括简·雅各布斯关于城市多样性营造的《美国大城市的死与生》、扬·盖尔关于街道空间活力的《交往与空间》、特兰西克关于城市空间设计的《寻找失落空间——城市设计的理论》、卡茨(Katz)等关于新城市主义下空间组织的《新城市主义:迈向社区建构》,以及蒙哥马利的《建造城市:城市性、活力与城市设计》等理论著作。

现人流聚集。以简·雅各布斯的四个条件为例①：功能混合的目的在于保证地段内不同时段的人流聚集量；而短街段是为了方便人群聚集；不同年代与类型的建筑的配置旨在聚集不同层次的人群以丰富活动类型；而建筑与人流密度的要求也是为了保证一定数量的人群。总体看来，街区制背景下的城市空间活力理论是想依靠人群的自由选择和空间本身的吸引力来实现人群的聚集，从而实现空间活力。而对单位大院集中地段生活性街道的实证研究发现通过空间方向性的组织来实现人群的聚集也是一种行之有效的方式。其前提在于"城市中并非所有的街道都有必要或者都有可能获得同样的空间活力"，正如我们在各种规模与类型的城市中看到的现实情况一样。

与街区型城市空间相比，单位大院集中地段所形成的空间结构对某些特定空间的活力塑造具备得天独厚的结构性优势。

从中微观层面看：首先，单位大院具备较大的空间规模并积聚了一定数量的人群，加之单位大院职、住与生活服务、文化休闲娱乐等功能空间一体化发展的空间组织结构特征，为所处地段全时段人群聚集提供保障。其次，单位大院内部包含单身宿舍、不同面积标准的单元式住宅，以及生产办公建筑和生活服务、文化娱乐活动建筑，外部则包含城中村居住建筑、沿街商铺、其他类型的住宅等；建筑年代分布至少从1950年代至2000年代，而居住人群除单位职工和家属外，还有城中村居民和其他居民；人群的年龄段从小孩到青年、中年和老年均有，真正地实现了地段内各种类型人群混合。最后，单位大院通过对空间范围的限定与方向性的组织，将大院内部人群的必要性活动导向某一特定空间以形成地段内人群的高度聚集，为自发性活动的发生提供先决条件。如果同时通过微观层面对特定空间的功能与形态塑造来增加空间吸引力，必将有利于空间活力的形成。

而宏观层面，尽管从规划角度看城市范围内也形成了商业区、工业区、行政办公区和文教区等功能分区，但：一方面以功能混合的单位大院成组团分布作为城市外围的空间组织手段，使得各分区并非单一功能的空间聚集，而保证了多种主导型功能有机混合，从而奠定了各分区中不同时段人流聚集的空间基础；另一方面，城市中单位大院集中地段未能形成真正的城市次中心和地段中心，相应层级的公共空间与服务设施缺失，支撑了单位大院内部公共空间与服务设施的形成，并将大院人群的自发性活动内化于大院以保证大院级公共空间的活力，同时也为改革开放后单位大院集中地段生活性街道的形成与活力的塑造提供先决条件。

可见，单位城市宏观层面的空间特点为中微观层面空间结构的形成创造了先决条件。

---

① [加]简·雅各布斯.美国大城市的死与生[M].纪念版.金衡山，译.南京：译林出版社，2006：135-136.

9.3 本书的主要创新点

本书抓住"单位大院"这一中国城市空间中普遍存在而又独具特色的关键性形态要素,并以其为视角展开对中国城市物质空间形态构成机制的研究。本书应对了单位大院转型导致城市中观层面空间整体性破裂而面临重构,以及城市存量发展转型面临的新任务与遭遇的理论困境等现实问题,主要创新点表现在研究对象、方法和成果三方面。

(1) 研究对象的创新

以单位大院为视角来解读中国城市物质空间的形态构成与演变规律,主要研究对象有:城市中的单位大院、单位大院集中地段的城市物质空间形态,以及两者的结构性关联。在研究对象上与现有成果的显著区别在于:以单位大院的物质空间形态为研究对象,并将其纳入宏观、中观和微观各层级城市物质空间形态中进行考察,重点关注单位大院如何参与城市物质空间建构,单位大院及其更新转型如何影响城市物质空间形态,以及城市物质空间如何影响单位大院物质空间形态建构等问题。物质性与形态研究是本书与社会科学领域相关研究的本质性区别,而中微观层级空间形态的解析则界定出本书与人文地理和城乡规划学领域相关研究的差异。

此外,本书对案例城市南昌的城市物质空间展开了系统深入的形态解析,尤其是针对中微观层面的形态研究在国内尚属首次。

(2) 研究方法的创新

"时间—空间—类型"三位一体的立体式形态分析框架

本书选择南昌主城区作为载体,以类型形态学方法为基础建构出"时间—空间—类型"三位一体的立体式形态分析框架,因以单位大院与城市物质空间形态两者的关联性作为隐性主线,既不同于静态的城市形态分析,又区别于一般意义上的城市形态演变研究。

跨学科的研究方法

因本书的研究对象单位大院具备物质和社会双重属性,故研究中不可避免地要用到跨学科的研究方法。为此,本书以类型形态学方法为主,整合社会科学、人文地理学、城乡规划学、城市设计和建筑学等学科领域的研究方法,主要包括:历史档案与文献查阅、理论推演、田野调查、城镇平面分析、城市空间分析、建筑空间类型与空间界面分析等。

案例研究法

本书选择南昌为案例城市,通过翔实的第一手地图资料与档案资料对单位大院与城市物质空间形态的关联性问题展开系统全面的实证研究,在国内尚属首次。

(3) 研究成果的创新

本书总结归纳出单位大院与城市物质空间 7 个方面的形态关联性,它们覆盖了城市空间从宏观至微观各层级,加上单位大院与城市物质空间更新、新城区建设中的单位大院现象等方面取得的研究成果,对辨清单位大院在中国城市物质空间建构与发展中所起的结构性作用,进而采取相应措施推进单位大院集中地段的城市形态更新,重构城市空间整体性,甚至新城区建设工作等方面均具有现实的指导意义。

此外,本书关于单位城市中的空间组织模式和城市空间活力塑造方面的研究成果有望对城市形态学研究产生一定的启示。

9.4 可能的后续研究

(1) 本书立足城市设计学科,以类型形态学方法为基础,整合社会科学、人文地理学、城乡规划学和建筑学等学科领域的相关理论与方法,建构了"时间—空间—类型"三位一体的立体式形态分析框架,为解读中国城市中单位大院与城市物质空间形态的关联性提供了基本框架。这一框架具有开放性,更多案例的加入将使结论趋于完善。限于时间和研究者的能力,本书仅针对南昌开展了深入的案例研究。而中国存在不少与南昌城市形态演化过程不尽相同的城市,尤其是1949年之前工业化与城市化程度均明显高于南昌的一批受殖民统治的城市,单位大院与这些城市的物质空间形态之间的关系如何,有待更多城市的案例分析与比较研究,这将有助于完善与补充相关结论,进一步推动对中国城市中单位大院集中地段的物质空间形态构成、演化与发展规律的科学认知。

(2) 本书具有案例研究覆盖范围大且跨越一定历史时期,部分基础资料难以获取等特点,加之大量的田野调查工作,限于时间、篇幅与个人能力,本书基于城市设计视角开展的形态研究,更侧重于对形态关联性的认知与理解,在形态发展策略方面只做了浅层的讨论。今后可结合实践,通过相关案例的深度研究,对南昌尤其是单位大院集中地段的城市形态更新与发展提供有效的建议与指导。

参考文献

A 专著

城市形态与城市设计相关研究

[1] Bacon E N. Design of Cities[M]. New York: Viking Press, 1974.

[2] Caniggia G, Maffei G L. Architectural Composition and Building Typology: Interpreting Basic Building[M]. Alinea Editrice, 2001.

[3] Conzen M R G. Alnwick, Northumberland: A Study in Town-Plan Analysis[M]. London: Institute of British Geographers, 1969.

[4] Cullen G. The Concise Townscape[M]. New York: Van Nostrand Reinhold, 1971.

[5] Frank K A, Lynda H S. Ordering Space: Types in Architecture and Design[M]. New York: Van Nostrand Reinbold, 1994.

[6] Gehl J. Life Between Buildings: Using Public Space[M]. 3th ed. Copenhagen: Arkitektens Forlag, 1987.

[7] Hillier B. Space is the Machine[M]. Cambridge: Cambridge University Press, 1999.

[8] Jacobs A B. Great Streets[M]. Cambridge: MIT Press, 1993.

[9] Nesbitt K. Theorizing a New Agenda for Architecture: An Anthology of Architectural Theory 1965—1995[M]. New York: Princeton Architecture, 1996.

[10] Kostof S, Castillo G. The City Assembled: The Elements of Urban Form Through History[M]. Boston: Bulfinch Pr, 1992.

[11] Kostof S. The City Shaped: Urban Patterns and Meanings Through History[M]. Boston: Pulfinch Pr, 1993.

[12] Lynch K. A Theory of Good City Form[M]. Cambridge: MIT Press, 1981.

[13] Lynch K. The Image of the City[M]. Cambridge: MIT Press, 1982.

[14] Moudon A V. Built for Change: Neighborhood Architecture in San Francisco[M]. Cambridge: MIT Press, 1986.

[15] Moughtin, Cuesta, Sarris, et al. Urban Design: Method and Techniques[M]. Boston: Architectural Press, 1988.

[16] Rapoport A. Human Aspects of Urban Form: Towards a Man-Environment Approach to Urban Form and Design[M]. New York: Pergamon Press, 1977.
[17] Sitte C. City Planning According to Artistic Principles[M]. New York: Random House, 1965.
[18] Whyte W H. The Social Life of Small Urban Spaces[M]. Washington, D C: Conservation Foundation, 1980.
[19] [奥]卡米诺·西特. 城市建设艺术[M]. 仲德崑,译. 南京:东南大学出版社,1990.
[20] 陈泳. 城市空间:形态、类型与意义:苏州古城结构形态演化研究[M]. 南京:东南大学出版社,2006.
[21] 储金龙. 城市空间形态定量分析研究[M]. 南京:东南大学出版社,2007.
[22] [丹]扬·盖尔. 交往与空间[M]. 4版. 何人可,译. 北京:中国建筑工业出版社,2002.
[23] [丹]扬·盖尔,拉尔斯·吉姆松. 新城市空间[M]. 何人可,张卫,邱灿红,译. 北京:中国建筑工业出版社,2003.
[24] [德]克里尔 R. 城市空间[M]. 钟山,姚家濂,姚远,编译. 上海:同济大学出版社,1991.
[25] [德]格哈德·库德斯. 城市形态结构设计[M]. 杨枫,译. 北京:中国建筑工业出版社,2008.
[26] [德]托尔斯滕·别克林,迈克尔·彼得莱克. 城市街区[M]. 张路峰,译. 北京:中国建筑工业出版社,2011.
[27] 段进,比尔·希列尔,等. 空间句法与城市规划[M]. 南京:东南大学出版社,2007.
[28] 段进. 城市空间发展论[M]. 2版. 南京:江苏科学技术出版社,2006.
[29] 段进,龚恺,陈晓东,等. 世界文化遗产西递古村落空间解析[M]. 南京:东南大学出版社,2006.
[30] 段进,季松,王海宁. 城镇空间解析:太湖流域古镇空间结构与形态[M]. 北京:中国建筑工业出版社,2002.
[31] 段进,邱国潮. 国外城市形态学概论[M]. 南京:东南大学出版社,2009.
[32] [法]Serge Salat. 城市与形态:关于可持续城市化的研究[M]. 陆阳,张艳,译. 北京:中国建筑工业出版社,2012.
[33] [法]菲利普·巴内翰,让·卡斯泰,让-夏尔·德保勒. 城市街区的解体:从奥斯曼到勒·柯布西耶[M]. 魏羽力,许昊,译. 北京:中国建筑工业出版社,2012.
[34] 顾朝林,等. 中国大城市边缘区研究[M]. 北京:科学出版社,1995.
[35] 韩冬青,冯金龙. 城市·建筑一体化设计[M]. 南京:东南大学出版社,1999.
[36] 胡俊. 中国城市:模式与演变[M]. 北京:中国建筑工业出版社,1995.
[37] [加]吉尔·格兰特. 良好社区规划:新城市主义的理论与实践[M]. 叶齐茂,倪晓晖,译. 北京:中国建筑工业出版社,2010.
[38] [加]简·雅各布斯. 美国大城市的死与生[M]. 纪念版. 金衡山,译. 南京:译林出版社,2006.
[39] 蒋涤非. 城市形态活力论[M]. 南京:东南大学出版社,2007.
[40] 梁江,孙晖. 模式与动因:中国城市中心区的形态演变[M]. 北京:中国建筑工业出版社,2007.
[41] [卢森堡]罗伯·克里尔. 城镇空间:传统城市主义的当代诠释[M]. 金秋野,王又佳,译. 北京:中国建筑工业出版社,2007.
[42] [美]亚历山大 C. 建筑模式语言:城镇·建筑·构造[M]. 王听度,周序鸿,译. 北京:知识产权出版社,2002.

[43] [美]埃德蒙·N.培根.城市设计[M].黄富厢,朱琪,译.北京:中国建筑工业出版社,2003.
[44] [美]彼得·卡尔索普.未来美国大都市:生态·社区·美国梦[M].郭亮,译.北京:中国建筑工业出版社,2009.
[45] [美]凯文·林奇.城市形态[M].林庆怡,陈朝晖,邓华,译.北京:华夏出版社,2001.
[46] [美]凯文·林奇.城市意象[M].何晓军,方益萍,译.北京:华夏出版社,2001.
[47] [美]柯林·罗,弗瑞德·科特.拼贴城市[M].童明,译.北京:中国建筑工业出版社,2003.
[48] [美]克莱尔·库珀·马库斯,卡罗琳·弗朗西斯.人性场所:城市开放空间设计导则[M].2版.俞孔坚,孙鹏,王志芳,等,译.北京:中国建筑工业出版社,2001.
[49] [美]琳达·格鲁特,大卫·王.建筑学研究方法[M].王晓梅,译.北京:机械工业出版社,2004.
[50] [美]罗杰·特兰斯克.寻找失落空间:城市设计的理论[M].朱子瑜,张播,鹿勤,等,译.北京:中国建筑工业出版社,2008.
[51] [美]斯皮罗·科斯托夫.城市的形成:历史进程中的城市模式和城市意义[M].单皓,译.北京:中国建筑工业出版社,2005.
[52] [美]斯皮罗·科斯托夫.城市的组合:历史进程中的城市形态的元素[M].邓东,译.北京:中国建筑工业出版社,2008.
[53] [美]斯坦·艾伦.点+线:关于城市的图解与设计[M].任浩,译.北京:中国建筑工业出版社,2007.
[54] [美]亚历山大·R.卡斯伯特.城市形态:政治经济学与城市设计[M].孙诗萌,袁琳,翟炳哲,译.北京:中国建筑工业出版社,2011.
[55] [美]亚历山大,奈斯,安尼诺,等.城市设计新理论[M].陈治业,童丽萍,译.北京:知识产权出版社,2002.
[56] [美]詹姆斯·E.万斯.延伸的城市:西方文明中的城市形态学[M].凌霓,潘荣,译.北京:中国建筑工业出版社,2007.
[57] 齐康.城市建筑[M].南京:东南大学出版社,2001.
[58] [日]芦原义信.街道美学[M].尹培桐,译.天津:百花文艺出版社,2006.
[59] [日]芦原义信.外部空间设计[M].尹培桐,译.北京:中国建筑工业出版社,1985.
[60] 沈克宁.建筑类型学与城市形态学[M].北京:中国建筑工业出版社,2010.
[61] 王建国.城市设计[M].北京:中国建筑工业出版社,2009.
[62] 王建国.城市设计[M].南京:东南大学出版社,1998.
[63] 王建国.现代城市设计理论和方法[M].2版.南京:东南大学出版社,2001.
[64] 武进.中国城市:形态结构特征及其演变[M].南京:江苏科学技术出版社,1990.
[65] 熊国平.当代中国城市形态演变[M].北京:中国建筑工业出版社,2006.
[66] 阳建强,吴明伟.现代城市更新[M].南京:东南大学出版社,1999.
[67] 杨俊宴,吴明伟.中国城市CBD空间量化研究:形态·功能·产业[M].南京:东南大学出版社,2008.
[68] [意]阿尔多·罗西.城市建筑学[M].黄士钧,译.北京:中国建筑工业出版社,2006.
[69] [英]比尔·希利尔.空间是机器:建筑组构理论[M].杨滔,张佶,王晓京,译.北京:中国建筑工业出版社,2008.

[70] [英]康泽恩.城镇平面格局分析:诺森伯兰郡安尼克案例研究[M].宋峰,等,译.北京:中国建筑工业出版社,2011.

[71] [英]克利夫·芒福汀.街道与广场[M].2版.张永刚,陆卫东,译.北京:中国建筑工业出版社,2004.

[72] [英]拉菲尔·奎斯塔,克里斯蒂娜·萨里斯,保拉·西格诺莱塔.城市设计方法与技术[M].杨至德,译.北京:中国建筑工业出版社,2006.

[73] [英]马修·卡莫纳,史蒂文·蒂斯迪尔,蒂姆·希斯,等.公共空间与城市空间:城市设计维度(原著第二版)[M].马航,张昌娟,方堃,等,译.北京:中国建筑工业出版社,2015.

[74] [英]玛丽昂·罗伯茨,克拉拉·格里德.走向城市设计:设计的方法与过程[M].马航,陈馨如,译.北京:中国建筑工业出版社,2009.

[75] [英]迈克·詹克斯,伊丽莎白·伯顿,凯蒂·威廉姆斯.紧缩城市:一种可持续发展的城市形态[M].周玉鹏,龙洋,楚先锋,译.北京:中国建筑工业出版社,2004.

单位现象相关研究

[76] Bray D. Social Space and Governance in Urban China:The Danwei System from Origin to Reform[M]. Stanford:Stanford University Press,2005.

[77] Lu D F. Remaking Chinese Urban Form:Modernity,Scarcity and Space,1949—2005[M]. New York:Routledge,2006.

[78] Lü X B,Perry E J. Danwei:The Changing Chinese Workplace in Historical and Comparative Perspective[M]. New York,London:M. E. Sharpe,1997.

[79] Ma L J C,Wu F L. Restructuring the Chinese City:Changing Society,Economy and Space[M]. London:Routledge. 2005.

[80] Walder A G. Communist Neo-traditionalism:Work and Authority in Chinese Industry[M]. California:University of California Press,1988.

[81] [澳]薄大伟.单位的前世今生:中国城市的社会空间与治理[M].柴彦威,张纯,何宏光,等,译.南京:东南大学出版社,2014.

[82] 刘建军.单位中国:社会调控体系重构中的个人、组织与国家[M].天津:天津人民出版社,2000.

[83] 李汉林.中国单位社会:议论、思考与研究[M].上海:上海人民出版社,2004.

[84] 杨晓民,周翼虎.中国单位制度[M].北京:中国经济出版社,1999.

[85] 李路路,李汉林.中国的单位组织[M].杭州:浙江人民出版社,2000.

城市建设相关研究

[86] 程维.豫章遗韵:从老照片看南昌[M].南昌:江西人民出版社,2001.

[87] 《当代中国》丛书编辑委员会.当代中国的城市建设[M].北京:中国社会科学出版社,1990.

[88] 《当代中国》丛书编辑委员会.当代中国的江西:下[M].北京:当代中国出版社,1991.

[89] 甘钧.南昌城市建设大观[M].北京:华夏出版社,2008.

[90] 《洪钢志》编辑委员会.洪钢志:1958—1984[G].南昌:《洪钢志》编辑委员会,1986.

[91] 华揽洪.重建中国:城市规划三十年(1949—1979)[M].李颖,译.北京:生活·读书·新知三联书店,2006.

[92] 江西省城乡建设环境保护厅.当代江西城市建设:1949—1983[M].南昌:江西科学技术出版

社,1987.
- [93]《江西省城乡建设志》编纂委员会.江西省城乡建设志[M].北京:方志出版社,2000.
- [94] (民国)国都设计技术专员办事处.首都计划[M].王宇新,王明发,点校.南京:南京出版社,2006:110.
- [95] 南昌市城乡建设局.当代南昌城市建设:1949—1985[G].南昌:南昌市城乡建设局,1990.
- [96] 南昌市城乡建设局.南昌市城市建设志[G].南昌:南昌市城乡建设局,1992.
- [97]《南昌市轻工业志》编纂委员会.南昌市轻工业志:1900—1988[Z].南昌:江西省出版事业管理局,1990.
- [98] 南京工学院建筑研究所.杨廷宝建筑设计作品集[M].北京:中国建筑工业出版社,1983.
- [99] 王军.城记[M].北京:生活·读书·新知三联书店,2003.
- [100] 张琳,王咨臣,彭适凡.南昌史话[M].南昌:江西人民出版社,1980.

工具书

- [101] 中国社会科学院语言研究所词典编辑室.现代汉语词典[M].3版.北京:商务印书馆,1996.

B 期刊论文

- [102] Bjorklund E M. The Danwei: socio-spatial characteristics of work units in China's urban society [J]. Economic Geography,1986,62(1):19-29.
- [103] Castex J,Panerai P. Prospects for typomorphology[J]. Lotus International,1982(36):94-99.
- [104] Butterfield F. Getting a hotel room in China: you're nothing without a unit[N]. New York Times, 1979-10-31(C17).
- [105] Lees L. Planning urbanity? [J]. Environment and Planning A,2010,42(10):2302-2308.
- [106] Marcus L. Spatial capital[J]. Journal of Space Syntax,2010,1(1):30-40.
- [107] Moudon A V. Urban Morphology as an emerging interdisciplinary field[J]. Urban Morphology, 1997(1):3-10.
- [108] Whitehand J W R,Gu K. Extending the compass of plan analysis: a Chinese exploration[J]. Unban Morphology,2007,11(2):91-109.
- [109] Whitehand J W R, Gu K. Urban conservation in China: historical development, current practice and morphological approach[J]. Town Planning Review,2007(78):643-670.
- [110] Ye Y, Vannes A. Measuring urban maturation processes in Dutch and Chinese new towns: combining street network configuration with building density and degree of land use diversification through GIS[J]. The Journal of Space Syntax,2013,4(1):18-37.
- [111] 柴彦威,陈零极,张纯.单位制度变迁:透视中国城市转型的重要视角[J].世界地理研究,2007(4):60-69.
- [112] 柴彦威,刘天宝,塔娜,等.中国城市单位制研究的一个新框架[J].人文地理,2013(4):4.
- [113] 柴彦威,刘志林,沈洁.中国城市单位制度的变化及其影响[J].干旱地区地理,2008(3):155-163.
- [114] 柴彦威,肖作鹏,张艳.中国城市空间组织与规划转型的单位视角[J].城市规划学刊,2011(6):28-35.

[115] 柴彦威. 以单位为基础的中国城市内部生活空间结构:兰州市的实证研究[J]. 地理研究,1996,15(1):30-38.

[116] 柴彦威,张艳. 应对全球气候变化,重新审视中国城市单位社区[J]. 国际城市规划,2010(1):20-23.

[117] 陈飞,谷凯. 西方建筑类型学和城市形态学:整合与应用[J]. 建筑师,2009(2):53-58.

[118] 陈飞. 一个新的研究框架——城市形态类型学在中国的应用[J]. 建筑学报,2010(4):85-90.

[119] 陈华宁. 山地城市的城市形态设计[J]. 建筑学报,1999(10):46-49.

[120] 陈锦富,朱小玉,任丽娟. 从低碳校园到低碳街区——以华中科技大学校园空间变迁为例[J]. 中国园林,2011(4):74-77.

[121] 陈锦棠,田银生. 形态类型视角下广州建设新村的形态演进[J]. 华中建筑,2015(4):127-131.

[122] 董卫. 城市制度、城市更新与单位社会——市场经济以及当代中国城市制度的变迁[J]. 建筑学报,1996(12):39-43.

[123] 段进. 城市形态研究与空间战略规划[J]. 城市规划,2003(2):45-48.

[124] 段进,邱国潮. 国外城市形态学研究的兴起与发展[J]. 城市规划学刊,2008(5):34-42.

[125] 谷凯. 城市形态的理论与方法:探索全面与理性的研究框架[J]. 城市规划,2001(12):36-41.

[126] 韩冬青. 城市形态学在城市设计中的地位与作用[J]. 建筑师,2014(4):35-38.

[127] 韩冬青. 设计城市——从形态理解到形态设计[J]. 建筑师,2013(4):60-65.

[128] 韩晶. 城市地段空间生长机制研究——南京鼓楼地段的形态分析[J]. 新建筑,1998(1):10-13.

[129] 胡宝哲. 经济高速发展期城市结构形态及其变容——东京都中心地城市构造试析[J]. 世界建筑,1994(1):58-62.

[130] 黄慧明,田银生,陈虹. 基于形态类型的设计控制探讨——以广州旧城居住用地规划控制为例[J]. 城市规划学刊,2013(3):113-120.

[131] 黄慧明,田银生. 形态分区理念及在中国旧城地区的应用[J]. 城市规划,2015(7):77-86.

[132] 贾高建. 论制度与体制的科学区分及其辩证关系[J]. 红旗文稿,1999(10):8.

[133] 蒋涤非,李璟兮. 当代城市活力营造的若干思考[J]. 新建筑,2016(1):21-25.

[134] 凯文·林奇. "良好城市"聚居形态的模式[J]. 王其优,译. 新建筑,1991(1):61-64.

[135] 凯文·林奇. "良好城市"聚居形态的模式:续[J]. 王其优,译. 新建筑,1991(2):58-61.

[136] 李晨. 当代单位大门设计的美学倾向[J]. 华东交通大学学报,2011(3):49-54.

[137] 李晨,韩冬青. 单位大院集中地段空间形态的演变——以南昌八一广场周边地段为例[J]. 城市问题,2011(6):30-36.

[138] 李汉林,王奋宇,李路路. 中国城市社区的整合机制与单位现象[J]. 管理世界,1994(2):192-200.

[139] 路风. 中国单位制的起源与形成[J]. 中国社会科学季刊(香港),1993(4):66-87.

[140] 李猛,周飞舟,李康. 单位:制度化组织的内部机制[J]. 中国社会科学季刊(香港),1996,秋季卷(16):89-108.

[141] 林炳格. 城市空间形态的计量方法及其评价[J]. 城市规划汇刊,1998(3):42-45.

[142] 刘青昊. 城市形态的生态机制[J]. 城市规划,1995(2):20-22.

[143] 卢志昌. 面向未来的城市形态设计——泰州市新区修建性详细规划[J]. 新建筑,1998(1):23-25.

[144] 路风.单位：一种特殊的社会组织形式[J].中国社会科学,1989(1):71-88.
[145] 彭适凡.古代南昌城的变迁与发展概述[J].江西历史文物,1980(1):15-23.
[146] 齐康.城市的形态[J].南京工学院学报,1982(3):14-27.
[147] 乔永学.北京"单位大院"的历史变迁及其对北京城市空间的影响[J].华中建筑,2004(5):91-96.
[148] 任绍斌.单位的分解蜕变及单位大院与城市用地空间的整合[J].规划师,2002(11):60-63.
[149] 疏良仁.城市形态构成与特征塑造——以北海市为例[J].城市规划汇刊,1997(6):57-61.
[150] 田银生,谷凯,陶伟.城市形态研究与城市历史保护规划[J].城市规划,2010(4):21-26.
[151] 田银生,张健,谷凯.广府民居形态演变及其影响因素分析[J].古建园林技术,2012(3):68-71.
[152] 王承慧.中等城市中心区空间形态浅析[J].城市规划汇刊,1999(1):66-68,24.
[153] 王建国.常熟城市形态历史特征及其演变研究[J].东南大学学报(自然科学版),1994,24(6):1-5.
[154] 王明历.城市规划：网络式组群城市的构想——试论大庆市城市形态[J].城市规划,1989(5):44-48.
[155] 魏春雨.建筑类型学研究[J].华中建筑,1990(2):81-96.
[156] 萧宗谊.大连城市形态初探[J].大连理工大学学报,1988,28(S2):21-33,35-50.
[157] 杨梧生.试谈"同心圆式"和"一城多镇"城市形态[J].建筑学报,1982(5):68-71.
[158] 姚圣,田银生,陈锦棠.城市形态区域化理论及其在遗产保护中的作用[J].城市规划,2013(11):47-53.
[159] 于显洋.单位意识的社会学分析[J].社会学研究,1991(5):76-81.
[160] 张纯,柴彦威.中国城市单位社区的空间演化：空间形态与土地利用[J].国际城市规划,2009(5):28-32.
[161] 张蕾.国外城市形态学研究及其启示[J].人文地理,2010(3):90-95.
[162] 张艳,柴彦威,周千钧.中国城市单位大院的空间性及其变化：北京京棉二厂的案例[J].国际城市规划,2009(5):20-27.
[163] 张宇星.城市和城市群形态的空间分形特性[J].新建筑,1995(3):42-46.
[164] 张宇星.城市形态生长的要素与过程[J].新建筑,1995(1):27-30.
[165] 赵建华,田银生,孙翔.城市边缘村庄空间演变与重构——以郑州市为例[J].华中建筑,2013(12):99-103.
[166] 郑莘,林琳.1990年以来国内城市形态研究述评[J].城市规划,2002(7):59-64.
[167] 钟雷.上海北外滩城市形态设计[J].城市规划,1997(1):31-36.
[168] 周维钧.厦门城市形态与结构布局[J].城市规划,1993(3):32-36.

C 学位论文

[169] Gu K. Urban Morphology of the Chinese City: Cases from Hainan[D]. Waterloo, Ontario: University of Waterloo, 2002.
[170] Lu D F. Building the Chinese Work Units: Modernity, Scarcity and Spaces, 1949—2000[D]. Berkeley: University of California, 2003.
[171] 方榕.生活性街道的形态及其生成机制研究[D].南京：东南大学,2013.

[172] 刘华. 南京老城内河水系与物质空间形态关联性解析[D]. 南京：东南大学，2014.
[173] 陆翔. 北京：院城——单位体制下的城市空间格局[D]. 北京：北京大学，2003.
[174] 王乐. 单位大院形态演变模式及其对城市空间的影响[D]. 大连：大连理工大学，2010.
[175] 杨贤房. 南昌城市形态演变研究[D]. 南昌：江西师范大学，2008.
[176] 张帆. 社会转型期的单位大院形态演变、问题及对策研究——以北京市为例[D]. 南京：东南大学，2004.
[177] 庄检平. 南昌市城市形态研究——基于分形理论[D]. 南昌：江西师范大学，2007.

D 电子文献

[178] 百度百科. 单位体制[EB/OL]. [2016-01-22]. http://baike.baidu.com/link?url＝kQtO9pWsWnuWkKTE98i8Q_aTmD78QZatPLEIuYxqDb4ijyirt4n3Bs6kJUhHP_9RwEwxVX9a22fG0JkS4i8kH5q.

[179] 百度百科. 整体（汉语词语）[EB/OL]. (2015-12-15)[2016-04-08]. http://baike.baidu.com/link?url＝8UInIW_xvADipuAP_kcd57wXVFlwAg3hNI7QTfaquYGla4beAQue5nofb812BOD8N2YtcbJRiYdl_kXjzt6mvQYV_Rrgc2iCV4LtiGP143__.

[180] 蔡文静. 探秘南昌手表厂的"流金年代"[N/OL]. 南昌晚报，2014-08-26[2016-03-28]. http://www.ncwbw.cn/html/2014-08/26/content_171828.htm?div＝-1.

[181] 国务院新闻办公室. 中共中央　国务院关于进一步加强城市规划建设管理工作的若干意见[A/OL]. (2016-02-22)[2016-04-06]. http://www.scio.gov.cn/zhzc/3/32765/Document/1469105/1469105.htm.

[182] 民国时期的江西医专：1921年—1949年[EB/OL]. [2016-02-04]. http://dag.ncu.edu.cn/lshg/jxyxy/37948.htm.

[183] 升格后的江西医学院：1952年—1957年[EB/OL]. [2016-02-04]. http://dag.ncu.edu.cn/lshg/jxyxy/37946.htm.

[184] 江西省南昌市人民政府. 南昌市城市规划管理技术规定[A/OL]. (2014-11-19)[2016-02-19]. http://www.chinalawedu.com/falvfagui/22598/jx20141119161809950284 21.shtml.

[185] 南昌市工业和信息化委员会. 浅述南昌工业历程[EB/OL]. (2010-11-25)[2016-02-04]. http://gxw.nc.gov.cn/News.shtml?p5＝679.

[186] 南昌市统计局. 南昌市人口发展特征分析[EB/OL]. (2012-07-25)[2016-03-28]. http://www.nctj.gov.cn/Content.aspx?ItemID＝7955.

[187] 维基百科. City block[EB/OL]. [2016-03-13]. https://en.wikipedia.org/wiki/City_block.

[188] 中共中央，国务院. 国家新型城镇化规划（2014—2020年）[A/OL]. (2014-03-16)[2016-01-26]. http://www.gov.cn/gongbao/content/2014/content_2644805.htm.

[189] 孙娟. 江西省科学院拟建300套公租房　选址南昌市高新区[EB/OL]. (2014-08-26)[2016-01-27]. http://jiangxi.jxnews.com.cn/system/2014/08/26/013289246.shtml.

[190] 2014公报解读：新型城镇化——经济社会发展的强大引擎[EB/OL]. (2015-03-09)[2016-01-21]. http://www.stats.gov.cn/tjsj/sjjd/201503/t20150309_691333.html.

E 会议论文

[191] 张姚钰,陈超.新时期单位大院视角下的城市空间重构研究——以南京老城西北片区为例[C]//新常态:传承与变革——2015中国城市规划年会论文集,2015.

[192] 周颖,田银生,魏开.康泽恩城市形态学理论在中国的发展及思考[C]//城市时代,协同规划——2013中国城市规划年会论文集,2013.

F 档案资料

[193] 财政部国税署.为检发国税署附属机关登记卡片及稽征单位员额表式各一种仰即遵照转饬所属于九月底以前汇齐具报由:1918-09-11[A].南昌:江西省档案馆(J025-1-01070-0001).

[194] 财政部江西区国税局.据呈玉山直税未设机构各项纳税单位无从列报等情指复知照由:1918-11-18[A].南昌:江西省档案馆(J025-1-03049-0305).

[195] 江西电机厂.关于要求逐步修建围墙的报告:1962-09-02[A].南昌:江西省档案馆(X063-1-031-35).

[196] 江西纺织厂.关于印染工场厂房围墙改用茅竹的呈:1956-11-18[A].南昌:江西省档案馆(X072-2-139-207).

[197] 江西机器厂,大兴建筑工厂.江西省机器厂建造职工宿舍工程合同书:1950-09[A].南昌:江西省档案馆(X072-2-007-186).

[198] 江西省财政厅.为交通厅新建宿舍请批示由:1953-06-21[A].南昌:江西省档案馆(X039-1-235-054).

[199] 江西省机械工业厅.关于安排江拖生活福利区用地的函:1962-08-22[A].南昌:江西省档案馆(X063-1-37-9).

[200] 江西省计划委员会.为江西纺织厂的礼堂工程问题请核批由:1955-05-18[A].南昌:江西省档案馆(X072-2-071-013).

[201] 江西省民政厅.关于为革命烈士纪念堂设计宿舍、膳厅、厕所等图样的函:1953-03[A].南昌:江西省档案馆(X118-2-193-010).

[202] 江西省农业院.报呈送本院在莲塘建筑办公厅职员住宅职员宿舍等房屋现已竣工恳请派员验收由:1936-02-11[A].南昌:江西省档案馆(J061-2-00384-0058).

[203] 江西省人民政府林业厅.请准予购买本市松柏巷二十三号房屋由:1954-05-11[A].南昌:江西省档案馆(X097-1-142-053).

[204] 江西省人民政府林业厅.我厅将来迁入新到行政办公楼办公及需要建筑职工宿舍请核办由:1954-06-11[A].南昌:江西省档案馆(X097-1-142-053).

[205] 江西省人民政府文化教育委员会.省政府文化教育委员会修建职工宿舍图:1951-01[A].南昌:江西省档案馆(X105-1-063-048).

[206] 江西省新牲纱厂.建筑职工宿舍之请示报告:1952-12-10[A].南昌:江西省档案馆(X072-1-042-067).

[207] 江西省政府保安处.江西省政府保安处关于检送第一区修械所、保六团等单位七至十二月份每月

[207] 经费预算书的函:不详[A].南昌:江西省档案馆(J032-1-00887-0137).

[208] 江西省政府建设厅.函请将代垫大众食堂工程开办各费拨环归垫由:1941-03-20[A].南昌:江西省档案馆(J045-2-01659-0053).

[209] 江西省政府.为令饬于三月二十五日以前编制二十九年度该机关单位概算暨分配预算送府以便核发经费由:1930-03-17[A].南昌:江西省档案馆(J023-1-06455-0145).

[210] 江西拖拉机制造厂.关于增建浴室一栋以解决职工天热洗澡间的报告:1959-04-16[A].南昌:江西省档案馆(X065-1-041-139).

[211] 江西拖拉机制造厂.建筑工程明细表:1959-12-18[A].南昌:江西省档案馆(X065-1-040-005).

[212] 南昌市政筹备处.南昌市全图[CM].南昌:百花洲东亚美术馆印,1926(民国十五年).

[213] 社会部.咨请酌量筹办劳工食堂以应工人需要并见复由:1941-12-02[A].南昌:江西省档案馆(J045-2-01410-0109).

[214] 中国人民保险公司江西省分公司,江西省人民政府建筑工程局建筑工程公司.中国人民保险公司江西省分公司、江西省人民政府建筑工程局建筑工程公司办公室宿舍礼堂饭厅等设计合同:1953-07-01[A].南昌:江西省档案馆(X092-1-091-034).

[215] 中国人民银行江西省分行.为本行拟在中山路460号添建食堂一栋请鉴核示复由:1951-11-13[A].南昌:江西省档案馆(X088-2-135-098).

[216] 中国人民银行江西省分行.为我行建筑单身宿舍基建计划变更为新建托儿所房屋用由:1953-03-28[A].南昌:江西省档案馆(X088-2-279-020).

[217] 中国新报社.为准函同意将朱家巷八号报社房屋拨为公司印刷厂宿舍相应检同租约及修理费收据各一纸一并送请查照办理由:1945-09-23[A].南昌:江西省档案馆(J026-1-00068-0044).

[218] 中国银行赣支行.中国银行赣支行关于尚书街地址划分近西一栋可作宿舍及招待来宾的函:1937-05-25[A].南昌:江西省档案馆[J026-2-00100(3)-0084].

附录 A 图表来源

除以下注明来源的图片和表格外，其他图表均为笔者自绘、自制。

绪论

图 0-1　研究范围示意
来源：根据 Google earth 2015 年南昌市区航拍图绘制。
图 0-2　193 个样本单位分布情况

第一章　何为单位大院

图 1-1　办公型单位大院空间构成
图 1-2　生产型单位大院空间构成
图 1-3　教学型单位大院空间构成
图 1-4　服务型单位大院空间构成
图 1-5　某生活型单位大院空间构成
图 1-6　四种单位大院形态类型
图 1-7　单位空间规模与分布示意
图 1-8　单位空间功能与分布示意
图 1-9　单位大院组合方式
图 1-10　单位大院区位类型
图 1-11　财校大院图底平面与卫星地图
来源：其中卫星地图系由 Google earth 2003 年南昌市区航拍图截取。
图 1-12　江纺大院图底平面与卫星地图
来源：其中卫星地图系由 Google earth 2003 年南昌市区航拍图截取。

图 1-13　手表厂大院图底平面与卫星地图
来源：其中卫星地图系由 Google earth 2003 年南昌市区航拍图截取。

图 1-14　化纤厂大院边界构成

图 1-15　1976 年南昌肉联厂边界形态与周边环境

图 1-16　单位大院边界形态

图 1-17　街道界面与单位大院围墙

图 1-18　2002 年与 2005 年江大大院卫星地图比较
来源：由 Google earth 2002 年和 2005 年南昌市区航拍图截取。

图 1-19　单位大院内部功能构成

图 1-20　洪钢大门
来源：《洪钢志》编辑委员会. 洪钢志：1958—1984［G］. 南昌：《洪钢志》编辑委员会，1986.

图 1-21　省府大院内部道路层级

图 1-22　江纺大院内部道路层级

图 1-23　单位大院四种空间结构类型

图 1-24　串联型单位大院案例

图 1-25　并联型单位大院案例

图 1-26　主街型单位大院案例

图 1-27　格网型单位大院案例

图 1-28　省府大院内部绿地分布示意
来源：根据 Google earth 2005 年南昌市区航拍图绘制。

图 1-29　单位大院建筑肌理
来源：底图由 Google earth 2003 年南昌市区航拍图截取。

图 1-30　单位大院内部"院中院"空间结构示意

图 1-31　单位广场案例一

图 1-32　单位广场案例二

图 1-33　一建大院"单位街"
照片来源：百度全景地图，拍摄时间为 2014-05-02，截取时间为 2016-02-18。

图 1-34　"单位街"案例
照片来源：百度全景地图，拍摄时间为 2014-07-30，截取时间为 2016-02-18。

表 1-1　办公型单位大院规模分布状况

表 1-2　生产型单位大院规模分布状况

表 1-3　教学型单位大院规模分布状况

表 1-4　服务型单位大院规模分布状况

表 1-5　单位大院空间形态类型分布情况

表 1-6　南昌主城区单位大院占地规模
表 1-7　不同规模范围单位大院占地情况
表 1-8　化纤厂大院住宅层数分布

第二章　南昌单位大院空间缘起

图 2-1　1931—1949 年包含"单位"一词的民国档案目录数量变化
根据江西省档案馆民国档案目录绘制。

图 2-2　1926 年《南昌市全图》及局部放大
来源：南昌市政筹备处.南昌市全图[CM].南昌：百花洲东亚美术馆印,1926(民国十五年).

图 2-3　1947 年南昌城北部分机构
来源：空愁士.南昌 1947 年 1∶10 000 军用地图[EB/OL].(2013-02-21)[2016-02-19]. http://blog.sina.com.cn/s/blog_406290f50102e4k5.html.

图 2-4a　南京中央研究院化学研究所大院总平面(1947)
来源：南京工学院建筑研究所.杨廷宝建筑设计作品集[M].北京：中国建筑工业出版社,1983：174.

图 2-4b　北京交通银行大院平面(1930)
来源：南京工学院建筑研究所.杨廷宝建筑设计作品集[M].北京：中国建筑工业出版社,1983：40.

图 2-5　1949 年与 1990 年部分单位
底图来源：《江西省地图集》编纂委员会.江西省地图集[M].北京：中国地图出版社,2008：96.

图 2-6　1949 年省立医专空间构成示意
底图来源：空愁士.南昌 1947 年 1∶10 000 军用地图[EB/OL].(2013-02-21)[2016-02-19]. http://blog.sina.com.cn/s/blog_406290f50102e4k5.html.

图 2-7　"一五"时期南昌主城区部分单位
底图来源：南昌左克昇.南昌市区暨街道图[CM].3 版.南昌：知行地学社,1949(民国三十八年).

图 2-8　八一广场周边 1950—1960 年代主要建筑
图 2-9　1960 年前后南昌主城区大学分布
底图来源：江西省地图编辑委员会.中华人民共和国江西省地图集[CM].南昌：内部发行,1963：15-16.

表 2-1　1950 年代八一大道两侧新建单位规模

第三章　宏观层面：单位大院与城市空间发展

图 3-1　南昌城址变迁
来源：中国城市地图集编辑委员会.中国城市地图集：上册[M].北京：中国地图出版社,1994：380.

图 3-2　1905 年南昌城区
来源:《江西省地图集》编纂委员会.江西省地图集[M].北京:中国地图出版社,2008:96.

图 3-3　1927 年南昌城区
来源:《江西省地图集》编纂委员会.江西省地图集[M].北京:中国地图出版社,2008:96.

图 3-4　1949 年南昌城区
来源:《江西省地图集》编纂委员会.江西省地图集[M].北京:中国地图出版社,2008:96.

图 3-5　1963 年南昌市街区
来源:江西省地图编辑委员会.中华人民共和国江西省地图集[G].南昌:江西省地图编辑委员会,1963:15-16.

图 3-6　研究范围
来源:根据 Google earth 2015 年南昌市区航拍图绘制。

图 3-7　1949 年至 1990 年代南昌城市空间发展

图 3-8　南昌区位与对外交通
根据1948年江西省地图绘制,原图来源:空愁士.1948 年中国分省新地图(亚光舆地)[EB/OL].(2011-12-19)[2016-02-19]. http://blog.sina.com.cn/s/blog_406290f50102du9t.html.

图 3-9　1949 年南昌周边公路
来源:南昌左克昇.南昌市区暨街道图[CM].3 版.南昌:知行地学社,1949(民国三十八年).

图 3-10　1949 年前后南昌建成区
根据1947年南昌市郊图绘制,来源:空愁士.南昌 1947 年 1∶10 000 军用地图[EB/OL].(2013-02-21)[2016-02-19]. http://blog.sina.com.cn/s/blog_406290f50102e4k5.html.

图 3-11　1949 年南昌城区及周边主要道路
参考相关地图绘制,来源:南昌左克昇.南昌市区暨街道图[CM].3 版.南昌:知行地学社,1949(民国三十八年).

图 3-12　1949 年南昌城区空间功能分区

图 3-13　1949 年单位空间基础类型

图 3-14　始建于 1949 年前的单位大院

图 3-15　1950—1957 年新建的单位大院

图 3-16　1958—1965 年新建的单位大院

图 3-17　1965 年前后单位大院空间与城市建成区空间

图 3-18　1965 年南昌城市中心与空间发展轴

图 3-19　1965 年前后南昌主城区主要道路

图 3-20　1965 年前后单位大院功能与分布

图 3-21　1976 年前后单位大院功能与分布

图 3-22　1976 年前后单位大院空间与城市建成区空间

图 3-23　1963 年与 1977 年部分道路比较

底图来源:江西省地图编辑委员会.中华人民共和国江西省地图集[G].南昌:江西省地图编辑委员会,1963:15-16;《江西省地图集》编纂委员会.江西省地图集[M].北京:中国地图出版社,2008:96.

图 3-24　1990 年代初期单位大院空间与城市建成区空间

图 3-25　1990 年代初期南昌主城区主要道路与新增道路

图 3-26　1949 年后单位大院空间与城市空间发展

表 3-1　南昌城市规模情况

表 3-2　193 个单位空间始建年代分布

表 3-3　始建于 1949 年前的单位大院功能与形态类型

表 3-4　始建于 1949 年前的单位大院规模

表 3-5　始建于 1950—1957 年的单位大院功能与形态类型

表 3-6　始建于 1950—1957 年的单位空间规模

表 3-7　1958—1965 年新建单位空间的功能与形态类型

表 3-8　1958—1965 年新建单位空间的规模

表 3-9　1966—1976 年新建单位大院的功能与形态类型

表 3-10　1966—1976 年新建单位大院的规模

表 3-11　1977—1990 年前后新建单位空间功能与形态类型

表 3-12　1977—1990 年前后新建单位空间规模

第四章　中观层面:单位大院与城市物质空间形态组织

图 4-1　四种类型的路网形态格局

图 4-2　南昌老城图底平面与卫星地图

来源:其中卫星地图系由 Google earth 2005 年南昌市区航拍图截取.

图 4-3　南昌老城区路网

图 4-4　南昌老城区内主要单位大院分布

图 4-5　民国均质格网型路网

图 4-6　单位大院与民国均质格网型路网

图 4-7　民国主路补充型路网格局

图 4-8　单位大院与民国主路补充型路网格局

图 4-9　老城东地区主要单位大院与路网情况

图 4-10　建设路一带单位大院与道路情况

图 4-11　外围主路型路网格局覆盖区域

图 4-12　外围主路型路网与单位大院

图 4-13　上海路一带单位大院与城市道路变迁

图 4-14　七里街一带单位大院与城市道路变迁
图 4-15　老城北部及附近地区街区形态
图 4-16　街区关系与街区群
图 4-17　4#街区地块形态
图 4-18　12#街区建筑肌理与子街区（sub-block）
图 4-19　10#街区建筑肌理与地块格局
图 4-20　主路＋单位大院空间结构形式
图 4-21　老城北经纬路及周边地区图底平面与主要单位大院
图 4-22　单位大院与老城街区
图 4-23　老城图底平面图
图 4-24　城北图底和主要单位大院
图 4-25　单位大院与城市街区空间关系
图 4-26　南柴大院与街区关系
图 4-27　省府大院与街区空间结构关系
图 4-28　城中村与单位大院空间分布
图 4-29　城中村肌理类型
图 4-30　化纤厂大院与城中村
图 4-31　其他斑块类型
图 4-32　城市空间的三种组织形式
图 4-33　道路—大院型空间组织模式解析
表 4-1　南昌老城外围民国主要道路与现状道路关系

第五章　微观层面：单位大院与城市公共空间建构

图 5-1　街区型城市与单位城市公共空间系统结构比较
图 5-2　人民公园边界形态与空间构成
图 5-3　人民公园大门（摄于 2016 年）
图 5-4　1980 年代南昌八一广场
来源：(a)《当代中国》丛书编辑委员会.当代中国的江西：上[M].北京：当代中国出版社，1991：彩色插图 10；(b)南昌市城乡建设局.当代南昌城市建设：1949—1985[M].南昌：南昌市城乡建设局，1990：彩色插图首页.
图 5-5　八一广场空间轴线与周边主要建筑
图 5-6　八一广场及周边建筑图底平面
图 5-7　八一广场周边建筑形态解析

图 5-8　八一广场周边建筑功能类型

图 5-9　八一广场与周边地块性质

图 5-10　三类建筑空间方向性比较

图 5-11　八一广场周边建筑性质

图 5-12　大院建筑布局与常用空间闭合方式

图 5-13　八一广场与单位大院功能格局

图 5-14　1980 年代江西省展览馆

来源：南昌人，你没有这张照片会不会遗憾？[EB/OL]．(2016-03-25)[2016-03-28]．http://toutiao.com/i6265792984520851970/．

图 5-15　广场周边部分单位出入口分布

图 5-16　八一广场主要边界建筑与单位大院

图 5-17　八一广场东边界空间形态分析

图 5-18　2000 年前后八一广场界面空间形态

图 5-19　八一大道历史照片

来源：柿子捞．【南昌经典老照片】很是喜欢、值得收藏！[EB/OL]．(2014-03-27)[2016-04-13]．http://mp.weixin.qq.com/s?__biz=MzA3NDE4ODMxMw==&mid=200398875&idx=2&sn=79e43237eaa356eae97ba8ec59907d3a&scene=2&from=timeline&isappinstalled=0#rd．

图 5-20　南昌工人文化宫大门历史照片

来源：柿子捞．【南昌经典老照片】很是喜欢、值得收藏！[EB/OL]．(2014-03-27)[2016-04-13]．http://mp.weixin.qq.com/s?__biz=MzA3NDE4ODMxMw==&mid=200398875&idx=2&sn=79e43237eaa356eae97 ba8ec59907d3a&scene=2&from=timeline&isappinstalled=0#rd．

图 5-21　八一大道图底平面

图 5-22　原南昌市工人文化宫更新前后比较

来源：美食零零恰．新南昌 VS 老南昌[EB/OL]．(2015-10-01)[2016-04-13]．http://mp.weixin.qq.com/s?__biz=MzA4NTI3MTkyOQ==&mid=212018029&idx=1&sn=6f0afd866a080de53f3134bb687b00fc&scene=21#wechat_redirect．

图 5-23　广场北路图底平面

图 5-24　尽端式街道

图 5-25　省府大院内生活性街道空间构成

图 5-26　单位城市中街道界面空间类型

图 5-27　围墙和围栏作为街道边界形式

图 5-28　单位大门原型与基本变体

图 5-29　三种常见街道建筑类型

图 5-30　街道第二界面建筑

图 5-31　单位大院边界与街道界面形成

图 5-32　北京西路西段街道平面与单位大门分布

图 5-33　省府大院主入口

来源：百度全景地图［EB/OL］.（2015-05-21）［2016-03-28］. http：//map. baidu. com/♯ panoid＝09003900011 50521015226 7511A＆panotype＝street＆heading＝0. 17＆pitch＝-0. 67＆l＝12＆tn＝B_NORMAL_MAP＆sc＝0＆newmap＝1＆shareurl＝1＆pid＝0900390001150521015 2267511A.

图 5-34　三种单位大院入口空间类型

图 5-35　西安书院门和南昌省府大院北二路西大门

图片来源：(a)百度百科［EB/OL］.［2016-03-28］. http：//baike. baidu. com/pic/％E4％B9％A6％E9％ 99％ A2％ E9％ 97％ A8/7677676/0/c75c10385343fbf26b5717dbb67eca8064388fcb？ fr＝lemma＆ct＝single♯aid＝0＆pic＝a71ea8d3fd1f4134fbae756e261f95cad1c85e00；(b)百度全景地图［EB/OL］.（2014－07－22）［2016－03－28］. http：//map. baidu. com/♯ panoid＝09003900011505210235323811A＆panotype＝street＆hea ding＝95. 51＆pitch＝-1. 14＆l＝18＆tn＝B_NORMAL_MAP＆sc＝0＆newmap＝1＆shareurl＝1＆pid＝09003 9000115052l0235323811A.

图 5-36　丁字路口与单位大院入口

图 5-37　两种类型街道空间方向性比较

图 5-38　师大南路空间构成与实景

其中照片来源：百度百科［EB/OL］.［2016－03－28］. http：//map. baidu. com/♯ panoid＝09003900011505210 519142921A＆panotype＝street＆heading＝174. 87＆pitch＝-1. 38＆l＝19＆tn＝B_NORMAL_MAP＆sc＝0＆newmap＝1＆shareurl＝1＆pid＝09003900011505210519142921A.

图 5-39　手表厂空间演变与周边街道

图 5-40　单位城市中的公共服务设施

第六章　单位大院更新与城市物质空间形态

图 6-1　南昌主城区已更新生产型单位大院分布状况

图 6-2　生产型单位大院的四种更新模式

图 6-3　功能置换模式中建筑空间方向性改变示意

图 6-4　洛阳路建材市场

图 6-5　更新前后的蓝光电子仪表总厂大院空间构成

图 6-6　更新前后的南柴大院空间构成

图 6-7　原南柴地段更新前后路网比较

图 6-8　更新前后的化纤分厂大院空间构成

图 6-9　商储大院二次更新前后空间比较

图 6-10　江东生活区（西区）现状

图 6-11　江拖生活区和生产区

表 6-1　部分单位空间转型前后功能业态对照

第七章　城市控制性详细规划中的单位大院

图 7-1　单位大院与城东片区控规(局部)
底图来源:(a)由"南昌市城东片区 CD1、CD4、CD5 分区控制性详细规划用地规划图"截取,南昌市城市规划设计研究总院,2011;(b)由 2014 年 Google earth 南昌市区航拍图截取。

图 7-2　规划道路与单位大院内部空间(原江工大院)
图 7-3　规划道路与省府大院内部空间
图 7-4　人民医院大院与规划道路
图 7-5　单位大院与青山湖西岸控规
底图来源:由"南昌市青山湖西岸地区控制性详细规划及城市设计导则调整后用地规划图"截取,南昌市城市规划设计研究总院,2013;2009 年 Google earth 南昌市区航拍图截取。

图 7-6　控规道路与单位大院用地调整
底图来源:由"南昌市城东片区 CD1、CD4、CD5 分区控制性详细规划用地规划图"截取,南昌市城市规划设计研究总院,2011。

图 7-7　单位大院与城市空间格局调整
底图来源:由"南昌市城东片区 CD1、CD4、CD5 分区控制性详细规划用地规划图"截取,南昌市城市规划设计研究总院,2011。

图 7-8　单位大院与绿地系统规划
底图来源:(a)由"南昌市青山湖西岸地区控制性详细规划及城市设计导则调整后用地规划图"截取,南昌市城市规划设计研究总院,2013;(b)由"南昌市城东片区 CD1、CD4、CD5 分区控制性详细规划用地规划图"截取,南昌市城市规划设计研究总院,2011。

第八章　明日的"单位大院"

图 8-1　新洪钢单位空间分布状况
底图来源:由 Google earth 2008 年南昌市区航拍图截取。

图 8-2　富泓科技园空间布局
来源:现状图由 Google earth 2015 年南昌市区航拍图截取。

图 8-3　2010 年前后某新建单位空间
来源:现状图由百度卫星地图南昌市区航拍图截取,截取时间 2016-04-06。

图 8-4　赣江南大道一组办公型单位空间卫星地图
来源：由百度卫星地图南昌市区航拍图截取，截取时间 2016-04-06。

第九章　结论

表 9-1　大院型与街区型两种城市空间组织模式特征比较

附录 B 参考地图来源

本书研究及部分自绘图片基于以下不同历史时期的南昌地图

年份	地图名称	地图基本信息
1905	1905年南昌城区（1∶56 000）	来源：《江西省地图集》编纂委员会.江西省地图集[M].北京：中国地图出版社，2008：96.
1926	南昌市全图	南昌市政筹备处.南昌市全图[CM].南昌：百花洲东亚美术馆，1926（民国十五年）.
1927	1927年南昌城区（1∶56 000）	来源：《江西省地图集》编纂委员会.江西省地图集[M].北京：中国地图出版社，2008：96.
1947	南昌市市郊图	来源：空愁士.南昌1947年1∶10 000军用地图[EB/OL].(2013-02-21)[2016-02-19]. http://blog.sina.com.cn/s/blog_406290f50102e4k5.html.
1949	南昌市区暨街道图	南昌左克昇.南昌市区暨街道图[CM].3版.南昌：知行地学社，1949（民国三十八年）.
1949	1949年南昌城区（1∶56 000）	来源：《江西省地图集》编纂委员会.江西省地图集[M].北京：中国地图出版社，2008：96.
1963	南昌市街区	来源：江西省地图编辑委员会.中华人民共和国江西省地图集[G].南昌：江西省地图编辑委员会，1963：15-16.
1977	1977年南昌城区（1∶56 000）	来源：《江西省地图集》编纂委员会.江西省地图集[M].北京：中国地图出版社，2008：96.
1984	南昌市市区现状图	南昌市城乡建设委员会、南昌市城乡建设局
1988	南昌市街区	来源：江西省测绘局.江西省地图集[G].南昌：江西省测绘局，1988：14.
1990	南昌交通旅游图	江西省测绘局制印大队.南昌交通旅游图[CM].福州：福建省地图出版社，1990.
1994	南昌城区交通旅游图	江西省测绘地图制印大队.南昌城区交通旅游图[CM].长沙：湖南省地图出版社，1996.
1994	南昌城址变迁	来源：中国城市地图集编辑委员会.中国城市地图集：上册[M].北京：中国地图出版社，1994：380.

（续表）

年份	地图名称	地图基本信息
1994	南昌城市建设用地扩展图	来源:中国城市地图集编辑委员会.中国城市地图集:上册[M].北京:中国地图出版社,1994:380.
2007	2007年南昌城区(1∶110 000)	来源:《江西省地图集》编纂委员会.江西省地图集[M].北京:中国地图出版社,2008:97.
2007	南昌市城区(1∶55 000)	来源:《江西省地图集》编纂委员会.江西省地图集[M].北京:中国地图出版社,2008:98-99.
2002—2015	南昌市区航拍图	Google earth
2007	南昌市旧城区控制性详细规划	南昌市城市规划设计研究总院,南昌市城乡规划局
2011	南昌市城东片区CD1、CD4、CD5分区控制性详细规划	南昌市城市规划设计研究总院,南昌市城乡规划局
2012	南昌市城南片区CN2分区（洪都老厂区周边地区）控制性详细规划	南昌市城市规划设计研究总院,南昌市城乡规划局
2013	南昌城北地区控制性详细规划	南昌市城市规划设计研究总院,南昌市城乡规划局
2013	南昌市青山湖西岸地区控制性详细规划及城市设计导则	南昌市城市规划设计研究总院,南昌市城乡规划局
2001	南昌市城市总体规划用地现状图（2001）	南昌市城市规划设计研究总院
2001—2020	南昌市城市总体规划用地规划图	南昌市人民政府
2010	南昌市近期建设规划用地现状图（2010）	南昌市城市规划设计研究总院

以下图纸为本书提供了参考

年份	地图名称	地图基本信息
1930（前后）	南昌地图（名称不详）	来源:空愁士.1930年南昌地图[EB/OL].(2014-03-21)[2016-02-19].http://blog.sina.com.cn/s/blog_406290f50102wmfm.html.
1935（前后）	南昌地图（名称不详）	来源:空愁士.1935年南昌地图[EB/OL].(2014-03-21)[2016-02-19].http://blog.sina.com.cn/s/blog_406290f50102wmfo.html.
1977	南昌市区交通图	江西省测绘局测绘综合队,南昌市城建局.南昌市区交通图[CM].南昌:江西人民出版社,1977.

（续表）

年份	地图名称	地图基本信息
1984	南昌市市区总体规划图	南昌市城乡建设委员会，南昌市城乡建设局
1984	南昌市市区道路系统规划图	南昌市城乡建设委员会，南昌市城乡建设局
2001—2020	南昌市城市总体规划(2001—2020)	南昌市人民政府

附录 C　193 个单位大院样本目录

序号	单位名称		常用大院简称	具体位置	始建年代	形态类型	功能类型	占地面积（单位：hm²）	备注
	全称	简称							
1	洪都机械厂	洪都	洪都大院	洪都大道	1936	整体型	生产型	404.2	访谈
2	江西棉纺织印染厂	江纺	江纺大院	塘山路	1954	整体型	生产型	78.2	访谈
3	南昌电厂	电厂	电厂大院	青山北路	1953	二分型	生产型	49.5	
4	江西省人民政府	省府	省府大院	北京西路	1959	整体型	办公型	49.2	访谈
5	江西造纸厂	江纸	江纸大院	青山南路	1952	多分型	生产型	44.1	
6	江联重工集团	江联	江联大院	迎宾北大道	1958	主从型	生产型	42.0	访谈
7	原江西汽车制造厂	江汽		迎宾北大道	1958	主从型	生产型	40.9	访谈
8	江西拖拉机制造厂	江拖	江拖大院	井冈山大道	1952	主从型	生产型	36.7	访谈
9	江西工业大学	江工		北京东路	1958	整体型	教学型	35.8	
10	江西师范大学	师大		北京西路	1950	主从型	教学型	34.7	访谈
11	南昌航空大学	南航		上海南路	1955	整体型	教学型	34.3	
12	原江西采矿机械厂	江采		迎宾北大道	1958	二分型	生产型	30.5	访谈
13	江西大学	江大		南京东路	1958	整体型	教学型	30.2	
14	南昌罐头啤酒厂	南啤		三店西路	1958	二分型	生产型	27.0	访谈
15	南昌柴油机厂	南柴	南柴大院	广场南路	1953	二分型	生产型	26.9	
16	江西橡胶厂	橡胶厂	橡胶厂大院	上海路	1956	主从型	生产型	26.5	访谈
17	洪都钢厂	洪钢	洪钢大院	北京东路	1956	整体型	生产型	24.9	访谈
18	南昌八一麻纺厂	麻纺厂		三店西路	1958	二分型	生产型	24.7	
19	江西医学院（南、北院）	医学院		八一大道	1940	二分型	教学型	24.7	
20	江西省体育局	体委	体委大院	福州路	1957	整体型	教学型	23.8	
21	南昌肉类联合加工厂	肉联厂		井冈山大道	1957	整体型	生产型	22.7	访谈
22	江西广播电视中心	广电	广电大院	北京东路	1985	整体型	办公型	21.0	

(续表)

序号	单位名称		常用大院简称	具体位置	始建年代	形态类型	功能类型	占地面积(单位:hm²)	备注
	全称	简称							
23	原江西锅炉厂	江锅		迎宾北大道	1958	二分型	生产型	20.9	访谈
24	江西晶体建筑材料厂	砖瓦厂		何坊西路	1947	二分型	生产型	19.7	访谈
25	江西耐火材料厂	江耐		建设路	1952	整体型	生产型	17.9	
26	南昌硅酸盐制品厂	硅酸盐厂		青山北路	1974	整体型	生产型	17.8	访谈
27	江西华安针织总厂	华安		上海南路	1956	二分型	生产型	17.5	访谈
28	江西省物资储运总公司	物储		青山北路	1960	二分型	生产型	17.3	访谈
29	江西省军区	军区	军区大院	二经路	1947	多分型	办公型	16.7	
30	江西油脂化工厂	江脂		青山南路	1953	多分型	生产型	15.4	访谈
31	江西冶金建筑有限公司	冶建	冶建大院	南莲路	1965	整体型	办公型	15.1	
32	江西省火电建设公司	火电		井冈山大道	1958	多分型	生产型	14.4	访谈
33	中国人民解放军九四医院	九四医院		井冈山大道	1947	整体型	服务型	14.4	访谈
34	江西省委	省委	省委大院	一经路	1947	主从型	办公型	14.3	
35	江西第四机床厂	四机厂		塔子桥南路	1969	二分型	生产型	14.3	访谈
36	江西电机厂	江电	江电大院	井冈山大道	1954	整体型	生产型	13.5	访谈
37	江东机床厂	江东	江东大院	井冈山大道	1958	主从型	生产型	13.0	访谈
38	江西合成纤维厂	合成纤维厂		富大有堤塘山乡	1958	整体型	生产型	12.8	
39	江西化纤厂	化纤厂		青山南路	1947	整体型	生产型	12.5	访谈
40	江西农药厂	农药厂		井冈山大道	1952	整体型	生产型	12.4	访谈
41	南昌通用机械厂	通用	通用大院	建设路	1952	整体型	生产型	12.3	访谈
42	南昌市化工原料厂	化工原料厂		文教路	1958	整体型	生产型	11.8	
43	南昌电化厂	电化厂		富大有堤	1968	整体型	生产型	11.3	
44	滨江宾馆			爱国路	1930	整体型	服务型	11.0	
45	江西涤纶厂	涤纶厂		解放西路	1985	整体型	生产型	10.9	访谈
46	核工业260厂	260厂		塔子桥北路	1959	整体型	生产型	10.8	
47	江西省教育学院(新)	省教育学院		学院路	1980	主从型	教学型	10.7	
48	南昌市中转粮库	中转粮库		二七北路	1980	整体型	生产型	10.7	

(续表)

序号	单位名称 全称	单位名称 简称	常用大院简称	具体位置	始建年代	形态类型	功能类型	占地面积(单位：hm²)	备注
49	南昌保温瓶厂	保温瓶厂		何坊西路	1956	二分型	生产型	10.6	访谈
50	江西医学院第一附属医院	一附院		永外正街	1960	多分型	服务型	10.4	访谈
51	江西国药厂	国药厂		洪都大道	1955	二分型	生产型	10.4	访谈
52	江西省长运公司	长运	长运大院	八一大道	1940	整体型	服务型	10.0	
53	江西鸿雁摩托车厂	鸿雁		洪都中大道	1967	整体型	生产型	9.7	
54	江西省商储公司	商储		洛阳路	1953	整体型	生产型	9.3	访谈
55	江西省工业设备安装公司	工安公司		北京东路	1958	二分型	生产型	9.1	访谈
56	南方电动工具厂	南动		北京东路	1963	二分型	生产型	9.0	
57	江西化纤厂分厂	化纤分厂		佘山路	1970	二分型	生产型	8.9	
58	南昌市煤气公司	煤气公司		洪都北大道	1980	整体型	生产型	8.8	
59	南昌电缆厂	南缆		井冈山大道	1958	二分型	生产型	8.6	
60	江西省第二人民医院	省二医院		北京东路	1981	整体型	服务型	8.5	
61	南昌水利水电高等专科学校	水专		北京东路	1958	整体型	教学型	8.2	
62	江西制药厂	制药厂		三经路	1955	整体型	生产型	7.7	访谈
63	江西省外贸储运公司	省外运		洪都北大道	1976	整体性	生产型	7.6	
64	江西阀门总厂	阀门厂		解放西路	1958	整体型	生产型	7.5	访谈
65	南昌市商业储运公司	市商储		洪都大道	1958	整体型	生产型	7.5	
66	江西省三波电机厂	三波电机		解放西路	1970	整体型	生产型	7.3	
67	南昌搪瓷厂	搪瓷厂		上海路	1956	二分型	生产型	6.9	
68	地矿部南昌培训中心	地矿培训	地矿大院	迎宾大道	1978	整体型	办公型	6.9	访谈
69	江西电子计算机厂	计算机厂		解放西路	1968	整体型	生产型	6.8	访谈
70	江西财经干部管理学校	财校		青山南路	1980	整体型	教学型	6.8	
71	江西科大专修学院	科大		顺外路	1993	整体型	教学型	6.7	
72	江西柴油机厂	江柴	江柴大院	阳明路	1940	整体型	生产型	6.6	访谈
73	南昌手表厂	手表厂	手表厂大院	师大南路	1958	主从型	生产型	6.4	访谈
74	江西印刷集团总公司	印刷厂		站前西路	1953	整体型	生产型	6.4	
75	江西省图书馆	省图		洪都北大道	1986	整体型	服务型	6.3	
76	南昌客车厂	客车厂		上海北路	1969	整体型	生产型	6.1	

(续表)

序号	单位名称 全称	单位名称 简称	常用大院简称	具体位置	始建年代	形态类型	功能类型	占地面积(单位:hm²)	备注
77	江西阀门总厂	老阀门厂		塔子桥南路	1960	整体型	生产型	6.0	
78	江西省机械施工公司	机施		北京东路	1958	整体型	生产型	5.9	访谈
79	江西省建工集团	建工	建工大院	北京西路	1956	整体型	办公型	5.8	访谈
80	江西省水利科学研究所	水利院	水利大院	北京东路	1980	整体型	办公型	5.8	
81	江西省税务学校	税校		南京东路	1980	整体型	教学型	5.8	
82	江西省商业学校	商业学校		洪都北大道	1980	整体型	教学型	5.6	
83	江西省人民医院	人民医院		爱国路	1897	整体型	服务型	5.5	
84	江西省一建公司	省一建	一建大院	何坊西路	1970	整体型	办公型	5.5	访谈
85	江西电子仪器厂	电子仪器厂		南京西路	1970	整体型	生产型	5.2	
86	南昌市保险学校	保险学校		南莲路	1980	整体型	教学型	5.2	
87	南昌军分区	军分区	军分区大院	叠山路	1926	整体型	办公型	5.2	访谈
88	江西宾馆			八一大道	1947	整体型	服务型	5.1	访谈
89	南昌市公交公司	公交公司		站前西路	1958	整体型	办公型	5.0	访谈
90	南昌电池厂	南电		北京东路	1962	二分型	生产型	4.9	访谈
91	江西省冶金厅	冶金	冶金大院	北京西路	1960	整体型	办公型	4.8	访谈
92	江西省地矿大院	地矿	地矿大院	迎宾大道	1978	整体型	办公型	4.7	访谈
93	江西省建筑工程安装公司	建安		北京东路	1958	整体型	办公型	4.6	访谈
94	江西省委党校	党校		八一大道	1947	整体型	教学型	4.5	
95	南昌塑料八厂	塑八厂		京山北路	1958	整体型	生产型	4.5	
96	南昌八一配件厂	八一配件厂		二七北路	1958	整体型	生产型	4.5	
97	江西省电力公司	省电力公司		永外正街	1950	整体型	办公型	4.5	
98	下正街电厂			爱国路	1947	整体型	生产型	4.5	访谈
99	江西省精神病医院	精神病院		上坊路	1958	整体型	服务型	4.5	
100	江西省医药学校	医药学校		南莲路	1980	整体型	教学型	4.2	访谈
101	南昌玻璃厂	玻璃厂		北京西路	1970	整体型	生产型	4.2	
102	新华印刷厂			丁公路	1956	整体型	生产型	4.2	
103	江西省政府二大院	省府二大院	省府二大院	贤士二路	1980	整体型	生活型	4.0	

(续表)

序号	单位名称 全称	单位名称 简称	常用大院简称	具体位置	始建年代	形态类型	功能类型	占地面积（单位：hm²）	备注
104	南昌市政府大院	市府	市府大院	民德路	1940	整体型	办公型	4.0	访谈
105	江西省粮油机械厂	粮油机械厂		二七南路	1953	整体型	生产型	3.9	
106	江西溶剂厂	溶剂厂		青山南路	1950	整体型	生产型	3.9	
107	江西省建筑机械厂	建筑机械厂		解放西路	1959	整体型	生产型	3.8	
108	中共南昌市委员会	市委	市委大院	阳明路	1947	整体型	办公型	3.8	访谈
109	青山湖宾馆			福州路	1980	整体型	服务型	3.7	访谈
110	江西省对外经贸学校	外贸学校		南京东路	1980	整体型	教学型	3.6	
111	江西省儿童医院	儿童医院		阳明路	1940	整体型	服务型	3.6	访谈
112	江西省煤炭设计研究院	煤炭	煤炭大院	北京东路	1980	整体型	办公型	3.6	访谈
113	江西省地质工程公司	地质	地质大院	解放西路	1960	整体型	办公型	3.5	访谈
114	南昌理工学校			上海南路	1978	整体型	教学型	3.5	
115	江西中医学院	中医学院		阳明路	1940	整体型	教学型	3.4	访谈
116	江西省轻化所	轻化所	轻化大院	北京东路	1960	整体型	办公型	3.3	访谈
117	江西省社科院	社科院		洪都北大道	1980	整体型	办公型	3.3	
118	原南昌市工人文化宫	文化宫		八一大道	1954	整体型	服务型	3.2	
119	59139部队			福州路	1970	整体型	办公型	3.2	
120	南昌第一职业学校	一职		洪都大道	1950	整体型	教学型	3.1	
121	江西码钢厂	码钢厂		洪都南大道	1954	整体型	生产型	3.0	访谈
122	南昌第五机床厂	五机厂		井冈山大道	1958	二分型	生产型	3.0	访谈
123	南昌市第九医院	九医院		洪都大道	1953	整体型	服务型	3.0	
124	南昌塑料厂	塑料厂		洪都大道	1958	二分型	生产型	3.0	
125	江西省交通厅	交通厅	交通厅大院	八一大道	1949	整体型	办公型	2.9	
126	南昌市第十中	十中		阳明路	1902	整体型	教学型	2.8	
127	江西省科协	省科协		洪都中大道	1987	整体型	服务型	2.8	
128	江西省妇幼保健院	省妇保		八一大道	1902	整体型	服务型	2.8	访谈
129	江西省公路局	公路局		站前西路	1970	整体型	办公型	2.7	
130	南昌市豫章中学	豫章中学		豫章路	1902	整体型	教学型	2.6	
131	南昌市第一医院	一医院		象山北路	1945	整体型	服务型	2.6	访谈

(续表)

序号	单位名称		常用大院简称	具体位置	始建年代	形态类型	功能类型	占地面积(单位:hm²)	备注
	全称	简称							
132	江西医学院第二附属医院	二附院		八一大道	1920	整体型	服务型	2.6	访谈
133	江西省统计学校	统计学校		南京东路	1980	整体型	教学型	2.6	
134	江中制药厂	江中		福州路	1969	整体型	生产型	2.6	
135	南昌市第二医院	二医院		八一大道	1957	整体型	服务型	2.5	
136	赣江宾馆			八一大道	1961	整体型	服务型	2.5	
137	江西省科学院	科学院		上坊路	1978	整体型	办公型	2.5	
138	江西省化工设计院	化工设计院	化工大院	抚河南路	1958	整体型	办公型	2.4	
139	江西省职业病防治研究院	职防所		永外正街	1958	整体型	办公型	2.4	访谈
140	江西商标彩印厂			塔子桥路	1965	整体型	生产型	2.3	
141	江西省公安厅	公安厅		阳明路	1947	多分型	办公型	2.3	
142	南昌车辆厂	车辆厂		洪都中大道	1960	整体型	生产型	2.3	
143	江西省工业技工学校			南京东路	1980	整体型	教学型	2.3	
144	江西省疾病预防控制中心	省疾控中心		北京东路	1978	整体型	办公型	2.2	访谈
145	南昌教育学院			叠山路	1926	整体型	教学型	2.2	
146	江西省核工业厅	核工业厅	核工业大院	北京西路	1960	整体型	办公型	2.2	
147	江西省展览中心	展览中心		八一广场	1968	整体型	服务型	2.1	
148	南昌市塑料二厂			师大南路	1970	二分型	生产型	2.1	访谈
149	江西省工商银行干部培训学校			青山支路	1980	整体型	教学型	2.1	
150	南昌石油化工厂			富大有路	1958	整体型	生产型	2.1	
151	中国银行江西省分行	省中行		站前西路	1985	整体型	办公型	2.0	
152	南昌宾馆			老福山	1980	整体型	服务型	2.0	
153	江西省机械工业学校	机校		迎宾北大道	1958	整体型	教学型	1.9	
154	江西省妇女联合会干部学校			南京东路	1970	整体型	办公型	1.9	
155	江西省歌舞剧院			章江路	1940	整体型	办公型	1.9	
156	江西地质矿产勘察开发局	地矿局	地矿大院	站前路	1958	整体型	办公型	1.9	
157	南昌市第三医院	三医院		站前西路	1922	整体型	服务型	1.9	

(续表)

序号	单位名称		常用大院简称	具体位置	始建年代	形态类型	功能类型	占地面积(单位:hm²)	备注
	全称	简称							
158	江西日报社			豫章路	1940	主从型	办公型	1.9	
159	南昌市供电局	市供电局		叠山路	1947	二分型	办公型	1.8	
160	江西省邮电局	邮电局		孺子路	1959	整体型	办公型	1.8	
161	江西省工商行政管理学校			南京东路	1980	整体型	教学型	1.8	
162	核工业江西冶矿局	冶矿局		贤士一路	1980	整体型	办公型	1.7	
163	江西省革命烈士纪念堂	纪念堂		八一大道	1954	整体型	服务型	1.7	访谈
164	南昌衡器厂			福州路	1950	整体型	生产型	1.7	
165	江西省纺织集团公司			北京东路	1970	整体型	办公型	1.7	
166	江西省话剧团			子固路	1940	整体型	办公型	1.7	访谈
167	南昌市中级人民法院			南京西路	1980	主从型	办公型	1.6	
168	江西省交通设计院			工人新村	1980	整体型	办公型	1.6	
169	江西省出版社			半边街	1980	整体型	办公型	1.6	
170	江西省广播电视大学			洪都北大道	1985	整体型	办公型	1.5	
171	江西省水电工程局			南莲路	1980	整体型	办公型	1.5	
172	南昌市工业技术研究院			青山南路	1960	整体型	办公型	1.5	访谈
173	江西省对外经济合作厅	外贸	外贸大院	老福山	1980	整体型	办公型	1.5	
174	江西省二轻工业供销总公司	二轻	二轻大院	福州路	1980	整体型	办公型	1.5	
175	江西省政协	省政协	政协大院	叠山路	1940	整体型	办公型	1.4	
176	江西省环境保护研究所			江大南路	1976	整体型	办公型	1.4	
177	原江西省博物馆	省博		八一广场	1957	整体型	服务型	1.4	
178	江西省人民银行			铁街	1947	整体型	办公型	1.4	
179	南昌八一保育院			民德路	1947	整体型	教学型	1.3	
180	洪都无线电厂			系马桩路	1947	整体型	生产型	1.3	
181	江西省建材科学研究院			何坊西路	1977	整体型	办公型	1.2	
182	江西省第一测绘院			南莲路	1970	整体型	办公型	1.2	
183	江西省森林工业局	森工局		三经路	1960	整体型	办公型	1.2	访谈

(续表)

序号	单位名称 全称	单位名称 简称	常用大院简称	具体位置	始建年代	形态类型	功能类型	占地面积(单位:hm²)	备注
184	江西省广播电视厅（老）	老广电		北京西路	1960	整体型	办公型	1.1	访谈
185	江西省电力设计院			南京西路	1980	主从型	办公型	1.1	
186	南昌市出版局			半边街	1980	整体型	办公型	1.1	
187	中国人寿保险江西公司	省人寿		沿江路	1980	整体型	办公型	1.0	
188	江西省机械厅	机械厅		北京西路	1960	整体型	办公型	1.0	
189	南昌市卫生学校	市卫校		苏圃路	1947	整体型	教学型	1.0	
190	江西省京剧团	京剧团		子固路	1940	整体型	办公型	0.8	访谈
191	原江西省水利设计院			百花洲路	1947	整体型	办公型	0.8	访谈
192	南昌市体委	市体委		苏圃路	1947	整体型	办公型	0.7	
193	江西省机械工业设计院	机械设计院		文教路	1980	整体型	办公型	0.6	

注：表中涉及的年代信息系根据相关文献与史志资料、网页和访谈信息等综合确定，占地面积系根据城市地形图、卫星地图等结合田野调查信息计算确定

附录 D 访谈情况说明

本书研究难点之一在于缺少系统的地图资料,加之近几十年来我国城市更新速度快导致多数单位空间严重受损,难以对单位大院及中微观层面城市物质空间形态开展系统的历时性研究。鉴于此项内容的重要性,本书在研究过程中结合城市地图开展了大量现场调研工作,以尽量获取单位大院及其周边城市物质空间形态的历史信息,从而建构出单位大院及其周边城市物质空间环境的大致发展脉络。在调研过程中,主要采用了现场踏勘、简单询问和访谈等研究手段,其中开展了具有一定深度访谈的单位数量达到74个(参见"附录C"中表格备注栏),访谈对象主要为各单位建立之初入职的老职工,也涉及老住户及紧邻单位大院的城市和城中村居民。他们提供的信息让本书的研究对象与背景脉络变得清晰,并成为本书研究的基础素材中不可或缺的构成部分,访谈工作对本书的主要贡献涉及如下方面:

第一,单位大院边界的确认及发展演变情况,包括边界范围、边界形态等;

第二,各单位大院的空间构成及其大致的变迁情况,尤其是主从型、多分型、二分型单位大院的空间构成关系,以及各单位大院的空间溢出情况等;

第三,单位大院内部功能构成与发展演变情况;

第四,配合其他图文资料梳理出单位大院的始建年代和早期单位大院物质空间形态概况;

第五,单位大院周边物质空间形态发展概况。

因绝大多数访谈对象不愿透露姓名,故无法列出,实为遗憾。在此就他们为本书背景资料建构所做出的贡献表示最诚挚的谢意。

致　　谢

此书在李晨的博士学位论文基础上形成。在写作过程中得到了很多人的指教和帮助，许多专家学者为本研究从开题指导到研究思路付出真知灼见，许多业界同行和朋友为本书提供资料信息，无论何种形式的支持，我们都心怀感激。他们是：东南大学王建国院士和董卫教授、阳建强教授、郑炘教授、冷嘉伟教授、杨俊宴教授；南京大学丁沃沃教授；南京工业大学赵和生教授；南昌市城乡规划局的罗剑云局长；南昌市城市规划设计研究总院的梁燕教授级高级工程师、钱天乐高级工程师、刘安全高级工程师、曾庆春高级工程师；城市形态学家、历史地理学家怀特汉德（J. W. R. Whitehand）先生；新西兰奥克兰大学谷凯教授；澳大利亚新南威尔士大学阮昕教授；南京大学图书馆的李雪溶老师；东南大学建筑设计研究院城市建筑工作室（UAL）的老师和同窗；江西省档案馆的领导和工作人员。

还要感谢那些在访谈工作中提供信息和帮助的朋友们；感谢华东交通大学及土木建筑学院的领导和建筑系的同事们，他们一直以来的理解与支持，以及提供的各种便利条件是研究得以完成的重要前提；感谢在调研和绘图工作中给予合作和支持的华东交通大学建筑系的学生们。谨以此文，献给所有帮助过我们的朋友，再次感谢！

2018 年 1 月 28 日